2021 China Life Sciences and Biotechnology Development Report

2021中国生命科学与生物技术发展报告

科学技术部 社会发展科技司
中国生物技术发展中心 编著

科学出版社

北京

内 容 简 介

本书总结了2020年我国生命科学研究、生物技术和生物产业发展的基本情况，重点介绍了我国在生命组学与细胞图谱、脑科学与神经科学、合成生物学、表观遗传学、结构生物学、免疫学、干细胞、新兴前沿与交叉技术等领域的研究进展，以及医药生物技术、生物医学工程、工业生物技术、农业生物技术、环境生物技术取得的年度进展、重大成果，分析了我国生物产业的市场表现和发展态势。本书分为总论、生命科学、生物技术、生物产业、投融资、文献专利6个章节，以翔实的数据、丰富的图表和充实的内容，全面展示了当前我国生命科学、生物技术和生物产业的基本情况与重要进展。

本书可为生命科学和生命技术领域的科学家、企业家、管理人员和关心支持生命科学、生物技术与产业发展的各界人士提供参考。

图书在版编目（CIP）数据

2021中国生命科学与生物技术发展报告 / 科学技术部社会发展科技司，中国生物技术发展中心编著. —北京：科学出版社，2021.10

ISBN 978-7-03-069941-1

Ⅰ. ①2… Ⅱ. ①科… Ⅲ. ①生命科学－技术发展－研究报告－中国－2021 ②生物工程－技术发展－研究报告－中国－2021 Ⅳ. ①Q1-0 ②Q81

中国版本图书馆CIP数据核字（2021）第193911号

责任编辑：王玉时 / 责任校对：郑金红

责任印制：张 伟 / 封面设计：蓝正设计

科 学 出 版 社 出版

北京东黄城根北街16号

邮政编码：100717

http://www.sciencep.com

北京建宏印刷有限公司 印刷

科学出版社发行 各地新华书店经销

*

2021年10月第 一 版 开本：787×1092 1/16

2021年10月第二次印刷 印张：23 3/4

字数：563 000

定价：228.00元

（如有印装质量问题，我社负责调换）

《2021 中国生命科学与生物技术发展报告》

编写人员名单

主　　编：吴远彬　张新民

副 主 编：田保国　沈建忠　范　玲　郑玉果

参加人员（按姓氏汉语拼音排序）：

敖　翼　曹　芹　陈　欣　陈大明　陈洁君

邓洪新　董　华　范月蕾　耿红冉　郭　升

郭　伟　郝宏伟　何　蕊　黄　翠　黄　鑫

黄英明　江洪波　旷　苗　李　荣　李　伟

李丹丹　李萍萍　李苏宁　李祯祺　李治非

梁慧刚　林拥军　刘　和　刘　晓　刘万学

卢　姗　马广鹏　马有志　毛开云　濮　润

阮梅花　施慧琳　苏　琴　苏　燕　苏　月

田金强　万方浩　王　玥　王　跃　王凤忠

王鑫英　魏　巍　吴函蓉　吴坚平　武瑞君

夏宁邵　熊　燕　徐　萍　徐鹏辉　许　丽

杨　力　杨　阳　杨　喆　杨若南　姚　斌

尹军祥　于建荣　于振行　袁天蔚　张　鑫

张　涌　张博文　张大璐　张丽雯　张连祺

张瑞福　张学博　赵　鹏　赵若春

前　言

2020 年 9 月，习近平总书记基于百年未有之大变局、中国发展的新阶段、全球新冠肺炎疫情危机带来的新冲击，以前瞻视野和战略智慧将“面向人民生命健康”作为引领国家科技事业发展的新指针，使科技事业发展指导思想实现了从“三个面向”到“四个面向”的跨越。总书记提出：“希望广大科学家和科技工作者肩负起历史责任，坚持面向世界科技前沿、面向经济主战场、面向国家重大需求、面向人民生命健康，不断向科学技术广度和深度进军。”*2020 年 11 月 6 日，《中华人民共和国国民经济和社会发展第十四个五年规划和 2035 年远景目标纲要》正式发布，纲要中再次将“生物技术”列为九大战略性新兴产业之一，明确“基因与生物技术”作为科技前沿领域攻关领域，并计划组建生物医药等六大领域的国家实验室；瞄准人工智能、量子信息、集成电路、生命健康、脑科学、生物育种、空天科技、深地深海等前沿领域，实施一批具有前瞻性、战略性的国家重大科技项目，实施科技攻关；计划构建强大的公共卫生体系，改革疾病预防控制体系，强化监测预警、风险评估、流行病学调查、检验检测、应急处置等职能。

生命科学和生物技术是培育创新动能，建设健康中国的战略选择，我国历来高度重视，通过战略部署、政策与经费支持等方式，推进生命科学、生物技术与产业创新发展。习近平总书记高度重视我国生物技术产业与生物医药产业的发展，特别是在面对新冠肺炎疫情来袭的背景下，总书记提出：“加快推进人口健康、生物安全等领域科研力量布局，整合生命科学、生物技术、医药卫生、医疗设备等领域的国家重点科研体系，布局一批国家临床医学研究中心，加大卫生健康领域科技投入，加强生命科学领域的基础研究和医疗健康关

* 引自 http://paper.people.com.cn/rmrb/html/2020-09/12/nw.D110000renmrb_20200912_1-01.htm。

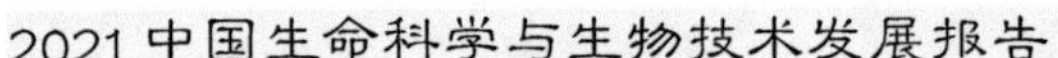

键核心技术突破，加快提高疫病防控和公共卫生领域战略科技力量和战略储备能力。”*

2020 年，我国生命科学和生物技术研究稳步向前，生命组学持续进步加深了人们对生命的认识和生命过程的解析，脑科学与神经科学基础研究与疾病研究稳步推进，合成生物学与其他学科交叉会聚的深度和广度不断扩展，表观遗传学研究向更广泛的疾病和公共卫生领域扩展，病原微生物的结构生物学研究有力指导药物与候选疫苗设计，精准医学应用日趋深入，新疗法持续突破，人类微生物组与健康关系研究快速发展，工程化和智能化技术的深度渗透改变疾病干预方式。

2020 年，全球共发表生命科学论文 962 737 篇，相比 2019 年增长了 9.38%，10 年的复合年均增长率达到 4.82%，中国生命科学论文数量在 2011～2020 年的增速高于全球增速。2020 年中国发表论文 180 797 篇，比 2019 年增长了 15.78%，10 年的复合年均增长率达到 15.67%，显著高于国际水平。同时，中国生命科学论文数量占全球的比例也从 2011 年的 7.74% 提高到 2020 年的 18.78%。国家药品监督管理局批准了 19 个由我国自主研发的新药上市，包括 13 个化学药、2 个生物制品和 4 个中药，其中有 15 个是我国自主研发的 1 类创新药。新型冠状肺炎疫情暴发促使疫苗研发成为 2020 年研发主线，2020 年 12 月 31 日，国家药品监督管理局附条件批准国药中生北京公司新型冠状病毒灭活疫苗（Vero 细胞）注册申请，这是首家获批的国产新冠病毒灭活疫苗。

生物医药产品创新力度不断加大，法律法规、监管体系不断完善，基因工程药物和疫苗成为我国发展最快的子领域，实现营业收入、利润总额、资产总额和出口交货值分别为 290.7 亿元、87.5 亿元、762.5 亿元和 15 亿元人民币，增速明显高于其他子行业。我国生物农业也迎来新一轮的政策红利，行业创新加速。政府推出多项种子行业政策，推动我国种业市场规模迎来拐点，2020 年超过 1400 亿元，种子企业科研总投入持续增加，行业自主研发和创新能力大幅提升。国内生物饲料产业市场潜力较大，酶制剂和微生物制剂等生物饲料添

*引自 http://www.gov.cn/xinwen/2020-06/05/content_5517538.htm?gov。

加剂产量保持较快增长。兽药行业壁垒逐渐提高，市场将逐步走向规范化，兽用生物制品行业市场相较于2019年略有增长，研发力度持续加大，国内兽药制品新注册数量保持平稳。我国生物制造产业进入产业生命周期中的快速成长阶段，正成为全球再工业化进程的重要组成部分。

自2002年以来，科学技术部社会发展科技司和中国生物技术发展中心每年出版发行我国生命科学与生物技术领域的年度发展报告，已经成为本领域具有一定影响力的综合性年度报告。本报告以总结2020年我国生命科学研究、生物技术和生物产业发展的基本情况为主线，重点介绍了我国生命组学与细胞图谱、脑科学与神经科学、合成生物学、表观遗传学、结构生物学、免疫学、干细胞、新兴前沿与交叉技术等领域的研究进展，以及医药生物技术、生物医学工程、工业生物技术、农业生物技术、环境生物技术取得的年度进展、重大成果。报告还对我国生物产业热点领域进行前瞻分析，并从国际和国内角度分析投融资发展态势，反映生物技术领域风险投资、上市融资等情况及融资的热点方向，生物产业的市场表现和发展态势。报告以文字、数据、图表相结合的方式，全面展示了2020年我国生命科学、生物技术与产业领域的研究成果、论文发表、专利申请、行业发展和投融资情况，以及我国在生物医药、生物农业、生物制造、生物服务等产业取得的重要进展。

本书可为生命科学和生命技术领域的科学家、企业家、管理人员和关心支持生命科学、生物技术与产业发展的各界人士提供参考。

编　者

2021年7月

目　录

前言

第一章　总论 …… 1

一、国际生命科学与生物技术发展态势 …… 1

（一）重大研究进展 …… 1

（二）技术进步 …… 6

（三）产业发展 …… 11

二、我国生命科学与生物技术发展态势 …… 18

（一）重大研究进展 …… 19

（二）技术进步 …… 31

（三）产业发展 …… 35

第二章　生命科学 …… 40

一、生命组学与细胞图谱 …… 40

（一）概述 …… 40

（二）国际重要进展 …… 41

（三）中国重要进展 …… 46

（四）前景与展望 …… 50

二、脑科学与神经科学 …… 51

（一）概述 …… 51

（二）国际重要进展 …… 55

（三）国内重要进展 …… 66

（四）前景与展望 …… 68

三、合成生物学 …… 70

（一）概述 …… 70

（二）国际重要进展 …… 71

（三）国内重要进展 …… 77

（四）前景与展望 …… 82

四、表观遗传学 …… 83

（一）概述 …… 83
（二）国际重要进展 …… 85
（三）国内重要进展 …… 91
（四）前景与展望 …… 97
五、结构生物学 …… 98
（一）概述 …… 98
（二）国际重要进展 …… 98
（三）国内重要进展 …… 106
（四）前景与展望 …… 110
六、免疫学 …… 110
（一）概述 …… 110
（二）国际重要进展 …… 111
（三）国内重要进展 …… 116
（四）前景与展望 …… 122
七、干细胞 …… 122
（一）概述 …… 122
（二）国际重要进展 …… 123
（三）国内重要进展 …… 126
（四）前景与展望 …… 129
八、新兴前沿与交叉技术 …… 129
（一）基因治疗技术 …… 129
（二）液体活检 …… 134
（三）器官制造 …… 140
第三章　生物技术 …… 148
一、医药生物技术 …… 148
（一）新药研发 …… 148
（二）诊疗设备与方法 …… 153
（三）疾病诊断与治疗 …… 155
二、工业生物技术 …… 160
（一）生物催化技术 …… 160
（二）生物制造工艺 …… 168
（三）生物技术工业转化研究 …… 170
三、农业生物技术 …… 171
（一）分子培育与品种创制 …… 171

（二）农业生物制剂创制 ………………………… 182
（三）农产品加工 ………………………… 190
四、环境生物技术 ………………………… 193
（一）环境监测技术 ………………………… 193
（二）污染控制技术 ………………………… 196
（三）环境恢复技术 ………………………… 201
（四）废弃物处理与资源化技术 ………………………… 205
五、生物安全 ………………………… 210
（一）病原微生物研究 ………………………… 210
（二）两用生物技术 ………………………… 213
（三）生物安全实验室和装备 ………………………… 216
（四）生物入侵 ………………………… 219
第四章　生物产业 ………………………… 225
一、生物医药产业 ………………………… 225
（一）生物医药产业政策 ………………………… 226
（二）生物医药产业市场 ………………………… 229
（三）生物医药产品 ………………………… 230
二、生物农业 ………………………… 238
（一）生物种业 ………………………… 239
（二）生物农药 ………………………… 245
（三）生物肥料 ………………………… 249
（四）生物饲料 ………………………… 251
（五）兽用生物制品 ………………………… 255
三、生物制造业 ………………………… 260
（一）生物质能源 ………………………… 260
（二）生物基产品 ………………………… 266
四、生物服务产业 ………………………… 271
（一）生物服务产业政策 ………………………… 271
（二）生物服务产业细分领域 ………………………… 272
五、产业前瞻 ………………………… 276
（一）基因检测产业 ………………………… 276
（二）智慧医疗产业 ………………………… 285
第五章　投融资 ………………………… 292
一、全球投融资发展态势 ………………………… 292

（一）全球医疗健康融资额整体规模大幅增长 …… 292
（二）全球融资三次及以上企业数量大幅增加 …… 292
（三）生物医药是融资关注的热点领域 …… 295
（四）OrbiMed 是 2020 年最活跃的投资机构 …… 296
（五）美国是全球医疗健康投资热点区域 …… 298
二、我国投融资发展态势 …… 300
（一）我国医疗健康融资总额创历史新高 …… 300
（二）生物医药占据医疗健康领域融资额半壁江山 …… 301
（三）科创板和港交所是 IPO 主要登陆地 …… 303
（四）初创企业获得 B 轮融资事件数占比最高 …… 304
（五）并购市场活跃，医药领域达井喷趋势 …… 305
（六）我国企业海外并购保持低位徘徊 …… 306
（七）上海是国内医疗健康投资的首选地 …… 308
第六章 文献专利 …… 309
一、论文情况 …… 309
（一）年度趋势 …… 309
（二）国际比较 …… 309
（三）学科布局 …… 312
（四）机构分析 …… 315
二、专利情况 …… 319
（一）年度趋势 …… 319
（二）国际比较 …… 321
（三）专利布局 …… 323
（四）竞争格局 …… 326
三、知识产权案例分析——冠状病毒疫苗相关专利分析 …… 327
（一）冠状病毒疫苗相关专利分析 …… 327
（二）新型冠状病毒疫苗重点产品专利布局情况 …… 335
（三）新型冠状病毒疫苗专利豁免“风波”分析 …… 341
附录 …… 345
2020 年度国家重点研发计划生物和医药相关重点专项立项项目清单 …… 345
2020 年中国新药药证批准情况 …… 353
2020 年中国生物技术企业上市情况 …… 357
2020 年国家科学技术奖励 …… 360

第一章 总 论

一、国际生命科学与生物技术发展态势

科技创新离不开科技体制机制的保障，2020年，随着各国陆续进入新一轮规划期，科技体制机制改革成为各国着力推动的重要工作，尤其是新冠肺炎疫情对经济社会发展带来的诸多不确定性，进一步加速了这一进程。在这一背景下，人口健康和医药领域也将迎来更加广阔的发展机遇。与此同时，随着生物技术的快速革新，以及学科交叉融合的日趋深入，人口健康和医药领域朝着数字化、智能化、工程化的方向不断加快发展，这一全新的发展模式也将进一步促进该领域的知识发现，推进诊疗体系创新，提高健康护理水平，助力《健康中国2030》目标的实现。

（一）重大研究进展

1. 智能化成为疾病干预的重要发展方向

随着对大脑的结构、分子和发育机理的认识日趋深刻，以及成像技术等工具的优化，脑科学与类脑研究持续深入。新型分子探针FLiCRE[1]、核糖体标记神经胞体成像技术[2]等新技术提高了研究人员对大脑的观察和控制能力；对运动可

1 Kim C K, Sanchez M I, Hoerbelt P, et al. A Molecular Calcium Integrator Reveals a Striatal Cell Type Driving Aversion [J]. Cell, 2020, 183 (7): 2003-2019.

2 Chen Y, Jang H, Spratt P W E, et al. Soma-Targeted Imaging of Neural Circuits by Ribosome Tethering [J]. Neuron, 2020, 107 (3): 454-469.

推动运动技能学习[3]、提高认知记忆能力[4]的解析为相关神经退行性疾病的研究提供了思路。在类脑计算方面，基于多阵列的忆阻器存算一体系统[5]、亿级神经元类脑操作系统 DarwinOS 的推出标志着类脑计算向高效、便携、低功耗发展；脑机接口技术逐步成熟，研究人员利用多巴胺实现了人工神经元和生物神经元[6]的异构融合，利用脑机接口技术也实现了在恢复脊髓损伤患者手部运动功能的同时获得触觉反馈[7]；另外，美国 Neuralink 的 LINK V0.9 系统获美国食品药品管理局（FDA）"突破性设备认定"，通过将电极植入人脑读取脑电波信号，以期治疗神经系统疾病及颅脑外伤患者，该系统的成功研发加速了脑机接口技术的临床应用。

人工智能技术已逐步应用于医学研究与医疗实践，如对蛋白质结构预测、为肿瘤匹配最佳药物组合[8]，用于乳腺癌筛查、预测 COVID-19 病例[9]等，均获得了良好的效果。此外，人工智能医疗产品应用加速，2020 年，又有多款产品相继获批上市，主要应用于心脏[10]、椎骨压缩性骨折[11]、脑血管闭塞[12]以及新冠肺炎[13]

---

3 Li H Q, Spitzer N C. Exercise enhances motor skill learning by neurotransmitter switching in the adult midbrain [J]. Nature Communications, 2020, 11: 2195.

4 Horowitz A M, Fan X L, Bieri G, et al. Blood factors transfer beneficial effects of exercise on neurogenesis and cognition to the aged brain [J]. Science, 2020, 369 (6500): 167-173.

5 Yao P, Wu H Q, Gao B, et al. Fully hardware-implemented memristor convolutional neural network [J]. Nature, 2020, 577: 641-651.

6 Keene S T, Lubrano C, Kazemzadeh S, et al. A biohybrid synapse with neurotransmitter-mediated plasticity [J]. Nature Materials, 2020, 19: 969-973.

7 Ganzer P D, Colachis S C, Schwemmer M A, et al. Restoring the Sense of Touch Using a Sensorimotor Demultiplexing Neural Interface [J]. Cell, 2020, 181 (4): 763-773.

8 Kuenzi B M, Park J, Fong S H, et al. Predicting Drug Response and Synergy Using a Deep Learning Model of Human Cancer Cells [J]. Cancer Cell, 2020, 38 (5): 613-615.

9 Menni C, Valdes A M, Freidin M B, et al. Real-time tracking of self-reported symptoms to predict potential COVID-19 [J]. Nature Medicine, 2020, 26: 1037-1040.

10 FDA. FDA Authorizes Marketing of First Cardiac Ultrasound Software That Uses Artificial Intelligence to Guide User [EB/OL]. https://www. fda. gov/news-events/press-announcements/fda-authorizes-marketing-first-cardiac-ultrasound-software-uses-artificial-intelligence-guide-user [2020-2-7].

11 Business Wire. Zebra Medical Vision Secures its 5th FDA Clearance, Making Its Vertebral Compression Fractures AI Solution Available in the U. S. [EB/OL]. https://www. businesswire. com/news/home/20200518005487/en/ [2020-5-18].

12 AIDOC. AI SAVING BRAIN: FDA CLEARS AIDOC'S COMPLETE AI STROKE PACKAGE [EB/OL]. https://www. aidoc. com/blog/news/ai-saving-brain-fda-clears-aidocs-complete-ai-stroke-package/ [2020-1-13] .

13 AIDOC. AIDOC TO MARKET AN AI ALGORITHM UNDER THE FDA'S ENFORCEMENT POLICY FOR IMAGING SYSTEMS) [EB/OL]. https://www. aidoc. com/blog/news/fda-aidoc-covid19/ [2020-5-8].

等疾病的筛查与预测。

2. 精准医学应用日趋深入，新疗法持续突破

精准医学研究持续推进，其研究范式已在医学研究和临床中实践和推广。2020年，更多疾病如肺腺癌、乳腺癌等的精准分型研究取得突破，纳米孔测序、无细胞甲基化DNA免疫沉淀、复合成像等技术的应用提高了肾癌[14]、乳腺癌[15]等疾病检测的精准性，助推疾病精准诊断的实现。目前，已有多款精准医学产品落地，首款结合下一代基因测序技术（NGS）和液体活检技术的实体瘤基因组分析产品Guardant 360 CDx[16]，以及首个泛肿瘤类型的液体活检产品FoundationOne® Liquid CDx[17]相继获美国FDA批准上市。

免疫细胞治疗在血液肿瘤治疗研发方面持续稳步推进，2020年，全球第三款CAR-T疗法Tecartus获美国FDA批准用于治疗套细胞淋巴瘤[18]。免疫细胞治疗实体瘤仍未攻克，研发主要围绕免疫逃逸、开发新的免疫治疗细胞类型等。美国宾夕法尼亚大学发现$CD8^+$杀伤性T细胞通常不会从血液移动到器官和组织中[19]，解释了免疫细胞治疗实体瘤疗效不足的可能原因；美国宾夕法尼亚大学开发了一种可直接作用于肿瘤的嵌合抗原受体巨噬细胞（CAR-M）[20]，利用该细胞开发的疗法已获美国FDA批准开展临床。

---

14 Nuzzo P V, Berchuck J E, Korthauer K, et al. Detection of renal cell carcinoma using plasma and urine cell-free DNA methylomes [J]. Nature medicine, 2020, 26 (7): 1041-1043.

15 Jackson H W, Fischer J R, Zanotelli V R T, et al. The single-cell pathology landscape of breast cancer [J]. Nature, 2020, 578 (7796): 615-620.

16 FDA. FDA Approves First Liquid Biopsy Next-Generation Sequencing Companion Diagnostic Test [EB/OL]. https://www. fda. gov/news-events/press-announcements/fda-approves-first-liquid-biopsy-next-generation-sequencing-companion-diagnostic-test.

17 Foundation Medicine. FDA Approves Foundation Medicine's FoundationOne® Liquid CDx, a Comprehensive Pan-Tumor Liquid Biopsy Test with Multiple Companion Diagnostic Indications for Patients with Advanced Cancer [EB/OL]. https://www. foundationmedicine. com/press-releases/445c1f9e-6cbb-488b-84ad-5f133612b721.

18 FDA. TECARTUS (brexucabtagene autoleucel) [EB/OL]. https://www. fda. gov/vaccines-blood-biologics/cellular-gene-therapy-products/tecartus-brexucabtagene-autoleucel [2020-12-19].

19 Buggert M, Vella L A, Nguyen S, et al. The Identity of Human Tissue-Emigrant $CD8^+$T Cells [J]. Cell, 2020, 183: 1-16.

20 Klichinsky M, Ruella M, Shestova O, et al. Human chimeric antigen receptor macrophages for cancer immunotherapy [J]. Nat Biotechnol, 2020, 38: 947-953.

基因疗法治疗单基因遗传病再迎新药上市，并在遗传病、神经系统疾病和癌症等适应证上取得多项重要进展。2020 年 12 月，英国 Orchard Therapeutics 公司的 Libmeldy 获欧盟批准上市，用于治疗早发型异染性脑白质营养不良[21]。美国哈佛大学等通过重编程视神经节细胞（RGC）成功逆转因衰老和青光眼引起的视力损失[22]。CRISPR 等基因编辑技术推动了基因疗法快速发展和突破，通过改造自体 $CD34^+$细胞、T 细胞等实现了 β- 地中海贫血和镰状细胞贫血[23]、晚期癌症[24]等疾病的治疗。此外，美国 Editas Medicine 公司还对莱伯氏先天性黑矇 10 型（LCA10）患者实施了首次体内 CRISPR-Cas9 基因编辑治疗[25]。

RNA 疗法逐渐进入产业收获期，尤其是反义寡核苷酸（antisense oligonucleotide，ASO）疗法和小干扰 RNA（small interfering RNA，siRNA）疗法的上市进程加速。2020 年，日本新药株式会社的 ASO 药物 Viltepso 获美国 FDA 批准，用于治疗 53 号外显子跳跃杜氏肌营养不良症[26]；全球第 3 款和第 4 款 siRNA 药物 Oxlumo[27] 和 Leqvio[28] 相继获批上市，分别用于治疗 Ⅰ 型原发性高草酸尿症（PH1）和成人高胆固醇血症及混合性血脂异常。此外，预防性 mRNA 疫苗上市也实现零的突破，德国 BioNTech 公司的 BNT162b2 和美国 Moderna 公司的 mRNA-1273 分别获得美国 FDA 的紧急使用授权，用于 SARS-CoV-2 病毒

---

21 EMA. Libmeldy [EB/OL]. https://www. ema. europa. eu/en/medicines/human/EPAR/libmeldy [2021-02-01].

22 Lu Y, Brommer B, Tian X, et al. Reprogramming to recover youthful epigenetic information and restore vision [J]. Nature, 2020, 588: 124-129.

23 Frangoul H, Altshuler D, Cappellini M D, et al. CRISPR-Cas9 Gene Editing for Sickle Cell Disease and β-Thalassemia [J]. New England Journal of Medicine, 2020, 1-9.

24 Stadtmauer E A, Fraietta J A, Davis M M, et al. CRISPR-engineered T cells in patients with refractory cancer [J]. Science, 2020, 367: 1-12.

25 Ledford H. CRISPR treatment inserted directly into the body for first time [J]. Nature, 2020, 579 (7798): 185-185.

26 FDA. FDA Approves Targeted Treatment for Rare Duchenne Muscular Dystrophy Mutation [EB/OL]. https://www. fda. gov/news-events/press-announcements/fda-approves-targeted-treatment-rare-duchenne-muscular-dystrophy-mutation [2020-12-19].

27 FDA. FDA Approves First Drug to Treat Rare Metabolic Disorder. https://www. fda. gov/news-events/press-announcements/fda-approves-first-drug-treat-rare-metabolic-disorder [2020-12-19].

28 NOVARTIS. Novartis receives EU approval for Leqvio® (inclisiran), a first-in-class siRNA to lower cholesterol with two doses a year [EB/OL]. https://www. novartis. com/news/media-releases/novartis-receives-eu-approval-leqvio-inclisiran-first-class-sirna-lower-cholesterol-two-doses-year [2020-12-19].

的预防[29,30]。

用于细胞修复的干细胞治疗技术日趋成熟，逐渐形成了从基础研究、临床研究、临床转化，到产业发展的全链条体系。干细胞治疗技术的有效性和安全性不断提升，适应证不断增加，治愈潜力不断提高。2020年，科研人员进一步攻克了糖尿病干细胞疗法的免疫排斥问题[31]，利用皮肤细胞重编程获得的光敏细胞成功使失明小鼠获得了光感[32]。同时，干细胞治疗技术的临床转化和产业进程也不断加快。2020年启动的相关临床试验数量接近600例[33]。Bluebird公司开发的干细胞疗法进入了欧洲药品管理局（EMA）的加速审评通道，该疗法利用基因修饰的自体造血干细胞治疗肾上腺脑白质营养不良。

3. 人类微生物组与健康关系研究快速发展，技术进步推动其向系统化迈进

人类微生物组是人体不可或缺的重要组成部分，“解码微生物组”被*Nature*杂志选为2020年最值得关注的技术之一。2020年，微生物组参考序列解析研究持续推进[34]，其中，特定人群微生物组特征解析进一步为疾病的诊断[35]和精准治疗[36]提供了新的思路。与此同时，越来越多的人类微生物组功能的因果机制被不断解析，为证实微生物组影响全生命周期健康，包括生长发育[37,38]、疾病发

---

29 FDA. Pfizer-BioNTech COVID-19 Vaccine [EB/OL]. https://www. fda. gov/emergency-preparedness-and-response/coronavirus-disease-2019-covid-19/pfizer-biontech-covid-19-vaccine [2021-02-01].

30 FDA. Moderna COVID-19 Vaccine [EB/OL]. https://www. fda. gov/emergency-preparedness-and-response/coronavirus-disease-2019-covid-19/moderna-covid-19-vaccine [2021-02-01].

31 Yoshihara E, O'Connor C, Gasser E, et al. Immune-evasive human islet-like organoids ameliorate diabetes [J]. Nature, 2020, 586: 606-611.

32 Mahato B, Kaya K D, Fan Y, et al. Pharmacologic fibroblast reprogramming into photoreceptors restores vision [J]. Nature, 581 (7806): 83-88.

33 数据来源：Clinical Trial 数据库。

34 Almeida A, Nayfach S, Boland M, et al. A unified catalog of 204, 938 reference genomes from the human gut microbiome [J]. Nature Biotechnology, 2021, 39: 105-114.

35 Poore G D, Kopylova E, Zhu Q, et al. Microbiome analyses of blood and tissues suggest cancer diagnostic approach [J]. Nature, 2020, 579: 567-574.

36 Nejman D, Livyatan I, Fuks G, et al. The human tumor microbiome is composed of tumor type–specific intracellular bacteria [J]. Science, 368 (6494): 973-980.

37 Vuong H E, Pronovost G N, Williams D W, et al. The maternal microbiome modulates fetal neurodevelopment in mice [J]. Nature, 586: 281-286.

38 Ikuo K, Junki M, Ryuji O K, et al. Maternal gut microbiota in pregnancy influences offspring metabolic phenotype in mice [J]. Science, 367 (6481): eaaw8429.

生发展、营养[39]和药物作用提供了依据。多项临床试验结果相继证实粪菌移植在疾病治疗中发挥关键作用[40,41]，多款微生态药物临床试验迎来新进展，为批准上市铺平道路[42,43]，基于人类微生物组重构的干预方式逐渐成为疾病治疗的另一重要手段。

（二）技术进步

1. 生命组学技术的持续进步促进基线研究全面展开

生命组学技术仍然是生命科学发展的重要技术驱动力，随着生命组学技术的持续优化，基线研究越来越广泛地开展起来，已经逐渐成为人口健康和医药领域知识发现的重要模式。

首先，基因组、蛋白质组、代谢组技术不断升级，新一代串联质谱标签系统 TMTpro[44]、空间代谢组分析技术 metaFISH[45] 等一系列技术的优化和开发，进一步提升了组学技术的效率、通量、灵敏性和原位分析能力。在此支撑下，人类蛋白质组测序草图[46]、人类蛋白质组互作组图谱[47]、完整的人类 X 染色体序列[48]等

---

39 Liou C S, Sirk S J, Diaz C A C, et al. A Metabolic Pathway for Activation of Dietary Glucosinolates by a Human Gut Symbiont [J]. Cell, 2020, 180 (4): 717-728.

40 de Groot P, Nicolic T, Pellegrini S, et al. Faecal microbiota transplantation halts progression of human new-onset type 1 diabetes in a randomised controlled trial [J]. Gut, 2020, 0: 1-14.

41 Barunch E N, Youngster I, Ben-Betzalel G, et al. Fecal microbiota transplant promotes response in immunotherapy-refractory melanoma patients [J]. Science, 2020: eabb5920.

42 Rebiotix and Ferring announce world's first with positive preliminary pivotal Phase 3 data for investigational microbiome-based therapy RBX2660 [EB/OL]. https://www. rebiotix. com/news-media/press-releases/rebiotix-announces-worlds-first-positive-pivotal-phase-3-data-investigational-microbiome-based-therapy-rbx2660/ [2020-12-07].

43 SERES THERAPEUTICS ANNOUNCES POSITIVE TOPLINE RESULTS FROM SER-109 PHASE 3 ECOSPOR Ⅲ STUDY IN RECURRENT C. DIFFICILE INFECTION [EB/OL]. https://ir. serestherapeutics. com/news-releases/news-release-details/seres-therapeutics-announces-positive-topline-results-ser-109 [2020-12-07].

44 Li J, Vranken J G V, Vaites L P, et al. TMTpro reagents: a set of isobaric labeling mass tags enables simultaneous proteome-wide measurements across 16 samples [J]. Nature Methods, 2020, 17: 399-404.

45 Geier B, Sogin E M, Michellod D, et al. Spatial metabolomics of in situ host-microbe interactions at the micrometre scale [J]. Nature Microbiology, 2020, 5 (3): 498-510.

46 Adhikari S, Nice E C, Deutsch E W, et al. A high-stringency blueprint of the human proteome [J]. Nature Communications, 2020, 11: 5301.

47 Luck K, Kim D K, Lambourne L, et al. A reference map of the human binary protein interactome [J]. Nature, 2020, 580: 402-408.

48 Miga K H, Koren S, Rhie A, et al. Telomere-to-telomere assembly of a complete human X chromosome [J]. Nature, 2020, 585: 79-84.

大量高质量基因、蛋白、代谢分析图谱绘制完成，以揭示生命现象、解析疾病发生机制。同时，能够反映空间信息的生命组学分析技术越发受到关注，空间转录组技术被评为2020年*Nature Methods*年度技术。

其次，单细胞分析技术的不断优化成熟，使细胞图谱的绘制逐渐覆盖了人体全系统、全生命周期。2020年，除了持续拓展绘制细胞图谱的组织器官[49, 50, 51, 52]外，浙江大学还首次绘制了跨越胚胎和成年两个时期，涵盖八大系统的人类细胞图谱[53]，为认识生命组成、解析发育、生长、衰老全生命过程奠定了基础。

最后，分子和细胞图谱的绘制助力疾病发生机制[54]的解析和疾病生物标志物[55]的发现。全基因组泛癌分析联盟（PCAWG）发布了迄今最全面的癌症全基因组图谱[56]；美国哈佛医学院对癌细胞系百科全书（CCLE）中375种细胞系的数千种蛋白质进行定量蛋白质组分析，补全了CCLE深度蛋白质组学分析数据[57]，为癌症研究提供了重要的数据基础。

2. “工程化”改造技术的深度渗透改变疾病干预方式

对细胞、组织、器官进行“工程化”改造和制造正在成为疾病干预的重要方式，以基因编辑技术、组织器官制造、合成生物学为代表的“工程化”技

---

49 Litviňuková M, Talavera-López C, Maatz H, et al. Cells of the adult human heart [J]. Nature, 2020, 588: 466-472.

50 Park J E, Botting R A, Conde C D, et al. A cell atlas of human thymic development defines T cell repertoire formation [J]. Science, 2020, 367 (6480): eaay3224.

51 Bian Z, Gong Y, Huang T, et al. Deciphering human macrophage development at single-cell resolution [J]. Nature, 2020, 582 (7813): 1-6.

52 Zhong S J, Ding W Y, Sun L, et al. Decoding the development of the human hippocampus [J]. Nature, 2020, 577: 531-536.

53 Han X, Zhou Z, Fei L, et al. Construction of a human cell landscape at single-cell level [J]. Nature, 2020, 581 (7808): 303-309.

54 Jin X, Demere Z, Nair K, et al. A metastasis map of human cancer cell lines [J]. Nature, 2020, 588 (7837): 331-336.

55 Hoshino A, Kim H S, Bojmar L, et al. Extracellular Vesicle and Particle Biomarkers Define Multiple Human Cancers [J]. Cell, 2020, 182 (4): 1044-1061.

56 Cieslik M, Chinnaiyan A M. Global genomics project unravels cancer's complexity at unprecedented scale [EB/OL]. https://www. nature. com/articles/d41586-020-00213-2 [2021-02-01].

57 Nusinow D P, Szpyt J, Ghandi M, et al. Quantitative Proteomics of the Cancer Cell Line Encyclopedia [J]. Cell, 180 (2): 387-402.

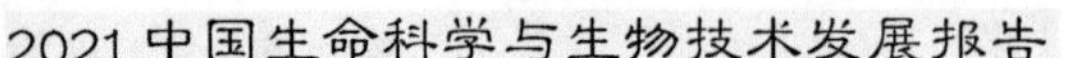

术，正在逐渐使疾病干预实现从“对症治疗”向“解决致病根源问题”转变。

基因编辑技术的持续优化使其应用范围进一步扩大，实现了 C 到 A/G 的单碱基替换[58]、多 DNA 片段的同时编辑[59]、线粒体 DNA 的精准编辑[60-63]等。同时，其安全性和可控性也逐渐提升，美国约翰·霍普金斯大学等相继开发出光控基因编辑技术[64]、病毒抗Ⅲ / Ⅵ型 CRISPR 酶[65,66]可实现对基因编辑的时空控制。技术进步为疾病治疗带来更加广阔的前景。针对晚期难治性骨髓瘤和转移性肉瘤[67]、非小细胞肺癌[68,69]、转甲状腺素蛋白淀粉样变性[70]等的临床试验陆续开展，且开始取得良好结果。其中，瑞士 CRISPR Therapeutics 公司等利用基因编辑技术首次成功治愈两种遗传性贫血[71,72]，标志着基因编辑疗法展现良好前景。

组织器官体外制造技术研发快速发展，干细胞、3D 生物打印、类器官等技

---

58. Zhao D, Li J, Li S, et al. Glycosylase base editors enable C-to-A and C-to-G base changes [J]. Nature biotechnology, 2020: 1-6.

59. Thomas G P, Michael A, Brown K R, et al. Genetic interaction mapping and exon-resolution functional genomics with a hybrid Cas9-Cas12a platform [J]. Nature biotechnology, 2020, 38: 638-648.

60 Zhang X, Zhu B, Chen L, et al. Dual base editor catalyzes both cytosine and adenine base conversions in human cells [J]. Nature Biotechnology, 2020, 38 (7): 856-860.

61 Sakata R C, Ishiguro S, Mori H, et al. Base editors for simultaneous introduction of C-to-T and A-to-G mutations [J]. Nature Biotechnology, 2020: 1-5.

62 Grünewald J, Zhou R, Lareau C A, et al. A dual-deaminase CRISPR base editor enables concurrent adenine and cytosine editing [J]. Nature biotechnology, 2020, 38 (7): 861-864.

63 Li C, Zhang R, Meng X, et al. Targeted, random mutagenesis of plant genes with dual cytosine and adenine base editors [J]. Nature Biotechnology, 2020, 38 (7): 875-882.

64 Liu Y, Zou R S, He S, et al. Very fast CRISPR on demand [J]. Science, 2020, 368 (6496): 1265-1269.

65 Athukoralage J S, Mcmahon S A, Zhang C, et al. An anti-CRISPR viral ring nuclease subverts type Ⅲ CRISPR immunity [J]. Nature, 2020, 577 (7791): 1-4.

66 Meeske A J, Jia N, Cassel A K, et al. A phage-encoded anti-CRISPR enables complete evasion of type Ⅵ -A CRISPR-Cas immunity [J]. Science, 2020, 369 (6499): 54-59.

67 Stadtmauer E A, Fraietta J A, Davis M M, et al. CRISPR-engineered T cells in patients with refractory cancer [J]. Science, 2020, 367 (6481).

68 Lu Y, Xue J, Deng T, et al. Safety and feasibility of CRISPR-edited T cells in patients with refractory non-small-cell lung cancer [J]. Nature medicine, 2020, 26 (5): 732-740.

69 Dolgin E. First systemic CRISPR agent in humans [J]. Nature Biotechnology, 2020, 38: 1364.

70 Intellia Therapeutics Receives Authorization to Initiate Phase 1 Clinical Trial of NTLA-2001 for Transthyretin Amyloidosis (ATTR) [EB/OL]. https://ir. intelliatx. com/news-releases/news-release-details/intellia-therapeutics-receives-authorization-initiate-phase-1.

71 Frangoul H, Altshuler D, Cappellini M D, et al. CRISPR-Cas9 gene editing for sickle cell disease and β-thalassemia [J]. New England Journal of Medicine, 2021, 384 (3): 252-260.

72 Esrick E B, Lehmann L E, Biffi A, et al. Post-transcriptional genetic silencing of BCL11A to treat sickle cell disease [J]. New England Journal of Medicine, 2021, 384 (3): 205-215.

术优化升级并深度融合，不断探索“器官制造”应用的可行性。肝脏[73]、皮肤[74]等多种人造组织器官已实现在动物移植并存活，我国科研人员还实现了利用 3D 打印肝脏缓解小鼠肝脏衰竭[75]。此外，韩国浦项大学开发的类组装体技术还为构建更为仿真的类器官带来了新机遇[76]。这些成果进一步推动了人造器官在组织器官替代治疗中的应用。

合成生物学在蛋白质元件的人工设计合成方面取得巨大突破，并在疾病预防与诊疗应用中取得明显成效。在基础研究方面，以调控多种细胞过程的蛋白质逻辑门[77]和跨膜通道结构[78]为代表的人工元件与基因线路设计不断推陈出新，全球首个活体机器人[79]和首个包含 67 个密码子的生物体[80]相继面世。

3. 液体活检技术推动肿瘤早筛、实时全面监测的实现

相较于传统的组织活检，液体活检具备可实现早期筛查、实时动态监测、克服肿瘤异质性、提供全面检测信息等独特优势，其出现标志着人类在攻克肿瘤的道路上又前进了一大步。随着检测技术优化，对肿瘤与健康情况的监测能力不断增强，美国 Dana-Farber 癌症研究所开发出无细胞甲基化 DNA 免疫沉淀和高通量测序技术（cfMeDIP-seq），可以高精度地检测出肾癌[81]；美国贝勒医学院通过单针活检技术分析肿瘤的基因组学与蛋白质组学特征，实现了肿

73 Takeishi K, I'Hortet A, Wang Y, et al. Assembly and Function of a Bioengineered Human Liver for Transplantation Generated Solely from Induced Pluripotent Stem Cells [J]. Cell Reports, 2020, 31: 107711.

74 Lee J, Rabbani C C, Gao H, et al. Hair-bearing human skin generated entirely from pluripotent stem cells [J]. Nature, 2020, 582 (7812): 399-404.

75 Yang H, Sun L, Pang Y, et al. Three-dimensional bioprinted hepatorganoids prolong survival of mice with liver failure [J]. Gut, 2020, 70 (3): gutjnl-2019-319960.

76 Kim E, Choi S, Kang B, et al. Creation of bladder assembloids mimicking tissue regeneration and cancer [J]. Nature, 2020, 588: 664-669.

77 Chen Z, Kibler R D, Hunt A, et al. De novo design of protein logic gates [J]. Science, 2020, 368 (6486): 78-84.

78 Xu C, Lu P, El-Din T M G, et al. Computational design of transmembrane pores [J]. Nature, 2020, 585 (7823): 129-134.

79 Kriegman S, Blackiston D, Levin M, et al. A scalable pipeline for designing reconfigurable organisms [J]. Proceedings of the National Academy of Sciences, 2020, 117 (4): 1853-1859.

80 Fischer E C, Hashimoto K, Zhang Y, et al. New codons for efficient production of unnatural proteins in a semisynthetic organism [J]. Nature chemical biology, 2020, 16 (5): 570-576.

81 Nuzzo P V, Berchuck J E, Korthauer K, et al. Detection of renal cell carcinoma using plasma and urine cell-free DNA methylomes [J]. Nature medicine, 2020, 26 (7): 1041-1043.

瘤诊断[82]。通过与人工智能技术和成像技术的结合，进一步提高了其性能，美国斯坦福大学等通过新的机器学习模型分析血液中的 ctDNA 突变，能够鉴别出早期肺癌患者[83]；英国剑桥大学等开发了整合特定肿瘤基因数据的测序平台 INVAR，可敏感检测个体的 ctDNA[84]；美国约翰·霍普金斯大学等通过将血液检测与 PET-CT 筛查结合，可助力无癌症病史或症状患者的癌症检测[85]。检测对象上，细胞外囊泡的重要性也逐步受到关注，美国纪念斯隆·凯特琳癌症中心和康奈尔大学[86]分析由肿瘤释放的细胞外囊泡和颗粒（extracellular vesicles and particles，EVP）中的蛋白质，实现了多种不同类型癌症的早期检测；美国堪萨斯大学利用纳米微流体芯片对肿瘤相关胞外囊泡进行综合功能与分子表型分析，实现了癌症进展、侵袭和转移的实时监测[87]。目前，液体活检技术已形成商业化产品推出，2020 年，美国 FDA 先后批准了美国 Guardant Health 公司、美国 Foundation Medicine 公司等的实体瘤基因组分析产品[88]或泛肿瘤液体活检产品[89]上市。

4. 结构生物学技术的完善极大推动了对生命过程的解析

伴随着 X 射线晶体学、核磁共振、电子显微学及冷冻电子显微镜技术的

---

82 Satpathy S, Jaehnig E J, Krug K, et al. Microscaled proteogenomic methods for precision oncology [J]. Nature communications, 2020, 11 (1): 1-16.

83 Chabon J J, Hamilton E G, Kurtz D M, et al. Integrating genomic features for non-invasive early lung cancer detection [J]. Nature, 2020, 580 (7802): 245-251.

84 Wan J C M, Heider K, Gale D, et al. ctDNA monitoring using patient-specific sequencing and integration of variant reads [J]. Science translational medicine, 2020, 12 (548).

85 Lennon A M, Buchanan A H, Kinde I, et al. Feasibility of blood testing combined with PET-CT to screen for cancer and guide intervention [J]. Science, 2020, 369 (6499): eabb9601.

86 Hoshino A, Kim H S, Bojmar L, et al. Extracellular Vesicle and Particle Biomarkers Define Multiple Human Cancers [J]. Cell, 2020, 182 (4): 1044-1061.

87 Zhang P, Wu X, Gardashova G, et al. Molecular and functional extracellular vesicle analysis using nanopatterned microchips monitors tumor progression and metastasis [J]. Science Translational Medicine, 2020, 12 (547).

88 FDA. Approves First Liquid Biopsy Next-Generation Sequencing Companion Diagnostic Test [EB/OL]. https://www. fda. gov/news-events/press-announcements/fda-approves-first-liquid-biopsy-next-generation-sequencing-companion-diagnostic-test.

89 FDA. Approves Foundation Medicine's FoundationOne®Liquid CDx, a Comprehensive Pan-Tumor Liquid Biopsy Test with Multiple Companion Diagnostic Indications for Patients with Advanced Cancer [EB/OL]. https://www. foundationmedicine. com/press-releases/445c1f9e-6cbb-488b-84ad-5f133612b721.

不断进步和完善，结构生物学得到飞速的发展，使得越来越多的生物大分子结构被解析出来，极大地推动了人们对生命过程的理解。诸多研究致力于提升冷冻电镜的分辨率，并通过与人工智能、大数据技术的结合加速对细胞组成的理解。如谷歌旗下人工智能公司 DeepMind 开发的深度学习程序 AlphaFold 程序精确预测了蛋白质的三维结构[90]，准确性可与冷冻电镜、X 射线晶体学等实验技术相媲美；英国医学研究理事会分子生物学实验室等在高分辨率下解析了脱铁铁蛋白（1.22 Å）和 GABA-A 受体（1.7 Å）[91]，德国马克斯·普朗克研究所等新开发的冷冻电镜技术，得到了分辨率约为 1.24 Å 的脱铁铁蛋白结构[92]，这些成果入选 2020 年 *Nature* 的 10 项重大发现。2020 年，在新型冠状病毒基因序列公布之后的几个月内，美国马萨诸塞大学医学院、英国布里斯托大学、德国慕尼黑大学等机构的多项研究已成功利用冷冻电镜技术解析了刺突糖蛋白[93,94]、核蛋白[95]的结构，为疫苗研制和治疗感染患者有效疗法提供了新见解。这一系列研究在推进冷冻电镜技术革新的同时，也协同促进结构病毒学的发展。

（三）产业发展

生物产业已经逐步迈向生物经济时代，通过持续利用可再生的水生和陆地生物质资源生产能源、中间品和成品，实现全球产业转型，以获得经济、环境、社会和国家安全利益。作为 21 世纪创新最为活跃、影响最为深远的新兴产业，生物经济正加速成为全球重要的新经济形态。以美国和欧洲为例，2019 年 2 月，美国生物质研发理事会（BR&D Board）正式发布了《生物经济行动：

---

90 Service R F. 'The game has changed. 'AI triumphs at protein folding [J]. Science, 2020, 370 (6521): 1144-1145.

91 Nakane T, Kotecha A, Sente A, et al. Single-particle cryo-EM at atomic resolution [J]. Nature, 2020, 587 (7832): 152-156.

92 Yip K M, Fischer N, Paknia E, et al. Atomic-resolution protein structure determination by cryo-EM [J]. Nature, 2020, 587 (7832): 157-161.

93 Yurkovetskiy L, Wang X, Pascal K E, et al. Structural and functional analysis of the D614G SARS-CoV-2 spike protein variant [J]. Cell, 2020, 183 (3): 739-751.

94 Toelzer C, Gupta K, Yadav S K N, et al. Free fatty acid binding pocket in the locked structure of SARS-CoV-2 spike protein [J]. Science, 2020, 370 (6517): 725-730.

95 Thoms M, Buschauer R, Ameismeier M, et al. Structural basis for translational shutdown and immune evasion by the Nsp1 protein of SARS-CoV-2 [J]. Science, 2020, 369 (6508): 1249-1255.

实施框架》[96]报告，其愿景是振兴美国生物经济，通过最大限度促进生物质资源在国内平价生物燃料、生物基产品和生物能源方面的持续利用，促进经济增长、能源安全和环境改善。2019 年 7 月，欧洲生物产业协会（EuropaBio）发布《生物技术产业宣言 2019——重振欧盟生物技术雄心》[97]，呼吁欧盟决策者重新建立一个更为健康、更高资源利用率、由技术驱动的欧洲。

1. 代表性领域现状与发展态势

疫情对中国各个行业都带来了不同的挑战与机遇，而这些变化可能会深刻影响到行业未来发展趋势和竞争格局。毕马威公司（KPMG）认为，从医疗和生命科学行业来看：①创新药物和医疗器械研发加强。通过此次疫情，研发各种应对病毒的检测、抑制和治疗的相关药品和试剂势必更受重视，而公众对于类似流感疫苗这类产品的使用量也会大大提高。②健康管理及保健意识提高。疫情结束后，群众对健康管理和保健将会有更高的需求，对疾病预防、早期就诊、治疗方法和药物、疾病预后和危害的认知也更为深入，将推动医疗消费增长。③互联网医疗快速发展。受疫情推动，互联网医院、在线诊疗、各类网上药店前所未有地受到关注，政府、行业和大众对新兴渠道均有了更好的认知，也解决了特殊时期很多非急诊慢病、常见病患者的就医、配药的问题。④ AI 赋能医疗研发。对于以影像 AI 产品为主流的医疗 AI 行业来说，是一个很好的机遇点，将进一步推进远程医疗和智慧医疗，解决医疗资源不足的问题。⑤基层医疗服务能力有待加强。这次疫情之后，政府对基层医疗能力的投资有望加强，加强分级诊疗体系建设，使其对全民医疗保障发挥更积极的作用。⑥医疗产品生产更加智能化、弹性化。未来更加弹性化、社会化的协同生产也有利于保障医疗产品在关键时刻的需求，更为合理的分布式供应链布局也可以减少局部地区突发事件对整个供应链的影响，保障对医药、医疗产品的供应[98]。

---

96 BR&D. The Bioeconomy Initiative: Implementation Framework [R/OL]. https://biomassboard. gov/pdfs/Bioeconomy_Initiative_Implementation_Framework_FINAL. pdf.

97 EuropaBio. BIOTECHNOLOGY INDUSTRY MANIFESTO 2019: Resetting the ambition for biotechnology in the EU [R/OL]. https://www. europabio. org/sites/default/files/Biotechnology%20Industry%20Manifesto%202019. pdf.

98 毕马威中国 . 新冠肺炎疫情的行业影响和未来发展趋势 [R/OL]. https://assets. kpmg/content/dam/kpmg/cn/pdf/zh/2020/02/how-novel-coronavirus-affects-various-industries-and-future-development-trends. pdf.

在生物医药领域，德勤公司（Deloitte）与上海市科学技术协会联合发布《中国生物医药创新趋势展望》[99]，其中指出“全球生物医药产业创新突破正处于进行时”。其一是数字化转型下的生物医药创新加速。随着技术的不断成熟，数字医疗将在深入生物药“自上而下”的产业链各环节中扮演越来越重要的角色，不仅仅带动企业端的应用转型，还能促进整个生物医药产业链的全面加速。其二是人工智能在医疗领域的全产业链应用，加速全方位技术突破。在接下来的三到五年间，我们将有机会看到更多人工智能的运用投入生物医药的新药研发和发展，通过人工智能的应用来进一步扩张生物医药公司从分子开发到市场投入的产业链。其三是生物医药企业的创新研发重心向创新靶点和新一代疗法的开发转移。在以人工智能主导的科技应用投入加大的助推下，新靶点的发现以及研发上市将会有更为乐观的前景。德勤预计将会有更多的资金和资源投入到细胞与基因治疗（CGT）的发展，带来更多的生物药治疗创新。同时，该报告指出中国生物医药产业的创新趋势如下：①创新生物药逐渐受到政府机构的重视，在一系列与生物医药产业相关的监管制度和政策的改革实施下，研发上市的进程获得加速。②中国成为生物医药行业的数字化转型重地。不论是跨国药企或是本土药企皆在加强和扩大在中国的数字科技的投资和应用场景。③人工智能赋能生物医药全产业链的创新突破。随着制药以及科技巨头们纷纷落实部署，中国的“人工智能+生物科技”的投资市场非常活跃，属于行业发展早期阶段，市场潜力巨大。④在新一代疗法领域，中国是细胞与基因治疗快速发展的沃土之一。⑤本土企业在创新和落地能力方面的提升与突破，主要受到人才与技术积累、政府长期研发投入和政策支持的推动。

在医疗行业，新冠肺炎疫情给全球医疗行业的劳动力、基础设施和供应链带来巨大压力，暴露了社会医疗资源不平等的问题；同时加速了行业生态系统的变革，迫使公共和私立医疗体系在短期内去适应和创新。德勤公司在《2021年全球医疗行业展望：加速行业变革》[100]报告中指出了推动2021年全球医疗卫

99 德勤，上海市科学技术协会．中国生物医药创新趋势展望 [R/OL]. https://www2. deloitte. com/content/dam/Deloitte/cn/Documents/life-sciences-health-care/deloitte-cn-lshc-china-biopharma-innovation-trends-zh-210520. pdf.

100 德勤．2021 年全球医疗行业展望：加速行业变革 [R/OL]. https://www2. deloitte. com/content/dam/Deloitte/cn/Documents/life-sciences-health-care/deloitte-cn-lshc-global-health-care-outlook-report-en-210226. pdf.

生行业变革的六大问题，并提出了医疗行业领导者在未来一年应考虑的问题及对策。上述问题包括：①数字化转型及数据互通。从标准化的临床方案过渡到个性化医疗；利用人工智能来提供实时护理、干预和推动消费者行为和模式的转变。②社会经济转变。支持个人整体健康计划；意识到需要把重点放在弱势群体上，并与政府合作修订政策和方案。③医护模式创新。将重点从急症护理转向预防和安康；从标准化的临床方案过渡到个性化医疗；不断发展的支付模式，基于价值/注重成果，普遍覆盖；改善财务运作方式和绩效。④工作与人才。引入新的商业模式、指数技术和灵活的工作方式；分析产能和需求，以满足新冠肺炎疫情的需要；活用远程工作人员（临床和非临床）。⑤消费者与患者体验。提高消费者对其健康数据的所有权；提供清晰简明的治疗护理及费用信息；在虚拟就诊和可信赖的医患关系间取得平衡。⑥协同合作。医疗行业生态系统能够支持实时数据和分析，并充当教育、预防和治疗的中心；医疗行业生态系统能将消费者与虚拟、家庭、个人和辅助护理的医护提供者彼此连接。

在生物农业领域，据ISAAA最新数据[101]显示，2019年，全球转基因作物的种植面积略有下降，为1.904亿hm^2；比2018年的1.917亿hm^2小幅减少了0.7%，约合130万hm^2。转基因作物的产量增长了约112倍，累计种植面积达27亿hm^2，使转基因技术成为世界上采用最快的作物技术。共有72个国家采用了转基因作物，其中29个国家播种，另外43个国家进口。世界五大转基因作物种植国（美国、巴西、阿根廷、加拿大和印度）的转基因作物占全球种植面积的91%，达到1.727亿hm^2；平均采用率在2019年再次增加，达到接近饱和的水平。其中，美国为95%（大豆、玉米和油菜的平均采用率），巴西为94%，阿根廷接近100%，加拿大和印度分别小幅下降至90%和94%。转基因作物在2019年为消费者提供了更多多样化的产品。转基因作物已经超越了四大作物（玉米、大豆、棉花和低芥酸菜籽），为世界上许多消费者和食品生产者提供了更多选择，包括苜蓿、甜菜、甘蔗、木瓜、红花、马铃薯、茄子，以

---

101 ISAAA. ISAAA Brief 55-2019: Executive Summary [EB/OL]. https://www. isaaa. org/resources/publications/briefs/55/executivesummary/default. asp.

及南瓜、苹果和菠萝等。

在生物能源领域，REN21 发布的《2021 年全球可再生能源现状报告》[102] 数据表明，2019 年，生物能源提供了全球最终能源需求总量的 5.1%，约占最终能源消费中所有可再生能源的一半。2020 年，由于新冠肺炎疫情对整体运输能源需求的影响，全球生物燃料产量下降约 5%。在电力领域，生物能源的贡献在 2020 年增长了 6%，达到 602 太瓦时。其中，中国仍然是最大的生物发电国，美国和巴西紧随其后。据《BP 世界能源统计年鉴》[103] 数据显示,2020 年，全球生物燃料产量下降 6%，但生物柴油占生物燃料的份额不断上升，2020 年达到 41%。生物乙醇是北美洲、南美洲和中美洲的重要燃料，上述地区的生物乙醇产量普遍下降了 7%～12%。而生物柴油是欧洲和亚太地区生产的主要燃料，亚洲的生物燃料产量随着生物柴油产量的增加而更显稳健。

在生物基材料领域，欧洲研究机构 nova-Institute 于 2021 年发布的《生物基单体与聚合物全球产能、产品和趋势（2020—2025）》[104] 报告指出,2020 年生物基聚合物的总产量为 420 万 t，占化石基聚合物总产量的 1%。多年来，生物基聚合物的复合年均增长率首次达到 8%，显著高于聚合物 3%～4% 的整体增长率，预计这一趋势将持续至 2025 年。2019～2020 年，由于亚洲扩大了聚乳酸（PLA）和聚己二酸丁二酯 / 对苯二甲酸丁二醇酯（PBAT）的生产，以及全球范围内扩大环氧树脂的生产，直接促进了全球产能的扩增。2020 年，聚丁二酸丁二醇酯（PBS）及生物基聚乙烯（PE）和聚氨酯（PUR）的生产能力有所提高。特别是聚酰胺（PA）和聚丙烯（PP）显著增长（约 36%），并将持续增长至 2025 年。亚洲已经成为拥有生物基聚合物最大生产能力的地区，占全球产能的 47%，其次是欧洲（26%）、北美洲（17%）和南美洲（9%）。

---

102 REN21. Renewables 2021 Global Status Report [R/OL].https://www.ren21.net/wp-content/uploads/2019/05/GSR2021_Full_Report.pdf.

103 BP. Statistical Review of World Energy 2021 [R/OL]. https://www.bp.com/content/dam/bp/country-sites/zh_cn/china/home/reports/statistical-review-of-world-energy/2021/bp-stats-review-2021-full-report.pdf.

104 Nova-institute. Bio-based Building Blocks and Polymers-Global Capacities, Production and Trends 2020-2025 [R/OL]. https://renewable-carbon.eu/publications/product/bio-based-building-blocks-and-polymers-global-capacities-production-and-trends-2020-2025-short-version/.

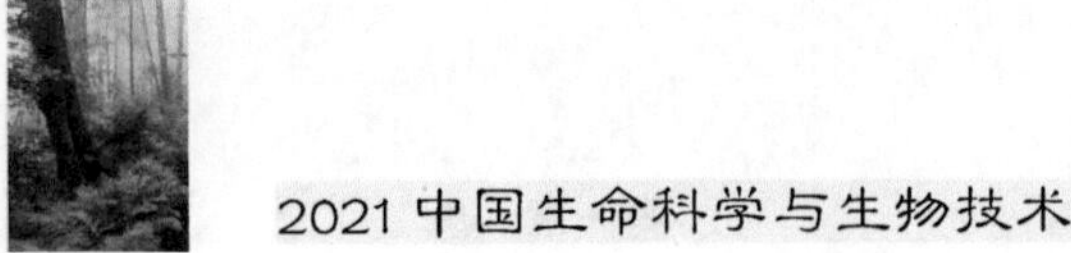

展望未来，通过德勤公司发布的《2021 中国生命科学与医疗行业调研结果：行业现状与展望》[105]，可以发现：①政府的参与将继续加速本土企业的创新与竞争，最终造福中国患者；②新的商业模式和数字化技术将使中国患者成为高度关注健康的消费者；③与大多数成熟市场相比，中国市场将继续以更快的速度发展，而且不容忽视。此外，毕马威公司指出，在“十四五”规划的影响下，医疗与生命科学行业将迎来以下七大利好[106]：①生物医药市场快速发展；②创新医疗器械企业迎来高增长红利；③中医药行业发展长期向好；④数字医疗产业将迎来更多发展机遇；⑤创新基层医疗模式逐渐涌现；⑥医院将进入精细化管理阶段；⑦康复医疗将迎来快速发展。

2. 全球生命科学投融资与并购形势

从全球生命科学的并购形势来看，普华永道（PwC）发布的《全球并购行业趋势——医疗行业》[107] 报告表明，2020 年医疗行业并购活动正在加速进行，并吸引新的投资人进入。首先，2020 年下半年并购交易数量较上半年大幅增长 25%，同比增长 14%。这主要是由于亚太地区并购交易数量增加所致。与上半年相比，亚太地区医疗器械、生物技术和制药的交易数量分别增长了 35%、75% 和 36%。在欧洲、中东、非洲地区（EMEA）和美洲地区，制药行业交易数量较上半年分别下降了 2% 和 22%，但交易金额大幅上升。医疗健康服务行业并购交易数量在 2020 年第二季度有所下降，但在下半年有所反弹。其次，下半年的整体并购交易规模也呈上升趋势，这主要归功于五笔大型交易，总计约 970 亿美元。其中，阿斯利康公司宣布计划收购 Alexion 制药（约 390 亿美元）；吉利德科学公司收购 Immunomedics（约 210 亿美元）；西门子医疗系统有限公司正在收购瓦里安

105 德勤 . 2021 中国生命科学与医疗行业调研结果：行业现状与展望 [R/OL]. https://www2. deloitte. com/content/dam/Deloitte/cn/Documents/life-sciences-health-care/deloitte-cn-lshc-2021-china-pharmaceutical-industry-outlook-survey-results-zh-210207. pdf.

106 毕马威 . 百舸争流：“十四五”规划行业影响展望 [R/OL]. https://assets. kpmg/content/dam/kpmg/cn/pdf/zh/2021/01/14th-five-year-plan-industry-impact-outlook. pdf.

107 普华永道 . 全球并购行业趋势——医疗行业 [R/OL]. https://www. pwccn. com/zh/deals/publications/hi-global-ma-trend. pdf.

医疗系统公司（164 亿美元）；百时美施贵宝公司收购 MyoKardia 公司（131 亿美元）；强生公司收购 Momenta 制药公司（65 亿美元）。剔除巨额交易后，交易总金额似乎略有下降，但总体上与疫情前的水平基本相当。再次，医疗技术领域企业（包括生产诊断测试用品、个人防护设备和呼吸机等急救设备的企业）和制药服务领域企业（包括新冠肺炎疫苗研发企业和治疗药物研发企业）的估值都有所上升，这可能与新冠肺炎疫情相关的需求增加有关。

从全球生命科学的投融资形势来看，据动脉橙产业智库与蛋壳研究院联合发布的《2020 年全球医疗健康产业资本报告》[108] 数据显示：2020 年，全球医疗健康产业共发生 2199 起融资事件，融资总额创历史新高，达 749 亿美元（约 5169.3 亿人民币），同比增长约 41%；但融资事件却轻微下滑，自 2018 年起连续两年下跌；单笔融资超过 1 亿美元的达到前所未有的 205 起，同比增长近 80%。其中，全球生物医药领域以 786 起交易，369 亿美元（约 2547 亿人民币）再次高居细分领域之首，数字健康领域以 692 起交易紧随其后，器械与耗材排名第三；生物医药因其市场体量、研发投入所带来的高资金需求，始终占据融资总额的主导地位，融资额占比常年达到 40% 以上，几乎是数字健康和器械与耗材两个领域的总和。但国内外在细分领域的融资项目上出现了较大分歧：国内依然是生物医药领域领跑交易量和融资额，数字健康则成为了国外最热门的赛道；同时，国外表现平平的器械与耗材领域，在国内则受到资本追捧。生物制药、医疗信息化、互联网＋医疗健康、体外诊断（IVD）等赛道热度较高。此外，从轮次分布来看，A 轮融资事件出现频次最高，达 601 起；C 轮事件数量超过了天使轮的融资数量，反映出相比早期初创公司，商业模式相对成熟的公司更受资本欢迎，这在生物制药领域尤其明显。

此外，从投资机构来看，2020 年，投资全球医疗健康最为活跃的机构是 OrbiMed，全年破纪录地累计出手 50 次，其投资标的以生物医药公司为主；全球十大活跃投资机构中，有四家机构来自我国，分别是红杉资本中国基金、高瓴资本（含高瓴创投）、礼来亚洲基金、启明创投，可见国内投资市场活跃。

108 王悦 . 2020 年全球医疗健康产业资本报告 [EB/OL]. https://vcbeat. top/YmY2OWRiMDM2MzQ5ZDAyYTgzODk2NmU4MGEzNTMzMzg=.

从医疗健康投资热点区域来看，2020 年，全球医疗健康融资事件发生最多的五个国家分别是美国、中国、英国、以色列和印度；美国市场中，医疗健康的各个子行业与其他市场对比相对成熟，其投融资事件数的配比也相对较稳定。

据《全球并购行业趋势——医疗行业》[107] 报告预计，制药及生命科学领域 2021 年并购活动的热点包括：①细胞和基因疗法、肿瘤和下一代生物制剂等领域的中型企业，将继续吸引大型制药公司的兴趣，尤其是那些拥有强大的研发能力和技术专长的企业将得到青睐；②专注于创新药物开发和技术［包括现已成功应用于新冠肺炎疫苗的信使 RNA（mRNA）技术］的合同定制研发生产（CDMOs）公司，将吸引希望通过并购增加其产品线和研发能力的大型制药公司；③鉴于疫情的长期性，专注于生产应对疫情的医疗设备、疫苗、治疗和诊断的公司将继续拥有吸引力，因此将成为收购和合作的热门标的；④由于采购程序的限制，与新冠肺炎疫情无关的各种治疗领域（包括牙科、普通外科和整形外科）的设备制造商（和一些制药公司）的市场需求长期受到抑制，预计始于 2020 年上半年的行业整合趋势将继续下去；⑤制药及生命科学行业的相对韧性及其强劲的回报可能会吸引大型化工和技术行业企业选择进入或重新进入制药领域；⑥对药品价格和供应链的持续关注和压力将导致仿制药和活性药物成分（APIs）生产领域的一些整合，特别是在印度和亚太地区。

此外，医疗健康服务领域 2021 年并购活动的热点包括：①随着政府财政支持的逐渐减少，资金即将耗尽的私人诊所和提供必需及可选医疗服务的医院也同样面临着被合并的问题；②市场对数字化医疗健康服务提供商和致力于实践管理数字化的医疗 IT 公司通过并购实现商业模式现代化的兴趣不断提高；③老年护理机构持续受到疫情的负面影响，预计整个欧洲都将出现进一步整合，该领域的独立企业和小型集团将被整合在一起，形成更大的企业集团。

二、我国生命科学与生物技术发展态势

国家政策支持下，加之技术进步与学科交叉推动，中国生命科学研究和应

用发展迅速，推动我国生命科学与生物技术产业的持续突破。

（一）重大研究进展

我国生命科学研究快速推进，生命组学技术开发、多组学联合分析等不断进步，推动我国在分子和细胞图谱绘制及临床应用方面持续取得突破。国家政策支持，及技术进步与学科交叉推动合成生物学、表观遗传学、结构生物学快速突破，脑科学、免疫学、干细胞临床应用迅速推进，新兴液体活检技术和器官再造技术也蓬勃发展，有望出现新突破。

1. 生命组学技术应用与细胞图谱绘制持续取得突破

中国生命组学在技术开发、多组学联合分析、应用方面取得大量进展。技术开发方面，中国科学院青岛生物能源与过程研究所等开发了全新的单细胞拉曼分选－测序技术 RAGE-Seq[109]，实现了菌群中单个目标细胞近 100% 覆盖度的精准测序；中国科学院大连化学物理研究所等机构研制的新方法实现了对 N-磷酸化肽段的高效富集、分离和鉴定，并完成了 N- 磷酸化蛋白质组的深度覆盖分析[110]；北京大学等机构设计和合成了一系列新的泛酰巯基乙胺类似物探针，并以此发现了一些潜在的全新泛酸修饰底物蛋白和位点[111]；中国科学院上海有机化学研究所等机构推出了全球最大、最全面的小分子碰撞截面积数据库平台（AllCCS）[112]。多组学联合分析上，中国人民解放军海军军医大学、中国科学院上海药物研究所、中国科学院上海生物化学与细胞生物学研究所等机构对原

109 Xu T, Gong Y, Su X, et al. Phenome-Genome Profiling of Single Bacterial Cell by Raman-Activated Gravity-Driven Encapsulation and Sequencing [J]. Small, 2020, 16 (30): e2001172.

110 Hu Y, Jiang B, Weng Y, et al. Bis (zinc (Ⅱ) -dipicolylamine) -functionalized sub-2 μm core-shell microspheres for the analysis of N-phosphoproteome [J]. Nature Communications, 2020, 11 (1): 6226.

111 Chen N, Liu Y, Li Y, et al. Chemical Proteomic Profiling of Protein 4′-Phosphopantetheinylation in Mammalian Cells [J]. Angewandte Chemie International Edition, 2020, 59 (37): 16069-16075.

112 Zhou Z, Luo M, Chen X, et al. Ion mobility collision cross-section atlas for known and unknown metabolite annotation in untargeted metabolomics [J]. Nature Communications, 2020, 11 (1): 4334.

发性前列腺癌[113]、肺腺癌[114]、结直肠癌[115]进行了多种组学的联合分析，为疾病的精准治疗提供了重要资源和线索；温州医科大学等对患者血清进行了蛋白质组学和代谢组学分析，揭示了重症 COVID-19 患者血清中蛋白质和代谢物的特征性变化[116]。

分子和细胞图谱绘制方面，我国持续发力。中国科学院遗传与发育生物学研究所等构建了小麦属全基因组遗传变异图谱[117]；中国科学院动物研究所等先后绘制了食蟹猴卵巢衰老的单细胞转录组图谱[118]，哺乳动物衰老和节食的多个组织器官的单细胞和单核转录组图谱[119]，均为作物改良、遗传发育、疾病研究等提供基础。人类细胞图谱绘制方面，浙江大学、中国科学院生物物理研究所、暨南大学等绘制了跨越胚胎和成年两个时期、涵盖八大系统的人类细胞图谱[120]，海马体关键发育期的高精度发育细胞图谱[121]，人类胚胎造血细胞发育图谱[122]，为探索命运决定机制、相关疾病的诊断和治疗带来突破性认识。

2. 干细胞等技术优化升级推动器官再造实现初步应用

我国在干细胞基础研究方面一直位居国际领先地位，2020 年进一步获得

---

113 Li J, Xu C, Lee H J, et al. A genomic and epigenomic atlas of prostate cancer in Asian populations [J]. Nature, 2020, 580 (7801): 93-99.

114 Xu J Y, Zhang C, Wang X, et al. Integrative Proteomic Characterization of Human Lung Adenocarcinoma [J]. Cell, 2020, 182 (1): 245-261.

115 Li C, Sun Y D, Yu G Y, et al. Integrated Omics of Metastatic Colorectal Cancer [J]. Cancer Cell, 2020, 38 (5): 734-747.

116 Shen B, Yi X, Sun Y, et al. Proteomic and Metabolomic Characterization of COVID-19 Patient Sera [J]. Cell, 2020, 182 (1): 59-72.

117 Zhou Y, Zhao X, Li Y, et al. Triticum population sequencing provides insights into wheat adaptation [J]. Nature Genetics, 2020, 52 (12): 1412-1422.

118 Wang S, Zheng Y, Li J, et al. Single-Cell Transcriptomic Atlas of Primate Ovarian Aging [J]. Cell, 2020, 180 (3): 585-600.

119 Ma S, Sun S, Geng L, et al. Caloric Restriction Reprograms the Single-Cell Transcriptional Landscape of Rattus Norvegicus Aging [J]. Cell, 2020, 180 (5): 984-1001.

120 Han X, Zhou Z, Fei L, et al. Construction of a human cell landscape at single-cell level [J]. Nature, 2020, 581 (7808): 303-309.

121 Zhong S, Ding W, Sun L, et al. Decoding the development of the human hippocampus [J]. Nature, 2020, 577 (7791): 531-536.

122 Bian Z, Gong Y, Huang T, et al. Deciphering human macrophage development at single-cell resolution [J]. Nature, 2020, 582 (7813): 571-576.

系列突破性成果，干细胞治疗技术研发和临床转化有序推进。一方面，我国围绕干细胞机理机制探索日趋深入。中国科学院分子细胞科学卓越创新中心（生物化学与细胞生物学研究所）等研究发现，保守的 lncRNA 会通过非保守的 RNA 处理和定位过程实现功能性的进化[123]；中国科学院广州生物医药与健康研究院全面解析并归纳了 Glis1 调控多能干细胞命运的“表观组 - 代谢组 - 表观组”的跨界级联反应新机制[124]；同济大学和暨南大学揭示了早期胚胎 ALT 过程中的关键因子及作用机制，为进一步理解早期胚胎的 ALT 机制提供了重要的线索[125]；中国医学科学院血液病医院首次解析了小鼠造血干细胞移植后早期造血重建的动力学变化规律[126]。另一方面，相关指导原则推出，促使我国干细胞治疗技术研发和临床转化有序推进。中国科学院脑科学与智能技术卓越创新中心等将人类胚胎干细胞衍生的神经元移植到帕金森小鼠体内，实现了与内源性的神经元建立连接，从而恢复其运动功能[127]；中国科学院分子细胞科学卓越创新中心和浙江大学明确了 $Sca1^{+}$转分化的血管平滑肌在血管损伤重塑中的作用，为临床应用提供了重要的理论基础[128]；南开大学等成功将卵巢颗粒细胞重编程为诱导性多能干细胞，进而分化为卵子，并通过正常受精获得了健康小鼠[129]；中国科学院广州生物医药与健康研究院等通过诱导多能干细胞获得抗肿瘤特异性的 CAR-T 细胞[130]。

---

123 Guo C J, Ma X K, Xing Y H, et al. Distinct Processing of lncRNAs Contributes to Non-conserved Functions in Stem Cells [J]. Cell, 2020, 181 (3): 621-636.

124 Li L, Chen K, Wang T, et al. Glis1 facilitates induction of pluripotency via an epigenome-metabolome-epigenome signalling cascade [J]. Nature Metabolism, 2020, 2: 882-892.

125 Le R, Huang Y, Zhang Y, et al. Dcaf11 activates Zscan4-mediated alternative telomere lengthening in early embryos and embryonic stem cells [J]. Cell Stem Cell, 2020, 28 (4): 732-747.

126 Dong F, Hao S, Zhang S, et al. Differentiation of transplanted haematopoietic stem cells tracked by single cell transcriptomic analysis [J]. Nature Cell Biology, 2020, 22: 630-639.

127 Xiong M, Tao Y, Gao Q, et al. Human Stem Cell-Derived Neurons Repair Circuits and Restore Neural Function [J]. Cell Stem Cell, 2020, 28: 112-126.

128 Tang J, Wang H, Huang X, et al. Arterial Sca1＋vascular stem cells generate de novo smooth muscle for artery repair and regeneration [J]. Cell Stem Cell, 2020, 26 (1): 81-96.

129 Tian C, Liu L, Ye X, et al. Functional Oocytes Derived from Granulosa Cells [J]. Cell Repots, 2020, 29 (13): 4256-4267.

130 Lv C, Chen S, Hu F, et al. Pluripotent stem cell-derived CD19-CAR iT cells effectively eradicate B-cell lymphoma in vivo [J]. Cellular & Molecular Immunology, 2020, 18: 773-775.

同时，随着干细胞等技术优化升级及学科的加速融合，“器官制造”开始实现初步的应用。类器官领域，我国发展速度开始逐渐加快，涌现出一系列突破性成果，部分成果国际领先，中国科学院分子细胞科学卓越创新中心、复旦大学、上海交通大学等先后构建了有功能的小鼠胰岛类器官[131]、肝脏导管类器官模型[132]、肺类器官模型和结肠类器官模型[133]。我国器官芯片领域的技术水平也不断提升，中国科学院大连化学物理研究所等设计并建立了一种基于双水相液滴微流控技术的杂合水凝胶微囊材料的新体系[134]；中国科学院昆明动物所与中国科学院大连化学物理研究所利用器官芯片技术建立了一种体外肺器官微生理系统，为新冠病毒致病机制研究和快速药物评价等提供了新策略和新技术[135]。我国在3D生物打印领域整体技术水平处于国际前列，北京协和医院等以肝细胞和生物墨水为原料，打印出肝脏类器官；中国科学院深圳先进技术研究院等构建出一种高强度纳米复合医用水凝胶墨水[136]，四川大学等开发出一种基于数字近红外光聚合3D打印技术[137]，这些成果为3D打印小口径微管支架，甚至体内3D生物打印奠定了技术基础。

3. 技术的不断优化为基因治疗快速发展奠定基础

基于基因转移技术的基因治疗和基于基因编辑技术的基因治疗快速发展，已进入临床开发阶段。基于基因转移技术的基因治疗方面，中国武汉纽福斯生物科技有限公司开发的基因疗法NR082可有效治疗ND4突变引起的Leber遗

---

131 Wang D, Wang K, Bai L, et al. Long-Term Expansion of Pancreatic Islet Organoids from Resident Procr+ Progenitors [J]. Cell, 2020, 180 (6): 1198-1211.

132 Zhao B, Ni C, Gao R, et al. Recapitulation of SARS-CoV-2 infection and cholangiocyte damage with human liver ductal organoids [J]. Protein & Cell, 2020, 11: 771-775.

133 Han Y, Duan X, Yang L, et al. Identification of SARS-CoV-2 inhibitors using lung and colonic organoids [J]. Nature, 2020, 589: 270-275.

134 Liu H, Wang Y, Wang H, et al. A Droplet Microfluidic System to Fabricate Hybrid Capsules Enabling Stem Cell Organoid Engineering [J]. Advanced Science, 2020, 7 (11): 1903739.

135 Zhang M, Wang P, Luo R, et al. Biomimetic Human Disease Model of SARS-CoV-2-Induced Lung Injury and Immune Responses on Organ Chip System [J]. Advanced Science, 2020, 8 (3): 2002928.

136 Liang Q, Gao F, Zeng Z, et al. Coaxial Scale-Up Printing of Diameter-Tunable Biohybrid Hydrogel Microtubes with High Strength, Perfusability, and Endothelialization [J]. Advanced Functional Materials, 2020, 30 (43): 2001485.

137 Chen Y, Zhang J, Liu X, et al. Noninvasive in vivo 3D bioprinting [J]. Science Advances, 2020, 6 (23): eaba7406.

传性视神经病变（LHON）[138]，是首个由我国自主开发并获得 FDA 孤儿药认定的基因治疗产品。基于基因编辑技术的基因治疗方面，四川大学华西医院等利用 CRISPR-Cas9 技术对非小细胞肺癌患者的 T 细胞进行 PD-1 敲除，临床 I 期研究结果显示该疗法安全可行[139]；华东师范大学等对 γ 珠蛋白基因（*HBG*）启动子的 BCL11 A 结合域进行编辑，成功激活胎儿血红蛋白的表达[140]；上海邦耀生物与中南大学湘雅医院开展的亚洲首次通过基因编辑技术治疗地中海贫血取得成效，也是全世界首次通过 CRISPR 技术成功治疗 β0/β0 型重度地中海贫血[141]；华东师范大学等开发了新型基因编辑系统 FAST 系统[142]、双功能碱基编辑器 A&C-Bemax[143]，为基因功能研究及多种疾病治疗提供了新型基因编辑工具。

4. *液体活检技术开发与应用方面也取得多项突破*

我国的液体活检研究起步相对较晚，近几年开始呈现爆发式增长，目前已有多款产品上市；2020 年，在技术开发与应用方面也取得多项突破。技术的开发与优化上，中山大学肿瘤防治中心通过分析血液中的 ctDNA，发现了结直肠癌特定甲基化模式[144]，其甲基化图谱有助于结直肠癌的诊断、预后和监测；复旦大学、山东大学、鹍远基因等机构合作开发出一种称为 PanSeer 的 ctDNA 甲基化多癌筛查技术[145]，可通过血液样本检测五种常见癌症，且比目前癌症诊断方

---

138 Yuan J, Zhang Y, Liu H, et al. Seven-Year Follow-up of Gene Therapy for Leber's Hereditary Optic Neuropathy [J]. Ophthalmology, 2020, 127 (8): 1125-1127.

139 Lu Y, Xue J, Deng T, et al. Safety and feasibility of CRISPR-edited T cells in patients with refractory non-small-cell lung cancer [J]. Nat Med, 2020, 26 (5): 732-740.

140 Wang L, Li L, Ma Y, et al. Reactivation of γ-globin expression through Cas9 or base editor to treat β-hemoglobinopathies [J]. Cell Res, 2020, 30 (3): 276-278.

141 上海邦耀生物 . 世界首例 CRISPR 基因编辑治疗 β0/β0 型重度地贫获得成功 [EB/OL]. https://bioraylab. com/newsinfo/27. html [2021-05-21].

142 Yu Y, Wu X, Guan N, et al. Engineering a far-red light-activated split-Cas9 system for remote-controlled genome editing of internal organs and tumors [J]. Sci Adv, 2020, 6 (28): eabb1777.

143 Zhang X, Zhu B, Chen L, et al. Dual base editor catalyzes both cytosine and adenine base conversions in human cells [J]. Nat Biotechnol, 2020, 38 (7): 856-860.

144 Luo H Y, Zhao Q, Wei W, et al. Circulating tumor DNA methylation profiles enable early diagnosis, prognosis prediction, and screening for colorectal cancer [J]. Science Translational Medicine, 2020, 12 (524): eaax7533.

145 Chen X D, Gole J, Gore A, et al. Non-invasive early detection of cancer four years before conventional diagnosis using a blood test [J]. Nature Communications, 2020: 3475.

法可提前四年预测。传统 CTC 检测技术通常依赖于一个细胞角蛋白（CK）的蛋白家族作为标志物，但其在非小细胞肺癌中检出率很低。上海交通大学附属胸科医院、复旦大学生物医学研究院等利用新的葡萄糖代谢关键酶己糖激酶 -2（HK2）作为非小细胞肺癌患者外周血中 CTC 检测的标志物[146]，可更灵敏地预测非小细胞肺癌患者的治疗反应。

5. 脑科学与神经科学基础研究和疾病研究稳步推进

脑科学研究在以神经成像、脑机接口为代表的技术开发领域均取得了一系列重要进展。中国科学院脑科学与智能技术卓越创新中心 / 神经科学研究所开发了一种新型体成像技术——共聚焦光场显微镜（confocal light field microscopy），可对活体动物深部脑组织中的神经和血管网络进行快速、大范围的体成像[147]；中国科学技术大学设计了一种具有超高光敏性的新型阶梯功能视蛋白 SOUL[148]，为控制啮齿类和灵长类动物模型的神经元活动提供了新工具；浙江大学研发出国内首款闭环神经刺激器，标志着我国脑机接口临床转化研究在难治性癫痫诊治领域取得了重要突破[149]；清华大学首次提出“神经形态完备性”概念，并提出了类脑计算系统层次结构，促进包括人工智能在内的各种应用领域的发展[150]。

神经发育障碍、脑疾病等应用领域，中国人民解放军陆军军医大学首次报道了下丘脑——脑干快速眼动（REM）睡眠控制核心蓝斑核（SLD）存在的直接神经通路，揭示了睡眠障碍的神经机制[151]；中国科学院心理研究所发现伴

---

146 Yang L, Yan X W, Chen J, et al. Hexokinase 2 discerns a novel circulating tumor cell population associated with poor prognosis in lung cancer patients [J]. PNAS, 2021, 118 (11): e2012228118.

147 Zhang Z K, Bai L, Cong L, et al. Imaging volumetric dynamics at high speed in mouse and zebrafish brain with confocal light field microscopy [J]. Nature Biotechnology, 2020, 39: 74-83.

148 Gong X, Halliday D M, Ting J T, et al. An Ultra-Sensitive Step-Function Opsin for Minimally Invasive Optogenetic Stimulation in Mice and Macaques [J]. Neuron, 2020, 107: 38-51.

149 中国新闻网 . 中国首例闭环神经刺激器治疗癫痫植入手术患者出院 [EB/OL]. https://backend. chinanews. com/jk/2021/04-21/9459892. shtml [2021-04-21].

150 Zhang Y H, Qu P, Ji Y, et al. A system hierarchy for brain-inspired computing [J]. Nature, 2020, 586: 378-384.

151 Feng H, Wen S Y, Qiao Q C, et al. Orexin signaling modulates synchronized excitation in the sublaterodorsal tegmental nucleus to stabilize REM sleep [J]. Nature Communication, 2020, 11: 3661.

发性抑郁症患者的扣带回脑区的表面积以及同一脑区的灰质体积出现明显增大[152]；中国科学院上海药物研究所等机构首次报道了五种5-羟色胺（5-HT）受体的近原子分辨率结构，为抑郁症和精神分裂症等精神疾病的治疗建立了重要的机制基础[153]。

6. 合成生物学与其他学科交叉会聚的深度和广度不断扩展

我国在元件和基因线路、基因编辑技术、底盘细胞改造等基础研究和应用研究等方面也取得了一系列成果。元件开发与基因线路设计上，中国科学院深圳先进技术研究院、北京大学和蓝晶微生物基于群体感应系统从头设计了一整套通用性高、正交性强、可以跨生物界通讯的合成生物学工具箱[154]；华东师范大学成功构建了阿魏酸/阿魏酸钠调控的基因开关[155]，为细胞疗法的临床应用提供了有力工具；为实现基因线路的程序化设计，中国科学院深圳先进技术研究院、清华大学等首次实现了真核生物中基因线路的自动化设计[156]。

基因编辑技术开发上，中国科学院天津工业生物技术研究所通过构建胞嘧啶脱氨酶-nCas9-Ung蛋白复合物，设计了新型糖基化酶碱基编辑器（GBE）[157]，国际上首次在微生物中实现任意碱基编辑、在哺乳动物细胞中实现C-G碱基特异性颠换。

底盘细胞的改造领域，江南大学对大肠杆菌复制性寿命进行工程化改造，显著提高聚乳酸-3-羟基丁酸盐和丁酸盐的发酵产量[158]；中国科学院深圳先进技

---

152 Wei G X, Ge L K, Chen L Z, et al. Structural abnormalities of cingulate cortex in patients withfirst-episode drug-naive schizophrenia comorb id withdepressive symptoms [J]. Hum Brain Mapp, 2021, 42: 1617-1625.

153 Xu P Y, Huang S J, Zhang H B, et al. Structural insights into the lipid and ligand regulation of serotonin receptors [J]. Nature, 2021, DOI: 10. 1038/s41586-021-03376-8.

154 Du P, Zhao H W, Zhang H Q, et al. De novo design of an intercellular signaling toolbox for multi-channel cell–cell communication and biological computation [J]. Nature Communications, 2020, 11: 4226.

155 Wang Y D, Liao S Y, Guan N Z, et al. A versatile genetic control system in mammalian cells and mice responsive to clinically licensed sodium ferulate [J]. Science Advances. 2020, 6 (20): eabb9484.

156 Chen Y, Zhang S Y, Young E M, et al. Genetic circuit design automation for yeast [J]. Nature Microbiology, 2020, 5: 1349-1360.

157 Zhao D D, Li J, Li S W, et al. Glycosylase base editors enable C-to-A and C-to-G base changes [J]. Nature Biotechnology, 2021, 39: 35-40.

158 Guo L, Diao W W, Gao C, et al. Engineering Escherichia coli lifespan for enhancing chemical production [J]. Nature Catalysis, 2020, 3: 307-318.

术研究院通过整合环境感知型基因线路、模块化黏合蛋白组分以及适合黏合蛋白分泌的底盘细胞，设计出智能活体胶水[159]；湖南大学等构建了一种人工合成的细胞模型，可用于递送一氧化氮产生扩张血管的作用[160]。

应用研究中，湖北大学组合构建大肠杆菌微生物组催化体系，设计了一条全新的人工生物合成途径，实现了环己烷或环己醇到己二酸的高效生物转化[161]；浙江大学综合了多基因生物合成途径组装、新基因挖掘、蛋白质工程、基因表达控制等手段，实现了采用真核底盘合成天然生育三烯酚[162]；中国科学院遗传与发育生物学研究所开发的植物饱和突变编辑器（STEME）实现了植物的定向进化[163]，开发了在植物中可预测的碱基删减工具（AFIDS）[164]，并将 prime editing 应用于水稻和小麦原生质体基因组序列的突变、插入和删减[165]。

7. 表观遗传学研究向更广泛的疾病和公共卫生领域扩展

DNA 甲基化、组蛋白修饰、染色质重塑、非编码 RNA 等标记和调控过程的表观遗传学研究不断深入。随着 DNA 修饰图谱的不断完善，研究人员开始将研究重心转向表观遗传修饰的生物调控功能中。中国科学技术大学和军事医学科学院联合发现 cMyc 能够影响代谢酶 SDHA 的乙酰化修饰，改变肿瘤进程[166]；中国科学院上海营养与健康研究所的研究团队发现了 ILC3 通过染色质

---

159 An B L, Wang Y Y, Jiang X Y, et al. Programming Living Glue Systems to Perform Autonomous Mechanical Repairs [J]. Matter, 2020, 3 (6): 2080-2092.

160 Liu S Y, Zhang Y W, Li M, et al. Enzyme-mediated nitric oxide production in vasoactive erythrocyte membrane-enclosed coacervate protocells [J]. Nature Chemistry, 2020, 12: 1165-1173.

161 Wang F, Zhao J, Li Q, et al. One-pot biocatalytic route from cycloalkanes to α, ω-dicarboxylic acids by designed Escherichia coli consortia [J]. Nature Communications, 2020, 11: 5035.

162 Shen B, Zhou P P, Jiao X, et al. Fermentative production of Vitamin E tocotrienols in Saccharomyces cerevisiae under cold-shock-triggered temperature control [J]. Nature Communications, 2020, 11: 5155.

163 Li C, Zhang R, Meng X B, et al. Targeted, random mutagenesis of plant genes with dual cytosine and adenine base editors [J]. Nature Biotechnology, 2020, 38 (7): 875-882.

164 Wang S X, Zong Y, Lin Q P, et al. Precise, predictable multi-nucleotide deletions in rice and wheat using APOBEC-Cas9 [J]. Nature Biotechnology, 2020, 38 (12): 1460-1465.

165 Lin Q P, Zong Y, Xue C X, et al. Prime genome editing in rice and wheat [J]. Nature Biotechnology, 2020, 38 (5): 582-585.

166 Li S T, Huang D, Shen S, et al. Myc-mediated SDHA acetylation triggers epigenetic regulation of gene expression and tumorigenesis [J]. Nat Metab, 2020, 2 (3): 256-269.

重组复合物调控细胞分化的潜在机制[167]；中国科学院分子细胞科学卓越研究中心联合上海交通大学医学院附属瑞金医院研究通过DNA修饰关闭了青春发育起始开关[168]；中国科学院广州生物医药与健康研究院提出了“基因组-代谢组-表观基因组”信号级联促进的衰老体细胞重编程的机制[169]。我国RNA修饰相关研究集中在细胞和分子层面，用以解释RNA修饰导致的分子通路和细胞结构变化。如清华大学的研究人员发现了lncRNA对邻近增强子活性的调控机制[170]；北京大学提出RNA甲基化修饰对核糖体生物合成与翻译调控的意义[171]；北京师范大学提出了RNA修饰在溶血磷脂代谢调控中的作用[172]；同济大学发现lncRNA能够通过表观遗传修饰抑制端粒酶活性，从而发挥抑癌作用[173]。

此外，了解细胞外囊泡的形成过程和组成成分，有助于分析致病细胞间的通讯和遗传原理，指导新型药物开发。中山大学肿瘤防治中心提出一种RAB31标记且非依赖ESCRT的通路，深化了对外泌体生物发生的理解[174]；中国香港大学和中国科学技术大学发现Vδ2-T细胞的外泌体能有效控制EB病毒导致的肿瘤，并诱导T细胞产生抗肿瘤免疫反应[175]；温州医科大学附属第二医院揭示了人脐静脉间充质干细胞来源的小细胞外囊泡促进软骨修复的作用机制[176]。另外，

167 Qi X, Qiu J, Chang J, et al. Brg1 restrains the pro-inflammatory properties of ILC3s and modulates intestinal immunity [published correction appears in Mucosal Immunol. 2020 Jul 23] [J]. Mucosal Immunol, 2021, 14 (1): 38-52.

168 Li C, Lu W, Yang L, et al. MKRN3 regulates the epigenetic switch of mammalian puberty via ubiquitination of MBD3 [J]. National Science Review, 2020, (3): 3.

169 Li L, Chen K, Wang T, et al. Glis1 facilitates induction of pluripotency via an epigenome-metabolome-epigenome signalling cascade [J]. Nat Metab, 2020, 2 (9): 882-892.

170 Yan P, Lu J Y, Niu J, et al. LncRNA Platr22 promotes super-enhancer activity and stem cell pluripotency [J]. J Mol Cell Biol, 2020: mjaa056.

171 Wang W, Li W, Ge X, et al. Loss of a single methylation in 23S rRNA delays 50S assembly at multiple late stages and impairs translation initiation and elongation [J]. Proc Natl Acad Sci U S A, 2020, 117 (27): 15609-15619.

172 Xu X, Zhang Y, Zhang J, et al. NSun2 promotes cell migration through methylating autotaxin mRNA [J]. J Biol Chem, 2020, 295 (52): 18134-18147.

173 Jiang X, Wang L, Xie S, et al. Long noncoding RNA MEG3 blocks telomerase activity in human liver cancer stem cells epigenetically [J]. Stem Cell Res Ther, 2020, 11 (1): 518.

174 Wei D, Zhan W, Gao Y, et al. RAB31 marks and controls an ESCRT-independent exosome pathway [J]. Cell Res, 2021, 31 (2): 157-177.

175 Wang X, Xiang Z, Liu Y, et al. Exosomes derived from Vδ2-T cells control Epstein-Barr virus-associated tumors and induce T cell antitumor immunity [J]. Sci Transl Med, 2020, 12 (563): eaaz3426.

176 Hu H, Dong L, Bu Z, et al. miR-23a-3p-abundant small extracellular vesicles released from Gelma/nanoclay hydrogel for cartilage regeneration [J]. J Extracell Vesicles, 2020, 9 (1): 1778883.

针对外泌体进行脂质组学和代谢组学分析，能够为疾病发病机制提供证据。

8. 病原微生物的结构生物学研究有力指导药物与候选疫苗设计

我国在新型冠状病毒等病原微生物的结构解析上取得多项突破性成果，为阐明病毒的跨物种传播途径、疗法和疫苗的开发提供新见解。新型冠状病毒的结构解析上，清华大学和浙江大学在高分辨率下解析了新型冠状病毒的分子结构[177]，为认识病毒、疗法和疫苗开发奠定了基础；北京大学、中国科学院、清华大学等机构的研究人员相继在高分辨率下解析了新型冠状病毒 S 蛋白与 BD-368-2 抗体[178]、hACE2 受体[179]、ACE2 受体[180]结合域的晶体结构。

同时，新型冠状病毒的结构生物学研究，在指导靶向药物与候选疫苗设计上具有重要价值。如上海科技大学等通过计算机辅助药物设计鉴定了一种抑制剂[181]，并证明了该筛选策略的有效性，可用于快速发现应对新发传染病的药物先导化合物；中国科学院等机构解析出病毒与模板－引物 RNA、抗病毒药物瑞德西韦结合时的两种冷冻电镜结构[182]，为设计基于核苷酸类似物的广谱抗病毒药物提供了依据。

基于结构生物学的靶向药物设计筛选在 2020 年也稳步发展，上海科技大学等机构在国际上首次成功解析了分枝杆菌关键的阿拉伯糖基转移酶复合体的两种复合物的三维结构[183]，为研发新型抗结核药物奠定重要基础；中国科学院上海药物研究所等解析了结合激动剂 WIN 55，212-2 的人源二型大麻素受体与 Gi 蛋

177 Yao H, Song Y, Chen Y, et al. Molecular architecture of the SARS-CoV-2 virus [J]. Cell, 2020, 183 (3): 730-738.

178 Du S, Cao Y, Zhu Q, et al. Structurally resolved SARS-CoV-2 antibody shows high efficacy in severely infected hamsters and provides a potent cocktail pairing strategy [J]. Cell, 2020, 183 (4): 1013-1023.

179 Wang Q, Zhang Y, Wu L, et al. Structural and functional basis of SARS-CoV-2 entry by using human ACE2 [J]. Cell, 2020, 181 (4): 894-904.

180 Lan J, Ge J, Yu J, et al. Structure of the SARS-CoV-2 spike receptor-binding domain bound to the ACE2 receptor [J]. Nature, 2020, 581 (7807): 215-220.

181 Jin Z, Du X, Xu Y, et al. Structure of Mpro from COVID-19 virus and discovery of its inhibitors [J]. Nature, 2020, 582 (7811): 1-9.

182 Yin W, Mao C, Luan X, et al. Structural basis for inhibition of the RNA-dependent RNA polymerase from SARS-CoV-2 by remdesivir [J]. Science, 2020, 368 (6498): 1499-1504.

183 Zhang L, Zhao Y, Gao Y, et al. Structures of cell wall arabinosyltransferases with the anti-tuberculosis drug ethambutol [J]. Science, 2020, 368 (6496): 1211-1219.

白复合物的三维结构[184]，为相关药物设计和开发提供了结构基础和理论依据；上海科技大学成功破解了大麻素受体 CB1 和 CB2 分别与下游信号转导分子 G 蛋白复合物的两个冷冻电镜结构，为针对 CB2 的免疫类新药设计提供了精确的分子模型和理论基础[185]。

9. 基础研究的不断深入促进免疫学临床应用快速推进

我国在免疫器官、细胞和分子再认识和新发现，免疫识别、应答与调节规律与机制认识，疫苗与抗感染，肿瘤免疫等方面取得了众多成果，尤其在解析新型冠状病毒与人体免疫系统的互相作用机制方面取得了诸多突破性进展。

免疫器官、细胞和分子的再认识和新发现方面，清华大学等揭示了首条解剖学明确、由神经信号传递的、中枢神经对适应性免疫应答进行调控的通路，为神经免疫学研究拓展出了一个新方向[186]；中山大学等研究阐明了 B 细胞亚群的转换在化疗中的关键作用，为设计新颖的抗癌疗法提供新思路[187]；暨南大学等揭示了人胚期巨噬细胞的多重起源，及组织驻留型巨噬细胞特化过程中的关键分子特征[188]；北京大学等揭示了 anti-CSF1R 抑制剂和 anti-CD40 激动剂两种靶向髓系细胞的免疫治疗策略的潜在作用机理[189]；复旦大学等从单细胞水平上揭示了早期复发肝癌特征性免疫图谱和免疫逃逸机制[190]，为进一步提升肝癌免疫治疗的疗效和寻找有效肝癌复发转移防治新策略，提供更多理论依据和实验

---

184 Xing C, Zhuang Y, Xu T H, et al. Cryo-EM structure of the human cannabinoid receptor CB2-Gi signaling complex [J]. Cell, 2020, 180 (4): 645-654.

185 Hua T, Li X, Wu L, et al. Activation and signaling mechanism revealed by cannabinoid receptor-Gi complex structures [J]. Cell, 2020, 180 (4): 655-665.

186 Zhang X, Lei B, Yuan Y, et al. Brain control of humoral immune responses amenable to behavioural modulation [J]. Nature, 2020, 581 (7807): 204-208.

187 Lu Y, Zhao Q, Liao J Y, et al. Complement Signals Determine Opposite Effects of B Cells in Chemotherapy-Induced Immunity [J]. Cell, 2020, 180 (6): 1081-1097.

188 Bian Z, Gong Y, Huang T, et al. Deciphering human macrophage development at single-cell resolution [J]. Nature, 2020, 582 (7813): 571-576.

189 Zhang L, Li Z, Skrzypczynska KM, et al. Single-Cell Analyses Inform Mechanisms of Myeloid-Targeted Therapies in Colon Cancer [J]. Cell, 2020, 181 (2): 442-459.

190 Sun Y, Wu L, Zhong Y, et al. Single-cell landscape of the ecosystem in early-relapse hepatocellular carcinoma [J]. Cell, 2021, 184 (2): 404-421.

证据。

免疫识别、应答、调节的规律和机制领域，北京生命科学研究所等揭示了细胞毒性淋巴细胞介导的免疫新机制[191]；山东大学等揭示了 STING 活化的新机制[192]；中国科学院上海巴斯德研究所等揭示了 LRRC8/VRAC 调控 cGAMP 转运的作用机制和生理功能[193]；清华大学等首次揭示发烧和 T 细胞免疫应答以及自身免疫疾病的相关性[194]，这些突破为相关疾病的治疗提供了新思路和潜在新靶标。

疫苗开发与抗感染研究领域，上海科技大学等率先成功解析新冠病毒关键药物靶点的高分辨率三维空间结构，并得到多种新冠病毒抑制剂[195]；中国医学科学院和中国疾病预防控制中心等率先建立了感染新型冠状病毒肺炎的转基因小鼠模型[196]，促进了对新冠病毒的病原学和病理学认知；北京大学[197]、中国科学院微生物研究所[198]等从新冠肺炎康复期患者血浆中筛选出多个高活性中和抗体，为新冠中和抗体的开发奠定基础；中国军事医学科学院等研发的重组腺病毒 5 型载体疫苗针对新冠病毒的临床 I 期研究结果[199]，为新冠肺炎疫苗的开发奠定基础。

肿瘤免疫研究中，北京大学、中山大学、中国医学科学院等先后发现了促

---

191 Zhou Z, He H, Wang K, et al. Granzyme A from cytotoxic lymphocytes cleaves GSDMB to trigger pyroptosis in target cells [J]. Science, 2020, 368 (6494): eaaz7548.

192 Jia M, Qin D, Zhao C, et al. Redox homeostasis maintained by GPX4 facilitates STING activation [J]. Nat Immunol, 2020, 21 (7): 727-735.

193 Zhou C, Chen X, Planells-Cases R, et al. Transfer of cGAMP into Bystander Cells via LRRC8 Volume-Regulated Anion Channels Augments STING-Mediated Interferon Responses and Anti-viral Immunity [J]. Immunity, 2020, 52 (5): 767-781.

194 Wang X, Ni L, Wan S, et al. Febrile Temperature Critically Controls the Differentiation and Pathogenicity of T Helper 17 Cells [J]. Immunity, 2020, 52 (2): 328-341.

195 Jin Z, Du X, Xu Y, et al. Structure of M^{pro} from SARS-CoV-2 and discovery of its inhibitors [J]. Nature, 2020, 582 (7811): 289-293.

196 Bao L, Deng W, Huang B, et al. The pathogenicity of SARS-CoV-2 in hACE2 transgenic mice [J]. Nature, 2020, 583 (7818): 830-833.

197 Cao Y, Su B, Guo X, et al. Potent Neutralizing Antibodies against SARS-CoV-2 Identified by High-Throughput Single-Cell Sequencing of Convalescent Patients′ B Cells [J]. Cell, 2020, 182 (1): 73-84.

198 Shi R, Shan C, Duan X, et al. A human neutralizing antibody targets the receptor-binding site of SARS-CoV-2 [J]. Nature, 2020, 584 (7819): 120-124.

199 Zhu F C, Li Y H, Guan X H, et al. Safety, tolerability, and immunogenicity of a recombinant adenovirus type-5 vectored COVID-19 vaccine: a dose-escalation, open-label, non-randomised, first-in-human trial [J]. Lancet, 2020, 395 (10240): 1845-1854.

进肿瘤免疫逃逸机制[200]、肿瘤远处转移机制[201]、CAR-T疗法中CRS发生机制[202]等，这些研究为肿瘤免疫治疗、预防癌症转移等提供了潜在方案与诊断、治疗新思路。

（二）技术进步

2020年，我国生物技术不断进步，医药生物技术、工业生物技术、农业生物技术、环境生物技术、生物安全技术领域均取得多项突破性成果。

1. 医药生物技术领域，我国在新药研发、医疗器械开发等领域取得多项突破

新药研发再创新高，2020年，国家药品监督管理局（NMPA，简称国家药监局）批准了19个由我国自主研发的新药上市，其中15个是我国自主研发的1类新药，创我国批准1类新药上市数量新高。

医疗器械方面，国家药监局启动了抗疫用械应急审批工作，54个新型冠状病毒检测试剂盒、20个相关仪器设备、1个新型冠状病毒核酸分析软件产品和3个敷料产品经国家药监局审批获准上市，助力疫情防控；迈瑞生物牵头研发的多功能动态实时三维超声成像系统及单晶面阵探头、明峰医疗牵头研发的256排高端CT获得NMPA产品注册证；医用人工智能技术快速发展，昆仑医云、鹰瞳医疗等公司开发的辅助诊断软件相继获得了医疗器械注册证；远程医疗技术方面，清华大学、北京品驰医疗设备有限公司在国际上首创了远程程控技术平台，其远程程控的技术创新及大规模临床应用，获得了国际高度认可。

疾病诊断方面，上海交通大学构建的基质辅助激光解吸电离质谱（MALDI-MS）平台，可以实现对代谢分子的快速、高通量检测；诺禾致源正式发布其

---

200 Lu D, Liu L, Sun Y, et al. The phosphatase PAC1 acts as a T cell suppressor and attenuates host antitumor immunity [J]. Nat Immunol, 2020, 21 (3): 287-297.

201 Yang L, Liu Q, Zhang X, et al. DNA of neutrophil extracellular traps promotes cancer metastasis via CCDC25 [J]. Nature, 2020, 583 (7814): 133-138.

202 Liu Y, Fang Y, Chen X, et al. Gasdermin E-mediated target cell pyroptosis by CAR T cells triggers cytokine release syndrome [J]. Sci Immunol, 2020, 5 (43): eaax7969.

Falcon 智能交付系统，为全球高通量测序领域首个多产品并行的柔性化智能交付系统；迈瑞生物发布全自动血液细胞分析仪，实现了血常规全样本检测的标准化、自动化；万泰生物发布新品全自动化学发光免疫分析系统 Wan200＋，实现真正意义的急诊检测。

疾病治疗领域，武田制药旗下的 3 款单抗药物分别获得进口批准，对我国患者用药有重要意义；复宏汉霖生物的 2 款生物类似药分别获批上市，其中汉曲优®是首个在中国、欧洲同时上市的国产单抗生物类似药，也是进入欧洲市场的第一个“中国籍”单抗生物类似药，被评为 2020 年中国医药生物技术十大进展之一；南京传奇生物的 CAR-T 细胞自体回输制剂作为我国首个突破性治疗品种的细胞治疗药物，也列入 2020 年中国医药生物技术十大进展。

疾病预防领域，厦门大学在手足口病、HPV 疫苗开发中具新进展；民海生物获得国内首个五联苗专利证书，填补了国内技术空白。

2. 工业生物技术领域，生物催化技术、生物制造工艺等方面持续推进

生物催化技术上，江南大学在高效生物合成反式 4- 羟基脯氨酸、L- 脯氨酸生物制备、低分子量透明质酸的微生物发酵生产等方面取得多项突破；中国科学院微生物研究所建立了高效快速的转氨酶筛选方法；中国科学院天津工业生物技术研究所利用亚胺还原酶催化不对称获得手性 1，4- 二氮杂环类化合物。

生物制造工艺开发上，国投生物牵头的“生物乙醇智能生产关键技术及产业化”项目，形成一套燃料乙醇智能生产关键技术；江苏大学牵头完成的“乳酸菌发酵产品产业化关键技术开发与应用”项目，实现了乳酸菌发酵产品产业化应用过程中的关键技术突破；中国科学院微生物研究所牵头完成的“高效酶法制备海藻糖”项目，建立了新型海藻糖生产技术；浙江科技学院主持完成的“植物酵素生物制造关键技术创新及产业化示范”项目，开发了适合工业化生产功能性植物酵素的发酵菌种及其菌剂制备等核心技术。

生物技术工业转化研究方面，齐鲁工业大学主持完成的“L- 赖氨酸高效生产关键技术研发与产业化”项目，提高了 L- 赖氨酸的产率；中国科学院天津工业生物技术研究所主持完成的“高产维生素 B_{12} 菌种的创制及应用”项目，解

决了菌株遗传改造的瓶颈问题，获得了维生素 B_{12} 高产菌株；江南大学主持完成的“ε- 聚赖氨酸高效生物制造关键技术与产业化”项目，实现了我国 ε-PL 产品的规模化生产。

3. 农业生物技术领域，我国分子设计与品种创制、农业生物制剂创制、农产品加工等方面取得了一系列重大进展

农作物分子设计与品种创制方面，基因组编辑技术已可以定向修饰农作物基因组进行育种，中国科学院遗传与发育生物学研究所、中国科学院分子植物科学卓越创新中心等不断突破，推进了农作物定向遗传改良的进程；重要农艺性状的分子基础研究上，中国科学院分子植物科学卓越创新中心、中国科学院遗传与发育生物学研究所等在豆科植物结瘤固氮分子机制、异源多倍体水稻研究等领域取得大量进展；基因工程作物的生产应用中，中国农业科学院作物科学研究所、北京大北农生物技术有限公司、杭州瑞丰生物科技有限公司等研发的多款转基因大豆、玉米等获得了农业农村部批准的安全证书；重大品种培育上，中国水稻研究所、上海市农业生物基因中心、中国农业大学、北京市农林科学院等利用生物技术结合常规育种方法，在水稻、玉米、小麦等重大品种培育方面也取得了丰硕的成果；家畜基因工程育种方面，建立了猪、奶牛、肉牛、绵羊、山羊的功能基因发掘技术，攻克猪、牛、羊等大家畜基因工程育种的难点和堵点，获得一批具有应用前景的原创性成果。

农业生物制剂创制方面，2020 年我国饲料产量达 2.52 亿 t，居世界第一位，饲料用酶的产量达到 23 万 t，且种类不断丰富；饲用微生物制剂的产量保持了较快的增长，产量为 6.7 万 t，同比增幅 22.7%；发酵饲料也已经在我国养殖企业广泛推广和应用；我国生物农药登记数量在稳步增加，生物化学农药、微生物农药和植物源农药仍然是三大类主要登记产品，且我国生物农药自主创新能力增强；生物肥料现已成为我国新型肥料中发展最快、年产量最大、应用面积最广的品种。

农产品加工领域，生物技术推动其向科学化、精细化、绿色化和智能化方向发展。其中，粮库生产各环节的关键材料、技术、工艺和设备相继突破，禽

肉制品的原料控制、加工工艺标准化与有害物减控、产品保真、工程化技术等方面开展了系统研发，特色浆果高品质保鲜与加工关键技术及产业化频获突破，乳酸菌的代谢、应用关键技术及功能发酵乳的临床验证顺利推进，酶和微生物的研发推动了农产品绿色加工制造的实现。

4. 环境生物技术领域，我国对其发展重视程度在不断提升

2020 年，我国在环境监测技术、污染控制技术、环境恢复技术、废弃物处理与资源化技术等方面均取得了快速的发展。

环境监测技术方面，太湖水污染及蓝藻监测预警工作小组赢得了疫情防控和太湖水污染及蓝藻监测预警工作双线战“疫”的胜利；中国环境监测总站与中国计量科学研究院共同研发了适用于 VOCs 监测的湿度可控的高精度动态稀释仪样机；江苏省环境监测中心率先对江苏省多地开展了基于环境 DNA 技术的鱼类生物多样性试点监测；福建省福州环境监测中心站开发出新型酶底物法，用于快速测定菌落总数。

污染控制技术方面，我国利用传统的生物技术在固体废弃物资源化、土壤修复、水污染控制与再生及废气清洁等多方面，取得了固、液、气全面一体化的一系列环境污染控制成果。相关企业和科研机构也进行了关键生产技术革新升级，开发了成套污染控制工具包，特别是在生物交叉多学科领域获得了大量研究成果。

环境恢复技术领域，随着国家和社会的重视程度的提升，其相关法律法规和制度不断完善，使环境修复行业得到了快速发展，我国在矿山生态环境修复、土壤污染防治、地下水环境状况调查领域取得了可喜的研究成果。

废弃物处理与资源化技术上，我国固废处置的减量化和循环利用将加速推进，固废处置产业规模将进一步扩大、产业结构将得到不断升级、产业发展将进入更高阶段。

5. 生物安全技术领域，我国病原微生物研究、两用生物技术、生物安全实验室和装备、生物入侵方面取得重要突破

病原微生物研究方面，我国围绕新冠病毒研究的病毒病原和流行病学、动

物模型、检测诊断、药物研发和临床救治、疫苗研发五大方向相继取得重大突破；并在 HIV、流感病毒、砂粒病毒、MERS-CoV、ZIKA、结核菌、EV71、肺炎球菌等病原微生物的结构机制、免疫机制和疫苗研发等方面取得了重要进展。

两用生物技术领域，2020 年，合成生物学用于研制快速检测病毒的生物装置，开发新疫苗的研发技术，构建疫苗和病毒合成的生物平台，在全球抗击新冠肺炎疫情中发挥重要作用；基因编辑技术不断优化，且愈加多样化，其在农业、医学等领域的应用范围进一步扩大。

生物安全实验室和装备领域，一方面，我国高度关注生物安全实验室的建设，进一步部署和推进生物安全实验室的建设工作，已建成了初具规模的生物安全实验室体系；另一方面，我国高度关注生物安全实验室的安全问题，加强了新冠病毒检测实验室的安全监管，开展了实验室生物安全检查，制定了实验室相关的指南和标准等。

生物入侵领域，我国农业农村部、自然资源部、生态环境部、海关总署、国家林业和草原局五部门印发《进一步加强外来物种入侵防控工作方案》，部署了外来入侵物种普查和监测预警等工作；我国已经构筑完善了外来入侵物种大数据库平台，涉及潜在外来入侵物种 4280 余种，已入侵物种近 800 种；科研人员围绕外来入侵物种入侵机制和影响因素方面开展了诸多研究，包括创建了入侵种与共生微生物间的“共生入侵”理论学说，发现了入侵物种的基因家族扩张特征，揭示了“新寄主驱动进化”机制等。在外来物种入侵防治方法和成效方面，防控方法从单一、碎片化的防控技术，发展到全程联防联控防控和区域性全域治理，注重早期防控和源头治理；在重大入侵害虫的区域性生物防控减灾技术、重大入侵植物的生态修复可持续治理技术方面，我国均制定了一系列新策略、新技术。

（三）产业发展

对于生物产业而言，2020 年是风险与机遇并存的一年。新冠肺炎疫情导致全球医疗体系受到巨大冲击，医疗健康行业尤其被推上风口浪尖，生物技术产

业尤其是其中的生物医药领域再次成为资本追逐的对象。与此同时，2020 年作为“十三五”收官、“十四五”开局的一年，我国将生物医药纳入“十四五”专项规划，进一步引导企业突破核心技术，依托重大科技专项、制造业高质量发展专项等加强关键核心技术和产品攻关，加强技术领域国际合作，有力有效解决“卡脖子”问题，为构建现代化经济体系、实现经济高质量发展提供有力支撑。

1. 代表性领域与发展现状

2020 年，我国生物医药产业扩容趋势依然延续，法律法规、监管体系不断完善。①我国生物医药市场规模呈稳定上升态势，2016 年到 2020 年，我国生物医药市场总体规模从 1836 亿元增加到 3870 亿元，复合年均增长率达 20.5%。②从细分领域来看，基因工程药物和疫苗是我国发展最快的子领域，实现营业收入、利润总额、资产总额和出口交货值分别为 290.7 亿元、87.5 亿元、762.5 亿元和 15 亿元，增速明显高于其他子行业。③产品开发上，新型冠状病毒疫情暴发促使疫苗研发成为 2020 年生物研究主线，我国多款疫苗已获批紧急使用，并在阿联酋、巴林等国获批上市。④生物医药产品创新力度不断加大，2020 年，我国 CDE 共受理了 159 个疫苗申请、527 个抗体药物申请、87 个重组蛋白药品申请、55 个血液制品申请，且多个 CAR-T 细胞疗法产品接连提交上市申报。

我国生物农业迎来新一轮的政策红利，行业创新加速。①政府推出多项种子行业政策，推动我国种业市场规模迎来拐点，2020 年超过 1400 亿元，种子企业科研总投入持续增加，行业自主研发和创新能力大幅提升。②多个生物农药产品获得广泛应用，仍以生物化学农药为主，微生物农药、植物源农药也占较大比例，整体仍有较大发展空间。③我国农用化肥施用用量近年总体呈波动下降趋势，碳中和等政策红利助推绿色、环保、低碳的生物肥料产业进入快速成长期，其中微生物菌剂成为生物肥料主力军。④国内生物饲料产业市场潜力较大，酶制剂和微生物制剂等生物饲料添加剂产量保持较快增长。⑤政策的督促下，兽药行业壁垒逐渐提高，市场将逐步走向规范化；兽用生物制品行业市

场相较于2019年略有增长，研发力度持续加大，国内兽药制品新注册数量保持平稳。

我国生物制造产业进入产业生命周期中的快速成长阶段，也正成为全球再工业化进程的重要组成部分。①在国家政策和财政补贴的大力推动下，生物质能源行业健康发展，我国生物质能发电投资持续增长，生物质发电装机容量已连续第三年位列世界第一；2020年我国生物质发电新增装机543万kW，累计装机达到2952万kW，生物质发电达到1326亿kW·h。②“碳中和”和“碳达峰”目标的提出，以及碳交易政策出台提高生物基产品输出，生物基产品的市场规模持续攀升；政策利好导致生物基柴油需求大幅增长，生物基化学品及材料也成为潜力巨大新蓝海；生物基塑料是目前生物基化学品下游材料最主要的应用领域，市场处于高速增长起点。

生物服务产业政策红利不断释放，行业热度不断提升。①我国医药外包市场总规模达到1500亿元，拥有较大增量空间，其中我国合同研发外包服务（CRO）行业市场规模接近1000亿元，药物研发生产外包服务（CMO/CDMO）行业市场规模超过530亿元。② CRO行业渗透率不断增长，预计2022年将增长至40.3%，且随创新药物研发加大和海外订单向我国转移，渗透率将进一步提升；我国C（D）MO市场规模逐渐增大，国内市场规模复合年均增长率超过18%，高于全球增速，且随着医药制造产业链的转移，正逐渐接收全球产能。

近年来，我国将基因测序作为国家重点领域，加大了支持力度，先后推出了多项政策、制度进行扶持，为行业的发展创造了良好的政策环境。短短几年间，我国基因测序就经历了无监管、政府叫停、国家卫生健康委员会（简称国家卫生健康委）监管、全面发展四个阶段，可谓是政策发布最为频繁的行业之一。居民对于健康以及国家对于医疗实力的重视程度增加，生育需求逐步释放，以及大健康市场需求持续扩大，驱动基因检测行业快速发展。同时，多层次资本市场的完善，客观上也推动了基因检测行业发展。目前，我国基因检测行业市场快速发展，增长速度远超全球水平，未来市场空间巨大，到2020年增长至378.8亿元人民币，肿瘤将继续成为基因检测市场竞争的主战场。另外，虽然整体来看我国基因检测行业发展形势大好，但其仍面临产品同质化、行业

标准未建立、人才短板明显、商业模式仍不成熟等诸多行业发展挑战。

智慧医疗是以生命科学和信息技术相融合为基础形成的交叉学科，是智慧城市战略规划中一项重要的民生领域应用，也是民生经济带动下的产业升级和经济增长点，其建设应用是大势所趋。尤其是2020年的“新冠肺炎疫情”暴发，成为了智慧医疗产业发展的“加速器”，医疗电商（网上药店）、健康服务（预约挂号、问诊、医疗知识百科）、消费医疗（预约体检、医美服务）、互联网医院（企业与公立医院共建互联网医院）、医疗云平台搭建（远程医疗平台、影像云平台、大数据云平台）、AI诊疗辅助平台（语音电子病历、影像辅助诊断系统、智医助理）等业务，都得到了更多实践和应用的落地。政策的支持、技术的发展、现实的需要、资本市场的推动等多方驱动下，基于全民健康信息化和健康医疗大数据的个人智慧医疗体系正在形成，开始形成跨空间、跨部门的医疗数据融合应用雏形。智慧医疗目前已在世界范围内受到广泛关注并快速发展，并且在现有医疗体系中的不断尝试和实施还在潜移默化地改变医疗体系本身。当前，我国智慧医疗得到加速发展，市场规模将保持高速增长，且行业开始以医院临床信息为发展方向，但由于医院信息繁杂，整合难度较大，仍处于缓慢探索中，未来仍具巨大的发展潜力。

2. 中国生命科学投融资与并购形势

随着我国政府对医疗健康领域改革与探索的步伐加快，近年来我国医疗健康领域投融资事件快速上升。2020年，我国医疗健康融资总额超过1500亿元人民币，创历史新高。

从融资的细分领域来看，随着第二批集采、医保目录调整等系列重磅政策落地，资本市场的助推，大型制药公司对生物技术领域的持续兴趣，加上市场对疫苗、体外诊断等高需求，推动了生物制药板块投资交易热度。2020年，生物医药领域以797亿人民币、274起交易事件领跑。

从融资类型来看，科创板和港交所是2020年的主要登陆地，特别是科创板持续吸引了高速成长的企业。2020年，共有21家药企登陆科创板，15家药企登陆港交所。在医疗健康各个子行业中，生物制药在各个轮次的融资占比分布较为

平均，此行业的相关公司于B轮获得的融资笔数最多；医疗器械子行业的投资事件多集中于A～C轮，种子轮的初期创新企业与C轮之后的相对成熟企业都相对较少；数字医疗子行业在各个轮次的融资占比分布则略有不同，其在种子轮获得投资的公司最多，代表着其新生力量强劲，市场处于发展的初期阶段。

2020年，我国医药和生命科学行业并购市场活跃，其中医药和器械两大板块的交易数量和交易金额均创近5年历史新高，其中最引人瞩目的是百济神州20.8亿美元的超大交易。同时，受贸易战升级和全球新冠肺炎疫情的蔓延等多种因素影响，我国2020年企业海外并购保持低位徘徊，但相比2019年仍有显著增长；生物医药领域是海外并购的热门选择，其中以致力于肿瘤免疫疗法、中枢神经用药、AI药物研发等具有技术性创新性的标的公司最受欢迎。

从地域分布趋势来看，2020年我国医疗健康投融资事件发生最为密集的五个区域依次是上海、北京、广东、江苏和浙江，上海于2020年首次超越北京成为该年我国医疗健康融资交易最为活跃的地区，从区域集群建设和发展来看，江浙沪已形成集群效应，未来有望成为我国投融资规模最大的医疗健康产业集群。

第二章 生命科学

一、生命组学与细胞图谱

（一）概述

生命组学分析技术仍然是生命科学发展的重要技术驱动力，向高通量、高精度、高覆盖、超灵敏方向发展；与此同时，由于组学空间信息的保留对于理解细胞生物学、发育生物学、神经生物学、肿瘤生物学等的关键信息至关重要[203]，能够反映组学空间信息的新分析技术越发受到关注。2020年，空间转录组分析技术被 *Nature Methods* 评为年度技术，其主要包括两种形式，即基于显微镜通过原位测序或多重荧光原位杂交（FISH）进行转录组读取，或者以保留空间信息的方式捕获 RNA 进行非原位测序。

随着组学技术的进步，以及多组学联合分析和单细胞技术的引入，面向生物体全系统、全生命周期、不同疾病状态绘制的大规模分子图谱和细胞图谱，能够更加准确、精细化地反映分子和细胞时空特征，为认识生命组成和进化过程，解析发育、生长、衰老全生命过程和疾病发展机制奠定基础，可进一步应用于作物遗传育种、疾病分子分型等各个领域。

203 Marx V. Method of the Year: spatially resolved transcriptomics [J]. Nature Methods, 2021, 18 (1): 9-14.

（二）国际重要进展

1. 生命组学分析技术

生命组学研究技术持续发展，向高通量、高精度、高覆盖、超灵敏方向发展，能够反映组学空间信息的新分析技术越发受到关注。

美国加州大学圣克鲁兹分校基因组研究所等机构利用纳米孔测序仪在 9 d 内从头组装了 11 个高度连续的人类基因组[204]，并组装完成完整的人类 X 染色体序列[205]。这两项研究为大规模地探索真正完整的人类基因组集合，了解未知的变异区域奠定了基础。

美国宾夕法尼亚大学等机构开发了高通量检测单细胞 mRNA 动态变化的新技术 scNT-seq，可用于大规模并行分析同一细胞中新转录和已有的 mRNA，并利用该技术解析了神经元激活过程中的单细胞水平转录因子活性变化和细胞状态转换轨迹[206]。该研究为在单细胞水平解析细胞命运决定和分化、信号响应等动态过程中 mRNA 表达调控机制铺平道路。

美国加州大学旧金山分校等机构开发了基于光控空间编码进行实时单细胞转录组空间映射的技术 ZipSeq，并利用该技术测定了体外伤口愈合、活淋巴结切片和活肿瘤微环境三种环境下的基因表达，发现了与组织结构相关的新基因表达模式[207]。该研究为实时或扰动之后的活体组织基因表达完整空间映射提供了一种途径。

美国耶鲁大学医学院等机构开发了一种空间组学技术 DBiT-seq，基于微流体技术将 DNA 条形码传递到组织切片的表面，结合多组学技术与高分辨率的

---

204 Shafin K, Pesout T, Lorig-Roach R, et al. Nanopore sequencing and the Shasta toolkit enable efficient de novo assembly of eleven human genomes [J]. Nature Biotechnology, 2020, 38 (9): 1044-1053.

205 Miga K H, Koren S, Rhie A, et al. Telomere-to-telomere assembly of a complete human X chromosome [J]. Nature, 2020, 585 (7823): 79-84.

206 Qiu Q, Hu P, Qiu X, et al. Massively parallel and time-resolved RNA sequencing in single cells with scNT-seq [J]. Nature Methods, 2020, 17 (10): 991-1001.

207 Hu K H, Eichorst J P, Mcginnis C S, et al. ZipSeq: barcoding for real-time mapping of single cell transcriptomes [J]. Nature Methods, 2020, 17 (8): 833-843.

空间信息，实现了高质量和高分辨率的空间转录组和蛋白质组分析，检测精度达 10 μm，接近单细胞水平[208]。该研究开发的组学分析技术操作简单，未来将在发育生物学、癌症生物学、神经科学和临床病理学等一系列领域获得广泛应用。

美国组约大学兰贡医学中心等机构整合单细胞转录组与微阵列空间转录组技术来研究胰腺导管腺癌，证实导管细胞、巨噬细胞、树突状细胞和癌细胞亚群的差异化空间定位使它们在组织中发挥独特的作用[209]。该研究将两种互补且强大的技术相结合，实现单细胞水平加空间的全面而无偏向性的组织分析。

美国哈佛医学院等机构开发新一代串联质谱标签系统 TMTpro，可同时对 16 个样品进行蛋白质组定量分析[210]。该研究开发的 TMTpro 系统通过减少标记批次、增加实验设计灵活性、降低定量缺失值，推动蛋白质组学分析实现更高通量与更深覆盖度。

丹麦哥本哈根大学等机构优化了基于 DIA 的磷酸化蛋白质组分析方法，在无需预先建立参考库基础上，于 15 min 内量化鉴定超过 20 000 个磷酸化肽段，极大提高了磷酸化蛋白检测的通量和深度[211]。该研究为实现快速和位点特异性深度磷酸化蛋白质组分析带来了突破性解决方案。

德国马克斯·普朗克海洋微生物研究所等机构结合高分辨率大气压基质辅助激光解吸 / 电离质谱成像技术（AP-MALDI-MSI）和荧光原位杂交（FISH），建立空间代谢组分析方法 metaFISH，进行微米尺度下的宿主 - 微生物原位互作分析[212]。该分析方法将代谢表型与原位菌群联系起来，是跨领域的微生物学家的有力研究工具。

---

208 Liu Y, Yang M, Deng Y, et al. High-Spatial-Resolution Multi-Omics Sequencing via Deterministic Barcoding in Tissue [J]. Cell, 2020, 183 (6): 1665-1681.

209 Moncada R, Barkley D, Wagner F, et al. Integrating microarray-based spatial transcriptomics and single-cell RNA-seq reveals tissue architecture in pancreatic ductal adenocarcinomas [J]. Nature Biotechnology, 2020, 38 (3): 333-342.

210 Li J, Vranken J, Vaites L P, et al. TMTpro reagents: a set of isobaric labeling mass tags enables simultaneous proteome-wide measurements across 16 samples [J]. Nature Methods, 2020, 17 (4): 399-404.

211 Bekker-Jensen D B, Bernhardt O M, Hogrebe A, et al. Rapid and site-specific deep phosphoproteome profiling by data-independent acquisition without the need for spectral libraries [J]. Nature Communications, 2020, 11 (1): 787.

212 Geier B, Sogin E M, Michellod D, et al. Spatial metabolomics of in situ host-microbe interactions at the micrometre scale [J]. Nature Microbiology, 2020, 5 (3): 498-510.

2. 多组学联合分析技术

生命组学研究范式正在由单一组学研究逐步转向多组学联合分析，通过基因组、转录组、蛋白质组、代谢组等多个层次的组学联合分析，获得高质量的多组学大数据，为系统解析生命发生发展过程提供支撑。

2020年，ENCODE计划和“基因型－组织表达”（简称GTEx）项目相继发布阶段性成果，进一步揭示基因表达调控奥秘。ENCODE计划发布第三阶段成果，对于人类以及多种模式生物的基因组、转录组、表观遗传组、染色质状态组以及顺式调控元件等方面的数据进行了大规模扩充[213]。GTEx项目基于基因组测序和RNA定量分析，揭示遗传变异是如何影响基因表达和蛋白质合成的，从而理解基因调控的根源[214]。

相较于仅通过基因组分析，蛋白质组和蛋白质修饰组分析包含了更多的基因组分析无法识别的新信息，蛋白基因组分析因而在疾病分子特征研究中获得广泛应用。美国贝勒医学院等机构从全基因组、外显子组、甲基化组、全转录组、蛋白质组和蛋白质修饰组（磷酸化和乙酰化）等多个层面进行多组学研究，揭示了子宫内膜癌发展过程中的潜在分子机制，提出了鉴定潜在治疗靶点的新途径[215]。该研究为癌变相关的基本生物学过程解析提供新见解，也为进一步的子宫内膜癌相关基础研究和临床应用提供了宝贵的资源。此外，研究人员还开展了小儿脑癌[216]、乳腺癌[217]等疾病的蛋白基因组分析，全面揭示相关疾病分子特征，有助于加深对疾病形成及治疗靶点的认识。

---

213 Abascal F, Acosta R, Addleman N J, et al. Expanded encyclopaedias of DNA elements in the human and mouse genomes [J]. Nature, 2020, 583 (7818): 699-710.

214 Aguet F, Barbeira A N, Bonazzola R, et al. The GTEx Consortium atlas of genetic regulatory effects across human tissues [J]. Science, 2020, 369 (6509): 1318-1330.

215 Dou Y, Kawaler E A, Zhou D C, et al. Proteogenomic Characterization of Endometrial Carcinoma [J]. Cell, 2020, 180 (4): 729-748.

216 Petralia F, Tignor N, Reva B, et al. Integrated Proteogenomic Characterization across Major Histological Types of Pediatric Brain Cancer [J]. 2020, 183 (7): 1962-1985.

217 Krug K, Jaehnig E J, Satpathy S, et al. Proteogenomic Landscape of Breast Cancer Tumorigenesis and Targeted Therapy [J]. Cell, 2020, 183 (5): 1436-1456.

3. 分子和细胞图谱绘制

基于生命组学研究技术绘制分子图谱和细胞图谱，为认识生命组成，发现生命进化规律，解析发育、生长、衰老全生命过程和疾病发展机制奠定基础。

2020 年，科学家完成了包括油菜[218]、大豆[219]、番茄[220]、小麦[221]、大麦[222]等多个作物的泛基因组分析，揭示影响作物性状的关键基因，为相关作物遗传育种研究提供新思路。

德国马克斯·普朗克分子细胞生物学和遗传学研究所等机构报道了六种蝙蝠的参考基因组序列，利用对蝙蝠基因组的全面注释和系统发育基因组学方法，探讨了蝙蝠的进化起源，发现了与蝙蝠对病毒感染耐受、具备回声定位能力有关的分子进化特征[223]。该研究为厘清蝙蝠基因组适应性进化奠定基础，发现的分子靶标也为人类疾病防控提供新的解决方案。

泛癌全基因组分析联盟（PCAWG）发布迄今最全面的癌症全基因组图谱，揭示了大规模结构突变在癌症中所发挥的广泛作用，在基因调控区域发现了此前未知的癌症相关突变，并推断了多种癌症类型的进化过程[224]。该研究有助于鉴定肿瘤出现数年前发生的基因突变，为癌症早期诊断铺平道路。

澳大利亚麦考瑞大学等机构发布人类蛋白质组测序草图，囊括了人体约 90% 的蛋白质[225]。该研究有助于科学家更深入地了解蛋白质之间相互作用以及如

---

218 Song J M, Guan Z, Hu J, et al. Eight high-quality genomes reveal pan-genome architecture and ecotype differentiation of Brassica napus [J]. Nature Plants, 2020, 6 (1): 1-12.

219 Liu Y, Du H, Li P, et al. Pan-Genome of Wild and Cultivated Soybeans [J]. Cell, 2020, 182 (1): 162-176.

220 Alonge M, Wang X, Benoit M, et al. Major Impacts of Widespread Structural Variation on Gene Expression and Crop Improvement in Tomato [J]. Cell, 2020, 182 (1): 145-161.

221 Walkowiak S, Gao L, Monat C, et al. Multiple wheat genomes reveal global variation in modern breeding [J]. Nature, 2020, 588 (7837): 1-7.

222 Jayakodi M, Padmarasu S, Haberer G, et al. The barley pan-genome reveals the hidden legacy of mutation breeding [J]. Nature, 2020, 588 (7837): 284-289.

223 Jebb D, Huang Z, Pippel M, et al. Six reference-quality genomes reveal evolution of bat adaptations [J]. Nature, 2020, 583 (7817): 578-584.

224 The ICGC/TCGA Pan-Cancer Analysis of Whole Genomes Consortium. Pan-cancer analysis of whole genomes [J]. Nature, 2020, 578 (7793): 82-93.

225 Adhikari S, Nice E C, Deutsch E W, et al. A high-stringency blueprint of the human proteome [J]. Nature Communications, 2020, 11 (1): 5301.

何影响人类健康，从而为疾病预防和个性化医学提供重要信息。

美国丹娜·法伯癌症研究所等机构绘制人类蛋白质互作组图谱 HuRI，包含有 8275 个人类蛋白质的 52 569 种互作模式[226]。HuRI 与基因组、转录组和蛋白质组数据的整合使得能够在大多数生理或病理细胞环境中研究细胞功能，有助于人们理解基因突变诱发癌症等多种疾病的机制。

美国哈佛医学院等机构对癌细胞系百科全书（CCLE）中 375 种细胞系的数千种蛋白质进行定量蛋白质组分析，补全 CCLE 深度蛋白质组学分析数据，揭示之前通过 DNA 和 RNA 分析未发现的信息[227]。该研究还利用定量蛋白质组学数据详细解读微卫星不稳定型细胞系与一些特定蛋白质复合物表达之间的联系，为癌症精准治疗提供新的思路。

美国威尔·康奈尔医学院基于大规模蛋白质组分析揭示多种癌症细胞外囊泡和颗粒（EVP）生物标志物[228]。该研究证实 EVP 蛋白可被用作癌症早期检测和确定癌症类型的可靠生物标记，为临床中使用基于血浆 EVP 蛋白的癌症筛查奠定了理论基础。

德国海德堡大学附属医院通过血清代谢组和脂质组差异分析确定了区分血清阴性类风湿性关节炎与银屑病关节炎的潜在生物标志物[229]。该研究为这两种疾病的可靠诊断提供了有价值的工具，未来将在更大的多种族队列中进行测试。

英国维康·桑格研究所等机构通过对 14 个健康成人心脏的 6 个区域的近 50 万个细胞进行单细胞和单核转录组测序分析，构建迄今为止最大规模人类成体心脏细胞图谱[230]。该研究揭示了健康成人心脏不同区域细胞的组成及其分子特

---

226 Luck K, Kim D K, Lambourne L, et al. A reference map of the human binary protein interactome [J]. Nature, 2020, 580 (7803): 402-408.

227 Nusinow D P, Szpyt J, Ghandi M, et al. Quantitative Proteomics of the Cancer Cell Line Encyclopedia [J]. Cell, 2020, 180 (2): 387-402.

228 Hoshino A, Han S K, Bojmar L, et al. Extracellular Vesicle and Particle Biomarkers Define Multiple Human Cancers [J]. Cell, 2020, 182 (4): 1044-1061.

229 Souto-Carneiro M, Tóth L, Behnisch R, et al. Differences in the serum metabolome and lipidome identify potential biomarkers for seronegative rheumatoid arthritis versus psoriatic arthritis [J]. Annals of the Rheumatic Diseases, 2020, 79 (4): 499-506.

230 Litviňuková M, Talavera-López C, Maatz H, et al. Cells of the adult human heart [J]. Nature, 2020, 588 (7838): 466-472.

征，为更好地认识心脏及相关疾病，指导心脏疾病精准治疗的发展奠定基础。

英国维康·桑格研究所等机构利用单细胞 RNA 测序技术绘制人类全生命周期胸腺细胞图谱，重建 T 细胞分化轨迹[231]。该研究加深了人们对人类胸腺细胞的发育及 T 细胞的发育成熟过程的理解，并为设计出改良的治疗性 T 细胞提供参考。

（三）中国重要进展

1. 生命组学分析技术

中国科学院青岛生物能源与过程研究所等机构发明了全新的单细胞拉曼分选－测序技术（RAGE-Seq），通过联用光镊及微流控液滴技术，将特定拉曼表型的细菌单细胞从群体中精准分离，并包裹到皮升级液滴中，再将包裹有目标细胞的液滴导出转移到试管中，直接耦合下游细胞培养或基因组分析[232]。该研究实现了菌群中单个目标细胞近 100% 覆盖度的精准测序，在临床感染诊断和用药、耐药性传播监控与机制研究等领域中具有广泛的应用潜力。

中国科学院大连化学物理研究所等机构研制出具有核壳结构的亚二微米硅球，并通过在硅球表面键合双二甲基吡啶胺双锌分子，在中性条件下实现了 N-磷酸化肽段的高效、高选择性、快速富集，进一步结合肽段的高效分离和高灵敏度鉴定，完成了 N- 磷酸化蛋白质组的深度覆盖分析[233]。该研究为发现更多具有重要生物学功能的 N- 磷酸化蛋白奠定基础。

北京大学等机构设计和合成了一系列新的泛酰巯基乙胺类似物探针，在哺乳动物细胞中实现了泛酸化修饰蛋白底物的化学标记，并结合定量蛋白质组学技术，在全蛋白质组水平对其蛋白和修饰位点进行了系统的鉴定，发现了一些

231 Park J E, Botting R A, Conde C D, et al. A cell atlas of human thymic development defines T cell repertoire formation [J]. Science, 2020, 367 (6480): eaay3224.

232 Xu T, Gong Y, Su X, et al. Phenome－Genome Profiling of Single Bacterial Cell by Raman-Activated Gravity-Driven Encapsulation and Sequencing [J]. Small, 2020, 16 (30): e2001172.

233 Hu Y, Jiang B, Weng Y, et al. Bis (zinc (Ⅱ) -dipicolylamine) -functionalized sub-2μm core-shell microspheres for the analysis of N-phosphoproteome [J]. Nature Communications, 2020, 11 (1): 6226.

潜在的全新泛酸化修饰底物蛋白和位点[234]。该研究为在蛋白质组中发现其他功能性带有泛酸化修饰蛋白质提供重要参考。

中国科学院上海有机化学研究所等机构发展了基于离子淌度质谱的碰撞截面积数据库（AllCCS），并开发了用于生命体内已知和未知代谢物的化学结构鉴定的多维代谢物鉴定技术，通过生命体内普遍存在的 178 个生物化学反应，从已知代谢物构建新的 10 万种未知代谢物化学结构[235]。该研究提供了一个世界上最大、最全面的小分子碰撞截面积数据库平台，并为未知代谢物的鉴定提供了一种全新的方法。

2. 多组学联合分析技术

中国人民解放军海军军医大学等机构分析了来自中国原发性前列腺癌患者的 208 份肿瘤组织样本和匹配的健康对照组织样本的全基因组、全转录组和 DNA 甲基化数据，发现中国患者的基因组突变特征与西方人群明显不同，基因组和表观基因组的变化是相关的，且可用来预测疾病表型和进展[236]。该研究强调了在构建疾病综合基因组图谱时考虑种群背景因素的重要性。

中国科学院上海药物研究所等机构对肺腺癌开展了大规模、高通量、系统性的全景蛋白质组学研究，综合蛋白质组、磷酸化蛋白质组、转录组和全外显子组测序数据分析，构建了肺腺癌的蛋白全景图和分子亚型特征[237]。该研究揭示了中国人群肺腺癌的分子特征及预后和诊疗生物标志物，为肺腺癌的精准医疗提供了重要资源和线索。

中国科学院上海生物化学与细胞生物学研究所等机构绘制完成转移性结直肠癌多组学图谱，整合了来自中国结直肠癌队列中 146 例患者的 480 个临床组

---

234 Chen N, Liu Y, Li Y, et al. Chemical Proteomic Profiling of Protein 4′-Phosphopantetheinylation in Mammalian Cells [J]. Angewandte Chemie International Edition, 2020, 59 (37): 16069-16075.

235 Zhou Z, Luo M, Chen X, et al. Ion mobility collision cross-section atlas for known and unknown metabolite annotation in untargeted metabolomics [J]. Nature Communications, 2020, 11 (1): 4334.

236 Li J, Xu C, Lee H J, et al. A genomic and epigenomic atlas of prostate cancer in Asian populations [J]. Nature, 2020, 580 (7801): 93-99.

237 Xu J Y, Zhang C, Wang X, et al. Integrative Proteomic Characterization of Human Lung Adenocarcinoma [J]. Cell, 2020, 182 (1): 245-261.

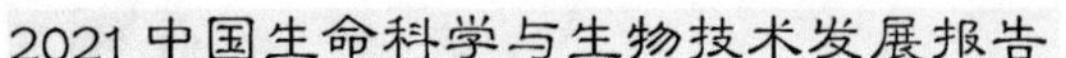

织样本的基因组学、蛋白质组学和磷酸化蛋白质组学数据，系统地揭示了中国人群结直肠癌与转移的分子特征谱[238]。该研究为加深对中国人群转移性结直肠癌的理解提供了丰富的资源。

温州医科大学等机构对 46 个 COVID-19 患者和 53 个对照个体的血清进行了蛋白质组学和代谢组学分析，确定了 COVID-19 患者体内多种独特的与巨噬细胞功能失调、血小板脱颗粒、补体系统激活以及新陈代谢抑制有关的分子变化[239]。该研究揭示了重症 COVID-19 患者血清中蛋白质和代谢物的特征性变化，相关的血液生物标志物有望用于 COVID-19 患者严重程度评估。

3. 分子和细胞图谱绘制

中国科学院遗传与发育生物学研究所等机构对小麦属和山羊草属的 25 个小麦近缘亚种共 414 份材料进行全基因组测序，构建了小麦属全基因组遗传变异图谱，对小麦遗传育种工作具有积极促进作用[240]。该研究阐明了利用适应性进化基因进行跨物种遗传研究的巨大潜力，为加速小麦和其他作物的遗传改良提供了全新的思路。

中国科学院昆明动物研究所等机构报道了万种鸟类基因组计划第二阶段（科级别）的研究结果，发表了 363 种鸟类基因组数据，并建立了无参考序列下多基因组比对和分析的新方法，极大地提高了跨物种的比对效率，减少了由于与参考物种遗传距离差异引起的比对偏好和序列丢失[241]。该研究为深入了解基因组多样性演化奥秘提供契机。

中国科学院动物研究所等机构利用高精度单细胞转录组测序技术绘制了食蟹猴卵巢衰老的单细胞转录组图谱，揭示了灵长类动物卵巢主要细胞类型的基

---

238 Li C, Sun Y D, Yu G Y, et al. Integrated Omics of Metastatic Colorectal Cancer [J]. Cancer Cell, 2020, 38 (5): 734-747.

239 Shen B, Yi X, Sun Y, et al. Proteomic and Metabolomic Characterization of COVID-19 Patient Sera [J]. Cell, 2020, 182 (1): 59-72.

240 Zhou Y, Zhao X, Li Y, et al. Triticum population sequencing provides insights into wheat adaptation [J]. Nature Genetics, 2020, 52 (12): 1412-1422.

241 Feng S, Stiller J, Deng Y, et al. Dense sampling of bird diversity increases power of comparative genomics [J]. Nature, 2020, 587 (7833): 252-257.

因表达特征差异，鉴定并验证了多个卵母细胞特异的新型标志基因[242]。该研究以单细胞分辨率全面分析了灵长类动物卵巢衰老背后的细胞类型特异性调控机制，揭示了与衰老相关的卵巢疾病的新的诊断生物标志物和潜在治疗靶标。

中国科学院动物研究所等机构完成针对哺乳动物衰老和节食的跨越多个组织器官的单细胞和单核转录组图谱研究，系统地评估了衰老和节食对机体细胞组成、基因表达、转录调控网络的影响，揭示了节食通过调节免疫炎症通路进而延缓衰老的新型分子机制[243]。该研究揭示了代谢干预措施如何作用于免疫系统以延缓衰老过程，加深对相关分子机制的理解。

天津医科大学等机构基于定量蛋白质组学分析揭示了 NRF2 蛋白降解的增加抑制了常染色体显性多囊肾病（ADPKD）小鼠肾脏中 NRF2 抗氧化通路，并确定 NRF2 抗氧化通路活性的受损是氧化损伤和囊肿发生发展的关键驱动因素[244]。该研究不仅揭示了 ADPKD 的发病机制，同时也为未来临床上 ADPKD 的治疗提供指导。

中国科学院大连化学物理研究所等机构基于多平台代谢组学数据，揭示糖尿病视网膜病变发生发展过程中异常的代谢特征和紊乱的代谢通路，发现 12-羟基二十碳四烯酸（12-HETE）和 2- 哌啶酮（2-piperidone）适用于糖尿病视网膜病变的诊断，尤其适合早期筛查[245]。该研究为糖尿病视网膜病变血液检测提供了可靠、高效、便捷的新方法。

浙江大学等机构对 60 种人体组织样品和 7 种细胞培养样品进行了 Microwell-seq 高通量单细胞测序分析，系统性地绘制了跨越胚胎和成年两个时期、涵盖八大系统的人类细胞图谱[246]。该研究为进一步探索细胞命运决定机制、

---

242 Wang S, Zheng Y, Li J, et al. Single-Cell Transcriptomic Atlas of Primate Ovarian Aging [J]. Cell, 2020, 180 (3): 585-600.

243 Ma S, Sun S, Geng L, et al. Caloric Restriction Reprograms the Single-Cell Transcriptional Landscape of Rattus Norvegicus Aging [J]. Cell, 2020, 180 (5): 984-1001.

244 Lu Y, Sun Y, Liu Z, et al. Activation of NRF2 ameliorates oxidative stress and cystogenesis in autosomal dominant polycystic kidney disease [J]. Science Translational Medicine, 2020, 12 (554): eaba3613.

245 Xuan Q H, Ouyang Y, Wang Y F, et al. Multiplatform Metabolomics Reveals Novel Serum Metabolite Biomarkers in Diabetic Retinopathy Subjects [J]. Advanced Science, 2020, 7 (22). 2001714.

246 Han X, Zhou Z, Fei L, et al. Construction of a human cell landscape at single-cell level [J]. Nature, 2020, 581 (7808): 303-309.

鉴定人体正常与疾病细胞状态提供了重要资源。

中国科学院生物物理研究所等机构通过高通量单细胞转录组技术对人类胚胎期 16～27 周海马体关键发育期的 30 416 个单细胞进行了测序，绘制了高精度发育细胞图谱，解析了海马体发育过程中的不同细胞类型及其关键的分子与调控网络[247]。该研究为了解人类海马体的发育提供了蓝图，也为相关疾病临床治疗提供有力的前期基础。

暨南大学等机构通过高精度的单细胞转录组测序技术，绘制了人类胚胎造血细胞发育图谱，明确了巨噬细胞的多重起源，以及组织驻留型巨噬细胞特化过程中的关键分子特征[248]。该研究对人类胚胎发生过程中早期巨噬细胞发育的时空动力学进行了全面表征，为巨噬细胞相关疾病的诊断和治疗带来突破性的认识。

北京大学等机构利用单细胞转录组测序技术对来自大肠癌患者的免疫和基质细胞进行了分析，揭示肿瘤微环境细胞组成和相互作用特征，并利用小鼠模型探索了 CSF1R 抑制剂和 CD40 激动剂两种靶向髓系细胞的免疫治疗策略潜在的作用机理[249]。该研究有助于大肠癌免疫治疗后续靶点的挖掘及新的治疗策略的开发。

（四）前景与展望

“单细胞测序技术”“单细胞多组学分析技术”和“空间转录组分析技术”相继被 *Nature Methods* 评为 2013 年、2019 年和 2020 年年度技术，这些技术的出现和进步为从单个细胞水平分析细胞异质性并定义细胞类型，同时还保留空间信息奠定基础，对于理解复杂组织至关重要。未来，生命组学研究范式将由单一组学研究进一步转向多组学联合分析，伴随单细胞组学分析通量、覆盖度、灵敏度获得进一步提升，空间组学分辨率不断优化提高，以及相关技术整

247 Zhong S, Ding W, Sun L, et al. Decoding the development of the human hippocampus [J]. Nature, 2020, 577 (7791): 531-536.

248 Bian Z, Gong Y, Huang T, et al. Deciphering human macrophage development at single-cell resolution [J]. Nature, 2020, 582 (7813): 571-576.

249 Zhang L, Li Z, Skrzypczynska K M, et al. Single-Cell Analyses Inform Mechanisms of Myeloid-Targeted Therapies in Colon Cancer [J]. Cell, 2020, 181 (2): 442-459.

合度的提升，能够反映空间信息的单细胞多组学分析将会获得更多应用，为解析生命铺平道路。中国生命组学和细胞图谱研究持续推进，其突出的基因测序能力以及在疾病蛋白质组研究和单细胞分析积累的丰富经验将助力中国在该领域获得更多进展。

二、脑科学与神经科学

（一）概述

2020 年，国际脑计划（IBI）整合各国脑科学研究力量的功能进一步加强，主要体现在 2 个方面：①设立神经伦理学工作组，汇集全球脑科学研究力量，讨论并应对脑科学领域相关伦理等共性问题，召开全球神经伦理学峰会[250]，旨在通过合作与知识共享来推进神经科学研究符合伦理要求；②建立了全球大脑课题库（The Global Inventory of Brain Projects），对国家和地区脑计划的研究活动与资助项目进行系统性的编目，其长期愿景是创建一个平台，整合全球大规模脑研究项目的详细数据，包括资助项目、资助机会和资源、实验室数据集等，以便帮助科学家和资助机构了解全球脑科学研究情况，确定相关需求和机会[251]。

各国脑计划在不断推进实施中，而且加拿大正在制定其国家脑研究战略。我国“脑科学与类脑研究”重大项目 2020 年度项目申报指南的公布，标志着我国的“国家脑计划”正式启动。

美国 BRAIN 计划 2020 年共资助了 183 个项目，其中细胞类型（cell type）86 项，神经环路绘制（circuit diagrams）79 项，人体神经科学（human neuroscience）80 项，综合性方法研究（integrated approaches）114 项，干预工

---

250 NEUROETHICS WORKING GROUP [EB/OL]. https://www. internationalbraininitiative. org/neuroethics-working-group.

251 INTRODUCING THE GLOBAL INVENTORY OF BRAIN PROJECTS [EB/OL]. https://www. internationalbraininitiative. org/news/introducing-global-inventory-brain-projects [2021-03-25].

具（interventional tools）112 项，监测神经元活性（monitor neural activity）105 项，理论与数据分析工具（theory & data analysis tools）72 项[252]。目前 BRAIN 计划已经进入后半期，加强了脑疾病研究与相关新疗法开发。例如，2020 年 11 月 19 日，美国国立卫生研究院（NIH）宣布通过 BRAIN 提供 175 项脑疾病研究资助，资助金额超过 5 亿美元，资助内容涉及用深部脑刺激改善帕金森病患者的睡眠、探索疼痛的神经环路、用超声波技术将药物精确地运送到大脑靶点、帮助急性脊髓损伤患者恢复运动和膀胱控制功能等[253]。

欧盟脑计划（HBP）已进入第三阶段。该项目不断发展、调整和进步，以开发最先进的神经科学技术和进行脑启发的创新。该项目的主要成就之一是建立了 EBRAINS 研究基础设施。HBP 已成为欧洲大脑研究领域（European Brain Research Area，EBRA）的一部分。EBRA 是应欧盟“地平线 2020”框架计划要求的“协调欧盟脑研究与发展全球行动计划（Coordinating European brain research and developing global initiatives）”要求建立的，旨在整合欧洲脑科学研究与发展相关行动计划，加强欧盟甚至全球层面的协作，避免重复研究。未来 3 年内，EBRA 联盟将努力促进高效的合作、沟通和业务协作。其合作伙伴包括欧洲大脑理事会（European Brain Council）、HBP、欧盟神经退行性疾病研究联合项目（JPND）和欧洲神经科学研究资助网络（NEURON）[254]。

日本脑科学领域在原有的 Brain/MINDS 计划基础上，实施了新的脑科学计划，即 Brain/MINDS Beyond 计划。新计划将研究重点从狨猴疾病模型扩展到从人脑环路水平揭示智力、感知觉和社交机制。具体目标是在环路水平研究揭示人类智力、感知觉和社交机制以供神经精神疾病的早期检测与干预；通过从健康到疾病状态的脑成像综合分析，开发基于 AI 的脑科学技术，对人类与非人灵长类神经环路进行比较研究[255]。新的脑科学计划由国家心理科学研究所实施，

252 有些项目可能属于多个主题，因此被重复统计。

253 New NIH BRAIN Initiative awards move toward solving brain disorders [EB/OL]. https://www. ninds. nih. gov/News-Events/News-and-Press-Releases/Press-Releases/New-NIH-BRAIN-Initiative-awards-solving-brain-disorders [2020-11-19].

254 European Brain Research Area [EB/OL]. https://www. ebra. eu/about/the-mission/.

255 Brain/MINDS Beyond [EB/OL]. https://brainminds-beyond. jp/.

包括 4 个研究团队，分别是：第一组，按生命阶段（发育阶段、成年和老年阶段）对从健康状态到病理状态的脑图像进行纵向、综合分析；第二组，开展人类和非人灵长类动物大脑的种间比较研究；第三组，与人工智能项目合作，开发和应用神经反馈技术；第四组，创新研究组由年轻团队采用创新技术开展多学科、国际合作研究。Brain/MINDS Beyond 计划已资助了“非人类灵长类动物的神经成像和神经解剖学”[256] 等项目。

2020 年 6 月，加拿大健康研究院提供 150 万加元，主导、筹划加拿大脑研究战略（Canadian Brain Research Strategy，CBRS）的制定，并依托该战略建成加拿大脑研究战略网络。其愿景是通过创新型大脑合作研究，推动加拿大政策、社会、健康进步和经济发展。其使命是构建加拿大在神经科学前沿合作领域的优势，加强投资，以改进加拿大人的神经精神健康。依托该战略建成了加拿大脑研究战略网络，汇集全加拿大神经科学领域领先专家，并参与国际脑计划。该战略包括 4 大支柱 [257]：①在健康与疾病大脑中理解从突触到行为各层次的脑功能。聚焦于理解正常大脑的发育和功能，及在人一生中的脑功能变化。②通过预防和治疗应对脑健康挑战。聚焦于将大脑基础研究知识转化为对脑部疾病的新的预防与治疗策略。③应用大脑知识来改善整个生命过程中的教育、社会交往和文化福祉。利用新知识来激发其他领域的发现，特别是信息与通信技术、经济学、复杂系统、人类社会行为和教育领域。④建立并促进技术发展以及脑启发的人工智能发展。推动开发用于可视化和测量大脑的新工具、理解大脑复杂性的计算技术以及改进脑启发的人工智能技术，这些工具和技术将在健康、教育及其他领域得到广泛应用。在平台建设方面已经确定建设国家跨学科培训平台、分布式的技术开发与传播平台、国际神经科学开放数据平台，并制定神经伦理学框架。加拿大脑研究战略与其他国家的脑计划的区别在于，其聚焦于理解大脑最基础的过程，并制定开放、合作、跨学科、符合伦理学要求的脑研究标准，重视培养下一代跨学科的科学家，发展国家级技术平台以供所

256 The nonhuman primate neuroimaging and neuroanatomy project [EB/OL]. https://brainminds-beyond. jp/news/2021/02/post_7. html [2021-02-26].

257 Canadian Brain Research Strategy Mission & Vision [EB/OL]. https://canadianbrain. ca/mission-vision/.

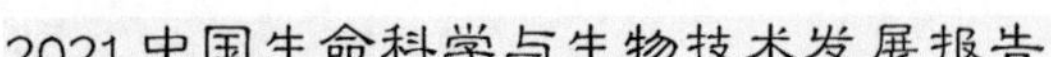

有脑科学研究人员使用，加强数据共享与分析[258]。

经过多年酝酿，我国科学技术部（简称科技部）于 2021 年 1 月 19 日发布“关于对科技创新 2030—‘脑科学与类脑研究’重大项目 2020 年度项目申报指南征求意见的通知”，标志着我国脑科学计划即将启动，投入预计将达到 540 亿元人民币[259]。①脑科学与类脑研究重大项目 2020 年度围绕脑认知原理解析、认知障碍相关重大脑疾病发病机理与干预技术研究、类脑计算与脑机智能技术及应用、儿童青少年脑智发育研究、技术平台建设 5 个方面部署研究任务。重大项目每个方向设立青年科学家专项，支持 40 岁以下青年科学家开展研究[260]。②在地区脑科学与类脑智能机构建设方面，2020 年 8 月，中国科学院深圳先进技术研究院牵头的脑解析与脑模拟市级重大科技基础设施项目获得深圳市发展和改革委员会批复，总概算 8.792 亿元人民币，建筑面积 51 262 m^2，建设周期为 2020 至 2023 年，未来将成为脑科学研究及产业化发展的“助推器”与“加速器”。南方科技大学、香港科技大学深圳研究院、深圳市神经科学研究院、北京大学深圳研究生院参与建设。该设施主要围绕重大脑疾病发生和干预的神经机制及诊疗策略的科学问题，聚焦阿尔茨海默病、孤独症、抑郁症、脑卒中和语言障碍等神经系统疾病，搭建脑编辑、脑解析和脑模拟三大研究模块，建设集培育、表型与遗传分析研究于一体并具有规模化、标准化、精确化、集成化、智能化、自动化特征的非人灵长类及其他模式动物大型研究设施，实现跨物种、多层次、多尺度的脑疾病致病因素鉴定和功能表型解析，以及定量、精准、可视化的神经调控干预，推动脑疾病治疗药物、新型诊断和干预方法、类脑人工智能技术等实现跨越式发展[261]。其他各地区的脑科学与类脑智能研究机构在持续推进中，如四川脑科学与类脑智能研究院于 2020 年 6 月 30 日揭牌动工[262]。

---

258 Canadian Brain Research Strategy History & Global Context [EB/OL]. https://canadianbrain.ca/history-and-global-context/.

259 中国脑计划有望本月启动，瘫痪病人重新站立将成为可能 [EB/OL]. https://www.cn-healthcare.com/article/20201107/content-545580.html [2020-11-07].

260 关于对科技创新 2030—“脑科学与类脑研究”重大项目 2020 年度项目申报指南征求意见的通知 [EB/OL]. https://service. most. gov. cn/kjjh_tztg_all/20210119/4147. html [2021-01-19].

261 深圳先进院牵头建设的两重大科技基础设施项目总概算获批复 [EB/OL]. https://www.siat.ac.cn/yw2016/202008/t20200817_5655593.html [2020-08-17].

262 电子科技大学“三医＋AI”科技园项目动工暨四川脑科学与类脑智能研究院揭牌仪式举行 [EB/OL]. http://www.wenjiang.gov.cn/wjzzw/ldnews/2020-07/01/content_a395e849abed4fc3ad139b5917813027.shtml [2020-07-01].

（二）国际重要进展

2020年，脑科学研究在新型神经元鉴定、脑图谱绘制、脑功能研究等基础领域，神经发育障碍、脑疾病等应用领域，以及以神经成像、脑机接口为代表的技术开发领域均取得了一系列重要进展。

1. 基础研究

（1）新型神经元鉴定与神经元操控

美国纽约大学获得果蝇成年期和五个发育期的共275 000个神经元转录组，建立了一个机器学习框架，对这些神经元进行分类，绘制出神经元基因表达的发育图谱，并且发现了两个只出现在果蝇孵化前的大型神经元簇，研究人员将这些神经元命名为瞬态外在神经元（transient extrinsic，TE）。该研究阐明了果蝇视神经叶的神经元多样性，并且可以作为了解跨物种大脑发育的范例[263]。

美国约翰·霍普金斯大学医学院研究人员跟踪小鼠和斑马鱼视神经损伤时的基因表达变化，揭示了斑马鱼的视网膜胶质细胞可以产生新的神经元、而小鼠无法产生的原因。当斑马鱼的视网膜受损时，Müller胶质细胞会经历重编程过程，在这一过程中将改变基因表达，变得像祖细胞或在生物体早期发育中的细胞一样，从而实现神经元再生[264]。

美国霍华德·休斯医学研究所通过在小鼠大脑中寻找饥饿和干渴神经环路共存的脑区，发现脑干的蓝斑区（locus coeruleus）附近有一群参与进食和饮水行为的谷氨酸能神经元——periLC。研究人员进一步开发了记录periLC神经元活动的技术，发现该神经元只有在小鼠进食和饮水时有特异性反应，暗示periLC神经元可能是脑中负责控制食欲的神经元[265]。

263 Özel M N, Simon F, Jafari S, et al. Neuronal diversity and convergence in a visual system developmental atlas [J]. Nature, 2020, 589: 88-95.

264 Hoang T, Wang J, Boyd P, et al. Gene regulatory networks controlling vertebrate retinal regeneration [J]. Scinece, 2020, 370 (6519): eabb8598.

265 Gong R, Xu S, Hermundstad A, et al. Hindbrain Double-Negative Feedback Mediates Palatability-Guided Food and Water Consumption [J]. Cell, 2020, 182 (6): 1589-1605.

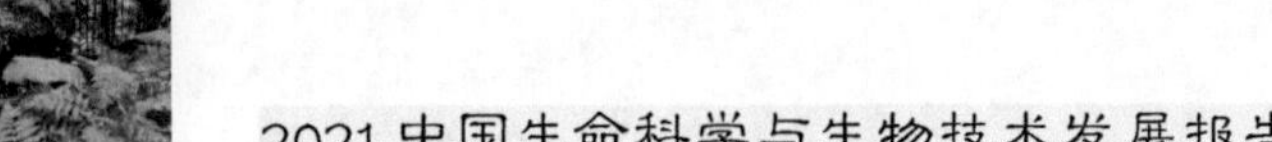

美国国立卫生研究院研究了能量感应和线粒体之间的机械相互作用，以维持突触前的新陈代谢、微调短期的突触可塑性和长期的突触效能，揭示了控制突触之间信号交流的能量来源机制[266]。

美国哈佛大学医学院使用单核RNA测序分析了三种灵长类动物和两种啮齿动物神经元的RNA表达，发现关键差异都集中在中间神经元（interneuron）上，并且灵长类动物中存在一种新的中间神经元类型，该类神经元位于大脑中与亨廷顿病和精神分裂症有关的纹状体中[267]。

（2）脑结构解析与脑图谱绘制

美国冷泉港实验室利用DNA条形码（DNA barcodes）和高通量测序技术标记并追踪单个神经元的长距离投射，绘制出了大脑不同区域之间的远程连接图谱。利用该图谱与全脑尺度测量基因表达组、大脑活动的实验技术和行为学实验相结合，可以对单个动物的基因表达、神经活动和行为特点进行系统性研究，有助于深入理解大脑的结构和功能[268]。

英国爱丁堡大学以小鼠为模型，选择了其从出生到老年的10个时间节点，观察突触在这些时间内发生的变化，通过荧光标记两种突触后神经元结构蛋白SAP102与PSD95，将突触分为了3个类型、37个亚型。经分析发现突触结构的连续变化分为对应于童年和青春期、成年、老年的三个时期。突触多样性在出生和成年早期之间的增加推动了大脑区域的分化，而老年期突触组成改变使大脑区域逐步去分化，这些变化改变了大脑网络和海马区的生理特性，并可能与人类认知行为相关[269]。

目前的脑图谱是基于神经元的组织方式或神经递质的分布差异，而瑞典卡罗琳斯卡医学院开发出一种基于分子结构将大脑组织映射到特定脑区的新型脑

---

266 Li S N, Xiong G J, Huang N, et al. The cross-talk of energy sensing and mitochondrial anchoring sustains synaptic efficacy by maintaining presynaptic metabolism [J]. Nature Metabolism, 2020, 2: 1077-1095.

267 Krienen F M, Goldman M, Zhang Q G, et al. Innovations present in the primate interneuron repertoire [J]. Nature, 2020, 586: 262-269.

268 Huang L W, Kebschull J M, Fürth D, et al. BRICseq Bridges Brain-wide Interregional Connectivity to Neural Activity and Gene Expression in Single Animals [J]. Cell, 2020, 182 (1): 177-188.

269 Cizeron M, Qiu Z, Koniaris B, et al. A brainwide atlas of synapses across the mouse life span [J]. Science, 2020, 369 (6501): 270-275.

图谱，实现无需解剖学知识就可以建立详细的脑图谱。研究人员进一步验证了能够使用小鼠脑区中超过 15 000 个基因的数据重建整个小鼠大脑的 3D 图谱，并且可以使用该方法绘制其他物种的脑图谱[270]。

美国艾伦脑科学研究所发布了第三代艾伦小鼠大脑通用坐标框架（Allen Mouse Brain Common Coordinate Framework，CCFv3），这是在 2016 年版本基础上的更新，绘制的整个小鼠皮层 3D 脑图谱具有高精度、高分辨率，可以精确定位单个神经元的位置[271]。

（3）神经发生与发育

美国耶鲁大学医学院对小鼠的新皮质细胞进行了高通量基因表达分析，识别出许多具有不同转录特征的干细胞和祖细胞群，进一步将这些结果与已有的人类单细胞 RNA 测序数据集进行比较，揭示了不同物种的显著相似性，以及干细胞和祖细胞在人类早期大脑发育中表现出的多样性，提示这可能是导致人脑皮层神经复杂性的原因[272]。

比利时弗朗德生物技术研究院（VIB）脑科学和疾病研究中心分析了神经发生过程中线粒体的重塑是否决定了神经元的命运以及以何种方式决定。结果显示，神经干细胞分裂后不久，子代细胞中进行自我更新的线粒体会发生融合，同时转变为神经元的子代细胞发生高水平的分裂。增加线粒体的分裂实际上会促进神经元细胞命运的分化，同时有丝分裂后线粒体的融合还会重新引导子代细胞走向自我更新阶段。该研究揭示了线粒体的动态变化在神经干细胞转变为神经元过程中的重要性[273]。

比利时鲁汶大学使用神经成像、单细胞测序等技术鉴定出小鼠和人脑中 CD69、CD4 T 免疫细胞群。驻留在大脑中的免疫细胞群是激活后的循环细胞在

270 Ortiz C, Navarro J F, Jurek A, et al. Molecular atlas of the adult mouse brain [J]. Science Advances, 2020, 6 (26): eabb3446.

271 Wang Q X, Ding S L, Li Y, et al. The Allen Mouse Brain Common Coordinate Framework: A 3D Reference Atlas [J]. Cell, 2020, 181: 936-953.

272 Li Z, Tyler W A, Zeldich E, et al. Transcriptional priming as a conserved mechanism of lineage diversification in the developing mouse and human neocortex [J]. Science Advances, 2020, 6 (45): eabd2068.

273 Iwata R, Casimir P, Vanderhaeghen P. Mitochondrial dynamics in postmitotic cells regulate neurogenesis [J]. Science, 2020, 369 (6505): 858-862.

原位分化而来的，由自身抗原和周围的微生物组形成，并且白细胞对小鼠大脑的正常发育至关重要。该研究阐明了 CD4 T 细胞在大脑发育中的作用以及免疫系统和神经系统进化之间潜在的动态联系，启发了大脑和免疫系统如何相互作用的新问题[274]。

美国弗吉尼亚大学医学院发现 AIM2 炎性小体对正常的大脑发育很重要。AIM2 炎性小体通过对消皮素 D 的调节促进中枢神经系统的稳态，AIM2 炎性小体突变会引发神经元中的 DNA 损伤积累，进而影响神经发育过程。该研究有助于理解机体的神经发育机制及相关疾病的发生机理[275]。

（4）脑功能研究

美国洛克菲勒大学筛选了约 200 只遗传多样性不同的小鼠完成工作记忆任务，并确定了占 17% 表型变异的 5 号染色体上的基因座，在该基因座上鉴定出一个编码孤儿（orphan）G 蛋白耦联受体的基因 *Gpr12*。*Gpr12* 负责丘脑－前额叶皮层（PFC）的高度同步，帮助维持记忆和进行精准选择。该研究确定了孤儿 G 蛋白耦联受体是短期记忆的有效调节剂，同时补充了基于 PFC 的经典记忆模型[276]。

适应性行为主要取决于灵活的决策，在哺乳动物中主要依赖于额叶皮层，特别是眶额皮层（orbitofrontal cortex，OFC）。瑞士苏黎世大学通过训练小鼠进行逆向学习，使用双光子钙成像监控外侧 OFC 的神经元活动，发现 OFC 区域中的一组神经元在学习过程中会变得异常活跃，拥有较长的突触，其能够延伸到小鼠处理触觉刺激的感觉区域中，当破坏这些神经元后小鼠的再学习能力就会受损。该研究表明重编程大脑细胞或能帮助机体更加灵活地做出决定[277]。

美国麻省理工学院发现对脑前额叶蓝斑区（locus coeruleus，LC）去甲肾上

---

274 Pasciuto E, Burton O T, Roca C P, et al. Microglia Require CD4 T Cells to Complete the Fetal-to-Adult Transition [J]. Cell, 2020, 182 (3): 625-640.

275 Lammert C R, Frost E L, Bellinger C E, et al. AIM2 inflammasome surveillance of DNA damage shapes neurodevelopment [J]. Nature, 2020, 580: 647-652.

276 Hsiao K, Noble C, Pitman W, et al. A Thalamic Orphan Receptor Drives Variability in Short-Term Memory [J]. Cell, 2020, 183 (2): 522-536.

277 Banerjee A, Parente G, Teutsch J, et al. Value-guided remapping of sensory cortex by lateral orbitofrontal cortex [J]. Nature, 2020, 585: 245-250.

腺素能神经元刺激可以增加目标导向的注意力，减少冲动，而对其抑制加剧了注意力的分散和增加冲动反应。该研究为去甲肾上腺素神经元调节注意力控制提供了因果证据，并指明了参与这种作用的皮层区域[278]。

美国哈佛大学医学院发现成年小鼠海马中的神经元调节从其他神经元接收到的信号这一过程对于记忆巩固和维持至关重要。已知 *Fos* 基因在学习和记忆中具有关键作用，研究人员发现小鼠在接触新事物后稀疏神经元群体表达 Fos，并且表达 Fos 的神经元的活性受两种类型的中间神经元影响[279]。

2. 应用研究

（1）神经发育障碍

甲基 CpG 结合蛋白 2（MeCP2）是异染色质的关键组成部分，对于染色体的维持和转录沉默至关重要，*MECP2* 基因突变会引起神经发育障碍 Rett 综合征（Rett syndrome）。美国麻省理工学院发现 MeCP2 具有形成凝聚物的能力，而 *MECP2* 中的突变中断了这种能力，进而导致 Rett 综合征。该研究为开发 Rett 综合征的治疗方法提出了新途径[280]。

在孤独症方面，美国加州大学圣地亚哥分校开发了一种新的生物信息学方法，从测序数据中发现孤独症谱系障碍（ASD）患儿在特定 DNA 区域携带较多的串联重复序列（tandem repeats）突变，这些突变在进化上被认为是有害的，揭示了这些序列的突变或许与孤独症的发生直接相关[281]。丘脑网状核（TRN）在感官处理、觉醒和认知方面具有关键作用，该区域与孤独症患者常有的感觉过敏、注意力缺陷和睡眠紊乱的症状相关。美国 Broad 研究所对 TRN 神经元中发现的信使 RNA 分子进行测序，识别出上百个基因，并根据基因的表达程度，

---

278 Bari A, Xu A Y, Pignatelli M, et al. Differential attentional control mechanisms by two distinct noradrenergic coeruleo-frontal cortical pathways [J]. PNAS, 2020, 117 (46): 29080-29089.

279 Yap E Y, Pettit N L, Davis C P, et al. Bidirectional perisomatic inhibitory plasticity of a Fos neuronal network [J]. Nature, 590: 115-121.

280 Li C H, Coffey E L, Agnese A D, et al. MeCP2 links heterochromatin condensates and neurodevelopmental disease [J]. Nature, 2020, 586: 440-444.

281 Mitra I, Huang B, Mousavi N, et al. Patterns of de novo tandem repeat mutations and their role in autism [J]. Nature, 2020, 589: 246-250.

将细胞分为两个亚群；其中一个亚群位于 TRN 核心区，其他细胞围绕核心区形成薄细胞层，这两类细胞亚群均与丘脑的不同部位形成联系；研究人员猜测核心区域的细胞负责将感觉信息传递到大脑皮质，而外层细胞协调视觉和听觉等不同感官传入的信息[282]。瑞士巴塞尔大学发现突触黏附分子 *Nlgn3* 中的孤独症相关突变会导致多巴胺能神经元中催产素信号转导受损，并会改变小鼠对社交新奇测试的行为反应。用高特异性的脑渗透性 MAP 激酶相互作用酶（MAP kinase-interacting kinases）抑制剂治疗 *Nlgn-3* 敲除小鼠，可以重置 mRNA 的翻译并恢复催产素信号转导和小鼠对社交的新奇反应。该研究确定了遗传性孤独症危险因素 *Nlgn3*、翻译调控和催产素信号之间融合关系，提供了新的治疗干预措施[283]。

（2）脑肿瘤及创伤性脑损伤

以往研究认为大脑会保护自己免受攻击性免疫反应从而抑制炎症。美国诺特丹大学发现小胶质细胞会表达一种保护大脑免受炎症作用的 VISTA 蛋白，并且释放名为 Cxcl10 的免疫细胞吸引 VISTA 蛋白，招募更多的小胶质细胞。但是，当面对癌细胞时，这种过程抑制了能够提高身体免疫反应的 T 细胞数量。因此，当癌细胞扩散到大脑时，这种炎症保护作用可能会起到反作用，促进癌细胞的转移[284]。

加拿大多伦多病童医院利用单细胞基因组学绘制出大脑随时间变化的发育图谱，通过了解控制脑组织生长的神经环路发现了可以刺激大脑中内源性干细胞来促进脑组织修复的化合物二甲双胍，其对啮齿动物的神经发生和认知过程具有性别依赖作用。研究人员进一步通过对 24 名接受颅骨放射治疗的儿童脑肿瘤幸存者进行临床研究，证明了二甲双胍的安全性，建议下一步可以进行大

282 Li Y Q, Lopez-Huerta V G, Adiconis X, et al. Distinct subnetworks of the thalamic reticular nucleus [J]. Nature, 2020, 583: 819-824.

283 Hörnberg H, Pérez-Garci E, Schreiner D, et al. Rescue of oxytocin response and social behaviour in a mouse model of autism [J]. Nature, 2020, 584: 252-256.

284 Guldner I H, Wang Q F, Yang L, et al. CNS-Native Myeloid Cells Drive Immune Suppression in the Brain Metastatic Niche through Cxcl10 [J]. Cell, 2020, 183 (5): 1234-1248.

型多中心临床 3 期试验以验证二甲双胍对儿童脑肿瘤的疗效[285]。

（3）神经退行性疾病

1）阿尔茨海默病

美国哈佛大学医学院研究了阿尔茨海默病（AD）患者大脑两个区域的 tau 蛋白聚集体，发现其化学性质发生了变化，具有正常 tau 蛋白没有的翻译后修饰（post-translational modification，PTM），并揭示了 95 个 tau 蛋白的 PTM。研究人员认为对其中一些关键 PTM 进行进一步分析有可能帮助解释 AD 的发生发展过程[286]。

已有研究表明 β- 淀粉样蛋白具有抗病毒和抗菌特性，表明针对病原体的免疫反应可能与阿尔茨海默病的发展有关。美国纪念斯隆 · 凯特琳癌症中心发现蛋白质 IFITM3 参与对病原体的免疫反应，同时对 β 淀粉样蛋白的积累也起着关键作用，在 AD 模型小鼠脑中去除 IFITM3 会降低 γ- 分泌酶的活性，从而减少淀粉样斑块的数量。这揭示了一种患 AD 的风险机制，即通过 IFITM3 调节 γ- 分泌酶增加了患病风险[287]。

美国南加州大学发现 AD 的主要遗传风险因素载脂蛋白 E4（APOE4）与血脑屏障（BBB）的破坏有关，BBB 的损坏是人类认知功能障碍的早期生物标志物，包括阿尔茨海默病的早期临床阶段。BBB 的损坏与 APOE4 相关的认知能力下降有关，并独立于 AD 的病理，提示可能是 APOE4 携带者的潜在治疗靶标[288]。

2）帕金森病

帕金森病的特征是多巴胺神经元中的 α- 突触核蛋白聚集，已有研究表明分子钳（molecular tweezers）可以作为抗聚集剂，靶向正经历淀粉样蛋白形成过

285 Ayoub R, Ruddy R M, Cox E, et al. Assessment of cognitive and neural recovery in survivors of pediatric brain tumors in a pilot clinical trial using metformin [J]. Nature Medicine, 2020, 26: 1285-1294.

286 Wesseling H, Mair W, Kumar M, et al. Tau PTM Profiles Identify Patient Heterogeneity and Stages of Alzheimer's Disease [J]. Cell, 2020, 183 (6): 1699-1713.

287 Hur J Y, Frost G R, Wu X Z, et al. The innate immunity protein IFITM3 modulates γ-secretase in Alzheimer's disease [J]. Nature, 2020, 586: 735-740.

288 Montagne A, Nation D A, Sagare A P, et al. APOE4 leads to blood–brain barrier dysfunction predicting cognitive decline [J]. Nature, 2020, 581: 71-76.

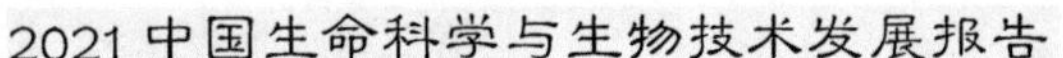

程中的带正电荷的蛋白质残基。英国牛津大学发现特定的分子钳 CLR01 能够减少 α- 突触核蛋白形成簇，防止神经元死亡，通过在帕金森小鼠模型中测试 CLR01 的治疗效果，结果显示接受 CLR01 治疗的小鼠表现出运动缺陷改善和大脑中有毒蛋白质簇减少[289]。

（4）心理健康 / 精神疾病

1）抑郁症

超过 30% 的抑郁症患者对一线治疗药物选择性血清素再吸收抑制剂（selective serotonin reuptake inhibitor，SSRI）产生了抗性，一种非竞争性的 N- 甲基 -D- 天冬氨酸受体拮抗剂氯胺酮为这些患者提供了快速持久的抗抑郁作用，但对其作用的神经机制还知之甚少。加拿大麦吉尔大学研究发现一组参与记忆形成的 4E-BP 蛋白是氯胺酮抗抑郁作用的关键因素，特异性地在抑制性神经元中缺失 4E-BP2 阻止了氯胺酮诱导的海马兴奋性神经传递的增加，并且该效果与氯胺酮不能长时间降低抑制性神经传递有关。这一成果将为重度抑郁症患者带来更好的治疗效果[290]。

2）精神分裂症

美国华盛顿大学分析了精神分裂症患者和健康对照组的血液样本，结果发现精神分裂症患者可能携带罕见的破坏性的基因突变，这些突变涉及与神经递质谷氨酰胺、γ 氨基丁酸和多巴胺相关的神经环路，推测可能是通过影响大脑及突触功能，进而影响神经元之间的通信以及学习记忆等脑功能[291]。

日本京都大学研究发现小鼠的 ABCA13 蛋白受到破坏时表现出精神分裂症的特征性行为。ABCA13 是 ATP 结合盒蛋白（ATP-binding cassette protein，ABC）家族中最大的成员，参与胆固醇等分子进出细胞。对缺乏 ABCA13 的小鼠进行惊吓反应（startle response）和前脉冲抑制（prepulse inhibition）试验，

---

289 Vergniory N B, Faggiani E, Gonzalez P R, et al. CLR01 protects dopaminergic neurons in vitro and in mouse models of Parkinson's disease [J]. Nature Communication, 2020, 11: 4885.

290 Valles A A, Gregorio D D, Camacho E M, et al. Antidepressant actions of ketamine engage cell-specific translation via eIF4E [J]. Nature, 2020, 590: 315-319.

291 Gulsuner S, Stein D J, Susser E S, et al. Genetics of schizophrenia in the South African Xhosa [J]. Science, 2020, 367 (6477): 569-573.

结果显示其行为出现异常，通过进一步研究发现缺乏 ABCA13 的小鼠脑神经末梢中的囊泡并没有积累胆固醇。突触神经囊泡对于信息在不同神经中传递至关重要，因此这种功能失常可能是导致精神疾病的病理生理原因[292]。

3. 技术开发

（1）神经成像

美国哥伦比亚大学开发了一种名为 SCAPE 的快速 3D 成像技术，可以对脑内更大体积的组织进行观察，同时不会破坏神经细胞的精细网络。研究人员利用该技术实现了一次性对不同气味产生反应的数千个神经细胞进行分析，并观察到比预期更复杂的交互式神经细胞反应系统[293]。

中国香港大学和美国加州大学伯克利分校研发了超高速双光子荧光显微镜，通过全光学激光扫描，以高达每秒 3000 帧的速度对体内的神经元活动进行成像，并测得低于微米的空间分辨率。这种成像方法能够监测清醒小鼠大脑表面以下 345 μm 的超重和亚重度电活动，帮助研究人员更全面、深入地了解大脑功能[294]。

（2）神经元追踪和记录工具的开发

美国加州大学戴维斯分校前期开发了一种基于荧光蛋白的生物传感器——dLight1，该高特异性传感器可以检测神经元释放的化学分子多巴胺。与先进的显微镜结合使用时，dLight1 可在活体动物脑内提供高分辨率、实时成像的多巴胺时空释放特征图。该校进一步研发了 dLight1 的两个新的光谱变体，黄色的 YdLight1 和红色的 RdLight1，其中 RdLight1 允许同时评估突触前或突触后神经元释放的多巴胺活性、特定类型细胞中谷氨酸的释放以及动物的神经元投射特征，实现了可以光学剖析多巴胺的释放并模拟其对神经环路的影响[295]。

---

292 Nakato M, Shiranaga N, Tomioka M, et al. ABCA13 dysfunction associated with psychiatric disorders causes impaired cholesterol trafficking [J]. Journal of Biological Chemistry, 2021, 296: 100166.

293 Xu L, Li W Z, Voleti V, et al. Widespread receptor-driven modulation in peripheral olfactory coding [J]. Science, 2020, 368 (6487): eaaz5390.

294 Wu J L, Liang Y J, Chen S, et al. Kilohertz two-photon fluorescence microscopy imaging of neural activity in vivo [J]. Nature Methods, 2020, 17: 287-290.

295 Patriarchi T, Mohebi A, Sun J Q, et al. An expanded palette of dopamine sensors for multiplex imaging in vivo [J]. Nature Methods, 2020, 17: 1147-1155.

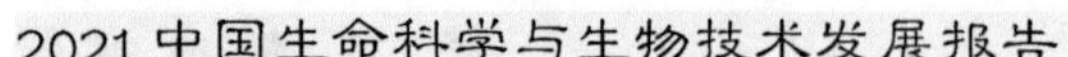

（3）类脑智能

在类脑计算方面，谷歌 DeepMind 团队开发了多巴胺强化学习的分布式代码，证明可以借鉴神经机制实现分布式强化学习[296]。美国罗格斯大学提出在神经认知的连接性中发挥作用的网络编码模型，该模型利用连接性通过神经活动流过程（neural activity flow processes）指定信息传输，利用已有的神经数据成功预测了认知的形成[297]。美国卡内基梅隆大学开发的 Tetrad 因果关系自动发现智能平台，基本整合了各种已被证明有效的因果发现算法，并获得 2020 年世界人工智能大会 SAIL 奖[298]。

在类脑芯片方面，德国哥廷根大学将英特尔公司开发的神经形态芯片 Loihi 转移到神经形态硬件上，通过机器人手臂执行的电机控制任务验证了其可以完成有效的活动轨迹，证明了 Loihi 上的各向异性网络（anisotropic network）能够可靠地编码神经活动的顺序模式，每个模式都代表机器人动作，并且该模式允许在与控制相关的时间尺度上生成多维轨迹。该项研究提出了一种新算法，允许使用最先进的神经形态硬件控制机器人完成复杂的运动[299]。美国马萨诸塞州立大学阿姆斯特分校的研究人员利用蛋白质纳米线作为生物导线，制造神经拟态忆阻器，能像大脑突触一样，在神经拟态的电压水平运行[300]。中国清华大学微电子所、未来芯片技术高精尖创新中心研发出一款基于多阵列的忆阻器存算一体系统，集成了 8 个包含 2048 亿忆阻器的阵列，在运行卷积神经网络算法时能效比目前最先进的图形处理器芯片高两个数量级，且功耗比传统芯片降低 100 倍[301]。

---

296 Dabney W, Kurth-Nelson Z, Uchida N, et al. A distributional code for value in dopamine-based reinforcement learning [J]. Nature, 2020, 577 (7792): 671-675.

297 Ito T, Hearne L, Mill R, et al. Discovering the Computational Relevance of Brain Network Organization [J]. Trends in Cognitive Sciences, 2020, 24 (1): 25-38.

298 Carnegie Mellon University. Philosophy's Tetrad Project Awarded International AI Honor [EB/OL]. https://www.cmu. edu/news/stories/archives/2020/august/tetrad-project-earns-international-ai-honors. html.

299 Michaelis C, Lehr A B, Tetzlaff C. Robust Trajectory Generation for Robotic Control on the Neuromorphic Research Chip Loihi [J]. Front Neurorobot, 2020, 14: 589532.

300 Fu T D, Liu X M, Gao H Y, et al. Bioinspired bio-voltage memristors [J]. Nature Communications, 2020, 11: 1861.

301 Yao P, Wu H Q, Gao B, et al. Fully hardware-implemented memristor convolutional neural network [J]. Nature, 2020, 577 (7792): 641-651.

在脑机接口方面，美国杜克大学、西北大学等研究机构利用不到 1 mm 厚的二氧化硅电极层，组成了 1008 个电极传感器和高清晰影像设备的神经矩阵（neural matrix），电极用来连接大脑皮质进行反馈和检测，影像设备帮助研究人员查看大脑活动情况。该神经矩阵不会穿透脑组织，而是形成柔性神经接口并停留于大脑皮质上，实现机器与人体大脑长期、直接的交互[302]。美国贝勒医学院利用动态颅内电刺激新技术，用植入的微电极阵列构成视觉假体，并且在失明参与者中进行测试发现，该动态刺激能够准确识别大脑视觉空间图所预测的字母形状。该研究表明，大脑假体可以帮助产生视觉的连贯感知[303]。美国巴特尔纪念研究所利用侵入式脑机接口帮助一名脊髓损伤（SCI）患者恢复了运动功能和触觉，证明了在初级运动皮层（M1）中，残余的手下知觉触摸信号可以从正在进行的运动中分离出来，从而实现皮质内控制的闭环感觉反馈。使用脑机接口几乎可以完全恢复患者检测物体触摸的能力，并显著改善几种感觉运动功能。该结果表明，可以从皮层中解码出知觉以下的神经信号，并将其转变为意识知觉，从而显著增强相关功能[304]。美国加州大学旧金山分校的研究人员利用人工智能算法将脑电信号翻译成句，准确率达到 97%，远超 2019 年 Facebook 开发的同类产品[305-306]。此外，Neuralink 公司研发的设备 LINK V0.9 缩小到一枚硬币大小，可以植入骨头中，实现“无线”实时传输脑电波数据，植入时用手术机器人操作 1 h 即可完成，并已经成功植入 3 只小猪大脑[307]。

---

302 Chiang C H, Won S M, Orsborn A L, et al. Development of a neural interface for high-definition, long-term recording in rodents and nonhuman primates [J]. Science Translational Medicine, 2020, 12: eaay4682.

303 Beauchamp M S, Oswalt D, Sun P, et al. Dynamic Stimulation of Visual Cortex Produces Form Vision in Sighted and Blind Humans [J]. Cell, 2020, 181 (4): 774-783.

304 Ganzer P D, Colachis S C, Schwemmer M A, et al. Restoring the Sense of Touch Using a Sensorimotor Demultiplexing Neural Interface [J]. Cell, 2020, 181 (4): 763-773.

305 Makin J G, Moses D A, Chang E F. Machine translation of cortical activity to text with an encoder-decoder framework [J]. Nature Neuroscience, 2020, 23 (4): 575-582.

306 Moses D A, Leonard M K, Makin J G, et al. Real-time decoding of question-and-answer speech dialogue using human cortical activity [J]. Nature Communications, 2019, 10: 3096.

307 ‘Three Little Pigs’ demonstrate Neuralink’s brain implant [EB/OL]. https://cosmiclog.com/2020/08/28/three-little-pigs-demonstrate-neuralinks-brain-implant/ [2020-08-28].

（三）国内重要进展

1. 基础研究

中国科学院脑科学与智能技术卓越创新中心 / 神经科学研究所结合线虫、小鼠等模式动物和人类大脑基因表达数据库，寻找抗衰老靶标基因，发现 BAZ-2 和 SET-6 两个表观遗传调控因子位于衰老调控网络的关键节点，且主要在神经系统中表达。BAZ-2 和 SET-6 的人同源基因分别为 *BAZ2B* 和 *EHMT1*，研究人员通过进一步研究发现，在人类大脑中 *BAZ2B* 和 *EHMT1* 的表达量随衰老逐渐增加，与阿尔兹海默病的进展呈正相关。此外，降低 *BAZ2B* 的功能可提高老年小鼠的认知功能。该研究揭示了神经系统衰老的基因调控网络，发现了全新的抗衰老靶点，为延缓大脑衰老提供了新的理论依据和作用靶标[308]。该所另一个研究团队发现，在周围神经受损后，胰腺炎相关蛋白 1（PAP-1）可以转运至脊髓背角，并且主要通过 CCR2-p38 MAPK 信号通路激活脊髓小胶质细胞，从而在神经性疼痛中起到至关重要的作用；此外，在神经性疼痛建立之后，PAP-1 的促炎作用更加突出，因此表明小胶质细胞也参与了神经性疼痛的维持阶段[309]。

2. 应用研究

中国科学院脑科学与智能技术卓越创新中心 / 神经科学研究所开发了一种新型体成像技术——共聚焦光场显微镜（confocal light field microscopy），可以对活体动物深部脑组织中的神经和血管网络进行快速、大范围的体成像。该技术通过在自由活动的斑马鱼幼鱼和小鼠大脑上试验，证明了共聚焦光场显微镜有高分辨率和灵敏度，为研究大范围神经网络和血管网络的功能提供了新的工

308 Yuan J, Chang S Y, Yin S G, et al. Two conserved epigenetic regulators prevent healthy ageing [J]. Nature, 2020, 579: 118-122.

309 Li J Y, Shi H X, Liu H, et al. Nerve Injury-Induced Neuronal PAP-I Maintains Neuropathic Pain by Activating Spinal Microglia [J]. Journal of Neuroscience, 2020, 40 (2): 297-310.

具。同时，该技术不仅适用于脑组织的成像，还可以根据所需成像的样品种类灵活调整分辨率、成像范围和成像速度，并且可以在其他厚组织的快速动态成像中应用[310]。

中国科学院心理研究所利用磁共振成像技术，对精神分裂症患者和健康患者进行脑区的形态学测量及抑郁症症状评估，发现伴发性抑郁症患者的扣带回脑区的表面积以及同一脑区的灰质体积出现明显的增大，这些异常增大可以作为生物标志物用于预测精神分裂症伴发抑郁症的临床症状[311]。

中国人民解放军陆军军医大学首次报道了下丘脑 orexin——脑干快速眼动（REM）睡眠控制核心蓝斑核（SLD）存在的直接神经通路，且该神经通路表现出 REM 睡眠相关活动。通过进一步利用电生理学技术，该研究证明该通路活动作用于 NSCC 通道、CX36 电突触等分子协调影响整体 SLD 神经元网络活动，增强其输出效率；在体情况下该通路的活动和效应虽不直接控制 SLD 介导的 REM 睡眠发生，但对于 REM 睡眠的稳定维持很重要[312]。

中国科学院上海药物研究所等机构首次报道了五种 5- 羟色胺（5-HT）受体的近原子分辨率结构，揭示了磷脂和胆固醇如何调节受体功能，以及抗抑郁症药物阿立哌唑（Aripiprazole）的分子调节机制，为抑郁症和精神分裂症等精神疾病的治疗建立了重要的机制基础[313]。

3. 技术开发

光遗传学是操纵神经元活动最广泛采用的技术之一，然而该技术的主要缺点是需要对光纤进行侵入式植入。中国科学技术大学设计了一种具有超高光敏性的新型阶梯功能视蛋白 SOUL，可以通过经颅光学刺激激活位于小鼠深部大

---

310 Zhang Z K, Bai L, Cong L, et al. Imaging volumetric dynamics at high speed in mouse and zebrafish brain with confocal light field microscopy [J]. Nature Biotechnology, 2020, 39: 74-83.

311 Wei G X, Ge L K, Chen L Z, et al. Structural abnormalities of cingulate cortex in patients with first-episode drug-naïve schizophrenia comorbid with depressive symptoms [J]. Hum Brain Mapp, 2021, 42: 1617-1625.

312 Feng H, Wen S Y, Qiao Q C, et al. Orexin signaling modulates synchronized excitation in the sublaterodorsal tegmental nucleus to stabilize REM sleep [J]. Nature Communication, 2020, 11: 3661.

313 Xu P Y, Huang S J, Zhang H B, et al. Structural insights into the lipid and ligand regulation of serotonin receptors [J]. Nature, 2021, DOI: 10. 1038/s41586-021-03376-8.

脑区域的神经元，在转入 *SOUL* 基因的小鼠中可以引发其行为变化。该视蛋白为控制啮齿类和灵长类动物模型的神经元活动提供了新工具[314]。

浙江大学研发出国内首款闭环神经刺激器，并完成了国内首例基于闭环脑机接口神经刺激器（Epilcure）植入手术，标志着我国脑机接口临床转化研究在难治性癫痫诊治领域取得了重要突破[315]。

清华大学首次提出“神经形态完备性”概念，并提出了类脑计算系统层次结构，其中包括完整的软件抽象模型和多功能的神经形态架构。该研究通过理论论证与原型实验证明了该系统的硬件完备性与编译可行性，扩展了类脑计算系统应用范围，使之能支持通用计算，能够在大脑启发的计算系统的所有方面实现高效兼容性，促进包括人工智能在内的各种应用领域的发展[316]。

（四）前景与展望

未来，全球脑科学领域会进一步融合，共同解密大脑奥秘。2021 年 4 月 10 日，中国上海交通大学与 *Science* 提出新的 125 个科学问题，专门提出神经科学领域面临的 12 个问题，包括“神经元放电序列的编码准则是什么？”“意识存在于何处？”“能否数字化地存储、操控和移植人类记忆？”等。对这些基本问题的探索，需要全球科学家共同努力。而且这些问题解析清楚后，将对脑疾病治疗、类脑智能领域甚至整个社会产生深刻影响。

在脑结构与功能方面，随着介观（介于微观和宏观之间）的脑图谱研究的积累，大脑结构将被进一步解析。在基础认知架构方面，研究人员通过分析认知架构研究过去 40 年的历程，分析出核心的认知能力，包括感知（包括视觉、听觉、符号输入、其他形态的感知、多模态感知）、注意机制、行为选择、记忆（感官记忆、工作记忆、长期记忆、全局记忆）、学习（感知性学习、陈述性学习、程序性学习、关联性学习、非关联性学习等）、推理、元认

---

314 Gong X, Halliday D M, Ting J T, et al. An Ultra-Sensitive Step-Function Opsin for Minimally Invasive Optogenetic Stimulation in Mice and Macaques [J]. Neuron, 2020, 107: 38-51.

315 中国新闻网 . 中国首例闭环神经刺激器治疗癫痫植入手术患者出院 [EB/OL]. https://backend. chinanews. com/jk/2021/04-21/9459892. shtml [2021-04-21].

316 Zhang Y H, Qu P, Ji Y, et al. A system hierarchy for brain-inspired computing [J]. Nature, 2020, 586: 378-384.

知（metacognition）等。随着对人脑认知架构的进一步理解，基础认知研究成果有望在心理学实验、机器人技术、人体性能建模、人－机器人和人－计算机交互、自然语言处理、分类与聚类、计算机视觉等众多方面有广泛的应用前景[317]。

在脑疾病治疗方面，神经科学家们在开发相关疾病治疗药物的同时，还与工程技术人员合作开发微电极探针，通过微电极探针的植入治疗疾病。微电极探针将在设计、制造、生物相容性材料及临床评估方面得以改进[318]。

在技术开发方面，无害、适用于运动、真实环境中的技术开发将被进一步发展和广泛应用，包括新型成像技术、神经元追踪与记录工具，以及新型、高精度的脑活动刺激方法和调控技术。例如，用可穿戴式功能性近红外光谱（fNIRS）仪器对广泛的人群进行神经监测，这类研究未来几年将成倍增长，尤其是在现实世界的认知、社会互动和神经发育领域[319]。

在类脑智能方面，随着神经元编码信息的机制被解析清楚，有望用于开发新一代人工神经网络模型和算法，尤其是将开发出新的脑机接口和脑机融合方法。类脑芯片和类脑智能机器人也将快速发展。科学家们将用新的图灵测试来开发类脑智能，除了语言能力之外，测试指标还应包括对各种信息的感知能力与处理能力等。未来二三十年内，可能出现能够通过新的图灵测试的、具有通用人工智能的类脑人工智能[320]。

未来，随着我国脑科学与类脑研究重大项目的进一步实施，加上各地区脑计划及相关基础设施建设有序推进，将产生更多突破性成果，培养更多的年轻人才，我国脑科学 / 神经科学领域将进入快速发展轨道。

---

317 Kotseruba I, Tsotsos J K. 40 years of cognitive architectures: core cognitive abilities and practical applications [J]. Artificial Intelligence Review, 2020, 53 (1): 17-94.

318 McGlynn E, Nabaei V, Ren E L, et al. The Future of Neuroscience: Flexible and Wireless Implantable Neural Electronics [J]. Advanced Science, 2021, 8 (10): 2002693.

319 Pinti P, Tachtsidis I, Hamilton A, et al. The present and future use of functional near-infrared spectroscopy (fNIRS) for cognitive neuroscience [J]. Annals of the New York Academy of Sciences, 2020, 1464 (1): 5-29.

320 蒲慕明．脑科学研究的三大发展方向［J］．中国科学院院刊，2019，34（7）：807-813.

三、合成生物学

（一）概述

随着合成生物学与其他学科的交叉会聚的深度和广度不断扩展，2020 年，美国、加拿大等国相继提出了新的未来发展规划与建议。①2020 年 10 月，美国工程生物学研究联盟（EBRC）发布了《微生物组工程：下一代生物经济研究路线图》，这是继 2019 年工程生物学路线图后，EBRC 发布的第二份研究路线图。路线图聚焦微生物组与合成 / 工程生物学交叉融合后的技术研发与应用，分为时空控制、功能生物多样性、分布式代谢 3 个技术主题，阐明了技术领域未来 20 年的发展目标，以及 5 个应用领域（包括工业生物技术、健康与医药、食品与农业、环境生物技术、能源）如何利用微生物组工程的进步解决目前面临的广泛社会挑战。②加拿大政策视野（Policy Horizons Canada）作为国家的战略预见组织，在 2020 年提出了"生物数字会聚"（biodigital convergence）的概念，并就其在经济、社会、生态等领域相关的政策管理方面产生的影响为加拿大政府提出了建议。

在项目布局方面：①2020 年 10 月，美国国防部高级计划研究局（DARPA）宣布"持久性海洋生物传感器"（PALS）项目已进入第二阶段，本阶段研究小组将开发探测系统，来观察、记录、解释生物的各种反应，并将分析结果作为警告发送到远程用户终端；同时，DARPA 发布了"关于研发快速、灵活地制造 DNA 分子的技术"项目招标，目标是开发快速合成 DNA 分子的平台，用于药物发现等医疗领域以及与国防相关材料的生产。②美国国家科学基金会（NSF）未来制造（FM）项目 2020 年度将"未来生物制造"列为三大重点领域之一，提出该领域的研究项目将使治疗性细胞和分子、化学物质、药物、聚合物和燃料生产，以及用于计算、信号处理和通信的生物基技术成为可能。③英国生物技术和生物科学研究理事会（BBSRC）2020 年 8 月宣布将以后续基金（FoF）支持的合成生物学重点项目，目前资助了包括分子 X 因子和合成生物膜、在工

业和临床环境中应用的细菌孢子控制等研究项目。④中国 2020 年度“合成生物学”重点研发计划也于 11 月正式启动，围绕基因组人工合成与高版本底盘细胞、人工元器件与基因线路、人工细胞合成代谢与复杂生物系统、使能技术体系与生物安全评估等 4 个任务部署了 23 个研究项目。

在基础设施建设方面：①美国国防部（DOD）向工程生物学研究联盟（EBRC）领导的生物工业制造和设计生态系统（BioMADE）拨款 8750 万美元，将其作为 DOD 资助的新的制造业创新研究所（MII），并纳入美国制造业网络的一部分。②此外，美国卫生与公众服务部（HHS）还为美国生物技术公司创建首家“美国生物技术铸造厂”（Foundry for American Biotechnology），用于以生产增强医疗保健和应对健康安全威胁的技术解决方案。

在 2020 年，合成生物学领域的投融资达到了创纪录的 78 亿美元，是 2019 年的 2.5 倍。除了公开市场和私人市场的融资，对生命科学工具研发的关注也推动了对合成生物学公司投资的进一步增加。例如，908 Devices 公司主要开发实时分析合成生物学产品的质谱仪，2020 年的首次公开募股（IPO）中筹集了 1.5 亿美元；单细胞和空间转录组学（spatialomics）公司 Vizgen 也在 2020 年成立之初就获得了 1400 万美元的 A 轮融资[321]。

（二）国际重要进展

2020 年，合成生物学不仅在全球新冠肺炎疫情应对中体现着积极作用，如快速监测病毒的生物装置、新型疫苗的研发技术、合成的生物平台等；同时，在元件、线路、合成系统、底盘细胞改造，以及应用研究领域都取得了一些重要进展和突破。

1. 元件开发与基因线路设计

在蛋白质的合成与设计方面：①美国麻省理工学院利用流化学技术发明了

321 Wisner S. Synthetic Biology Investment Reached a New Record of Nearly $8 Billion in 2020 [EB/OL]. https://synbiobeta. com/synthetic-biology-investment-set-a-nearly-8-billion-record-in-2020-what-does-this-mean-for-2021/ [2021-01-27].

一种蛋白质快速合成机器，该机器使用机械泵和阀门将化学品混合，并利用加热反应器加速每个反应步骤。这项新技术还允许在蛋白质中掺入天然 20 种氨基酸以外的氨基酸，极大扩展了可产生的潜在蛋白质药物的结构和功能，为迅速发现基于肽和蛋白质的生物制药提供了更多机会[322]。②跨膜通道在基础生物或生物设计应用中都有着关键的作用，美国华盛顿大学设计了两个由 α- 螺旋同心环组成对的蛋白质通道，并在昆虫细胞和脂质体上验证了通道的功能[323]；这种从头设计跨膜结构的能力为各种膜蛋白相关的应用技术提供了新的平台。③此外，华盛顿大学的研究团队还领导合成了具有分子逻辑门功能的人造蛋白质，可用于设计蛋白质的控制系统，像计算机一样在分子水平上控制任意蛋白质之间的相互作用[324]。这项研究实现了从零开始设计复杂生物线路的关键一步，对未来的药物设计和合成生物学发展具有重要意义。

识别核酸单碱基突变的能力对于疾病精确检测至关重要，然而，单碱基变化所提供的杂交能量差异较小，在活细胞和复杂的反应环境中鉴定单碱基突变非常困难。美国亚利桑那州立大学开发了检测工具 SNIPR，可以在体内和无细胞体系中提供超特异性的单碱基差异检测能力，将 SNIPR、便携的纸质检测系统以及等温扩增相结合，可以在临床中方便地检测癌症相关的突变或者辨别病毒感染的种类[325]。

韩国 KAIST 研究所开发了一种光遗传学方法，可以操纵特定 mRNA 的定位和翻译，而 mRNA 的聚集极大地放大了报告信号，使内源性 RNA- 蛋白质的相互作用在单细胞中清晰可见。该平台广泛适用于研究特定 mRNA 在各种生物过程中的时空活动[326]。

现有的基因线路设计烦琐，有可能会增加宿主细胞负担，因此开发简单、

322 Hartrampf H, Saebi A, Poskus M, et al. Synthesis of proteins by automated flow chemistry [J]. Science, 2020, 368 (6494): 980-987.

323 Xu C, Lu P, El-Din T M G, et al. Computational design of transmembrane pores [J]. Nature, 2020, 585: 129-134.

324 Chen Z B, Kibler R D, Hunt A, et al. De novo design of protein logic gates [J]. Science, 2020, 368 (6486): 78-84.

325 Hong F, Ma D, Wu K, et al. Precise and programmable detection of mutations using ultraspecific riboregulators [J]. Cell, 2020, 180: 1018-1032.

326 Kim NY, Lee S, Yu J, et al. Optogenetic control of mRNA localization and translation in live cells [J]. Nature Cell Biology, 2020, 22: 341-352.

有效、功能全面的基因调控工具极为必要。①英国爱丁堡大学在基因线路中设计了一种名为核酸海绵（DNA sponge）的系统，通过诱导转录因子结合，使转录因子丧失与内源性基因作用的能力，从而减少复杂基因线路对于细胞的毒性影响[327]。②目前，基因线路的纠错和调试过程往往耗时耗力。美国麻省理工学院利用RNA-seq和Ribosome Profiling对复杂基因线路中的54个遗传元件进行了参数化，最终的数学模型可以用于预测基因线路的性能、动态过程和稳健性[328]。这项研究展示了一种参数化基因线路，并量化其对宿主影响的方法，为基因线路设计提供了很多新的角度。

2. 合成系统

目前直接利用天然细胞器会受到内源性途径的影响，应用非常受限，在膜包裹的细胞器中进行分区化的反应，有望克服目前细胞代谢工程工业化的障碍。德国法兰克福大学开发了一种在活酵母细胞中生产人造细胞器的新方法，可以设计进行特定生化反应[329]；研究证实了合成囊泡可用于定制合成分子的微型实验室，有了这种新型的人造细胞器，研究人员可以选择在细胞中重新产生各种过程，或者对其进行优化。

德国马克斯·普朗克陆地微生物研究所开发了一种人造叶绿体自动化组装平台，可以根据需求制造不同人造叶绿体，不仅可以吸收空气中的CO_2，还可以根据不同应用场景合成不同的有机物。研究表明，该平台合成的人造叶绿体吸收CO_2的速度比之前合成生物学方法快100倍[330]。人工利用光能把CO_2固定为多碳化合物也为许多其他领域的技术应用奠定了基础，如人造生物反应器合成小分子或药物。

---

327 Wan X, Pinto F, Yu L, et al. Synthetic protein-binding DNA sponge as a tool to tune gene expression and mitigate protein toxicity [J]. Nature Communications, 2020, 11: 5961.

328 Borujeni A E, Zhang J, Doosthosseini H, et al. Genetic circuit characterization by inferring RNA polymerase movement and ribosome usage [J]. Nature Communications, 2020, 11 (1): 5001.

329 Reifenrath M, Oreb M, Boles E, et al. Artificial ER-Derived Vesicles as Synthetic Organelles for in vivo Compartmentalization of Biochemical Pathways [J]. ACS Synthetic Biology, 2020, 9 (11): 2909-2916.

330 Miller T E, Beneyton T, Schwander T, et al. Light-powered CO_2 fixation in a chloroplast mimic with natural and synthetic parts [J]. Science, 2020, 368 (6491): 649-654.

3. 底盘细胞的设计与改造

合成生物学允许科学家对细胞进行生物工程设计，用于合成新的有价值的分子。美国能源部劳伦斯伯克利国家实验室开发了一种自动推荐工具（automated recommendation tool，ART），使机器学习算法适应合成生物学的需要，系统地指导工程细胞的开发。在优化色氨酸代谢的实验中，研究人员利用实验数据通过ART工具的筛选，最终的设计方案比参照菌株增加了106%的色氨酸产量[331]。

美国威斯康星大学麦迪逊分校的大湖生物能源研究中心的研究人员开发了一种称为迭代杂交生产（HyPr）的新方法，将六个不同酵母菌种的性状整合到一个杂交菌株中，杂交酵母菌可以携带更多用于特定功能的工具，能够快速适应复杂环境，可用于基于实验室的进化选择[332]。如果将该方法与CRISPR-Cas9系统等基因编辑工具相结合，可以创建出具有特定所需性状的杂交酵母，将在遗传学、癌症生物学、生物发酵和生物能源等方面具有巨大应用潜力。

在非天然系统开发方面，美国斯克利普斯研究所利用非自然核苷酸dNaM和dTPT3人工碱基对（UBP），在半合成生物（SSO）中设计了9种新型的非天然密码子，其中至少有三个密码子是正交的，用于指导产生非天然氨基酸在肽链中的整合，这项工作产生了第一个67密码子生物体[333]。剑桥大学从测试的88个元件中确定了18个相互正交的tRNA-aaRS组合，并生成了12组三正交对，最终在一个多肽中实现了三种不同的非天然氨基酸的整合[334]。

4. 使能技术创新

在新的计算方法开发上：①英国萨里大学和墨西哥国立自治大学合作开发

331 Radivojević T, Costello Z, Workman K, et al. A machine learning Automated Recommendation Tool for synthetic biology [J]. Nature Communications, 2020, 11 (1): 4879.

332 Peris D, Alexander W G, Fisher K J, et al. Synthetic hybrids of six yeast species [J]. Nature Communications, 2020, 11: 2085.

333 Fischer E C, Hashimoto K, Zhang Y, et al. New codons for efficient production of unnatural proteins in a semisynthetic organism [J]. Nature Chemical Biology. 2020, 16: 570-576.

334 Dunkelmann D L, Willis J C W, Beattie A T, et al. Engineered triply orthogonal pyrrolysyl-tRNA synthetase/tRNA pairs enable the genetic encoding of three distinct non-canonical amino acids [J]. Nature Chemistry, 2020, 12: 535-544.

了一种新的计算技术 ReProMin，可以识别在细菌细胞中表达非必需基因的过程[335]。对这些非必需基因的鉴定使研究者能够去除它们，从而节省细胞内的能量，将细胞资源分配给其他功能，如生产胰岛素等药物、生物燃料和生物塑料等。这项新的计算技术将使细菌细胞将能量从非生物分子中转移出来，从而更高效地生产药物，降低生产成本。②美国麻省理工学院开发了一套机器学习算法，可以分析大量基于 RNA 的“toehold”序列，并预测哪些序列对感应和响应所需的目标序列最有效[336]。该算法可以推广到合成生物学中解决其他问题，加快生物技术工具的发展，推动科学和医学研究进步。

基于合成 DNA 的数据存储系统因具有超高存储密度和长期稳定性而受到广泛关注。①美国伊利诺伊大学香槟分校设计了新的“打孔卡”DNA 存储方法，用“刻痕”模式标记现有的 DNA 分子来编码数据[337]，而不是从头开始自定义合成 DNA，有望实现更低成本、更大容量的 DNA 存储。②美国得克萨斯大学奥斯汀分校开发了一种修复三种基本类型的 DNA 错误（插入、删除和替换）的 HEDGES（HashEncoded）纠错代码，通过计算机模拟和合成 DNA 来测试代码，并开发了适用于更大数据集的统计模型，该模型可以从降解程度高达 10% 的 DNA 中正确无误地恢复 PB 级别和 EB 级别的数据[338]。随着 DNA 合成和测序成本的不断降低，HEDGES 将在大规模准确信息编码中找到更多应用。

5. 应用研究领域

合成生物学研究的新兴领域之一是开发用于诊断和治疗体内各种疾病的工程细菌。①例如，美国马里兰大学等机构描述了如何通过修饰布拉氏酵母菌（*Saccharomyces boulardii*）使其产生特殊抗体来中和艰难梭菌感染所产生的毒

---

335 Lastiri-Pancardo G, Mercado-Hernández J S, Kim J, et al. A quantitative method for proteome reallocation using minimal regulatory interventions [J]. Nature Chemical Biology, 2020, 16 (9): 1026-1033.

336 Angenent-Mari N M, Garruss A S, Soenksen L R, et al. A deep learning approach to programmable RNA switches [J]. Nature Communications, 2020, 11: 5057.

337 Tabatabaei S K, Wang B, Athreya N B M, et al. DNA punch cards for storing data on native DNA sequences via enzymatic nicking [J]. Nature Communications, 2020, 11: 1742.

338 Press W H, Hawkins J A, Jones Jr S K, et al. HEDGES error-correcting code for DNA storage corrects indels and allows sequence constraints [J]. PNAS, 2020, 117 (31): 18489-18496.

素，以及这种特殊抗体的作用方式和原理[339]；该研究展示了一种有效抑制艰难梭菌感染的新型疗法，但距离临床应用还需要进行更多的测试与验证。②基因工程公司 Synthego 与美国加州大学旧金山分校等合作开发了多个基于 CRISPR 的工程细胞系，实现了对病毒与人体细胞相互作用的 300 多个基因的精准靶向，有助于加快对 SARS-CoV-2 的潜在治疗靶点的研究[340]。

在新材料开发与合成领域：①泰紫色靛蓝是一种具有生物相容性的半导体材料，韩国首尔国立大学开发了一种在大肠杆菌中使用来自链霉菌的色氨酸 6-卤化酶、大肠杆菌 *tnaA* 基因编码色氨酸酶和来自甲基营养菌的单加氧酶来生产 6BrIG 的策略，从而为泰紫色靛蓝的合成开辟新的方向[341]。②瑞士苏黎世联邦理工学院（ETH Zurich）和以色列的研究人员合作，提出了一种将基因编码的数字数据混合到普通制造材料中的方法，设计了一个"DNA-of-things"（DoT）存储架构来生成具有恒久内存的材料。在 DoT 框架中，DNA 分子记录数据，然后将这些分子封装在纳米二氧化硅珠中，这些纳米二氧化硅珠被融合成各种材料，用于打印任何形状的物体[342]。

其他应用研究还包括：①美国哈佛大学医学院开发了一种 DNA 条形码微生物系统，可以帮助追踪农产品和其他商品的原产地，这种廉价、可扩展和可靠的标记方法可以帮助确定食源性疾病的来源[343]。②英国爱丁堡大学利用工程细菌开发了一种可持续生产己二酸的方法，通过改变大肠杆菌的遗传密码，使其具备从愈创木酚（guaiacol）中合成己二酸的能力[344]，这是第一次直接从愈创木酚中提取己二酸，未来有望颠覆传统尼龙的制造方式。③美国能源部橡树岭国家

339 Chen K, Zhu Y X, Zhang Y R, et al. A probiotic yeast-based immunotherapy against Clostridioides difficile infection [J]. Science Translational Medicine, 2020, 12 (567): eaax4905.

340 Gordon D E, Hiatt J, Bouhaddou M, et al. Comparative host-coronavirus protein interaction networks reveal pan-viral disease mechanisms [J]. Science, 2020, 370 (6521): eabe9403.

341 Lee J, Kim J, Song J E, et al. Production of Tyrian purple indigoid dye from tryptophan in Escherichia coli [J]. Nature Chemical Biology, 2021, 17 (1): 104-112.

342 Koch J, Gantenbein S, Masania K, et al. A DNA-of-things storage architecture to create materials with embedded memory [J]. Nature Biotechnology, 2020, 38: 39-43.

343 Qian J, Lu Z X, Mancuso C P, et al. Barcoded microbial system for high-resolution object provenance [J]. Science, 2020, 368 (6495): 1135-1140.

344 Suitor J T, Varzandeh S, Wallace S. One-Pot Synthesis of Adipic Acid from Guaiacol in Escherichia coli [J]. ACS Synthetic Biology, 2020, 9 (9): 2472-2476.

实验室、西北太平洋国家实验室等合作开发了一种利用微生物生产乙烯的全新方法，发现了一种前所未知的细菌制造甲烷的方式，有望代替当前利用化石燃料生产乙烯的高耗能方法，为乙烯制造提供一条可持续生产途径[345]。

（三）国内重要进展

2020 年，我国合成生物学领域在基础研究和应用研究等方面也取得了一系列成果，包括元件开发与基因线路设计、基因编辑技术、底盘细胞改造等。

1. 元件开发与基因线路设计

合成生物学领域已经开发了多种合成人工通信系统，但优质的细胞间通信工具仍然有限。中国科学院深圳先进技术研究院、北京大学和蓝晶微生物（Bluepha）基于群体感应系统（quorum sensing）从头设计了一整套具有通用性高、正交性强、可以跨生物界通信的合成生物学工具箱。研究团队通过对元件挖掘、理性设计以及定向进化，开发了 10 套全新或优化过的细胞通信工具，其综合性能远超传统的群体感应信号系统[346]。这套工具极大地扩展了合成生物学在多细胞生物工程中的能力，为在细胞进行大规模生物计算提供了基础。

由于缺乏安全且临床允许的诱导剂控制的生物开关，实验室的疗法转化为临床疗法往往受到限制。阿魏酸（FA）是一种具有广泛治疗作用的植物化学物质，其盐类型阿魏酸钠（SF）在临床上被用作抗血栓药物。华东师范大学的研究团队利用枯草芽孢杆菌 168 中 *padA* 基因的转录调节抑制子 PadR，能够在环境中存在阿魏酸时，从它特异的 DNA 结合序列上解离这一特性，成功构建了阿魏酸 / 阿魏酸钠调控的基因开关（FAR switch），包含 FAROFFswitch（关）和 FARONswitch（开）两类[347]，为细胞疗法的临床应用提供了有力的工具。

---

345 North J A, Narrowe A B, Xiong W L, et al. A nitrogenase-like enzyme system catalyzes methionine, ethylene, and methane biogenesis [J]. Science, 2020, 369 (6507): 1094-1098.

346 Du P, Zhao H W, Zhang H Q, et al. De novo design of an intercellular signaling toolbox for multi-channel cell–cell communication and biological computation [J]. Nature Communications, 2020, 11: 4226.

347 Wang Y D, Liao S Y, Guan N Z, et al. A versatile genetic control system in mammalian cells and mice responsive to clinically licensed sodium ferulate [J]. Science Advances, 2020, 6 (20): eabb9484.

为实现基因线路的程序化设计，中国科学院深圳先进技术研究院、清华大学和美国麻省理工学院合作，在发展酿酒酵母转录调控元件定量设计的基础上，首次实现了真核生物中基因线路的自动化设计。研究团队在酵母中构建了 9 个高性能且相关绝缘的 NOT/NOR 门，基于这些逻辑门，Cello 2.0 设计了包含多达 11 个调节蛋白的基因线路 [348]。真核生物的自动化基因线路设计简化了调控网络的构建，为代谢工程、环境传感器或者细胞治疗的开发提供了重要的平台。

2. 基因编辑技术

开发新型碱基编辑技术，实现碱基颠换甚至任意碱基变换，在合成生物体系构建、遗传疾病的基因治疗、生物性状修饰等领域具有重要意义。中国科学院天津工业生物技术研究所设计构建了胞嘧啶脱氨酶 -nCas9-Ung 蛋白复合物，创建出新型糖基化酶碱基编辑器（GBE），开发了可实现嘧啶和嘌呤间颠换的单碱基基因编辑系统 [349]。该系统在国际上首次在微生物中实现任意碱基编辑、在哺乳动物细胞中实现 C-G 碱基特异性颠换。GBE 也是第一个可在哺乳动物细胞进行 C-G 特异性颠换的碱基编辑器，具有较高的特异性和较窄的编辑窗口，或将为多种已知 CG 碱基突变引起的人类遗传疾病治疗带来新的治疗前景。

中国科学院上海营养与健康研究所与中国科学院分子细胞科学卓越创新中心合作利用 CRISPR-Cas13 系统筛选功能性环状 RNA。研究团队证明了利用 CRISPR-RfxCas13d/BSJ-gRNA 系统能够高效地敲低环形 RNA 表达，而不影响其亲本线形 mRNA 表达；针对环形 RNA 的 CRISPR-Cas13 筛选，构建并测试了全新的计算分析流程 Cas13d-mediated circRNA screen（CDCscreen），可以高效地在细胞及小鼠体内捕获 RfxCas13d/BSJ-gRNA 筛选阳性的环形 RNA 功能分子，并用于进一步的调控机制研究 [350]。CRISPR-RfxCas13d/BSJ-gRNA 筛选、

348 Chen Y, Zhang S Y, Young E M, et al. Genetic circuit design automation for yeast [J]. Nature Microbiology, 2020, 5: 1349-1360.

349 Zhao D D, Li J, Li S W, et al. Glycosylase base editors enable C-to-A and C-to-G base changes [J]. Nature Biotechnology, 2021, 39: 35-40.

350 Li S Q, Li X, Xue W, et al. Screening for functional circular RNAs using the CRISPR-Cas13 system [J]. Nature Methods, 2021, 18: 51-59.

CDCscreen 计算分析体系的建立及其应用，为全面和深入理解环形 RNA 的生物学功能提供了新的技术选择和理论支持。

基因驱动是一种利用归巢内切酶或 CRISPR-Cas9 在种群中产生有偏向性的遗传。天津大学利用基因驱动原理，开发了一种减数分裂驱动策略“基因组驱动”（genome drive），利用染色体作为驱动盒来实现酵母中大规模遗传片段的偏向遗传[351]。利用该系统，研究团队还成功证明了工业耐热菌株 Y12 耐热的关键基因位于XIV染色体中；通过 BY4742 与 Y12 单倍体交配以及利用染色体驱动系统，交配菌株与 BY4742 相比获得了更强的耐热能力。该系统将是酿酒酵母丢失杂合性染色体的有力工具，促进了工业菌株的快速开发。

华东师范大学利用远红外光控系统开发了远红光调控的分割型 Cre-loxP 重组酶系统（FISC）[352] 以及远红光控制基因编辑的 Split-Cas9 系统（FAST），用于小鼠的基因组编辑[353]。FISC 系统在小鼠体内展现出更高效的重组效率，充分体现了远红光的组织穿透性优势，进一步证明了 FISC 系统在动物体内极具应用优势；FAST 系统以较低的远红外部照射作为控制手段，借助于远红光本身的组织通透性优势，克服了目前化学小分子调控以及蓝光调控 CRISPR-Cas9 系统的缺点，具有远程无痕、低本底泄露、低脱靶效应、低毒性等体内应用优势，能够在时间和空间上特异性地精准调控体内深层组织和器官的基因编辑。

3. 底盘细胞改造

工程化改造微生物细胞寿命为提高细胞工厂效率提供可能。江南大学利用基于丝氨酸重组酶系统的双输出状态机器（TRSM）对大肠杆菌复制性寿命进行工程化改造，用于提高聚乳酸 -3- 羟基丁酸盐和丁酸盐的发酵产量[354]。研究结

351 Xu H, Han M Z, Zhou S Y, et al. Chromosome drives via CRISPR-Cas9 in yeast [J]. Nature Communications, 2020, 11: 4344.

352 Wu J L, Wang M Y, Yang X P, et al. A non-invasive far-red light-induced split-Cre recombinase system for controllable genome engineering in mice [J]. Nature Communications, 2020, 11 (1): 3708.

353 Yu Y H, Wu X, Guan N Z, et al. Engineering a far-red light-activated split-Cas9 system for remote-controlled genome editing of internal organs and tumors [J]. Science Advances, 2020, 6 (28): eabb1777.

354 Guo L, Diao W W, Gao C, et al. Engineering Escherichia coli lifespan for enhancing chemical production [J]. Nature Catalysis, 2020, 3: 307-318.

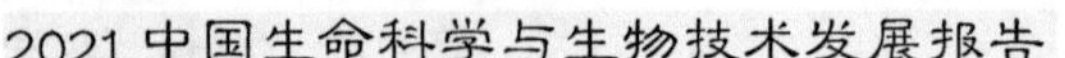

果表明工程化改造大肠杆菌的细胞寿命可以显著改善微生物细胞工厂的生产性能，为利用微生物细胞工厂生产化学品提供了重要参考。

随着基因合成成本降低以及基因编辑和基因线路技术不断突破，科学家当前能够以类似于计算机编程的方式对自然界的活体系统（细菌、真菌、细胞等）进行定制化改造和设计。中国科学院深圳先进技术研究院利用合成生物学技术，通过整合环境感知型基因线路、模块化黏合蛋白组分以及适合黏合蛋白分泌的底盘细胞，设计出智能活体胶水。该细菌胶水表现出环境响应以及按需黏合等活体特征，有望在医药和工业领域得到应用[355]。

湖南大学和英国布里斯托大学合作，开发了一种产生一氧化氮的人造细胞，具有血管舒张的生理效应。该研究以生物来源的凝聚层囊泡为基础，构建了一种新的人工合成的细胞模型，这种人工细胞具有优良的血液相容性和长循环时间，从而可用于递送一氧化氮产生扩张血管的作用[356]，为开发与活细胞和活组织互动的、内部结构有序的细胞类似物（即生物相容性的微型机器人）提供了新的机遇。

4. 应用研究领域

在代谢工程领域：①湖北大学通过设计大肠杆菌群落，将环烷烃转化为相应α，ω-二元羧酸，设计了一条全新的人工生物合成途径。该人工生物合成体系采用模块化和微生物菌群的催化策略，将整个生物合成途径中的8种酶分成三个模块、分别在三种大肠杆菌中进行表达，从而获得三个模块化细胞催化剂，并通过“即插即用”的组装策略，将三种细胞进行组合构建大肠杆菌微生物组催化体系，最终实现了环已烷或环已醇到己二酸的高效生物转化[357]；这一人工生物合成体系为实现生物法大规模合成α，ω-二元羧酸奠定了重要基础。

355 An B L, Wang Y Y, Jiang X Y, et al. Programming Living Glue Systems to Perform Autonomous Mechanical Repairs [J]. Matter, 2020, 3 (6): 2080-2092.

356 Liu S Y, Zhang Y W, Li M, et al. Enzyme-mediated nitric oxide production in vasoactive erythrocyte membrane-enclosed coacervate protocells [J]. Nature Chemistry, 2020, 12: 1165-1173.

357 Wang F, Zhao J, Li Q, et al. One-pot biocatalytic route from cycloalkanes to α, ω-dicarboxylic acids by designed Escherichia coli consortia [J]. Nature Communications, 2020, 11: 5035.

②中国科学院微生物研究所和新加坡分子与细胞生物学研究所合作，通过限速步骤有序去瓶颈化技术打造高效全细胞催化剂中，实现了羟基酪醇的高效生物合成[358]。该方法可被广泛应用于其他的组合生物合成研究，进一步拓展了蛋白质工程改造技术在代谢工程研究中的应用，为天然产物的高效生物合成研究提供了新的思路和技术依据。

在植物天然产物研究方面：①浙江大学综合了多基因生物合成途径组装、新基因挖掘、蛋白质工程、基因表达控制等手段，实现了采用真核底盘合成天然生育三烯酚，在采用合成生物学生产高附加值植物天然产物上又迈出了重要一步；工程酵母高密度发酵三烯醇的成功揭示了发酵生产维生素 E 生育三烯酚的潜力[359]。②链霉菌作为一类重要的工业微生物，能够产生复杂多样的活性天然产物，但目前该菌的遗传操作主要通过静态代谢工程，有局限性。中国科学院分子植物科学卓越创新中心在链霉菌中创建了一种便捷、普适、自发驱动的动态调控系统，它可以同时对多个基因进行强度可调的动态转录干预，有效地提高了目的产物的合成效率，为微生物天然产物细胞工厂的研究与改造提供了一种新策略[360]。③中国科学院分子植物科学卓越创新中心的另一研究团队拓展了针对 α- 糖苷酶及胰脂肪酶多靶点的活性筛选工作，并对海洋链霉菌 HO1518 的化学成分进行深入研究，挖掘获得一系列新型酰化氨基寡糖，并首次报道酰化氨基寡糖同时具备降糖及降脂活性[361]。

基因编辑在植物与农业应用领域方面，中国科学院遗传与发育生物学研究所开发了植物饱和突变编辑器（STEME）、在植物中可预测的碱基删减工具（AFIDS），以及将 prime editing 应用于植物基因编辑。STEME 可以利用单

---

358 Yao J, He Y, Su N N, et al. Developing a highly efficient hydroxytyrosol whole-cell catalyst by de-bottlenecking rate-limiting steps [J]. Nature Communications, 2020, 11: 1515.

359 Shen B, Zhou P P, Jiao X, et al. Fermentative production of Vitamin E tocotrienols in Saccharomyces cerevisiae under cold-shock-triggered temperature control [J]. Nature Communications, 2020, 11: 5155.

360 Tian J Z, Yang G H, Gu Y, et al. Developing an endogenous quorum-sensing based CRISPRi circuit for autonomous and tunable dynamic regulation of multiple targets in Streptomyces [J]. Nucleic Acids Research, 2020, 48 (14): 8188-8202.

361 Xu J L, Liu H L, Liu Z F, et al. Acylated Aminooligosaccharides from the Yellow Sea Streptomyces sp. HO1518 as Both α-Glucosidase and Lipase Inhibitors [J]. Marine Drugs, 2020, 18 (11): 576.

碱基编辑工具在植物中实现靶向的随机基因突变，实现植物的定向进化[362]；基于碱基脱氨和碱基切除修复机制，研究团队开发了 APOBEC-Cas9 融合诱导缺失系统（AFIDs），可以在 5′ 脱氨的 C 碱基位点到 Cas9 切割位点之间产生可预测的基因删减，将用于探索基因调控区域或者蛋白结构域对于农作物产量的影响[363]；prime editing 可以实现靶向位点任意的碱基替换，无需供体 DNA 或双链断裂，研究团队与哈佛大学合作将优化后的 prime editing 用于水稻和小麦原生质体基因组序列的突变、插入和删减[364]。

（四）前景与展望

2020 年是合成生物学承前启后的一年。在合成生物学发展的第一个十年，出现了很多令人印象深刻的研究成果和许多充满远见的战略布局。在合成生物学的第二个十年，也就是 2010～2020 年，英国帝国理工学院合成生物学中心的研究人员通过对这十年的回顾提出，真正推动合成生物学领域发展主要包括两个方向：①大量技术工作提供了人们对遗传元件或者生物系统的理解程度和设计能力；②新技术的发展和创新让研究人员在设计、构建、编辑和共享 DNA 遗传元件上变得比以往都更加高效[365]。同时，2020 年，基因（组）编辑技术也获得了诺贝尔化学奖，这项基因工具不仅影响了基础研究，而且还将推动未来产业的发展[366]。

未来十年，合成生物学或将会彻底变革农业、饮食和医疗领域。美国麻省理工学院的合成生物学家 Chris Voigt 总结了目前六种正在改变世界的合成生物学商业化产品，包括由工程细胞或酶催化产生的化学物质，分别是大豆血红蛋

---

362 Li C, Zhang R, Meng X B, et al. Targeted, random mutagenesis of plant genes with dual cytosine and adenine base editors [J]. Nature Biotechnology, 2020, 38 (7): 875-882.

363 Wang S X, Zong Y, Lin Q P, et al. Precise, predictable multi-nucleotide deletions in rice and wheat using APOBEC-Cas9 [J]. Nature Biotechnology, 2020, 38 (12): 1460-1465.

364 Lin Q P, Zong Y, Xue C X, et al. Prime genome editing in rice and wheat [J]. Nature Biotechnology, 2020, 38 (5): 582-585.

365 Meng FK, Ellis T. The second decade of synthetic biology: 2010—2020 [J]. Nature Communications, 2020, 11: 5174.

366 Science Daily. Nobel Prize in Chemistry 2020: CRISPR/Cas9 method for genome editing [J]. https://www.sciencedaily. com/releases/2020/10/201007083443. htm [2020-10-07].

白（leghemoglobin）、西格列汀（Sitagliptin，商品名为佳糖维）和二元胺；以及工程细胞本身作为产品，分别是工程改造的细菌、CAR-T 免疫疗法和经过基因编辑的大豆。同时，Chris Voigt 也提出，在接下来的几十年中，需要开发新的微生物底盘从替代来源获得碳原料，比如废塑料或大气中的 CO_2；需要开发嗜盐的生物底盘在海水生物反应器中生长和发酵；需要利用无细胞体系发酵减少用水、物理足迹（如碳足迹），同时也有减少细胞体系不确定性的潜力……未来或将会有更多产品是由合成生物学驱动其性能。在 2030 年之后，产品将转向“系统”，而不是单个细胞或者体系。在这些系统中，经过设计的生物细胞可以作为群体协同工作，或者集成到非生命材料如电子产品之中[367]。

四、表观遗传学

（一）概述

真核生物的染色质是包含 DNA 和多种修饰蛋白的复合物。DNA 与其修饰蛋白的相互作用产生多种表观遗传标记，介导、影响并控制着 DNA 的结构与功能[368]。表观遗传学主要研究内容包括 DNA 甲基化、组蛋白修饰、染色质重塑、非编码 RNA 等标记和调控过程。过去十年中，科研人员开展大量工作来鉴定单个或组合的表观遗传修饰位点，探索其在细胞信号转导过程中的作用，解释影响生理发育和疾病发生（尤其是肿瘤形成）的生物因素。

国际人类表观遗传学合作组织（IHEC）已经开展了 4D Nucleome（美国）、SYSCID（欧盟）、MultipleMS（欧美联合项目）、McGill EMC（加拿大）、EpiShare（美国）、EpiHK（中国香港）等表观遗传学联合研究项目。美国国家人类基因组研究所（National Human Genome Research Institute，NHGRI）的“DNA 元件百

---

367 Voigt C A. Synthetic biology 2020–2030: six commercially-available products that are changing our world [J]. Nature Communications, 2020, 11: 6379.

368 Zhang Y, Kutateladze T G. Exploring epigenetics with chemical tools [J]. Nat Chem, 2020, 12 (6): 506-508.

科全书项目”（ENCODE）已进入第四阶段（ENCODE 4），项目委员会增设了“功能元件表征中心”（Functional Element Characterization Centers），旨在研究特定环境中候选功能元件的生物学作用。我国自然科学基金也对表观遗传学研究提供持续的项目支持。2020 年，国家自然科学基金项目资助甲基化、组蛋白修饰、染色质重组等主题的项目共 5709 个，资助金额高达 32.36 亿元，较前一年增长了 13.42%。此外，细胞外囊泡在疾病诊疗应用中具有广泛的应用前景，2020 年资助项目达 2117 个，项目经费达 12.57 亿元。

随着检测技术优化、研究成果累积，表观遗传学的研究模式和研究内容有所变化。研究模式呈现集成化发展的趋势。不少国家已经搭建大型数据集和资源集成平台。加拿大表观基因组、环境、健康研究委员会（Canadian Epigenetics，Environment and Health Research Consortium，CEEHRC）计划开发 thisisepigenetics.ca 网站，供 IHEC 成员访问表观基因组数据，并提供在线的可视化分析工具、软件和协议。美国麻省理工学院使用 ENCODE 等项目产生在线资源，构建 EpiMap 资料库，进一步推动高质量非编码数据集在科研实践中的应用[369]。

表观遗传学的研究内容开始扩展至更广泛的疾病和公共卫生领域。虽然癌症仍是当前表观遗传学研究最关注的疾病领域，但研究人员已经开始探索表观遗传学知识在其他疾病乃至公共卫生领域的应用前景。美国国家环境健康科学研究所开展的“孕妇与儿童表观遗传学”（Pregnancy And Childhood Epigenetics，PACE）项目，旨在评估妇女生活习惯（吸烟、酗酒、环境污染暴露等）对后代甲基化水平的影响。我国国家自然科学基金委在“器官衰老与器官退行性变化的机制重大研究计划”中关注“重要人体组织器官和生理功能系统衰老和退行性变化过程中的遗传、表观遗传及分子网络机制”的内容，研究核酸修饰、组蛋白修饰、端粒维持、端粒 DNA 损伤修复及染色质稳定性、非编码 RNA 及 RNA 结合蛋白等在不同阶段对脏器退化的调控作用。表观遗传学能够将微观的

369 Hoon D S B, Rahimzadeh N, Bustos M A. EpiMap: Fine-tuning integrative epigenomics maps to understand complex human regulatory genomic circuitry [J]. Signal Transduct Target Ther, 2021, 6 (1): 179.

身体状态与宏观的社会交流、环境暴露、情绪压力、营养饮食联系起来，探索群体环境与物种进化的相互关系。已有科学家提出了“社会表观遗传学”的概念，即研究“社会环境如何塑造表观基因组、表观基因组又如何调节社会行为的新领域”[370]。

（二）国际重要进展

1. DNA 修饰

DNA 修饰是指针对 DNA 片段进行（去）甲基化、（去）乙酰化、（去）糖基化等表观遗传修饰，在不改变基因序列的情况下改变或关闭基因转录和翻译过程，调控基因表达和信号通路。转录因子、增强子等调控元件是该领域的主要研究对象，其调控的分子途径涉及生长发育、细胞分化、肿瘤发生、神经退化等领域。

表观遗传修饰和 DNA 包装在受精卵发育和细胞分化中发挥关键作用。德国马克斯·普朗克分子遗传学研究所针对 10 种表观遗传调控因子，利用 CRISPR-Cas9 系统敲除受调控的基因，观察受精卵的解剖学和分子生物学变化[371]。单细胞分析结果显示，小鼠胚胎发育的前 9 d，单个调节因子可能对基因网络产生涟漪效应，这意味着 DNA 的表观遗传修饰可能发生于异常特征出现之前。德国马克斯·普朗克免疫生物学和表观遗传学研究所发现，H4K16ac 修饰能够通过母源生殖细胞进行跨代传递，在胚胎早期通过染色质可及性调控未来的基因激活过程[372]。在果蝇和小鼠的卵母细胞中，H4K16ac 对生殖细胞中 MOF 和 MSL3 的缺失非常敏感。MOF 缺失的胚胎中 H4K16ac 水平极低，且 80% 胚胎无法发育；在合子基因组激活（zygotic genome activation，ZGA）之后利用转基因再表

---

370 Deichmann U. The social construction of the social epigenome and the larger biological context [J]. Epigenetics Chromatin, 2020, 13 (1): 37.

371 Grosswendt S, Kretzmer H, Smith Z D, et al. Epigenetic regulator function through mouse gastrulation [J]. Nature, 2020, 584 (7819): 102-108.

372 Samata M, Alexiadis A, Richard G, et al. Intergenerationally Maintained Histone H4 Lysine 16 Acetylation Is Instructive for Future Gene Activation [J]. Cell, 2020, 182 (1): 127-144.

达 MOF，仍无法恢复胚胎缺陷。研究人员由此得出结论，H4K16ac 能够从母源生殖细胞到受精卵进行跨代传递，并且 H4K16ac 在转录激活前就通过调节核小体可及性诱导未来的基因激活。

机体出现创伤和出血情况时，休眠状态的造血干细胞（hematopoietic stem cell，HSC）开始分化成白细胞、红细胞、血小板等，维持血液组分的平衡。西班牙巴塞罗那科学技术学院发现表观遗传调节因子 Phf19 在 HSC 分化中发挥重要作用[373]。Phf19 是多梳蛋白复合物 2 的亚基，在小鼠造血前体干细胞中表达并维持 HSC 的分化活性。Phf19 的耗尽或缺失会触发 H3K27me3 的重新分布，使调控 HSC 分化的基因组区域结构更加紧密，使 HSC 维持在静止状态。Phf19 缺乏会增加血液紊乱的风险，这一变异也可能对于衰老、肿瘤等疾病产生影响。

超级增强子（super enhancer，SE）是一类具有强大转录活性的顺式调控元件，能够调控癌症发生、细胞分化、免疫应答等生物学过程。瑞典卡罗林斯卡大学医院发现超级增强子能够介导致癌基因 *MYC* 与核孔连接，促进了 *MYC* 转录本的核输出，降低 *MYC* 转录本的降解效率[374]。在结肠癌细胞（HCT-116）中，核孔蛋白 NUP133 与致癌超级增强子（OSE）结合。NUP 复合物的中心蛋白 AHCTF1 是 OSE 锚定到核孔的必需蛋白。在 Wnt 通路中，β-catenin 介导 AHCTF1 和核孔蛋白向 OSE 募集，进而介导 *MYC* 等位基因向核孔转运，使其逃脱核内降解。

美国得州大学圣安东尼奥健康医学中心首次发现致癌转录因子 GATA3 和 AP1 介导的增强子重塑机制，解释细胞对内分泌治疗耐药的新机制。在经过长期 Tamoxifen 培养获得的乳腺癌抗性细胞中，表皮分化相关的基因显著下调，上皮间质转化（epithelial-mesenchymal transition，EMT）和侵袭转移相关的基因显著上调[375]。研究人员发现，抗性细胞未进行完整的 EMT 转化，而是处于混

---

373 Vizán P, Gutiérrez A, Espejo I, et al. The Polycomb-associated factor PHF19 controls hematopoietic stem cell state and differentiation [J]. Sci Adv, 2020, 6 (32): eabb2745.

374 Scholz B A, Sumida N, de Lima C D M, et al. WNT signaling and AHCTF1 promote oncogenic MYC expression through super-enhancer-mediated gene gating [J]. Nat Genet, 2019, 51 (12): 1723-1731.

375 Bi M, Zhang Z, Jiang Y Z, et al. Enhancer reprogramming driven by high-order assemblies of transcription factors promotes phenotypic plasticity and breast cancer endocrine resistance [J]. Nat Cell Biol, 2020, 22 (6): 701-715.

合上皮/间质表型状态，这一状态下的细胞最具侵袭性和药物治疗抗性。研究人员利用CHIP-seq技术鉴定了H3K27ac/H3K4me1/P300结合的DNA序列（即增强子），发现相较于非抗性细胞系MCF7，耐药细胞中存在增强子丢失和重建的特征，且丰度变化的增强子与邻近基因的表达显著相关。丢失和重建的增强子的DNA结构域（motif）分别与GATA3和JUN（AP1复合体的核心成分）结合。小鼠实验显示，同时下调GATA3表达量且上调JUN表达量，肿瘤将逃离药物抑制，获得耐药性能力。

阿尔茨海默病（AD）的临床症状表现为淀粉样蛋白斑和神经元纤维缠结，但目前针对蛋白斑的治疗方法大多以失败告终。美国宾夕法尼亚大学发现组蛋白H3K27ac和H3K9ac修饰可能引发基因转录失调，针对淀粉样蛋白斑形成提出了新的生物学机制[376]。AD患者大脑中H3K27ac和H3K9ac等组蛋白翻译后修饰数量显著高于正常大脑。染色质免疫沉淀测序实验发现相关表观遗传修饰在疾病特异基因和转录本上富集。果蝇实验则确定了H3K27ac和H3K9ac增加促进了β淀粉样蛋白42（Aβ42）沉积，可能诱导神经退化。

全基因组测序数据产生了大量信息，研究人员因此开发或改良了基因组变异分析方法，以提高表观遗传学研究效率。美国圣裘德儿童研究医院联合我国上海交通大学医学院附属上海儿童医学中心开发了一种筛选肿瘤非编码变异的计算方法cis-X[377]。cis-X能够整合单个癌症样本的全基因组和转录组测序数据，发现异常的顺式激活基因，或分析因结构变异而产生的异常转录因子结合、增强子结合和非编码区域变异，适用于单个儿童、成人实体瘤等组织。研究人员使用cis-X分析了13例T系急性淋巴细胞白血病（T-ALL）样本，确定了*TAL1*和*PRLR*两个瞬时激活基因。

2. RNA修饰与非编码RNA调控

RNA修饰对RNA剪接、出核转运、稳定性、翻译效率等有重要的调控作

---

376 Nativio R, Lan Y, Donahue G, et al. An integrated multi-omics approach identifies epigenetic alterations associated with Alzheimer's disease [J]. Nat Genet, 2020, 52 (10): 1024-1035.

377 Liu Y, Li C, Shen S, et al. Discovery of regulatory noncoding variants in individual cancer genomes by using cis-X [J]. Nat Genet, 2020, 52 (8): 811-818.

用，可能影响干细胞增殖分化、细胞应激反应、生物钟、肿瘤发生、记忆形成、免疫调控等生理过程。常见 RNA 修饰包括 mRNA 的 m^6A、m^5C、m^1A；tRNA 34、37、58 位修饰等[378]。根据 MODOMIC 网站（http://modomics.genesilico.pl）的统计信息，目前已鉴定出 172 种 RNA 修饰。作为表观遗传调控的主要内容，RNA 修饰与非编码 RNA 的功能作用受到越来越多的关注。

非编码小 RNA 与 DNA 一样具有遗传能力，能够决定多种表观遗传性状。以色列特拉维夫大学对线虫的代际遗传差异进行研究，基于 20 000 多只线虫的性状观察结果，描述了跨代小 RNA 遗传的三个原理[379]：①性状可以由亲代（P0）个体平均传递至所有后代；②亲代（P0）个体可随机获得针对小 RNA 活性的遗传状态，因而导致谱系差异；③随着遗传代数的增加，RNAi 应答继续被继承的可能性持续增大。基于 mRNA 测序结果，研究人员识别了 349 个与遗传状态相关联的差异基因，发现转录因子 heat shock factor-1（HSF-1）在决定基因静默遗传状态的过程中发挥重要作用。

RNA 的尾部序列可能在基因稳定性保护和表观遗传调控中发挥重要作用。美国哈佛大学医学院发现含有聚尿苷（U）和鸟苷（G）尾巴的 RNA［即“poly（UG）-tailed RNA”］能够诱导可遗传的 RNA 干扰[380]。在自然状态下，秀丽隐杆线虫的核糖核酸转移酶 RDE-3 可将 poly（UG）尾巴添加到靶标基因和转座子 RNA 上。poly（UG）通过招募 RNA 聚合酶来合成小干扰 RNA 并促进基因沉默。线虫中 poly（UG）-tailed RNA 及其诱导的 RNA 抑制可能构成了跨代表观遗传的基础。这类基因沉默机制可由父母传至子代，防止有害或寄生遗传元件的表达。

X 染色体失活（X-chromosome inactivation，XCI）是指雌性哺乳动物中一条 X 染色体被随机沉默的现象。德国欧洲分子生物学实验室发现转录因子 SPEN 调控 XCI 的转录和表观遗传机制[381]。SPEN 能够与 Xist（影响 XCI 的 lncRNA）

---

378 段洪超，张弛，贾桂芳．RNA 修饰的生物学功能［J］．生命科学，2018，30（4）：414-423.

379 Houri-Zeevi L, Korem-Kohanim Y, Antonova O, et al. Three Rules Explain Transgenerational Small RNA Inheritance in C. elegans [J]. Cell, 2020, 182 (5): 1186-1197.

380 Shukla A, Yan J, Pagano D J, et al. poly (UG) -tailed RNAs in genome protection and epigenetic inheritance [J]. Nature, 2020, 582 (7811): 283-288.

381 Dossin F, Pinheiro I, Żylicz J J, et al. SPEN integrates transcriptional and epigenetic control of X-inactivation [J]. Nature, 2020, 578 (7795): 455-460.

的 A-repeat 结构域相互作用。SPEN 通过组蛋白去乙酰化酶、染色体重塑因子等与 Xist 之间相互联系，稳定导致了 X 染色体失活。382 个 X 连锁基因中，约有 80% 完全依赖于 SPEN 调控的基因沉默。

转运 RNA（tRNA）中的核苷酸修饰可能影响其与核糖体、信使 RNA 的结合，导致核糖体移码的情况。西班牙巴塞罗那研究所证明了 *TYW2* 基因的表观遗传沉默导致 RNA 中的特殊核苷酸 Y 修饰缺失，进而触发 mRNA 衰减和抑癌基因表达下调[382]。这一特征主要出现在结肠癌、胃癌和子宫癌等肿瘤中，通常与患者总体生存率不佳相关。通过患者病理组织测序发现，虽然 TYW2 失活产生的肿瘤组织较小，但其具有高度侵袭能力。

杜兴氏肌肉萎缩症（Duchenne muscular dystrophy，DMD）患者存在“外显子跳跃”（exon skipping）的特征，抑制了 mRNA 的转化和蛋白质的产生，进而影响人体肌肉发育。意大利罗马萨皮恩扎大学的研究人员在一例男性患者及其母亲体内发现了 DUXAP8 缺失，这种 lncRNA 能够诱导 Celf2a 编码基因沉默。Celf2a 是导致外显子跳跃和 DMD 发生的原因之一，而这一病例中母子 Celf2a 缺失意味着这一变异可能源于跨代表观遗传调控[383]。

RNA 调控可能对情绪管理产生影响。冲动和攻击性行为通常与单胺氧化酶（MAO）家族基因相关。加拿大麦吉尔大学认为 MAOA 失调可能受到 lncRNA 的调控[384]。研究人员将这一 lncRNA 命名为 MAALIN（MAOA-associated lncRNA）。在冲动性自杀人员的海马组织中，MAALIN 表达量升高，抑制了 *MAOA* 基因的表达。小鼠实验显示，过度表达的 MAALIN 会缩短攻击入侵者的反应时间。针对 MAALIN 转录本的荧光素酶测定结果显示，序列上的甲基化修饰差异可以驱动 MAALIN 表达。

基因编辑技术能为 RNA 修饰研究提供巨大助力。为了实现活细胞中 m^6A

382 Rosselló-Tortella M, Llinàs-Arias P, Sakaguchi Y, et al. Epigenetic loss of the transfer RNA-modifying enzyme TYW2 induces ribosome frameshifts in colon cancer [J]. Proc Natl Acad Sci U S A, 2020, 117 (34): 20785-20793.

383 Martone J, Lisi M, Castagnetti F, et al. Trans-generational epigenetic regulation associated with the amelioration of Duchenne Muscular Dystrophy [J]. EMBO Mol Med, 2020, 12 (8): e12063.

384 Labonté B, Abdallah K, Maussion G, et al. Regulation of impulsive and aggressive behaviours by a novel lncRNA [J]. Mol Psychiatry, 2020: 10. 1038/s41380-019-0637-4.

RNA 甲基化的精准编辑，美国 Broad 研究所基于 CRISPR-Cas13 系统开发了 TRM 编辑器，仅需要融合蛋白和向导 RNA 两个要素，就能实现细胞核和细胞质内的 m^6A 精准编辑[385]。研究人员通过体外实验发现，介导 m^6A 修饰的 METTL3-METTL14 异源二聚体中，METTL3 负责催化 m^6A 修饰的发生，可能是实现 RNA m^6A 精准编辑的关键。通过对 METTL3 非必要结构域进行删减，获得了具有催化活性的截短蛋白 M3，与 METTL14 特定结构域融合后，产生催化活性更高的融合蛋白 M3M14。大肠杆菌和 HEK293T 细胞实验显示：dCas13-M3 和 dCas13-M3M14 可实现外源 RNA 转录本的 m^6A 精准编辑，其中 dCas13-M3 的脱靶风险更低。为了进行细胞核和细胞质 RNA 的编辑，研究人员又添加了入核信号和出核信号，形成 dCas13-M3nls、dCas13-M3nes、dCas13-M3M14nls 和 dCas13-M3M14nes 四种 TRM 编辑器，其中 dCas13-M3nls 和 dCas13-M3M14nes 的编辑效率最高，dCas9- METTL3-METTL14 的脱靶风险比 dCas13-M3nls 提高了 5.5 倍。

3. 细胞外囊泡

细胞外囊泡（extracellular vesicles，EV）是指在生理和病理状态下，机体内细胞通过胞吞作用形成多泡小体后，通过细胞膜融合分泌到细胞外环境中的微小囊泡，根据其大小和来源，可分为外泌体（exosomes）、微粒 / 微囊泡（microparticles/microvesicles）、凋亡小体（apoptotic body/bleb）、肿瘤小泡（oncosomes）等。每一个 EV 都可能携带特定的蛋白质、脂质、核酸和糖类等分子信息，进行细胞间的信号传递。由于 EV 在体液中稳定且半衰期长，在遗传学研究和临床应用中具有较大潜力。

部分代际遗传机制可通过细胞外囊泡来解释。美国马里兰大学发现男性的长期恐惧和焦虑不仅会损害个体的心理健康，还可能对其精子成分产生持久影响[386]。父亲的压力可能通过细胞外囊泡转移到后代。在使用应激激素皮质酮处理

385 Wilson C, Chen P J, Miao Z, et al. Programmable m^6A modification of cellular RNAs with a Cas13-directed methyltransferase [J]. Nat Biotechnol, 2020, 38 (12): 1431-1440.

386 Chan J C, Morgan C P, Adrian Leu N, et al. Reproductive tract extracellular vesicles are sufficient to transmit intergenerational stress and program neurodevelopment [J]. Nat Commun, 2020, 11 (1): 1499.

的小鼠细胞外囊泡中，研究人员发现囊泡的大小、蛋白质和miRNA的含量均发生显著变化，类似的miRNA变化模式可能导致大脑早衰等疾病产生。如果父亲经历长期的慢性压力，会影响婴儿的大脑发育。此外，压力相关的miRNA变化能够持续很长时间，需要在缓解压力和恢复生活的一个月后才恢复至正常水平。

外泌体研究为疗法和药物开发提供新思路。美国阿拉巴马大学伯明翰分校、中国同济大学、法国巴黎大学等研究人员使用心肌细胞、内皮细胞和平滑肌细胞混合物产生的外泌体来促进心脏恢复，同时有效避免干细胞疗法可能产生的心律失常和致瘤风险[387]。动物实验显示，人诱导多能干细胞心脏细胞（hiPSC-CC）、hiPSC-CC片段、hiPSC-CC外泌体均能产生相似的治疗效果，小鼠的左心室功能、梗死面积、壁应力、心肌肥大、细胞凋亡和血管生成等指标改善程度相似。细胞实验发现，外泌体能够通过减少细胞凋亡并维持细胞内钙稳态，保护心肌细胞免受细胞毒性的影响。分子方面，研究人员在hiPSC-CC外泌体中发现15种miRNA，未来将进一步分析后者对心脏健康的调控作用。

美国北卡罗来纳州立大学鉴定出可以促进毛发再生的miRNA miR-218-5p，用作脱发治疗药物的候选靶点[388]。研究人员分别培养了包含毛乳头（dermal papillae，DP）细胞的二维结构，以及包含DP细胞和角蛋白支架的三维结构，发现三维球状DP细胞中CD133和β-catenin的表达增强，毛发生长的诱导能力也更强。鉴于旁分泌信号的重要性，研究人员评估了三维球状DP细胞的外泌体miRNA，发现miR-218-5p过表达的外泌体能够加速毛囊生长期。miR-218-5p可通过下调WNT信号抑制剂SFRP2来促进β-catenin，调节毛囊发育，形成正反馈回路。

（三）国内重要进展

1. DNA修饰

随着DNA修饰图谱不断完善，研究人员开始将研究重心转向表观遗传修饰

387 Gao L, Wang L, Wei Y, et al. Exosomes secreted by hiPSC-derived cardiac cells improve recovery from myocardial infarction in swine [J]. Sci Transl Med, 2020, 12 (561): eaay1318.

388 Hu S, Li Z, Lutz H, et al. Dermal exosomes containing miR-218-5p promote hair regeneration by regulating β-catenin signaling [J]. Sci Adv, 2020, 6 (30): eaba1685.

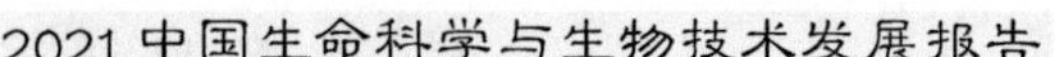

的生物调控功能中。通过解析表观遗传标记的分子调控过程，进而提出疾病和发育异常的潜在致病机制，为疾病疗法开发和健康干预提供新靶点。

cMyc 能调控约 15% 的人类基因表达，影响肿瘤发生发展。中国科学技术大学和军事医学科学院的联合团队发现 cMyc 能够影响代谢酶 SDHA 的乙酰化修饰，改变肿瘤进程[389]。cMyc 能够促进琥珀酸脱氢酶复合物（SDH complex）中的亚基 SDHA 乙酰化，使 SDH 复合物失活，导致琥珀酸积累，进而上调 H3K4 三甲基化（H3K4Me3）水平。研究人员发现，cMyc 能够降低线粒体中 SIRT3 的蛋白水平，后者靶向 SDHA 的 K335 位点。在弥散性大 B 细胞瘤（DLBCL）样本中，SIRT3 表达水平降低而 K335 位点乙酰化的 SDHA 表达水平升高，意味着 SIRT3 发挥抑癌基因的作用，而 cMyc 通过驱动 SDHA 乙酰化修饰来促进肿瘤发生和发展。

3 型天然淋巴细胞（group 3 innate lymphoid cell，ILC3）在肠道炎症过程中十分重要。中国科学院上海营养与健康研究所的研究团队发现了 ILC3 通过染色质重组复合物调控细胞分化的潜在机制[390]。*Smarca4* 基因编码的 Brg1 蛋白是 SWI/SNF 染色质重组复合物中含有 ATP 酶活性结构域的蛋白质之一。研究人员在特异性敲除 *Smarca4* 基因的小鼠中发现，NKp46＋ILC3 细胞明显减少，小鼠在成年后出现了炎症、腹泻、脱肛和便血等症状。分子通路方面，Brg1 在多种细胞因子刺激下能够抑制 GM-CSF 表达，进而有效缓解小鼠的肠道炎症。通过 ATAC-seq 和 ChIP-qPCR 实验，研究人员确定 Brg1 直接结合于 T-bet 和 GM-CSF 编码基因 *Tbx21* 和 *Csf2* 区域，通过改变染色质结构和组蛋白修饰分别促进 *Tbx21* 和抑制 *Csf2* 基因的转录。

中枢性性早熟（central precocious puberty，CPP）是一种常见儿科神经系统疾病，可能与癌症、肥胖、2 型糖尿病、心血管疾病等慢性疾病相关。中国科学院分子细胞科学卓越研究中心联合上海交通大学医学院附属瑞金医院的研究

---

389 Li S T, Huang D, Shen S, et al. Myc-mediated SDHA acetylation triggers epigenetic regulation of gene expression and tumorigenesis [J]. Nat Metab, 2020, 2 (3): 256-269.

390 Qi X, Qiu J, Chang J, et al. Brg1 restrains the pro-inflammatory properties of ILC3s and modulates intestinal immunity [published correction appears in Mucosal Immunol. 2020 Jul 23] [J]. Mucosal Immunol, 2021, 14 (1): 38-52.

团队发现哺乳动物下丘脑中泛素连接酶 MKRN3 通过泛素化修饰表观调控因子 MBD3（methyl-CpG DNA binding Protein 3），抑制后者与 GNRH1 启动子及 TET2 的结合，促进 *GNRH1* 基因启动子的去甲基化，上调 *GNRH1* 表达，进而导致“下丘脑 - 垂体 - 性腺”轴（hypothalamic-pituitary-gonadal，HPG）失活，关闭青春发育起始开关[391]。CPP 患者体内存在 MKRN3 突变，使其 E3 连接酶活性减弱，导致 GNRH1 转录和 HPG 轴依次被激活，青春期发育提前启动。

中国科学院广州生物医药与健康研究院提出了“基因组 - 代谢组 - 表观基因组”信号级联促进的衰老体细胞重编程的机制[392]。研究人员在小鼠胚胎成纤维细胞重编程的过程中发现一个强效的细胞命运决定因子 Glis1，能够保护诱导多能干细胞（iPCS）基因组的稳定性。Glis1 通过多重级联反应发挥生物学功能。在第 1 阶段，Glis1 关闭体细胞基因表达，开启糖酵解基因表达。在第 2 阶段，上调的糖酵解产生大量乳酸和乙酰辅酶 A。在第 3 阶段，乳酸和乙酰辅酶 A 提高促进组蛋白乳酰化和乙酰化。

昆虫等生物的表观遗传调控机制将为害虫防治和传染病防控提供潜在干预措施。中国科学院分子植物科学卓越创新中心的研究人员完整地揭示了由 KMT2-Cre1-Hyd4 协同调控附着胞发育分化的表观遗传学机制[393]。研究人员基于真菌与蚊虫互作的基因表达谱，鉴定出组蛋白赖氨酸甲基转移酶基因 *KMT2*，这个表观遗传调控因子在绿僵菌早期侵染蚊虫体壁时特异上调。*KMT2* 能够催化 H3K4me3 修饰，将 H3K4me3 标记富集在转录因子 *CRE1* 基因位点染色质区域，进而转录激活 Cre1。上调的 Cre1 则能够通过转录激活疏水蛋白基因 *HYD4* 来调控真菌附着胞的分化形成，后者是杀虫真菌穿透昆虫体壁并感染昆虫的关键机制。

DNA 表观遗传修饰的分析算法正在不断研发和改良，用以提高表观遗传研

---

391 Li C, Lu W, Yang L, et al. MKRN3 regulates the epigenetic switch of mammalian puberty via ubiquitination of MBD3 [J]. National Science Review, 2020 (3): 3.

392 Li L, Chen K, Wang T, et al. Glis1 facilitates induction of pluripotency via an epigenome-metabolome-epigenome signalling cascade [J]. Nat Metab, 2020, 2 (9): 882-892.

393 Lai Y, Cao X, Chen J, et al. Coordinated regulation of infection-related morphogenesis by the KMT2-Cre1-Hyd4 regulatory pathway to facilitate fungal infection [J]. Sci Adv, 2020, 6 (13): eaaz1659.

究效率。中国科学院上海营养与健康研究所开发了一种应用于各类组织的表观基因组解析算法 EPISCORE[394]。EPISCORE 算法适用于组织特异性单细胞 RNA-Seq 图谱数据（如 Human Cell Atlas Consortium），可基于细胞的特异标志物，将组织特异性 mRNA 表达图谱转化为 DNA 甲基化图谱。研究人员在肺癌的图谱数据中测试了 EPISCORE 的功能，成功揭示了肺癌内皮细胞中的 DNA 甲基化变化模式，提示表皮细胞向间充质细胞的转化过程是癌细胞入侵和转移的基础。

2. RNA 修饰与非编码 RNA 调控

我国 RNA 修饰相关研究集中在细胞和分子层面，用以解释 RNA 修饰导致的分子通路和细胞结构变化，阐述 RNA 调控的微观理论。

清华大学的研究人员发现了 lncRNA 对邻近增强子活性的调控机制[395]。以 lncRNA Platr22 及其邻近的超级增强子（Platr22SE）为例，研究人员通过 CRISPR-Cas9 系统证明 Platr22 能够与邻近的超级增强子结合并进行瞬时调节。利用分子生物学手段，研究人员筛选出 Platr22 的靶向蛋白（DDX5、hnRNP-L、ZFP281 等），后者参与了胚胎干细胞的多能性维持和分化过程。

北京大学提出 RNA 甲基化修饰对核糖体生物合成与翻译调控的意义[396]。研究人员发现，细菌核糖体大亚基中 23S rRNA 的 U2552 位点甲基化修饰缺失，既会减缓细胞内核糖体 50 S 大亚基的组装速度，也会降低核糖体翻译蛋白质的效率。通过基因敲除和冷冻电镜试验发现，U2552 甲基化缺失将导致细胞内积累大量不成熟的核糖体前体。基因组分析显示，U2552 甲基化缺失导致邻近区域 G2553 碱基的翻转，使 A-loop（50 S 亚基中与 tRNA 结合的元件）位置发生偏移。动力学分析显示，U2552 甲基化缺失导致 50 S 亚基仅存在 50% 的翻译活性，蛋白质合成效率因此大大降低。

---

394 Teschendorff A E, Zhu T, Breeze C E, et al. EPISCORE: cell type deconvolution of bulk tissue DNA methylomes from single-cell RNA-Seq data [J]. Genome Biol, 2020, 21 (1): 221.

395 Yan P, Lu J Y, Niu J, et al. LncRNA Platr22 promotes super-enhancer activity and stem cell pluripotency [J]. J Mol Cell Biol, 2020: mjaa056.

396 Wang W, Li W, Ge X, et al. Loss of a single methylation in 23S rRNA delays 50S assembly at multiple late stages and impairs translation initiation and elongation [J]. Proc Natl Acad Sci U S A, 2020, 117 (27): 15609-15619.

RNA 参与的甲基化修饰可能在肿瘤发生过程中发挥功能。北京师范大学提出了 RNA 修饰在溶血磷脂代谢调控中的作用，后者能够促进细胞生存、迁移和增殖分化，也可能增加肿瘤发生风险[397]。Autotaxin（ATX）是一种分泌性糖蛋白，能够催化溶血磷脂酰胆碱转变为溶血磷脂酸（LPA）。研究人员发现 RNA 甲基转移酶 NSUN2 能够催化 ATX mRNA 的 3′-UTR 产生 m^5C 修饰，促进 RNA 结合蛋白 ALYREF 介导的 ATX mRNA 核输出转运，提高翻译和表达水平。在细胞水平上，NSUN2 沉默将降低脑胶质瘤 U87 细胞中 ATX 的表达，抑制 U87 细胞的迁移。同济大学发现 lncRNA 能够通过表观遗传修饰抑制端粒酶活性，发挥抑癌作用[398]。在肝癌干细胞中，lncRNA MEG3 含量下调。后者能够促进组蛋白 H3 第 27 位赖氨酸的甲基化修饰，抑制端粒酶基因 *TERT* 的表达，减少 TERT 与 TERC 的相互作用，抑制细胞端粒酶的活性。同时，lncRNA MEG3 还能阻断 POT1-Exo1-TRF2-SNM1B 复合物的形成，缩短端粒长度。

3. 细胞外囊泡

了解细胞外囊泡的形成过程和组成成分，有助于分析致病细胞间的通信和遗传原理，进而筛选出一批生物标志物，指导基于细胞外囊泡的新型药物开发。

中山大学肿瘤防治中心提出一种 RAB31 标记且非依赖 ESCRT 的通路，深化了对外泌体生物发生的理解[399]。在细胞外囊泡形成之前，内体膜向腔内出芽形成腔内囊泡（intraluminal vesicle，ILV），多囊泡内体（multivesicular endosomes，MVE）与细胞膜融合释放 ILV 到细胞外，形成了外泌体。在内体相关的囊泡运输过程中，活性 RAB31 能够驱动 EGFR 进入 MVE，形成 ILV 和外泌体。EGFR 及其他 RTK 调控了 RAB31 磷酸化过程以驱动外泌体形成。脂筏微域中的 Flotillin 蛋白参与了由活性 RAB31 驱动的这种 ILV 形成。

397 Xu X, Zhang Y, Zhang J, et al. NSun2 promotes cell migration through methylating autotaxin mRNA [J]. J Biol Chem, 2020, 295 (52): 18134-18147.

398 Jiang X, Wang L, Xie S, et al. Long noncoding RNA MEG3 blocks telomerase activity in human liver cancer stem cells epigenetically [J]. Stem Cell Res Ther, 2020, 11 (1): 518.

399 Wei D, Zhan W, Gao Y, et al. RAB31 marks and controls an ESCRT-independent exosome pathway [J]. Cell Res, 2021, 31 (2): 157-177.

外泌体能够形成一种新型药物形式，实现药物分子的体内靶向运输，进而为肿瘤等疾病治疗提供新思路。中国香港大学和中国科学技术大学发现Vδ2-T 细胞的外泌体（Vδ2-T-Exos）能够有效控制 EB 病毒（Epstein-Barr virus，EBV）导致的肿瘤，并诱导 T 细胞产生抗肿瘤免疫反应[400]。研究人员发现 Vδ2-T-Exos 中含有死亡诱导配体（FasL 和 TRAIL）和免疫刺激分子（CD80、CD86、MHC-Ⅰ 和 MHC-Ⅱ）。通过 FasL 和 TRAIL 途径能够杀死 EBV 相关的肿瘤细胞，促进抗原特异性 CD4 和 CD8 T 细胞扩增。此外，在人源化小鼠中，异体 Vδ2-T-Exos 具有更高的抗肿瘤活性。东南大学附属中大医院则利用外泌体递送 miR-21 和抗癌药物 5-FU，逆转结直肠癌的耐药性，显著增强耐药细胞的细胞毒性[401]。

温州医科大学附属第二医院揭示了人脐静脉间充质干细胞来源的小细胞外囊泡（hUC-MSCs-sEV）促进软骨修复的作用机制[402]。hUC-MSCs-sEV 可促进软骨细胞和间充质干细胞的迁移、增殖和分化，通过转运 miR-23a-3p 抑制 PTEN 表达，上调 AKT 信号通路，进而促进软骨再生。研究人员还制备了生物相容性和力学性能较好的甲基丙烯酸明胶（GelMA）/ 纳米黏土水凝胶（Gel-Nano）作为软骨修复的缓释系统。

此外，针对外泌体进行脂质组学和代谢组学分析，能够为疾病发病机制提供证据。中国科学院遗传与发育生物学研究所分析了轻、中、重症 COVID-19 患者血浆及外泌体的代谢物和脂质组分，发现单唾液酸二己糖神经节苷脂（GM3）可能参与 COVID-19 的病理过程，GM3 含量越高，COVID-19 的严重程度也随之增高[403]。在 COVID-19 患者中，GM3 是唯一一种与 $CD4^+$ T 细胞数量呈负相关的代谢物，据研究人员推测其可能参与了靶向 $CD4^+$ T 细胞的病理过程。

---

400 Wang X, Xiang Z, Liu Y, et al. Exosomes derived from Vδ2-T cells control Epstein-Barr virus-associated tumors and induce T cell antitumor immunity [J]. Sci Transl Med, 2020, 12 (563): eaaz3426.

401 Liang G, Zhu Y, Ali DJ, et al. Engineered exosomes for targeted co-delivery of miR-21 inhibitor and chemotherapeutics to reverse drug resistance in colon cancer [J]. J Nanobiotechnology, 2020, 18 (1): 10.

402 Hu H, Dong L, Bu Z, et al. miR-23a-3p-abundant small extracellular vesicles released from Gelma/nanoclay hydrogel for cartilage regeneration [J]. J Extracell Vesicles, 2020, 9 (1): 1778883.

403 Song J W, Lam S M, Fan X, et al. Omics-Driven Systems Interrogation of Metabolic Dysregulation in COVID-19 Pathogenesis [J]. Cell Metab, 2020, 32 (2): 188-202.

（四）前景与展望

距离表观遗传学诞生已经50多年，表观遗传学研究内容的重要性、冗余性、关联性和脆弱性已经逐渐清晰。随着精准医疗领域的不断发展，表观遗传学产生的知识有望为个性化医学、靶向疗法的开发提供思路和想法。

2020年，全球至少9种表观遗传学药物获批上市，用于血液肿瘤的治疗和管理。配合有效的药物递送系统，表观遗传学药物的特异性和效率进一步提高，吸引了政府、企业、私人组织不断增加的投资和支持。根据市场分析公司Valuates预测，全球表观遗传学市场规模将从2019年的7.72亿美元增长至2027年的21.68亿美元，复合年均增长率达到13.6%[404]。癌症患病率增加是影响表观遗传学市场规模的主要因素。近几年，表观遗传学产品（检测试剂、仪器、实验试剂等）开始应用于非肿瘤疾病领域，如研究发现BRD4抑制剂、DNMT1抑制剂、HDAC抑制剂等表观遗传学药物表现出抑制冠状病毒增殖的潜力。

随着研究规模的不断增加，表观遗传学知识和资源将不断完善，如多种转录和翻译后修饰（DNA甲基化，组蛋白的乙酰化、甲基化、磷酸化、泛素化等），以及染色质高级结构逐渐被揭示。大量集成资源和数据库平台进一步加速表观遗传学研究突破。在未来，表观遗传学调控将被视作疾病的重要驱动因素之一，其分子机制将被广泛用于疾病诊断和药物开发。此外，表观遗传学研究将进一步融合宏观环境影响和微观生理过程，由此衍生出表观遗传流行病学、社会表观遗传学等新领域，带领科研人员进入全面医学理解的时代，充分整合环境、暴露组、疾病风险、分子调控之间的关系，实现疾病早期的精准预防、治疗、缓解和康复。

---

404 Valuates Reports. Epigenetics Market Size is Projected To Reach USD 2, 168 Million By 2027 - Valuates Reports [EB/OL]. https://www. prnewswire. com/in/news-releases/epigenetics-market-size-is-projected-to-reach-usd-2-168-million-by-2027-valuates-reports-849717701. html [2021-5-13].

五、结构生物学

（一）概述

科学家对生物大分子结构的解析极大地推动了人们对生命过程的理解。生物大分子往往分子量较大，结构复杂，而且在行使功能时有很多的构象变化。由于此前技术条件的限制，生物大分子结构与功能的解析是很不容易的。伴随着 X 射线晶体学、核磁共振、电子显微学及冷冻电子显微镜（cryo-EM，以下简称“冷冻电镜”）技术的不断进步和完善，结构生物学得到飞速的发展，使得越来越多的生物大分子结构被解析出来[405]。目前，研究人员仍致力于提升冷冻电镜的分辨率，并希望对刚性较弱的蛋白质成像，最终能够生成大型蛋白质和多种无法结晶的蛋白质复合物的高清结构图[406]。

2020 年，在新型冠状病毒（SARS-CoV-2）基因序列公布之后的几个月内，重组表达的刺突糖蛋白、核蛋白的部分结构已被解析。英国剑桥大学、德国马克斯・普朗克研究所、中国清华大学等研究机构的研究人员相继解析了新冠病毒原位结构，让大家清楚看到真实的病毒形象。在透射新冠病毒的结构和解析分辨率上实现了重大突破，在推进冷冻电镜技术革新的同时，也协同促进结构病毒学的发展[407]。

（二）国际重要进展

1. 成像技术与大数据技术的创新应用

在蛋白质预测结构挑战赛 CASP 上，谷歌旗下人工智能公司 DeepMind 开发

405 段艳芳．原子尺度上探索生命的奥秘——读《结构生物学：从原子到生命》[J]．自然杂志，2021，43（01）：79.

406 Science News Staff. The science stories likely to make headlines in 2021 [EB/OL]. https://www. sciencemag. org/news/2020/12/science-stories-likely-make-headlines-2021 [2020-12-31].

407 张凯铭，李珊珊．具有“眼见为实”魅力的结构生物学不断突破［J］．张江科技评论，2020（06）：16-19.

的深度学习程序 AlphaFold 在百余支队伍中脱颖而出，精确预测了蛋白质的三维结构[408]，准确性可与冷冻电镜、X 射线晶体学等实验技术相媲美。此举将极大地加速人类对细胞组成部分的理解，有助于发现疾病的致病机理、开发新药，甚至创造出耐旱植物和更便宜的生物燃料。该成果入选 2020 年 *Science* 十大年度突破。

英国医学研究理事会分子生物学实验室等机构的研究人员利用新的电子源、能量过滤器和相机，分别在 1.22 Å 和 1.7 Å 的分辨率下解析了脱铁铁蛋白和 GABA-A 受体的结构[409]。与此同时，德国马克斯·普朗克研究所等机构的研究人员利用一种新开发的冷冻电镜技术，得到了分辨率约为 1.24 Å 的脱铁铁蛋白结构[410]。这两项研究分别证明了性能更好的电子枪、球差矫正装置、能量过滤成像系统、图像处理软件算法可以有效地提升冷冻电镜对生物大分子结构的解析分辨率，为冷冻电镜技术将来更广泛地应用在基于结构的药物设计中铺平道路。上述成果被评为当期 *Nature* 杂志的封面文章，并入选 2020 年 *Nature* 的 10 项重大发现[411]。

瑞士苏黎世联邦理工学院等研究人员利用其自主研发的限制性蛋白水解 - 质谱技术（Lip-MS），捕捉到了酵母和大肠杆菌中酶活性变化、酶底物位置占有率、变构调节、磷酸化和蛋白质与蛋白质的相互作用，精确定位单个功能位点[412]。该技术主要用于监测蛋白质结构变化并识别不同条件下结构特异性蛋白水解指纹图谱，有助于细胞三维模型的构建，推动结构生物学的进一步发展。

美国普林斯顿大学牵头的研究团队通过微环境绘谱平台，利用光催化碳烯生成选择性识别细胞膜上的蛋白质相互作用[413]。通过采用这种称为 MicroMap 的

---

408 Service R F. 'The game has changed. 'AI triumphs at protein folding [J]. Science, 2020, 370 (6521): 1144-1145.

409 Nakane T, Kotecha A, Sente A, et al. Single-particle cryo-EM at atomic resolution [J]. Nature, 2020, 587 (7832): 152-156.

410 Yip K M, Fischer N, Paknia E, et al. Atomic-resolution protein structure determination by cryo-EM [J]. Nature, 2020, 587 (7832): 157-161.

411 Weltman A, Walters A. Viruses, microscopy and fast radio bursts: 10 remarkable discoveries from 2020 [J]. Nature, 2020, 588 (7839): 596-598.

412 Cappelletti V, Hauser T, Piazza I, et al. Dynamic 3D proteomes reveal protein functional alterations at high resolution in situ [J]. Cell, 2021, 184 (2): 545-559.

413 Geri J B, Oakley J V, Reyes-Robles T, et al. Microenvironment mapping via Dexter energy transfer on immune cells [J]. Science, 2020, 367 (6482): 1091-1097.

光触发标记技术，研究人员鉴定了活淋巴细胞中程序性死亡配体 1（PD-L1）微环境的组成蛋白，并在免疫突触连接中选择性标记。该技术能够更精确地绘制微环境，在癌症免疫治疗中极具价值。

美国霍华德·休斯医学研究所、加州大学伯克利分校等机构的研究人员开发出一种关联性成像管线，在确保精确超微结构保存的同时，对超分辨率和电子显微镜成像方法进行独立优化，并提供了有关特定亚细胞成分如何随细胞体积变化的全面视图[414]。在全局性的细胞超微结构的背景下，该技术有望直接可视化观察特定蛋白在纳米尺度下的关系，对蛋白－超微结构关系的自然变异性进行全细胞或细胞间研究。

美国哈佛大学牵头的研究团队利用一种新式高分辨率三维成像方法，对染色质的结构和功能一同成像[415]，然后将一些可以连接的基因组位点连接起来，从而确定染色质结构和功能中的一种如何影响另一种，以维持正常的功能或者导致疾病。该技术能够分析基因组结构如何随着时间的推移而变化，以及这些区域运动如何帮助或损害细胞分裂与复制。

美国霍华德·休斯医学研究所、华盛顿大学等机构的研究人员将近 4000 种不同的突变如何改变了 SARS-CoV-2 与人类细胞结合的能力进行了梳理，揭示新冠病毒 S 蛋白受体结合结构域突变对 S 蛋白折叠和结合 ACE2 的影响，并将数据以交互式地图的形式在网上公开[416]。该成果有助于设计和开发针对 COVID-19 的抗病毒药物和疫苗。

2. 生物大分子的结构与功能解析

美国斯托瓦斯医学研究所、华盛顿大学和堪萨斯大学医学中心的研究人员通过使用冷冻电镜和纯度超过 97% 的样品，首次描述了一种内源性的功能性神

---

414 Hoffman D P, Shtengel G, Xu C S, et al. Correlative three-dimensional super-resolution and block-face electron microscopy of whole vitreously frozen cells [J]. Science, 2020, 367 (6475).

415 Su J H, Zheng P, Kinrot S S, et al. Genome-scale imaging of the 3D organization and transcriptional activity of chromatin [J]. Cell, 2020, 182 (6): 1641-1659.

416 Starr T N, Greaney A J, Hilton S K, et al. Deep mutational scanning of SARS-CoV-2 receptor binding domain reveals constraints on folding and ACE2 binding [J]. Cell, 2020, 182 (5): 1295-1310.

经元淀粉样蛋白（Orb2）在 2.6 Å 分辨率下的结构，并证实它确实以功能性淀粉样蛋白的形式存在于大脑中[417]。此外，该成果还发现与病原性淀粉样蛋白的疏水核心不同，Orb2 自聚集丝的亲水性核心提示着某些神经元淀粉样蛋白可能成为稳定、可调节的记忆底物。

法国波尔多大学、西班牙巴塞罗那科学技术研究院等机构的研究团队利用核磁共振技术，首次揭示了 β 淀粉样（Aβ）装配蛋白的结构[418]。研究结果揭示了这些装配体新的毒性机制，即其具有破坏神经元膜、使水和离子穿透并改变渗透平衡、导致细胞死亡的能力，从而有望解决阿尔茨海默病的神经变性。

美国得州大学西南医学中心等机构的研究人员揭示了机体通过细胞骨架结构来进行糖酵解这一新型机械调节机制[419]。研究表明糖酵解会对肌动球蛋白的细胞骨架结构特征产生反应，从而促进细胞代谢与周围组织的机械特性相结合。在一定程度上解析了细胞是否调节并如何调节代谢活动以适应多种可变的机械信号，后续有望进一步阐明其精细化分子机制。

美国洛斯阿拉莫斯国家实验室等机构的研究团队利用小角度 X 射线散射（small angle X-ray scattering）技术揭示了一种特殊类型 RNA 分子的 3D 包膜结构[420]，并在机器学习和高性能计算机的帮助下制作出能够装在包膜中的一种原子模型，这也是迄今为止最长的一个孤立的 RNA 分子（636 个核苷酸）。该研究成果首次对 lncRNA 进行完整的三维结构研究，深入理解这些 RNA 的功能或能帮助开发新型再生医学疗法，以治疗因心血管疾病或机体衰老所引发的心脏疾病。

3. 病原微生物的结构解析

美国能源部 SLAC 国家加速器实验室、斯坦福大学等机构的研究人员利用

417 Hervas R, Rau M J, Park Y, et al. Cryo-EM structure of a neuronal functional amyloid implicated in memory persistence in Drosophila [J]. Science, 2020, 367 (6483): 1230-1234.

418 Ciudad S, Puig E, Botzanowski T, et al. Aβ (1-42) tetramer and octamer structures reveal edge conductivity pores as a mechanism for membrane damage [J]. Nature communications, 2020, 11 (1): 1-14.

419 Park J S, Burckhardt C J, Lazcano R, et al. Mechanical regulation of glycolysis via cytoskeleton architecture [J]. Nature, 2020, 578 (7796): 621-626.

420 Kim D N, Thiel B C, Mrozowich T, et al. Zinc-finger protein CNBP alters the 3-D structure of lncRNA Braveheart in solution [J]. Nature communications, 2020, 11 (1): 1-13.

冷冻电镜技术，在结核菌内部关键的 ABC 转运蛋白中发现可以转运亲水性分子的巨大口袋，并已经观察到转运蛋白将多种药物和分子从细胞中转移出来[421]。该成果可能成为抗生素输入到结核分枝杆菌细胞中的新途径，并有助于结核病新疗法的开发。

美国马萨诸塞大学医学院、哈佛大学等研究机构利用冷冻电镜技术，发现 SARS-CoV-2 刺突蛋白（S 蛋白）的变体 D614G 破坏了 S 蛋白的原聚体（protomer）之间的接触，使得 S 蛋白的构象转向能够结合 ACE2 的状态，从而使病毒颗粒与靶细胞膜更易融合[422]。该研究结果表明 D614G 在人类肺细胞、结肠细胞以及在通过异位表达人类 ACE2 或来自各种哺乳动物的 ACE2 同源物而被病毒感染的细胞上，比它的祖先病毒更具感染力。

美国明尼苏达大学的研究团队利用 X 射线晶体学技术，确定了与 hACE2 配合物中 SARS-CoV-2 受体结合域的晶体结构，该结构特征增强了其与 hACE2 的结合亲和力[423]。在 hACE2 识别中，SARS-CoV-2、SARS-CoV 和 RaTG13 的差异揭示了 SARS-CoV-2 在动物和人类之间潜在的传播途径。该成果为 SARS-CoV-2 靶向受体识别的干预策略提供指导。

英国布里斯托大学等机构的研究人员利用冷冻电镜技术，以近原子分辨率解析了 SARS-CoV-2 S 蛋白，在甲骨文公司（Oracle）高性能云计算的支持下生成了该蛋白的三维结构，并在 S 蛋白中发现了一个可用于阻止 SARS-CoV-2 感染人体细胞的药物可靶向口袋（druggable pocket）[424]。基于实验数据，可以靶向该口袋开发针对 SARS-CoV-2 的小分子抗病毒药物，有助于消除 COVID-19 带来的影响。

德国马克斯·普朗克生物物理学研究所、欧洲分子生物学实验室、保

---

421 Rempel S, Gati C, Nijland M, et al. A mycobacterial ABC transporter mediates the uptake of hydrophilic compounds [J]. Nature, 2020, 580 (7803): 409-412.

422 Yurkovetskiy L, Wang X, Pascal K E, et al. Structural and functional analysis of the D614G SARS-CoV-2 spike protein variant [J]. Cell, 2020, 183 (3): 739-751.

423 Shang J, Ye G, Shi K, et al. Structural basis of receptor recognition by SARS-CoV-2 [J]. Nature, 2020, 581 (7807): 221-224.

424 Toelzer C, Gupta K, Yadav S K N, et al. Free fatty acid binding pocket in the locked structure of SARS-CoV-2 spike protein [J]. Science, 2020, 370 (6517): 725-730.

罗·埃里希研究所（Paul Ehrlich Institute）、法兰克福歌德大学等机构的研究人员利用结合低温电子断层扫描（cryo-electron tomography）、子断层扫描图平均化（subtomogram averaging）和分子动力学模拟等技术，在近原子分辨率下分析了S蛋白在自然环境中、完整病毒颗粒上的分子结构[425]。该研究通过对病毒表面结构的解析，获得了可用于疫苗研制和治疗感染患者有效疗法的新见解。

英国医学研究理事会分子生物学实验室和德国海德堡大学的研究人员利用低温电子断层扫描、子断层扫描图平均化等技术，在3.4 Å分辨率下研究S蛋白三聚体在病毒颗粒表面上的结构、构象和分布[426]。该成果对重组纯化S三聚体用于研究、诊断和疫苗接种提供了证据支撑，并为中和抗体如何阻断病毒感染和疫苗接种的免疫原设计提供新见解。

美国波士顿儿童医院和哈佛医学院的研究人员利用冷冻电镜技术，揭示了SARS-CoV-2和细胞膜融合前和融合后的刺突蛋白结构，并捕捉到了有助于SARS-CoV-2躲避免疫系统、在环境中存活更长时间的刺突蛋白特征[427]。该研究成果可能对疗法开发产生影响，并有助于设计出更为强效的疫苗。

德国慕尼黑大学和乌尔姆大学医学中心的研究人员利用高分辨率的冷冻电镜，从三维细节上展示了非结构蛋白1（Nsp1）如何与较小的核糖体40 S亚基中的一个特定口袋紧密结合，并抑制功能性核糖体的形成[428]。此外，研究人员还发现Nsp1通过抑制一个重要的信号转导级联反应，使得先天免疫反应失活。该研究有助于找到中和SARS-CoV-2的方法，从而减轻它引起的呼吸道疾病严重性。

美国华盛顿大学、法国巴斯德研究所等机构的研究团队发现人ACE2可调节SARS-CoV-2 S蛋白介导的细胞进入，确定其是该病毒的功能性受体；解析

---

425 Turoňová B, Sikora M, Schürmann C, et al. In situ structural analysis of SARS-CoV-2 spike reveals flexibility mediated by three hinges [J]. Science, 2020, 370 (6513): 203-208.

426 Ke Z, Oton J, Qu K, et al. Structures and distributions of SARS-CoV-2 spike proteins on intact virions [J]. Nature, 2020, 588 (7838): 498-502.

427 Cai Y, Zhang J, Xiao T, et al. Distinct conformational states of SARS-CoV-2 spike protein [J]. Science, 2020, 369 (6511): 1586-1592.

428 Thoms M, Buschauer R, Ameismeier M, et al. Structural basis for translational shutdown and immune evasion by the Nsp1 protein of SARS-CoV-2 [J]. Science, 2020, 369 (6508): 1249-1255.

出 SARS-CoV-2 S 蛋白胞外结构域三聚体的冷冻电镜结构，并揭示它具有多个结构域 B 构象[429]。此外，研究人员还证实了 SARS-CoV S 蛋白小鼠多克隆血清有效抑制 SARS-CoV-2 S 假病毒进入靶细胞。该成果为设计预防 SARS-CoV-2、SARS-CoV 和 MERS-CoV 的广谱疫苗奠定了基础。

美国得克萨斯大学奥斯汀分校与国立卫生研究院国家过敏和传染病研究所的研究人员利用冷冻电镜技术，在 3.5 Å 的分辨率下联合解析了新冠病毒表面 S 蛋白三聚体的高清结构[430]。研究表明新冠病毒 S 蛋白膜外结构域与 ACE2 的亲和力更强，比 SARS 病毒对应 S 蛋白区域的结合能力要高出 10～20 倍。该成果有助于了解新冠病毒如何识别和进入细胞，更快地设计和筛选小分子药物，更精准地指导疫苗设计和抗病毒药物研发进程。

4. 基于结构生物学指导的 SARS–CoV–2 靶向药物与候选疫苗设计

美国亚利桑那大学和南佛罗里达大学等研究机构的研究人员利用 X 射线晶体学技术，发现一些现有化合物能够同时抑制 SARS-CoV-2 在人体细胞内复制所需的关键病毒蛋白——主蛋白酶（main protease）和对病毒进入宿主细胞很重要的人类蛋白——组织蛋白酶 L(cathepsin L)[431]。该成果为靶向这种关键病毒蛋白设计更好的抑制剂提供了有用的结构信息，并为设计针对 COVID-19 的抗病毒药物提供了启示。

美国斯克利普斯研究所的研究人员利用冷冻电镜等技术，基于包括跨膜结构域（TM）和胞质尾区（cytoplasmic tail）的全长 S 蛋白（氨基酸残基 1～1273），开发并描述了一种先进的候选 SARS-CoV-2 S 疫苗（NVAX-CoV2373）的结构[432]。该成果证实了全长 3Q-2P-FL 蛋白免疫原的结构完整性，并

---

429 Walls A C, Park Y J, Tortorici M A, et al. Structure, function, and antigenicity of the SARS-CoV-2 spike glycoprotein [J]. Cell, 2020, 181 (2): 281-292.

430 Wrapp D, Wang N, Corbett K S, et al. Cryo-EM structure of the 2019-nCoV spike in the prefusion conformation [J]. Science, 2020, 367 (6483): 1260-1263.

431 Sacco M D, Ma C, Lagarias P, et al. Structure and inhibition of the SARS-CoV-2 main protease reveal strategy for developing dual inhibitors against Mpro and cathepsin L [J]. Science advances, 2020, 6 (50): eabe0751.

432 Bangaru S, Ozorowski G, Turner H L, et al. Structural analysis of full-length SARS-CoV-2 spike protein from an advanced vaccine candidate [J]. Science, 2020, 370 (6520): 1089-1094.

为解释这种多价纳米颗粒免疫原的免疫反应提供了依据。

美国得克萨斯大学奥斯汀分校的研究团队重新设计了新型冠状病毒 SARS-CoV-2 的刺突蛋白 HexaPro[433]。该蛋白与此前的刺突蛋白版本相比更稳定，使其更容易存储和运输；同时，可以减少每剂疫苗的剂量，或者加快疫苗生产的速度。该成果使得全世界能够更快、更稳定地生产疫苗。

美国加州理工学院和洛克菲勒大学的研究人员利用冷冻电镜等技术，研究了血浆多克隆抗体 Fab 片段的特异性，揭示了它们识别 SARS-CoV-2 S 蛋白表面上的 S1A 和 RBD 表位[434]。此外，该研究为 3.4 Å 分辨率下的单克隆中和抗体 Fab 片段 - 刺突蛋白复合物结构揭示了一个阻断 ACE2 受体结合的表位。该研究确定了一个源于 VH3-53/VH3-66 的反复出现的抗 SARS-CoV-2 抗体类别，以及它与 SARS-CoV VH3-30 抗体的相似性，并为评价疫苗所导致的抗体提供了标准。

美国华盛顿大学与瑞士 Humabs 生物医学公司从一名 2003 年严重急性呼吸综合征（SARS）患者的血液样本中首次鉴定出一种称为 S309 的抗体，并通过冷冻电镜技术、结合测试实验，揭示了 S309 抗体识别冠状病毒表面结合位点的机制，从而可抑制 SARS-CoV-2 等冠状病毒[435]。该成果有助于将 S309 抗体的单独或混合使用作为高危人群的预防措施，并作为暴露后限制或治疗相关疾病药物的潜力。

美国斯克利普斯研究所等机构的研究人员利用结构映射技术，首次以接近原子尺度的分辨率描绘了名为 CR3022 的抗 SARS-CoV 抗体与新型冠状病毒的相互作用，以确定抗体是如何与 SARS-CoV-2 结合的[436]。该研究获得了抗体及其结合位点的结构信息，并有助于指导 SARS-CoV-2 疫苗的设计。

---

433 Hsieh C L, Goldsmith J A, Schaub J M, et al. Structure-based design of prefusion-stabilized SARS-CoV-2 spikes [J]. Science, 2020, 369 (6510): 1501-1505.

434 Barnes C O, West Jr A P, Huey-Tubman K E, et al. Structures of human antibodies bound to SARS-CoV-2 spike reveal common epitopes and recurrent features of antibodies [J]. Cell, 2020, 182 (4): 828-842.

435 Pinto D, Park Y J, Beltramello M, et al. Cross-neutralization of SARS-CoV-2 by a human monoclonal SARS-CoV antibody [J]. Nature, 2020, 583 (7815): 290-295.

436 Lan J, Ge J, Yu J, et al. Structure of the SARS-CoV-2 spike receptor-binding domain bound to the ACE2 receptor [J]. Nature, 2020, 581 (7807): 215-220.

德国吕贝克大学、汉诺威医学院、柏林大学等机构利用X射线晶体学技术，在1.75 Å分辨率下解析了新冠病毒主要蛋白酶（Mpro，也称为3-胰凝乳蛋白酶样蛋白酶）的晶体结构[437]。此外，研究人员通过优化结构将先导化合物开发成为SARS-CoV-2 Mpro的有效抑制剂。该成果为含吡啶酮的抗冠状病毒药物研发提供了开发框架。

美国得克萨斯大学奥斯汀分校、比利时根特大学等研究机构的研究人员分离出两种分别可强效中和SARS-CoV RBD和MERS-CoV RBD的可变结构域（VHH），并利用冷冻电镜技术解析出这两种VHH与它们各自的病毒表位形成复合物时的晶体结构及其中和机制[438]。该成果有助于针对冠状病毒预防性和治疗性干预措施的开发，并提供MERS VHH-55、SARS VHH-72和VHH-72-Fc作为潜在的候选治疗性药物。

（三）国内重要进展

1. 病原微生物的结构解析

北京大学与首都医科大学的研究团队利用冷冻电镜技术，在3.5 Å的分辨率下解析了BD-368-2抗体与SARS-CoV-2 S蛋白三聚体复合物结合在一起的结构，揭示出BD-368-2通过同时占据所有三个受体结合结构域（RBD）来完全阻止这种S蛋白三聚体复合物对ACE2的识别[439]。该成果合理设计了一个可导致高中和效力的新RBD表位，并证实BD-368-2在治疗COVID-19方面的潜力。

清华大学和浙江大学等研究机构的研究人员利用低温电子断层扫描和子断层扫描图平均化技术解析了真实的SARS-CoV-2的病毒分子结构[440]。该成果极其

---

437 Zhang L, Lin D, Sun X, et al. Crystal structure of SARS-CoV-2 main protease provides a basis for design of improved α-ketoamide inhibitors [J]. Science, 2020, 368 (6489): 409-412.

438 Wrapp D, De Vlieger D, Corbett K S, et al. Structural basis for potent neutralization of betacoronaviruses by single-domain camelid antibodies [J]. Cell, 2020, 181 (5): 1004-1015.

439 Du S, Cao Y, Zhu Q, et al. Structurally resolved SARS-CoV-2 antibody shows high efficacy in severely infected hamsters and provides a potent cocktail pairing strategy [J]. Cell, 2020, 183 (4): 1013-1023.

440 Yao H, Song Y, Chen Y, et al. Molecular architecture of the SARS-CoV-2 virus [J]. Cell, 2020, 183 (3): 730-738.

详细地表征了 SARS-CoV-2 病毒的结构，并阐明了这种病毒如何将它的长达约 30 kb 的单分段 RNA 包装在直径约 80 nm 的壳体内，有助于疗法和疫苗的开发。

中国科学院、深圳市第三人民医院、山西农业大学、安徽大学等机构的研究团队利用免疫染色和流式细胞仪测定技术鉴定出 S1 CTD（SARS-CoV-2-CTD）是 SARS-CoV-2 中与 hACE2 受体相互作用的关键区域，并在 2.5 Å 的分辨率下解析出二者结合的晶体结构，揭示了一种整体上与 SARS-CoV RBD 相类似的受体结合模式[441]。该研究提供的结构信息有望通过表征 S 蛋白与不同物种的 hACE2 之间的相互作用来阐明这种病毒的跨物种传播途径。

清华大学的研究团队在 2.45 Å 的分辨率下解析了与细胞受体 ACE2 结合的 SARS-CoV-2 刺突蛋白受体结合域（spike receptor binding domain）的晶体结构，并通过结构和序列上的相似性有力地证明了 SARS-CoV-2 和 SARS-CoV RBD 之间的趋同进化可以改善它们与 ACE2 的结合[442]。该研究还分析了以 RBD 为靶点的两种 SARS-CoV 抗体的表位，为今后交叉反应性抗体的鉴定提供了思路。

2. 基于结构生物学指导的 SARS-CoV-2 靶向药物与候选疫苗设计

上海科技大学与中国科学院上海药物研究所等机构通过计算机辅助药物设计鉴定了一种基于机理的抑制剂——N3，并随后确定了 COVID-19 病毒主蛋白酶的晶体结构，以识别针对该蛋白的新药先导化合物[443]。该成果证明了这种筛选策略的有效性，可以快速发现具有临床潜力的药物先导化合物，以应对没有特定药物或疫苗可用的新发传染病。因此，该研究入选中国科学技术协会生命科学学会联合体 2020 年度“中国生命科学十大进展”。

中国科学院、中国科学院大学、中国军事医学科学院、中国食品药品检定研究院等机构的研究人员以噬菌体展示技术构建抗体库，利用 SARS-CoV-2

441 Wang Q, Zhang Y, Wu L, et al. Structural and functional basis of SARS-CoV-2 entry by using human ACE2 [J]. Cell, 2020, 181 (4): 894-904.

442 Lan J, Ge J, Yu J, et al. Structure of the SARS-CoV-2 spike receptor-binding domain bound to the ACE2 receptor [J]. Nature, 2020, 581 (7807): 215-220.

443 Jin Z, Du X, Xu Y, et al. Structure of Mpro from COVID-19 virus and discovery of its inhibitors [J]. Nature, 2020, 582 (7811): 1-9.

RBD 作为筛选噬菌体抗体库的靶点，寻找潜在的命中目标并进一步优化抗体，使用基于水疱性口炎病毒（VSV）的假型病毒系统测试其中和活性[444]。该研究成果展现了基于抗体的治疗性干预措施治疗 COVID-19 的前景。

中国军事医学科学院、西湖大学和清华大学的研究人员从 10 名康复期 COVID-19 患者中分离并描述了识别 SARS-CoV-2 S 蛋白上脆弱的 N 端结构域（NTD）表位的全人中和单克隆抗体（mAb），并分别在 3.1 Å 总体分辨率和 3.3 Å 局部分辨率下，解析出名为 4A8 的 mAb 与 S 蛋白的结合结构和针对 4A8-NTD 界面的结构[445]。该研究成果有助于设计基于结构的 SARS-CoV-2 疫苗。

中国科学院、中国科学院大学、首都医科大学、中国科学技术大学等机构的研究人员从 COVID-19 患者外周血单核细胞（PBMC）中分离出特异性的记忆 B 细胞，从不同的 B 细胞中扩增出编码抗体重链和轻链的可变区，与抗体恒定区一起克隆到 pCAGGS 质粒载体中产生 IgG1 抗体，并应用生物层干涉仪、表面等离子共振等仪器或技术进行结构解析[446]。该研究为疫苗开发提供了有价值的信息，并有助于小分子或多肽类药物 / 抑制剂的开发。

中国科学院、浙江大学、清华大学、北京协和医院等机构的研究人员解析出 SARS-CoV-2 RdRp 复合物在 apo 形式下以及与模板 - 引物 RNA 和抗病毒药物瑞德西韦（Remdesivir）结合在一起时的两种冷冻电镜结构[447]。该研究为设计基于核苷酸类似物的广谱抗病毒药物提供了依据，并为现有的核苷酸类药物的建模和修饰奠定了基础。

清华大学、上海科技大学、南开大学、天津大学等机构的研究人员利用冷冻电镜技术，解析出 RNA 依赖性 RNA 聚合酶（RdRp 或 nsp12）与它的辅因子

---

444 Lv Z, Deng Y Q, Ye Q, et al. Structural basis for neutralization of SARS-CoV-2 and SARS-CoV by a potent therapeutic antibody [J]. Science, 2020, 369 (6510): 1505-1509.

445 Chi X, Yan R, Zhang J, et al. A neutralizing human antibody binds to the N-terminal domain of the Spike protein of SARS-CoV-2 [J]. Science, 2020, 369 (6504): 650-655.

446 Wu Y, Wang F, Shen C, et al. A noncompeting pair of human neutralizing antibodies block COVID-19 virus binding to its receptor ACE2 [J]. Science, 2020, 368 (6496): 1274-1278.

447 Yin W, Mao C, Luan X, et al. Structural basis for inhibition of the RNA-dependent RNA polymerase from SARS-CoV-2 by remdesivir [J]. Science, 2020, 368 (6498): 1499-1504.

nsp7 和 nsp8 形成复合物时的三维结构[448]。该研究表明 SARS-CoV-2 病毒聚合酶 nsp12 是一个很好的新药研发靶点，有潜力研制抗冠状病毒混合物，并可用于发现广谱抗病毒药物。

3. 基于结构生物学的靶向药物设计筛选

上海科技大学等机构的研究人员利用 X 射线晶体学技术和冷冻电镜三维重构技术，在国际上首次成功解析了分枝杆菌关键的阿拉伯糖基转移酶复合体 EmbA-EmbB 和 EmbC-EmbC 两种复合物的三维结构，首次揭示了一线抗结核药物乙胺丁醇作用于该靶点的精确分子机制[449]。该成果破解了困扰研究人员长达半个多世纪的抗结核药物机制难题，为解决结核病耐药问题，研发新型抗结核药物奠定了重要基础，因此获得 2020 年中国十大科技进展新闻候选提名。

中国科学院上海药物研究所、美国匹兹堡大学等研究机构利用冷冻电镜技术，解析了结合激动剂 WIN 55，212-2 的人源二型大麻素受体（cannabinoid receptor subtype 2，CB2）与 Gi 蛋白复合物的三维结构，揭示了激动剂 WIN 55，212-2 特异性激活 CB2 的机制，以及 CB2 与下游信号转导蛋白 Gi 异源三聚体的相互作用方式[450]。该成果为以 CB2 为药物靶点的选择性激动剂药物的设计和开发提供了结构基础和理论依据。

上海科技大学的研究人员通过冷冻电镜和晶体学技术，成功破解了大麻素受体 CB1 和 CB2 分别与下游信号转导分子 G 蛋白复合物的两个冷冻电镜结构，首次实现同时解析出两个大麻素受体复合物高分辨率结构的重要突破[451]。该成果为靶向 CB1 受体的特异性药物设计提供了新思路，为针对 CB2 的免疫类新药设计提供了精确的分子模型和理论基础。

---

448 Gao Y, Yan L, Huang Y, et al. Structure of the RNA-dependent RNA polymerase from COVID-19 virus [J]. Science, 2020, 368 (6492): 779-782.

449 Zhang L, Zhao Y, Gao Y, et al. Structures of cell wall arabinosyltransferases with the anti-tuberculosis drug ethambutol [J]. Science, 2020, 368 (6496): 1211-1219.

450 Xing C, Zhuang Y, Xu T H, et al. Cryo-EM structure of the human cannabinoid receptor CB2-Gi signaling complex [J]. Cell, 2020, 180 (4): 645-654.

451 Hua T, Li X, Wu L, et al. Activation and signaling mechanism revealed by cannabinoid receptor-Gi complex structures [J]. Cell, 2020, 180 (4): 655-665.

（四）前景与展望

随着技术的发展，cryo-EM 图像信噪比的提高将扩展冷冻电镜技术的适用性。也许这些技术的融合将使 cryo-EM 的结构测定达到甚至超越 1 Å（0.1 nm）的分辨率——这在过去几乎是不可能实现的成就。过去，科学家们基于晶体学的经验，一直以为单颗粒冷冻电镜的分辨率需要突破 1 Å 的分辨率才可能实现观察到氢原子的目标，但实验证明，冷冻电镜技术在 1.2 Å 的分辨率下即可。应用原子分辨率冷冻电子显微学，研究人员可以对最接近于生物环境的分子结构进行精细的揭示和分析，并与它们的功能紧密结合起来，理解这些生物大分子的结构变化及其调控机理。在此基础上，科学家能够更广泛地开展结构生物学研究，更深入地揭示生命现象的规律，更有效地开发新型药物分子[452]。此外，以 AlphaFold 系列算法预测蛋白质结构为代表，已经表明作为分析和预测工具的人工智能（AI）在科学研究中显现出了强大的威力，但是在科学的道路上推进对人自身的认识和对生命的理解，尚需要其与实验科学同步推进[453]。

六、免疫学

（一）概述

免疫学是研究人体免疫系统结构和功能的科学，主要探讨免疫系统识别抗原后发生免疫应答及清除抗原的规律，并致力于阐明免疫功能异常所致疾病的病理过程及其机制。近年来，免疫学基础研究不断深入，推进了免疫学在临床工作中的应用。免疫疗法已应用于感染性疾病、移植物抗宿主病、自身免疫病、肿瘤等多种疾病的治疗。2020 年，国内外在免疫器官、细胞、分子的再认

452 王宏伟．冷冻电镜达到原子分辨率［J］．中国科学基金，2021，35（02）：245-246.

453 赵云波．AI 预测可以代替科学实验吗？——以 AlphaFold 破解蛋白质折叠难题为中心［J］．医学与哲学，2021，42（06）：17-21.

识和新发现，免疫识别、应答、调节的规律与机制认识，疫苗与抗感染，肿瘤免疫等方面取得了众多成果。尤为突出的是，免疫学研究在解析新型冠状病毒与人体免疫系统的互相作用机制方面取得了诸多突破性进展，为揭示新冠肺炎发病机制、寻找有效治疗方法、设计开发新型疫苗提供了关键证据[454]。

（二）国际重要进展

1. 免疫器官、细胞、分子的再认识和新发现

美国宾夕法尼亚大学等机构的研究人员通过对人体和猕猴的血液、淋巴液样本分析，发现 $CD8^+$ 杀伤性 T 细胞通常不会从血液移动到器官和组织中。该研究进一步拓展了对免疫细胞发挥功能过程的认识，为认识免疫细胞治疗实体瘤疗效不足提供了思路[455]。

法国巴黎文理研究大学等机构的研究人员发现了远端结肠中一类特殊的巨噬细胞亚群，它们帮助上皮细胞在渗透压、粪便凝固和微生物负荷升高的环境中保持其完整性，揭示了该巨噬细胞在维持结肠－微生物群稳态中的重要作用[456]。

美国匹兹堡大学等机构的研究人员利用小鼠器官移植模型发现巨噬细胞和单核细胞通过配对免疫球蛋白样受体 A（paired Ig-like receptor A，PIR-A）获得主要组织相容性复合体 I（major histocompatibility complex，MHC-1）抗原记忆，并发现敲除小鼠 *PIR-A* 基因或抗体阻断 PIR-A，均可减轻肾脏和心脏同种异体移植的排斥反应[457]。该研究首次证实先天髓样免疫细胞会形成抗原特异性的免疫记忆，为改善器官移植排斥提供思路。

---

454 刘娟，曹雪涛．2020 年国内外免疫学研究重要进展［J］．中国免疫学杂志，2021，37（01）：1-12.

455 Buggert M, Vella L A, Nguyen S, et al. The Identity of Human Tissue-Emigrant $CD8^+$T Cells [J]. Cell, 2020, 183 (7): 1946-1961.

456 Chikina A S, Nadalin F, Maurin M, et al. Macrophages maintain epithelium integrity by limiting fungal product absorption [J]. Cell, 2020, 183 (2): 411-428.

457 Dai H, Lan P, Zhao D, et al. PIRs mediate innate myeloid cell memory to nonself MHC molecules [J]. Science, 2020, 368 (6495): 1122-1127.

奥地利科学院等机构的研究人员研究发现 TASL（TLR adaptor interacting with SLC15A4 on the lysosome）蛋白是 Toll 样蛋白受体 TLR7、TLR8 和 TLR9 信号转导的接头蛋白，通过其包含的 pLxIS 基序介导对干扰素调节因子 IRF5 的募集和激活，进而诱导促炎细胞因子和 I 型干扰素的产生[458]。该研究为 TASL 和 SLC15A4 参与红斑狼疮等自身免疫疾病的发生提供了机制解释。

2. 免疫识别、应答、调节的规律与机制认识

美国北卡罗来纳大学教堂山分校等机构的研究人员首次确定了先天免疫系统中一种叫作 cGAS 的关键 DNA 感应蛋白的高分辨率结构，揭示了细胞内的核小体如何阻止 cGAS 触发的人体对自身 DNA 的先天免疫反应[459]。

美国宾夕法尼亚大学等机构的研究人员发现在脂多糖激活巨噬细胞的过程中，组蛋白去乙酰化酶 3（histone deacetylase 3，HDAC3）可通过不同辅因子的募集，分别实现对靶基因的转录激活和抑制，进而促进和抑制炎症反应。该研究揭示了 HDAC3 不依赖于脱乙酰基酶（deacetylase，DA）的转录激活功能，补充了 HDAC3 依赖于 DA 的转录抑制功能，为 HDAC3 抑制剂的临床应用提供新见解[460]。

美国马萨诸塞大学医学院等机构的研究人员发现富马酸二甲酯（dimethyl fumarate，DMF）通过对 GSDMD 蛋白的半胱氨酸位点琥珀酰化，进而抑制 GSDMD 与半胱氨酸蛋白酶的结合介导的细胞焦亡，并通过小鼠模型证明 DMF 可通过靶向 GSDMD 抑制细胞焦亡[461]。该研究为 GSDMD 介导的细胞焦亡机制提供了解释，为炎症性疾病的治疗提供了新见解。

美国弗吉尼亚大学等机构的研究人员通过对凋亡细胞代谢产物进行分析发

---

458 Heinz L X, Lee J, Kapoor U, et al. TASL is the SLC15A4-associated adaptor for IRF5 activation by TLR7-9 [J]. Nature, 2020, 581 (7808): 316-322.

459 Boyer J A, Spangler C J, Strauss J D, et al. Structural basis of nucleosome-dependent cGAS inhibition [J]. Science, 2020, 370 (6515): 450-454.

460 Nguyen H C B, Adlanmerini M, Hauck A K, et al. Dichotomous engagement of HDAC3 activity governs inflammatory responses [J]. Nature, 2020, 584 (7820): 286-290.

461 Humphries F, Shmuel-Galia L, Ketelut-Carneiro N, et al. Succination inactivates gasdermin D and blocks pyroptosis [J]. Science, 2020, 369 (6511): 1633-1637.

现，凋亡细胞可通过释放代谢物调节组织内邻近细胞的基因表达模式，且凋亡细胞代谢混合物可通过诱导抗炎基因的表达，缓解生物体内的炎症反应[462]。该研究为细胞凋亡通过代谢调节影响组织稳态的进一步研究提供了参考，为以细胞凋亡为切入点治疗炎症性疾病提供了证据支持。

3. 疫苗与抗感染

通过对不同重症和轻症新冠肺炎患者的血液样本进行分析，美国洛克菲勒大学等机构的研究人员发现 23 名（3.5%）重症患者存在常染色体隐性或显性遗传的 I 型干扰素免疫调节基因突变[463]，法国内克尔儿童疾病医院等机构的研究人员发现约 10% 的重症患者体内存在针对 I 型干扰素的自身中和性抗体，并证实了这些自身中和抗体可与干扰素发生作用，进而阻断相应的抗病毒活性[464]。这两项研究为新冠肺炎患者的筛查和治疗提供了一种新方法。

美国辉瑞公司和德国 BioNTech 公司联合针对新冠病毒开发的 mRNA 疫苗 BNT162b2 的Ⅲ期临床研究结果显示，该疫苗在两剂接种后可实现对 16 岁以上人群 95% 的有效保护率，且具有良好的耐受性和安全性[465]。该研究为 BNT162b2 获得 FDA 的紧急使用授权提供重要支持。BNT162b2 是 FDA 批准的首个新冠肺炎疫苗，为新冠肺炎疫情提供有效预防措施。

美国再生元公司等机构的研究人员在人源化小鼠和新冠肺炎康复期患者血浆中筛选得到了可与新冠病毒刺突蛋白的关键受体结合域相结合的单克隆抗体混合物[466]，并发现抗体组合疗法（REGN10987＋REGN10933）可通过与不同的

---

462 Medina C B, Mehrotra P, Arandjelovic S, et al. Metabolites released from apoptotic cells act as tissue messengers [J]. Nature, 2020, 580 (7801): 130-135.

463 Zhang Q, Bastard P, Liu Z, et al. Inborn errors of type I IFN immunity in patients with life-threatening COVID-19 [J]. Science, 2020, 370 (6515): eabd4570.

464 Bastard P, Rosen L B, Zhang Q, et al. Autoantibodies against type I IFNs in patients with life-threatening COVID-19 [J]. Science, 2020, 370 (6515): eabd4585.

465 Polack F P, Thomas S J, Kitchin N. C4591001 Clinical Trial Group. Safety and Efficacy of the BNT162b2 mRNA COVID-19 Vaccine [J]. N Engl J Med, 2020, 383 (27): 2603-2615.

466 Hansen J, Baum A, Pascal K E, et al. Studies in humanized mice and convalescent humans yield a SARS-CoV-2 antibody cocktail [J]. Science, 2020, 369 (6506): 1010-1014.

病毒靶标区域结合，有效减少新冠病毒的突变逃逸[467]。随后，该机构的研究人员利用新冠病毒感染的恒河猴和仓鼠模型，发现该抗体组合疗法在新冠病毒的预防和治疗中均可改善感染症状[468]。该疗法随后获得 FDA 紧急使用授权，成为 FDA 批准的首个新冠病毒中和抗体鸡尾酒疗法。

美国犹他大学等机构的研究人员在试管中成功完成了人类免疫缺陷病毒（HIV）的逆转录和整合，并证明病毒衣壳是 HIV 感染所必需的重要元件。该研究重现了 HIV 感染的第一步，使人们对 HIV 的感染原理有了新的认识，为艾滋病的治疗提供了新的理论基础[469]。

美国 Ragon 研究所等机构的研究人员通过对 HIV 精英控制者（elite controllers）和接受逆转录病毒疗法的 HIV 患者进行测序比较分析，发现多数精英控制者拥有完整的病毒基因组序列，并倾向于整合入着丝粒卫星 DNA 或者具有异染色质特征的基因组区域，使病毒处于深度转录抑制状态[470]。该研究揭示了抑制 HIV 转录机制，为艾滋病患者的治疗提供了新见解。

免疫系统无法识别潜伏的 HIV 并介导免疫攻击。美国北卡罗来纳大学等机构的研究人员采用先激活再杀死潜伏的 HIV 策略，使用药物 AZD5582 有效激活非经典 NF-κB 途径，进而驱动血液和组织中 SIV 和 HIV 转录表达[471]；美国埃默里大学等机构的研究人员采用同样的策略，通过耗竭 $CD8^+$T 细胞及药物 N-803，也增加了动物血液和组织中的病毒水平[472]。这两项研究描述了可有效逆转潜伏 HIV 的方法，为艾滋病的治疗迈出重要一步。

---

467 Baum A, Fulton B O, Wloga E, et al. Antibody cocktail to SARS-CoV-2 spike protein prevents rapid mutational escape seen with individual antibodies [J]. Science, 2020, 369 (6506): 1014-1018.

468 Baum A, Ajithdoss D, Copin R, et al. REGN-COV2 antibodies prevent and treat SARS-CoV-2 infection in rhesus macaques and hamsters [J]. Science, 2020, 370 (6520): 1110-1115.

469 Christensen D E, Ganser-Pornillos B K, Johnson J S, et al. Reconstitution and visualization of HIV-1 capsid-dependent replication and integration in vitro [J]. Science, 2020, 370 (6513): eabc8420.

470 Jiang C, Lian X, Gao C, et al. Distinct viral reservoirs in individuals with spontaneous control of HIV-1 [J]. Nature, 2020, 585 (7824): 261-267.

471 Nixon C C, Mavigner M, Sampey G C, et al. Systemic HIV and SIV latency reversal via non-canonical NF-κB signalling in vivo [J]. Nature, 2020, 578: 160-165.

472 McBrien J B, Mavigner M, Franchitti L, et al. Robust and persistent reactivation of SIV and HIV by N-803 and depletion of $CD8^+$cells [J]. Nature, 2020, 578 (7793): 154-159.

4. 肿瘤免疫

美国纽约大学等机构的研究人员发现自噬通过降解 MHC-1 促进胰腺癌的免疫逃逸，并证明了抑制自噬可增强抗肿瘤免疫力。该研究为通过自噬抑制和双靶点免疫检测点结合治疗胰腺癌提供了理论依据[473]。

德国癌症研究中心等机构的研究人员发现，肿瘤中大量产生的一种代谢酶 IL4I1（Interleukin-4-Induced-1）能促进肿瘤细胞的扩散并抑制免疫系统。研究表明 IL4I1 是一种代谢免疫检查点，IL4I1 抑制剂有望成为癌症治疗新的候选药物[474]。

德国 BioNTech 公司等机构基于实体瘤 CAR 靶标紧密连接跨膜蛋白 CLDN6（claudin 6），设计了一种可编码 CLDN6 的 mRNA 疫苗 CARVac。临床前结果表明，该疫苗通过促进树突状细胞表面 CLDN6 的表达，进而促进靶向 CLDN6 的 CAR-T 细胞扩增并增强对实体瘤的持久性疗效[475]。该研究为克服 CAR-T 疗法限制提供了基础。

美国宾夕法尼亚大学的研究人员通过基因工程手段开发一种可直接作用于肿瘤的 CAR 巨噬细胞（CAR macrophages，CAR-Ms），并在体外试验和小鼠模型中证明这些 CAR-Ms 可以杀死肿瘤。该研究为对抗实体瘤提供了一种新的癌症免疫疗法[476]。基于此研究结果，美国 Carisma Therapeutics 公司的 CAR-M 疗法 CT-0508 已获 FDA 批准开展临床试验。

德国 BioNTech 公司等机构的研究人员描述了首个人类黑色素瘤 RNA 疫苗Ⅰ期临床试验的中期结果，结果显示该黑色素瘤疫苗 FixVac（BNT111）能诱导机体的效应 T 细胞对肿瘤相关抗原（tumour-associated antigens，TAAs）产生反

---

473 Yamamoto K, Venida A, Yano J, et al. Autophagy promotes immune evasion of pancreatic cancer by degrading MHC-I [J]. Nature, 2020, 581 (7806): 100-105.

474 Sadik A, Patterson L F S, Öztürk S, et al. IL4I1 is a metabolic immune checkpoint that activates the AHR and promotes tumor progression [J]. Cell, 2020, 182 (5): 1252-1270.

475 Reinhard K, Rengstl B, Oehm P, et al. An RNA vaccine drives expansion and efficacy of claudin-CAR-T cells against solid tumors [J]. Science, 2020, 367 (6476): 446-453.

476 Klichinsky M, Ruella M, Shestova O, et al. Human chimeric antigen receptor macrophages for cancer immunotherapy [J]. Nat Biotechnol, 2020, 38 (8): 947-953.

应，并能介导免疫检查点阻断（immune checkpoint blockade，ICB）对经历晚期黑色素瘤的患者产生持久客观的反应[477]。该研究为肿瘤突变负荷较低患者带来治疗新方法。

英国大奥蒙德街儿童医院等机构的研究人员报告的一项Ⅰ期临床试验结果显示，靶向 GD2 的 CAR-T 细胞疗法在 12 名儿童神经母细胞瘤中显示出积极的抗肿瘤活性，且具有良好的耐受性[478]。该研究为 CAR-T 细胞针对实体瘤提供一种安全有效的策略。

美国加州大学洛杉矶分校等机构的研究人员发布了阿替利珠单抗（PD-L1 抑制剂）联合贝伐珠单抗（抗血管生成药）治疗晚期肝癌Ⅲ期临床试验 IMbrave150 的完整数据。临床结果显示，不可切除的肝癌患者中，与索拉非尼相比，阿替利珠单抗联合贝伐珠单抗治疗显著改善了患者总生存期和无进展生存期结局，12 个月的总生存率从 54.6% 提高到 67.2%[479]。该疗法正在 FDA 递交审批，有望成为全球首个获批的肝癌一线免疫疗法。

（三）国内重要进展

1. 免疫器官、细胞、分子的再认识和新发现

清华大学等机构的研究人员通过小鼠模型发现了一条从大脑杏仁核（central nucleus of the amygdala，CeA）和室旁核（paraventricular nucleus，PVN）促肾上腺皮质激素释放激素（corticotropin-releasing hormone，CRH）神经元到脾内的神经通路，并发现小鼠在不同行为范式下 CeA/PVN 的 CRH 神经元的激活可增强抗体免疫应答。该研究揭示了首条解剖学明确、由神经信号传递的、中枢神经对适应性免疫应答进行调控的通路，为神经免疫学研究拓展出了一个新

---

477 Sahin U, Oehm P, Derhovanessian E, et al. An RNA vaccine drives immunity in checkpoint-inhibitor-treated melanoma [J]. Nature, 2020, 585 (7823): 107-112.

478 Straathof K, Flutter B, Wallace R, et al. Antitumor activity without on-target off-tumor toxicity of GD2-chimeric antigen receptor T cells in patients with neuroblastoma [J]. Sci Transl Med, 2020, 12 (571): eabd6169.

479 Finn R S, Qin S, Ikeda M, et al. Atezolizumab plus bevacizumab in unresectable hepatocellular carcinoma [J]. New England Journal of Medicine, 2020, 382 (20): 1894-1905.

方向[480]。

中山大学等机构的研究人员通过对化疗后乳腺癌患者肿瘤样本的B细胞进行单细胞测序分析，发现了一个新的B细胞亚群ICOSL+B细胞；进一步分析发现，化疗诱导的补体信号活化可增强B细胞表面ICOSL的表达，进而诱导T细胞的肿瘤杀伤功能，而肿瘤中CD55蛋白的表达则抑制了化疗后该B细胞亚群的抗肿瘤作用[481]。该研究表明了B细胞亚群的转换在化疗中的关键作用，为设计新颖的抗癌疗法提供新思路。

暨南大学等机构的研究人员利用单细胞转录组测序技术（single-cell RNA-seq, scRNA-seq）解析了人胚（孕8周内）造血细胞发育过程，并揭示了人胚期巨噬细胞的多重起源，及组织驻留型巨噬细胞特化过程中的关键分子特征[482]。该研究是迄今为止人体胚胎巨噬细胞发育最系统完整的研究，为巨噬细胞相关疾病的诊断和治疗带来突破性的认识和进展。

北京大学等机构的研究人员使用scRNA-seq技术对结直肠癌患者的肿瘤微环境，特别是浸润髓系细胞类群首次进行了系统性的刻画，并在小鼠模型中揭示了anti-CSF1R抑制剂和anti-CD40激动剂两种靶向髓系细胞的免疫治疗策略的潜在作用机理[483]。该研究为其他疾病免疫细胞的研究及开发新的治疗方案提供了新思路。

复旦大学等机构的研究人员基于单细胞全长转录组测序技术，发现肝癌原发肿瘤和早期复发肿瘤的免疫微生态系统存在显著差异。该研究从单细胞水平上揭示了早期复发肝癌特征性免疫图谱和免疫逃逸机制[484]，为进一步提升肝癌免疫治疗的疗效和寻找有效肝癌复发转移防治新策略，提供更多理论依据和实验证据。

---

480 Zhang X, Lei B, Yuan Y, et al. Brain control of humoral immune responses amenable to behavioural modulation [J]. Nature, 2020, 581 (7807): 204-208.

481 Lu Y, Zhao Q, Liao J Y, et al. Complement Signals Determine Opposite Effects of B Cells in Chemotherapy-Induced Immunity [J]. Cell, 2020, 180 (6): 1081-1097.

482 Bian Z, Gong Y, Huang T, et al. Deciphering human macrophage development at single-cell resolution [J]. Nature, 2020, 582 (7813): 571-576.

483 Zhang L, Li Z, Skrzypczynska KM, et al. Single-Cell Analyses Inform Mechanisms of Myeloid-Targeted Therapies in Colon Cancer [J]. Cell, 2020, 181 (2): 442-459.

484 Sun Y, Wu L, Zhong Y, et al. Single-cell landscape of the ecosystem in early-relapse hepatocellular carcinoma [J]. Cell, 2021, 184 (2): 404-421.

浙江大学等机构的研究人员发现其新鉴定的长非编码 RNA（lncRNA-GM），可通过与谷胱甘肽转移酶 GSTM1 结合，激活激酶 TBK1 并诱导天然免疫应答，病毒感染通过下调 lncRNA-GM 的表达，抑制干扰素的产生，从而实现免疫逃逸[485]。该研究揭示了 lncRNA 调控抗病毒天然免疫应答的作用机制，为治疗病毒感染和干扰素相关自身免疫性疾病提供了潜在治疗靶标。

北京大学等机构的研究人员首次报道了人源免疫球蛋白 M（IgM）-Fc（Fcμ）五聚体 /J 链 / 分泌组分三元复合体整体分辨率为 3.4 Å 的冷冻电镜结构，发现 IgM-Fc 为非对称五聚体结构，位于 IgM-Fc 五聚体缺口处的 J 链同时介导了 IgM-Fc 与多聚免疫球蛋白受体（poly-Ig receptor，pIgR）之间的相互作用[486]。该研究颠覆了对 IgM 五角星结构的传统理解，为深入理解 IgM 的生物学功能奠定了基础，也为基于 IgM 抗体的药物设计奠定了基础。

2. 免疫识别、应答、调节的规律与机制认识

北京生命科学研究所等机构的研究人员发现了细胞毒性淋巴细胞所分泌的颗粒酶 A（granzyme A，GZMA）通过切割 gasdermin B（GSDMB）以诱发细胞焦亡的重要机制，并在小鼠肿瘤模型中证明了 GZMA-GSDMB 通路对抗肿瘤的促进作用。该研究揭示了细胞毒性淋巴细胞介导的免疫新机制，为肿瘤免疫提供了新思路[487]。

山东大学等机构的研究人员发现谷胱甘肽过氧化物酶 4（glutathione peroxidase，GPX4）维持的脂质氧化还原稳态是干扰素刺激基因（stimulator of interferon genes，*STING*）激活所必需的要素，GPX4 缺乏通过增强细胞脂质过氧化作用，特异性抑制 cGAS-STING 介导的 DNA 识别通路[488]。该研究揭示了

---

485 Wang Y, Wang P, Zhang Y, et al. Decreased Expression of the Host Long-Noncoding RNA-GM Facilitates Viral Escape by Inhibiting the Kinase activity TBK1 via S-glutathionylation [J]. Immunity, 2020, 53 (6): 1168-1181.

486 Li Y, Wang G, Li N, et al. Structural insights into immunoglobulin M [J]. Science, 2020, 367 (6481): 1014-1017.

487 Zhou Z, He H, Wang K, et al. Granzyme A from cytotoxic lymphocytes cleaves GSDMB to trigger pyroptosis in target cells [J]. Science, 2020, 368 (6494): eaaz7548.

488 Jia M, Qin D, Zhao C, et al. Redox homeostasis maintained by GPX4 facilitates STING activation [J]. Nat Immunol, 2020, 21 (7): 727-735.

STING 活化的新机制，为 STING 活化失衡相关疾病的防治提供了新的靶标。

中国科学院上海巴斯德研究所等机构的研究人员发现阴离子通道 LRRC8 / VRAC 是环鸟苷酸 - 腺苷酸（cyclin GMP-AMP，cGAMP）的一个跨膜转运蛋白；病毒感染过程中，被炎症因子激活的阴离子通道 VRAC 可将病毒感染细胞产生的 cGAMP 转运至非感染细胞中，激活 STING 信号并诱导干扰素表达[489]。该研究揭示了 LRRC8/VRAC 调控 cGAMP 转运的作用机制和生理功能，为抗病毒疫苗研发和抗肿瘤免疫治疗提供了新思路。

清华大学等机构的研究人员发现发烧通过促进转录因子 SMAD4 发生 SUMO 化修饰及入核，特异性地增强 Th17 细胞分化及 IL-17 的表达，提升其致炎能力，并证明 *Smad4* 缺陷型小鼠可对实验性自身免疫性脑脊髓炎（experimental autoimmune encephalomyelitis，EAE）产生抵抗力[490]。该研究首次揭示发烧和 T 细胞免疫应答以及自身免疫疾病的相关性，为人类自身免疫性疾病的治疗提供潜在新靶标。

3. 疫苗与抗感染

上海科技大学等机构的研究人员率先成功解析新冠病毒关键药物靶点——主蛋白酶（main protease，M^{pro}）的高分辨率三维空间结构，并综合利用三种不同的药物发现策略，得到多种新冠病毒抑制剂[491]。该研究为迅速开发具有临床潜力的抗新冠病毒药物奠定了重要基础。

中国医学科学院和中国疾病预防控制中心等机构的研究人员通过新冠病毒感染血管紧张素转换酶 2（angiotensin-converting enzyme 2，ACE2）人源化的转基因小鼠，率先建立了新型冠状病毒感染肺炎的转基因小鼠模型，并针对病毒的感染与体内复制、疾病临床症状及影像学、病理学和免疫学反应研究了新

489 Zhou C, Chen X, Planells-Cases R, et al. Transfer of cGAMP into Bystander Cells via LRRC8 Volume-Regulated Anion Channels Augments STING-Mediated Interferon Responses and Anti-viral Immunity [J]. Immunity, 2020, 52 (5): 767-781.

490 Wang X, Ni L, Wan S, et al. Febrile Temperature Critically Controls the Differentiation and Pathogenicity of T Helper 17 Cells [J]. Immunity, 2020, 52 (2): 328-341.

491 Jin Z, Du X, Xu Y, et al. Structure of M^{pro} from SARS-CoV-2 and discovery of its inhibitors [J]. Nature, 2020, 582 (7811): 289-293.

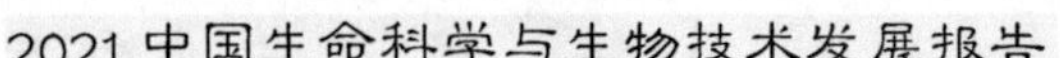

冠病毒的致病性。该研究促进了对新冠病毒的病原学和病理学认知，突破了疫苗、药物从实验室向临床转化的关键技术瓶颈[492]。

北京大学等机构的研究人员利用高通量单细胞测序技术从新冠肺炎康复期患者血浆中筛选出多个高活性中和抗体，其中抗体 BD-368-2 在 *hACE2* 转基因小鼠中可完全抑制病毒感染[493]。中国科学院微生物研究所等机构的研究人员同样分离得到两种具有高度中和活性的人类单克隆中和抗体 CA1 和 CB6，其中 CB6 抗体可显著抑制恒河猴新冠病毒感染模型中的病毒感染，显示出预防和治疗效果[494]。这两项研究为新冠中和抗体的开发奠定基础。

中国军事医学科学院等机构研发的重组腺病毒 5 型载体疫苗针对新冠病毒的临床 I 期研究结果显示，单剂量的该疫苗可诱导人体产生抗新冠病毒免疫应答，并且具有良好的耐受性和安全性[495]。该研究发表数据为全球首个新冠肺炎疫苗人体临床试验结果，为新冠肺炎疫苗的开发奠定基础。

同济大学等机构的研究人员发现结核菌分泌的毒力因子 Rv0222 蛋白的 K76 位点，被宿主 E3 泛素链接酶 ANAPC2 催化，发生 K-11 泛素化修饰，从而抑制宿主结核菌经 TLR2 /TRAF6 /NF-κB 信号触发的天然免疫应答[496]。该研究阐述了结核菌利用宿主泛素化系统逃避免疫的机制，并为后续抗结核新药的开发提供更精准的靶点。

4. 肿瘤免疫

北京大学的研究人员首次报道耗竭性 T 细胞中高水平表达的磷酸酶 PAC1

---

492 Bao L, Deng W, Huang B, et al. The pathogenicity of SARS-CoV-2 in hACE2 transgenic mice [J]. Nature, 2020, 583 (7818): 830-833.

493 Cao Y, Su B, Guo X, et al. Potent Neutralizing Antibodies against SARS-CoV-2 Identified by High-Throughput Single-Cell Sequencing of Convalescent Patients´ B Cells [J]. Cell, 2020, 182 (1): 73-84.

494 Shi R, Shan C, Duan X, et al. A human neutralizing antibody targets the receptor-binding site of SARS-CoV-2 [J]. Nature, 2020, 584 (7819): 120-124.

495 Zhu F C, Li Y H, Guan X H, et al. Safety, tolerability, and immunogenicity of a recombinant adenovirus type-5 vectored COVID-19 vaccine: a dose-escalation, open-label, non-randomised, first-in-human trial [J]. Lancet, 2020, 395 (10240): 1845-1854.

496 Wang L, Wu J, Li J, et al. Host-mediated ubiquitination of a mycobacterial protein suppresses immunity [J]. Nature, 2020, 577 (7792): 682-688.

通过招募核小体重构和去乙酰化酶（nuclesome remodeling deactylase，NuRD）复合体，特异性抑制T淋巴细胞下游效应基因的表达，最终促进肿瘤免疫逃逸[497]。该研究为肿瘤免疫治疗提供了潜在的新型药物靶点。

中山大学等机构的研究人员发现肿瘤细胞膜上存在的DNA感受器CCDC25，通过识别中性粒细胞胞外捕获网中的DNA（NET-DNA），激活ILK-β-parvin细胞骨架信号通路，促进肿瘤的远处转移[498]。该研究为预防癌症转移提供了诊断和治疗新思路。

中国医学科学院等机构的研究人员发现CAR-T细胞通过释放颗粒酶B激活靶细胞中的半胱氨酸蛋白酶caspase 3，实现对GSDME蛋白的切割活化，进而诱导细胞焦亡，并释放相关因子，激活巨噬细胞中半胱氨酸蛋白酶caspase 1，并切割活化GSDMD蛋白，最终导致细胞因子的释放和细胞因子释放综合征（cytokine release syndrome，CRS）的发生[499]。该研究揭示了CAR-T疗法中CRS的发生机制，为CAR-T疗法的优化提供潜在方案。

中国科学院分子细胞科学卓越创新中心等机构的研究人员通过定量质谱和生化方法发现T细胞受体（T cell receptor，TCR）的CD3ζ链具有特殊的信号转导功能，可以同时招募抑制性分子Csk和活化性分子PI3K；将CD3ζ胞内区整合入CAR序列中，可提高CAR-T细胞的持久性及抗肿瘤功能，并降低细胞因子释放综合征的风险[500]。该研究为设计下一代CAR-T疗法提供了新策略。

上海科技大学等机构的研究人员发现CAR与肿瘤抗原结合后会发生泛素化修饰及溶酶体介导的CAR降解，从而下调细胞表面的CAR水平，并据此设计了一种可循环CAR，通过将CAR胞内段的泛素化位点赖氨酸K突变为精氨酸R（CARKR），抑制CAR的下调过程，同时促进CAR的再循环过程，进而增强

---

497 Dan Lu, Liu L, Sun Y, et al. The phosphatase PAC1 acts as a T cell suppressor and attenuates host antitumor immunity [J]. Nat Immunol, 2020, 21 (3): 287-297.

498 Yang L, Liu Q, Zhang X, et al. DNA of neutrophil extracellular traps promotes cancer metastasis via CCDC25 [J]. Nature, 2020, 583 (7814): 133-138.

499 Liu Y, Fang Y, Chen X, et al. Gasdermin E-mediated target cell pyroptosis by CAR T cells triggers cytokine release syndrome [J]. Sci Immunol, 2020, 5 (43): eaax7969.

500 Wu W, Zhou Q, Masubuchi T, et al. Multiple Signaling Roles of CD3 ε and Its Application in CAR-T Cell Therapy [J]. Cell, 2020, 182 (4): 855-871.

T 细胞的抗肿瘤效果和持续活性[501]。该研究为防止 CAR-T 治疗后的肿瘤复发提供了新策略。

上海交通大学等机构发表全球首个靶向磷脂酰肌醇蛋白多糖 -3（glypican-3，GPC3）的 CAR-T 细胞治疗晚期肝细胞癌患者的 I 期临床试验结果，初步证实了该疗法的安全性和有效性[502]。该研究为肝癌的 GPC3 CAR-T 疗法提供了理论依据。

（四）前景与展望

单细胞测序技术、质谱流式细胞技术、活体成像技术、基因编辑技术等快速发展，极大地提高了探索和利用免疫系统的可能性。免疫学机制研究的深入，为免疫相关疾病的预防和治疗研发带来了新的机遇。近年来，国内外暴发的 SARS、MERS、埃博拉、SARS-CoV-2 等疫情，给人类健康造成了严重威胁，并带来巨大的社会经济损失，国内外免疫学领域积极探索并持续关注相关病原体感染机制、疫苗以及治疗药物研究。同时，免疫疗法已被成功应用于多种癌症的治疗，显著提高患者的生存质量。虽然肿瘤免疫疗法总体还处于发展初期，随着技术的进步，治疗的有效性、安全性将不断提升，适应证将逐步扩展，成本也将日益降低，市场前景广阔。

七、干细胞

（一）概述

干细胞领域从 20 世纪末、21 世纪初开始大规模发展以来，至今已经历了

---

501 Li W, Qiu S, Chen J, et al. Chimeric Antigen Receptor Designed to Prevent Ubiquitination and Downregulation Showed Durable Antitumor Efficacy [J]. Immunity, 2020, 53 (2): 456-470.

502 Shi D, Shi Y, Kaseb A O, et al. Chimeric Antigen Receptor-Glypican-3 T-Cell Therapy for Advanced Hepatocellular Carcinoma: Results of Phase I Trials [J]. Clin Cancer Res, 2020, 26 (15): 3979-3989.

20余年的发展历程，从最初掀起全球广泛的研究热潮，至现阶段已经开始逐渐走向平稳发展。从干细胞领域发展现状来看，目前主要呈现出两方面的趋势。一方面，干细胞研究的维度不断拓展，多学科的知识为干细胞研究提供了更广泛的视角，推动对干细胞相关机理机制的认识持续深化。另一方面，干细胞在疾病治疗中的应用潜力逐渐明晰，其临床转化和产业化发展进程逐渐加快，已经成为干细胞研究的关键环节。从政府、资助机构对干细胞的规划情况来看，目前对干细胞领域发展的规划布局已经从初期出台专项支持政策、进行密集资助的模式，逐渐转变为现阶段更趋向于常规资助的模式，而干细胞疗法监管规范的不断细化和优化则已经成为各国更为关注的重点。

（二）国际重要进展

1. 对干细胞的认识持续深化

（1）干细胞调控机制研究日趋深入

随着对干细胞的稳态、增殖、分化等过程的机理机制不断深入探索，加之免疫、代谢、肿瘤等生命科学学科和物理、化学、工程等跨学科知识的交叉融合，对干细胞认识的维度不断拓展，为干细胞应用于疾病治疗带来了更加广阔的视角。

法国国家健康与医学研究院、德国德累斯顿工业大学等机构的研究人员研究了造血干细胞对免疫应答的影响，发现机体的感染史能够以表观遗传的方式保存在造血干细胞中，从而提升对继发感染的免疫反应速度和效果。这一成果有望促进免疫接种策略的优化，并为免疫系统疾病新疗法的开发奠定基础[503]。

美国宾夕法尼亚大学等机构的研究人员对胚胎干细胞的代谢如何影响其多能性和分化之间的平衡开展了研究，发现多能性调控因子OCT4和SOX2通过抑制分子伴侣介导的自噬（CMA），提高α-酮戊二酸水平，从而使胚胎干细胞

---

503 Laval B, Mauriziom J, Kandalla P K, et al. C/EBPβ-Dependent Epigenetic Memory Induces Trained Immunity in Hematopoietic Stem Cells [J]. Cell Stem Cell, 2020, 26 (5): 657-674.

维持在自我更新状态。而当 CMA 上调时，会使异柠檬酸脱氢酶 IDH1 和 IDH2 被降解，导致 α- 酮戊二酸的减少，进而促进胚胎干细胞的分化过程。这一研究显示，CMA 介导了核心多能性因子对代谢影响，塑造了干细胞的表观遗传状态，是调节干细胞自我更新和分化之间平衡的重要因子，未来有望成为修复或再生受损细胞和器官的新靶点[504]。

美国 Broad 研究所、麻省总医院、波士顿儿童医院和 Dana-Farber 癌症研究所等机构的两个研究团队分别发现了造血干细胞与两种血液病风险增加的相关性。研究人员均发现了一组遗传性基因变异，这些变异会影响造血干细胞的功能，并显著增加造血干细胞在体内的数量，进而增加骨髓增生性肿瘤（MPN）和意义不明克隆造血（CHIP）两种年龄相关性血液疾病的发生风险。该成果将为相关血液疾病的治疗提供潜在新疗法[505, 506]。

日本九州大学和日本理化学研究所等机构的研究人员对控制卵母细胞生长的基因调控网络进行了研究，发现了 8 个能够触发卵母细胞生长的转录因子，强制表达这些转录因子能够迅速将多能干细胞直接转化为能够受精及卵裂的卵母细胞样细胞。该研究为卵细胞的发育机制提供了新的见解，为卵质的获取开辟一条更简单的途径，从而推动了生殖生物学和医学研究，未来还有望为克隆濒临灭绝的动物及治疗生殖疾病患者提供新的方法[507]。

德国德累斯顿工业大学等机构的研究人员通过大规模筛选，发现了 290 种能够将 iPS 细胞转化为特定细胞类型的转录因子，其中 241 种是此前未知的。研究人员进一步利用其中部分因子将 iPS 细胞成功分化成为神经元、成纤维细胞、少突胶质细胞和血管内皮样细胞，而且利用自动化策略，还能够使 iPS 细胞并行编程为多种细胞类型。该成果为 iPS 的命运调控机制和未来进一步的临

---

504 Xu Y, Zhang Y, García-Cañaveras J C, et al. Chaperone-mediated autophagy regulates the pluripotency of embryonic stem cells [J]. Science, 2020, 369 (6502): 397-403.

505 Bick A G, Weinstock J S, Nandakumar S K, et al. Inherited causes of clonal haematopoiesis in 97, 691 whole genomes [J]. Nature, 2020, 586: 763-768.

506 Bao E L, Nandakmar S K, Liao X, et al. Inherited myeloproliferative neoplasm risk affects haematopoietic stem cells [J]. Nature, 2020, 568: 769-775.

507 Hamazaki N, Kyogoku H, Araki H, et al. Reconstitution of the oocyte transcriptional network with transcription factors [J]. Nature, 2020, 589: 264-269.

床应用奠定了基础[508]。

（2）重编程技术不断优化

干细胞重编程技术用于疾病治疗的巨大潜力使其一经发明迅速成为干细胞领域的研究热点，但随着研究深入，iPS 细胞的安全性、稳定性等诸问题逐渐显现。因此，近年来该领域的研究重点在于研究重编程过程中的机制，开发更为优化的重编程策略。

澳大利亚莫纳什大学和杜克－新加坡国立大学的研究人员利用单细胞转录组学重构了人类真皮成纤维细胞的分子重编程轨迹，并分析了核心多能性基因调控元件的关键变化，以及染色质可及性随时间的协调变化。基于这些信息，该研究还构建了重编程获得诱导滋养层干细胞（iTSC）的方法，这种细胞在分子结构和功能上与来自人类囊胚或妊娠早期胎盘的滋养层干细胞类似，可用于制造胎盘细胞。该研究成果将有助于开发妊娠期胎盘并发症治疗新方法，并有望作为胎盘的细胞模型，用于药物毒理测试等领域[509]。

美国北得克萨斯州大学等机构的研究人员利用 5 个化学小分子将成纤维细胞直接转化为光感受器样细胞，再将这些细胞移植到视网膜变性小鼠的视网膜下间隙中，实现了瞳孔反射和视觉功能的部分恢复。该成果为利用 iPS 细胞治疗眼部疾病奠定了基础[510]。

2. 干细胞疗法转化进程加速推进

干细胞疗法的转化及产业化发展已经成为目前干细胞领域发展的关键环节。近年来，针对糖尿病、眼部疾病、心血管疾病等一系列疾病的干细胞疗法不断获得优化，治愈潜力不断增强。同时，在疗法研发快速发展的推动下，干细胞疗法的临床转化进程也获得加速推进，全球已开展了超过 8000 例干细胞相关

---

508 Ng A H M, Khoshakhlagh P, Arias J E R, et al. A comprehensive library of human transcription factors for cell fate engineering [J]. Nature Biotechnology, 2020, 39: 510-519.

509 Liu X, Ouyang J F, Rossello F J, et al. Reprogramming roadmap reveals route to human induced trophoblast stem cells [J]. Nature, 2020, 586: 101-107.

510 Mahato B, Kaya K D, Fan Y, et al. Pharmacologic fibroblast reprogramming into photoreceptors restores vision [J]. Nature, 2020, 581: 83-88.

临床试验，且逐年增长，2020 年启动的临床试验数量达到 539 例。与此同时，干细胞疗法的产业化进程也获得不断推进，截至 2020 年，欧盟、美国、韩国、加拿大和新西兰等多个国家和地区陆续批准了 19 种干细胞产品上市。

美国索尔克研究所等机构的科研人员通过在体外模拟建立人类胰腺的微环境，利用干细胞构建出具有胰岛素分泌功能的人胰岛类器官，并通过过表达免疫检查点蛋白程序性死亡配体 1（PD-L1），使移植的器官能够躲避免疫系统的攻击，成功实现了在移植后的 50 d 内，小鼠无需服用任何抗排异药物，而始终维持体内葡萄糖稳态。该成果首次实现了在没有基因操作的情况下保护胰岛类器官免受免疫系统的影响，为 1 型糖尿病的治疗提供了潜在治疗途径[511]。

美国哈佛大学、澳大利亚新南威尔士大学等机构的研究人员利用表观遗传重编程（epigenetic reprogramming）技术，通过 *Oct4*、*Sox2* 和 *Klf4* 基因的异位表达，成功将小鼠视网膜神经节细胞恢复到年轻的 DNA 甲基化模式，逆转了青光眼和衰老造成的视力下降。该成果证实了哺乳动物组织保留着年轻时表观遗传信息的记录，这些信息部分是通过 DNA 甲基化编码的，可用于改善组织功能和促进体内再生。该成果为治疗各类年龄相关性疾病奠定了坚实的基础[512]。

（三）国内重要进展

1. 干细胞机理机制探索日趋深入

我国在干细胞基础研究方面一直位居国际领先地位，2020 年，在细胞命运调控、多能性维持等方向进一步获得了一系列突破性成果。

中国科学院分子细胞科学卓越创新中心（生物化学与细胞生物学研究所）等机构的研究人员发现 lncRNA 同源序列的不同处理方式会引发其在人类和小鼠胚胎干细胞中不同的亚细胞定位，随后会导致其在不同物种中多能性调控方

---

511 Yoshihara E, O'Conner C, Gasser E, et al. Immune-evasive human islet-like organoids ameliorate diabetes [J]. Nature, 2020, 586 (7830): 1-6.

512 Lu Y, Brommer B, Tian X, et al. Reprogramming to recover youthful epigenetic information and restore vision [J]. Nature, 2020, 588: 124-129.

面的功能差异。该成果显示，保守的lncRNA会通过非保守的RNA处理和定位过程实现功能性的进化[513]。

中国科学院广州生物医药与健康研究院的研究人员全面解析并归纳了Glis1调控多能干细胞命运的“表观组－代谢组－表观组”的跨界级联反应新机制。该研究揭示了母系转录因子Glis1实现衰老细胞重编程并稳定基因组的强大功能，以及糖酵解代谢驱动的组蛋白乙酰化和乳酸化修饰在表观遗传组连接中发挥的核心作用。该研究揭示的这一概念同样适用于众多表观因子，为细胞与发育的生理调控和病理发现提供了全新的理论基础[514]。

同济大学和暨南大学的研究人员在小鼠胚胎干细胞中进行了ALT相关因子的筛选，发现了*Dcaf11*在小鼠早期胚胎和胚胎干细胞ALT介导的端粒延伸和维持中发挥重要作用。*Dcaf11*缺失会导致小鼠端粒缩短，进而引发*Dcaf11*敲除小鼠骨髓造血干细胞造血重建能力及应激状态下的损伤修复能力显著下降。该成果揭示了早期胚胎ALT过程中的关键因子及作用机制，为进一步理解早期胚胎的ALT机制提供了重要的线索[515]。

中国医学科学院血液病医院的研究人员绘制了小鼠造血系统的单细胞转录组图谱，并首次解析了小鼠造血干细胞移植后早期（1周内）造血重建的动力学变化规律。该成果首次揭示了造血干细胞移植后早期供体来源的细胞类型，供体造血干细胞向下游细胞分化的过程，以及该过程中涉及的动态基因表达改变和潜在的影响机制，从而揭开了造血干细胞移植后早期生物学行为的“黑匣子”[516]。

2. 干细胞治疗技术研发和临床转化有序推进

在干细胞治疗技术研发和临床转化方面，2020年，国家药监局药品审评中

---

513 Guo C J, Ma X K, Xing Y H, et al. Distinct Processing of lncRNAs Contributes to Non-conserved Functions in Stem Cells [J]. Cell, 2020, 181 (3): 621-636.

514 Li L, Chen K, Wang T, et al. Glis1 facilitates induction of pluripotency via an epigenome-metabolome-epigenome signalling cascade [J]. Nature Metabolism, 2020, 2: 882-892.

515 Le R, Huang Y, Zhang Y, et al. *Dcaf11* activates *Zscan4*-mediated alternative telomere lengthening in early embryos and embryonic stem cells [J]. Cell Stem Cell, 2020, 28 (4): 732-747.

516 Dong F, Hao S, Zhang S, et al. Differentiation of transplanted haematopoietic stem cells tracked by single cell transcriptomic analysis [J]. Nature Cell Biology, 2020, 22: 630-639.

心（CDE，简称药审中心）发布了《人源性干细胞及其衍生细胞治疗产品临床试验技术指导原则（征求意见稿）》，为药品研发注册申请人及开展药物临床试验的研究者提供了更具针对性的建议和指南，推动了我国干细胞治疗技术的研发和临床转化工作的开展。2020 年，CDE 新受理了 4 例干细胞相关药物的申请，使相关药物申请数量增加至 26 例。在新冠肺炎疫情期间，我国利用干细胞治疗新冠肺炎的临床试验也取得了良好的疗效，有效降低了患者的炎症反应，改善了肺功能，缓解了肺纤维化的症状。

中国科学院脑科学与智能技术卓越创新中心等机构的研究人员将人类胚胎干细胞衍生的中脑多巴胺神经元或皮质谷氨酸神经元移植到帕金森小鼠体内，结果显示这些干细胞来源的神经元能够很好地整合到大脑的正确区域，与内源性的神经元建立连接，并恢复这些小鼠的运动功能[517]。

中国科学院分子细胞科学卓越创新中心和浙江大学的研究人员合作利用谱系示踪系统发现血管外侧基质层中的 $Sca1^+$ 细胞在血管严重损伤的情况下，可以转分化血管平滑肌细胞，同时利用血管损伤再吻合模型，明确了 $Sca1^+$ 转分化的血管平滑肌在血管损伤重塑中的作用，为临床应用提供了重要的理论基础[518]。

南开大学等机构的研究人员利用一种含有巴豆酸钠等化学物质的小分子培养液，成功地将卵巢颗粒细胞重编程为具有生殖系转移能力的诱导性多能干细胞，进而分化为卵子，并通过正常受精获得了健康小鼠。该突破为保持生育能力、调节机体内分泌等研究开辟了新思路[519]。

中国科学院广州生物医药与健康研究院等机构的研究人员基于前期开发的“体外获得 T 细胞种子，体内发育成熟”两步法再生 T 细胞技术，进一步结合 CAR-T 抗肿瘤原理，通过诱导多能干细胞获得抗肿瘤特异性的 CAR-T 细胞，在

---

517 Xiong M, Tao Y, Gao Q, et al. Human Stem Cell-Derived Neurons Repair Circuits and Restore Neural Function [J]. Cell Stem Cell, 2020, 28: 112-126.

518 Tang J, Wang H, Huang X, et al. Arterial Sca1＋vascular stem cells generate de novo smooth muscle for artery repair and regeneration [J]. Cell Stem Cell, 2020, 26 (1): 81-96.

519 Tian C, Liu L, Ye X, et al. Functional Oocytes Derived from Granulosa Cells [J]. Cell Repots, 2020, 29 (13): 4256-4267.

动物模型上成功实现体内肿瘤清除。该研究为证实多能干细胞来源的CAR-T细胞的抗肿瘤活性提供了有力证据[520]。

（四）前景与展望

首先，随着学科融合交叉的日趋深入，以及生物技术的不断进步，研究人员对干细胞相关机制将获得越来越全面和深刻的认识，这将为干细胞疗法的研发提供更加充足的证据。其次，干细胞疗法与免疫疗法、基因疗法等新型疗法的联用将发挥协同效应，将为疾病治疗提供更多的潜在解决方案。最后，随着各国对干细胞疗法临床转化和产业化发展更加重视，干细胞疗法的转化进程将逐渐加快，产业化体系发展规模也将日趋扩大；但同时也要看到，目前已经上市的干细胞药物或治疗技术都尚未形成规模化应用，因此，未来开展干细胞药物规模化生产技术和体系研究，以及开展卫生经济学研究，对于充分发挥干细胞疗法对健康的促进作用至关重要。

八、新兴前沿与交叉技术

（一）基因治疗技术

1. 概述

半个世纪以来，随着DNA重组、基因递送等技术的发展，基因治疗已逐渐从基础研究走向临床，尤其是近年来CRISPR基因编辑技术的快速发展为基因治疗注入了新活力。作为一种新兴的、突破性的靶向治疗方法，基因治疗通过修饰或操纵基因的表达以达到治疗疾病的目的，可用于遗传病、癌症、感染性疾病等的治疗，尤其是针对单基因遗传病展现巨大的治疗前景。从技术上看，

---

520 Lv C, Chen S, Hu F, et al. Pluripotent stem cell-derived CD19-CAR iT cells effectively eradicate B-cell lymphoma in vivo [J]. Cellular & Molecular Immunology, 2020, 18: 773-775.

基因治疗包括基于基因转移技术的基因治疗和基于基因编辑技术的基因治疗。其中，基于基因转移技术已有多款基因治疗产品获批；基于基因编辑技术的基因治疗快速发展，已进入临床开发阶段。2020 年，基因治疗取得重要突破，遗传病领域又一新产品获欧盟批准，而 CRISPR 基因编辑疗法成功治愈两种遗传性血液病也被美国 *Science* 杂志评选为 2020 年十大科学突破；此外，基因编辑等技术的不断优化开发也为基因治疗的发展奠定基础。

2. 国际重要进展

（1）基于基因转移技术的基因治疗

美国哈佛大学等机构的研究人员发现利用腺相关病毒载体向小鼠视网膜视神经节细胞（retinal ganglion cell，RGC）递送四种山中因子（Yamanaka factors）中的三种转录因子 OSK（OCT4、SOX2 和 KLF4），可诱导视神经节细胞重编程，促进损伤轴突再生，并利用该方法成功逆转青光眼和老年小鼠的受损视力。该研究首次成功逆转青光眼引起的视力损失，并首次证明可以安全地将复杂的组织重新编程至更年轻状态，为组织修复和治疗人类各种与年龄相关疾病奠定了坚实的基础[521]。

英国剑桥大学等机构的一项Ⅲ期临床试验结果显示，利用 AAV 基因疗法 GS010（rAAV2/2-ND4）对 37 名 Leber 遗传性视神经病变（LHON）患者进行单眼治疗，96 周后，78% 患者双眼视力得到显著改善；对非人灵长类动物的研究分析也显示，病毒载体 DNA 从注射侧眼睛转移到对侧眼睛[522]。该研究为基因治疗的临床试验设计和结果评估具有重要意义。

英国 Orchard Therapeutics 公司开发的基因疗法 Libmeldy 为可编码人芳基硫酸酯酶 A（ARSA）基因的自体 $CD34^+$ 细胞，用于治疗异染性脑白质营养不良（MLD），已获欧盟委员会批准上市。这是全球首个获批用于符合资格的早发型

---

521 Lu Y, Brommer B, Tian X, et al. Reprogramming to recover youthful epigenetic information and restore vision [J]. Nature, 2020, 588: 124-129.

522 Yu-Wai-Man P, Newman N J, Carelli V, et al. Bilateral visual improvement with unilateral gene therapy injection for Leber hereditary optic neuropathy [J]. Sci Transl Med, 2020, 12 (573): eaaz7423.

MLD 患者的疗法，为患者带来治疗希望。

美国费城儿童医院等机构通过对 A 型血友病病犬进行 AAV 病毒基因治疗及 10 年的长期观测研究，发现该疗法可将 AAV 病毒载体携带的基因片段整合至病犬的染色体上，进而可能诱发癌症[523]。该研究揭示了对 AAV 基因治疗的潜在遗传毒性进行长期监测的重要性。

（2）基于基因编辑技术的基因治疗

美国北卡罗来纳大学机构的研究人员发现，通过靶向 lncRNA UBE3A-ATS 的 3′ 端基因 *Snord115*，可激活人类和小鼠神经元中的父系 *Ube3a* 基因，进而治疗由母系 *UBE3A* 基因突变导致的天使综合征（AS）；进一步研究发现，在小鼠模型中利用 AAV 载体递送靶向 *Snord115* 的 Cas9 系统，可有效激活父系 *Ube3a* 的表达并改善小鼠疾病症状。该研究发现了 AS 患者的基因治疗新机制，为遗传性神经发育性疾病的治疗提供了新思路。

美国 Broad 研究所等机构的研究人员通过双 AAV 载体递送单碱基编辑器，成功恢复跨膜通道样蛋白 1（TMC1）基因隐性突变导致的完全耳聋小鼠的听力。该研究是人类首次通过基因编辑技术成功解决隐性致病突变，为潜在的一次性治疗隐性遗传病奠定了基础。

以色列特拉维夫大学的研究人员开发了一种基于脂质纳米粒（LNP）的新型 CIRSPR 递送系统，基于此系统，实现了胶质母细胞瘤和卵巢癌小鼠的高效体内基因编辑率及良好的治疗效果。该研究首次证实 CRISPR-Cas9 系统可以有效治疗活体动物转移性癌症，为癌症治疗研究开辟了新途径。

美国天普大学等机构的研究人员利用 AAV 载体递送的 CRISPR 构建体，对感染猿猴免疫缺损病毒（SIV）的恒河猴（一种公认的 HIV 感染大型动物模型）进行编辑，结果显示可成功地将 SIV 病毒从感染的细胞和组织中剔除。该研究首次实现了从灵长类动物基因组中清除类似 HIV 的病毒，为治愈 HIV 感染提供了希望。

---

523 Nguyen G N, Everett J K, Kafle S, et al. A long-term study of AAV gene therapy in dogs with hemophilia A identifies clonal expansions of transduced liver cells [J]. Nature Biotechnology, 2021, 39 (1): 47-55.

美国 Allergan 公司和美国 Editas Medicine 公司联合开发的 CRISPR 基因编辑疗法 EDIT-101 通过视网膜注射，可用于治疗由 *CEP290* 基因突变引起的遗传性失明症——莱伯氏先天性黑矇 10 型（LCA10），并在Ⅰ/Ⅱ期临床试验中完成了首位患者的给药。该疗法是首个被直接用于体内的 CRISPR 基因编辑疗法，标志着 CRISPR 体内基因编辑疗法迈出重要一步。

美国 TriStar Centennial 儿童医院等机构的研究人员利用 CRISPR-Cas9 技术，对两名患者（一名患输血依赖性 β- 地中海贫血，另一名患镰状细胞贫血）自体 $CD34^+$细胞的可抑制 γ- 珠蛋白表达的转录因子 BCL11A 进行编辑，并回输患者。18 个月后，患者的骨髓和血液中保持较高的等位基因编辑水平，胎儿血红蛋白（fetal hemoglobin，HbF）水平明显提高，成功摆脱输血依赖[524]。该研究是 CRISPR 技术首次成功用于两种遗传性血液病的治疗，为患者带来新的治疗手段。

美国宾夕法尼亚大学利用 CRISPR-Cas9 技术对晚期癌症（两例骨髓瘤，一例多发性肉瘤）患者 T 细胞进行基因编辑，通过敲除基因 *TRAC*、*TRBC* 和 *PDCD1*，以及引入靶向癌症的 *NY-ESO-1* 基因，提高 T 细胞的抗肿瘤效果，Ⅰ期临床试验结果初步证明了该疗法的安全性和可行性[525]。该研究为未来细胞疗法研究铺平了道路。

美国 Broad 研究所等机构的研究人员发现了一种可介导双链 DNA 胞苷脱氨基化的菌间毒素 DddA，通过将其分为无活性两部分后与 TALE 蛋白融合，构建出 RNA 非依赖的胞嘧啶碱基编辑器 DdCBEs，可实现线粒体 DNA（mtDNA）中目标 C-G 到 T-A 的高效特异性转换，并基于此构建出携 mtDNA 致病点突变的人源细胞模型[526]。该研究为研究和治疗线粒体相关疾病提供了新工具。

---

524 Frangoul H, Altshuler D, Cappellini M D, et al. CRISPR-Cas9 Gene Editing for Sickle Cell Disease and β-Thalassemia [J]. New England Journal of Medicine, 2020, 384 (3): 252-260.

525 Stadtmauer E A, Fraietta J A, Davis M M, et al. CRISPR-engineered T cells in patients with refractory cancer [J]. Science, 2020, 367: 1-12.

526 Mok B Y, de Moraes M H, Zeng J, et al. A bacterial cytidine deaminase toxin enables CRISPR-free mitochondrial base editing [J]. Nature, 2020, 583 (7817): 631-637.

3. 国内重要进展

（1）基于基因转移技术的基因治疗

中国武汉纽福斯生物科技有限公司开发的基因疗法 NR082，通过 rAAV2 向患者视网膜内递送 *ND4* 基因，可有效治疗 *ND4* 突变引起的 Leber 遗传性视神经病变（LHON），其临床试验七年随访结果进一步证明该疗法的长期安全性和有效性[527]。该疗法是首个由我国自主开发并获得 FDA 孤儿药认定的基因治疗产品，为 LHON 患者带来治疗希望。

（2）基于基因编辑技术的基因治疗

四川大学华西医院等机构的研究人员利用 CRISPR-Cas9 技术对非小细胞肺癌患者的 T 细胞进行 PD-1 敲除，并回输给患者，临床 I 期研究结果显示该疗法在临床上治疗肺癌是安全可行的[528]。该研究是全球首个 CRISPR 人体 I 期临床试验，为未来肺癌治疗提供了新方向。

华东师范大学等机构的研究人员通过 CRISPR-Cas9 或者单碱基编辑技术，模拟遗传性高胎儿血红蛋白症（hereditary persistence of fetal hemoglobin，HPFH）中存在的天然突变，对 γ 珠蛋白基因（*HBG*）启动子的 BCL11A 结合域进行编辑，结果显示该方法成功激活胎儿血红蛋白的表达。该研究为治疗 β- 血红蛋白病提供了安全有效的靶点和方法[529]。

上海邦耀生物与中南大学湘雅医院合作的“经 γ 珠蛋白重激活的自体造血干细胞移植治疗重型 β 地中海贫血安全性及有效性的临床研究”的临床试验结果显示，两例患者已摆脱输血依赖、治愈出院。该研究是亚洲首次通过基因编辑技术治疗地中海贫血，也是全世界首次通过 CRISPR 基因编辑技术成功治疗

527 Yuan J, Zhang Y, Liu H, et al. Seven-Year Follow-up of Gene Therapy for Leber's Hereditary Optic Neuropathy [J]. Ophthalmology, 2020, 127 (8): 1125-1127.

528 Lu Y, Xue J, Deng T, et al. Safety and feasibility of CRISPR-edited T cells in patients with refractory non-small-cell lung cancer [J]. Nat Med, 2020, 26 (5): 732-740.

529 Wang L, Li L, Ma Y, et al. Reactivation of γ-globin expression through Cas9 or base editor to treat β-hemoglobinopathies [J]. Cell Res, 2020, 30 (3): 276-278.

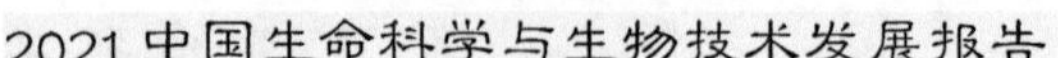

β0/β0 型重度地中海贫血[530]。

华东师范大学等机构的研究人员研发出一种远红光调控的 split-Cas9 基因编辑系统——FAST 系统，可在体外及体内的动物细胞中实现光控基因编辑，并通过对异种移植肿瘤模型小鼠进行基因编辑，实现肿瘤抑制效果[531]。该研究为基因功能的研究及多种疾病的治疗提供了一种新型可控的基因编辑工具。

华东师范大学等机构的研究人员通过将胞嘧啶脱氨酶 hAID、腺嘌呤脱氨酶以及 Cas9n 融合，开发出一种新型双功能碱基编辑器 A&C-BEmax，可在同一等位基因上同时实现 C>T 和 A>G 的高效转换。与单碱基编辑器相比，A&C-BEmax 提升了 C>T 的编辑效率，对 A>G 的编辑效率略微下降，RNA 脱靶水平大大降低[532]。该研究为基础研究和遗传性疾病如 β- 地中海贫血的治疗提供了新的发展方向和工具。

4. 前景与展望

基因治疗技术正处于快速发展的阶段，已成为当前生物医药行业创新发展的重要驱动力。据 Fortune Business Insights 报告，2019 年基因治疗市场规模为 36.1 亿美元，预计到 2027 年将达到 356.7 亿美元。然而基因治疗仍面临着疗效的长期有效性、载体长期安全性及基因编辑脱靶性等问题，基因递送技术的发展及基因编辑系统的优化开发将有助于推动基因治疗在多种疾病领域取得更多突破。

（二）液体活检

1. 概述

液体活检技术是一种非侵入式的新型检测技术，能监测肿瘤或转移灶释放

---

530 上海邦耀生物 . 世界首例 CRISPR 基因编辑治疗 β0/β0 型重度地贫获得成功 [EB/OL]. https://bioraylab. com/newsinfo/27. html [2021-05-21].

531 Yu Y, Wu X, Guan N, et al. Engineering a far-red light-activated split-Cas9 system for remote-controlled genome editing of internal organs and tumors [J]. Sci Adv, 2020, 6 (28): eabb1777.

532 Zhang X, Zhu B, Chen L, et al. Dual base editor catalyzes both cytosine and adenine base conversions in human cells [J]. Nat Biotechnol, 2020, 38 (7): 856-860.

到血液的循环肿瘤细胞（CTC）、循环肿瘤DNA（ctDNA）碎片、细胞外囊泡（EV）及循环RNA（circulating RNA）等，是检测肿瘤、辅助治疗的突破性技术。相较于传统的组织活检，液体活检具备可实现早期筛查、实时动态监测、克服肿瘤异质性、提供全面检测信息等独特优势，其出现标志着人类在攻克肿瘤的道路上又前进了一大步。作为*MIT Technology Review*杂志评选的2015年十大突破性技术之一、《科学美国人》杂志评选的2017年十大新兴技术之首，液体活检技术在精准医学浪潮的推动下成为行业热点。

液体活检行业在2000年前处于探索阶段，在CTC、ctDNA等相继被研究发现后，第一代CTC检测技术开始推出；2000年后，液体活检灵敏度逐渐提高，临床应用价值开始逐渐获得认可，基于CTC和ctDNA液体活检产品陆续获批；同时，随着领域发展和技术突破，外泌体等细胞外囊泡的应用也获得持续关注。液体活检技术产品的开发最早是基于CTC的数量检测，2004年美国FDA即批准首款产品CellSearch®，目前该系统已全面临床推广；第二代CTC检测技术致力于研究除细胞计数外其他肿瘤信息的获取，迄今还无产品获批，行业处于竞争和不断成熟阶段。相较于CTC，血液中ctDNA浓度较高，因而，基于ctDNA分析的相关研究和临床试验数量在2012年开始呈现高速增长，成为行业热点，市场上检测手段和检测靶点层出不穷，2016年美国FDA批准基于ctDNA检测的首款产品Epi proColon（Epigenomics公司）上市，进一步推进了液体活检的商业化。此外，外泌体于2007年得到关注，并且在初期就呈现出爆发增长的态势，目前Exosome Diagnostics公司的ExoDx™ Lung（ALK）和ExoDx®Prostate（IntelliScore）两款检测试剂盒已获批上市，其他细胞外囊泡的重要性也逐步受到关注。2016年，美国白宫联合20家学术机构、药物诊断开发商启动液体活检数据库Blood Profiling Atlas联合项目，推进血液分析与诊断技术的进一步发展。2020年，美国FDA又先后批准了美国Guardant Health公司、美国Foundation Medicine公司等的肿瘤液体活检产品上市。

我国的液体活检研究起步比美国晚5年左右，2011年才开始呈现爆发式增长，目前也已有多款产品上市。2015年，博尔诚针对ctDNA的*Septin9*基因甲基化检测试剂盒获国家食品药品监督管理总局（CFDA）批准上市；2016年，

CFDA 又批准了国内首个 CTC 检测试剂盒，即格诺生物的叶酸受体阳性 CTC 检测试剂盒 CytoploRare®，用于肺癌筛查；2018 年，艾德生物的 Super-ARMS® EGFR 基因检测试剂盒作为国内首个以伴随诊断试剂标准获批上市的 ctDNA 产品，是我国在液体活检领域的重要成就；此外，友芝友的 CTC 快速染色液和 CTC 捕获仪 CTC-Biopsy® 和美晶医疗 CellRich 自动化 CTC 捕获设备也相继获批。此外，液体活检技术于 2016 年首次写入了我国《中华医学会肺癌诊疗指南》，令业内为之振奋。

2. 国际重要进展

（1）新型技术开发与优化

美国 Dana-Farber 癌症研究所[533]开发的无细胞甲基化 DNA 免疫沉淀和高通量测序技术（cfMeDIP-seq），可以通过在血液中检测肿瘤脱落 DNA 上的异常甲基化，实现肾癌的高精度检测，尤其是常规难以检测到的较小的早期肺癌，有助于降低该疾病的死亡率。该研究检测了 99 例早期和晚期肾癌患者、15 例Ⅳ期尿路移行细胞癌患者和 28 例健康无癌对照者，其检测准确率近 100%。目前，该方法在尿液样本中检测时精确度相对较低，未来随着技术进步和计算优化可以提高性能。

美国贝勒医学院、麻省理工学院和哈佛大学[534]开发了单针活检技术，结合基因组学与蛋白质组学优势，通过分析患者肿瘤的遗传物质（基因组学）与深层蛋白质和磷蛋白特征（蛋白质组学）进行肿瘤诊断；通过该技术，科研人员还首次发现利用 ERBB2 抗体抑制药物治疗有反应的患者，在接受治疗后 ERBB2 蛋白磷酸化显著降低，从而可指导患者用药。同时，该技术可推动科研人员更加深入地探索肿瘤生物学，助力新型疗法的开发。

533 Nuzzo P V, Berchuck J E, Korthauer K, et al. Detection of renal cell carcinoma using plasma and urine cell-free DNA methylomes [J]. Nature medicine, 2020, 26 (7): 1041-1043.

534 Satpathy S, Jaehnig E J, Krug K, et al. Microscaled proteogenomic methods for precision oncology [J]. Nature communications, 2020, 11 (1): 1-16.

（2）与人工智能、成像技术结合

美国斯坦福大学等机构[535]开发的新机器学习模型，可通过分析血液中的ctDNA突变，鉴别出早期肺癌患者。该项研究中，研究人员通过训练机器学习模型，使其能够识别出与非小细胞肺癌相关的数据参数。该系统可识别63%的1期肺癌患者，有利于高危肺癌患者的早期筛查。

英国剑桥大学等机构[536]开发了整合了特定肿瘤基因数据的测序平台VAriant Reads（INVAR），该平台可敏感检测个体血液中的ctDNA，以实现肿瘤早期筛查或防止治疗后复发。该研究利用105位不同癌症（黑色素瘤、肺癌、肾癌或其他类型肿瘤）患者的176份血浆样本对INVAR平台进行测试，结果显示该平台能以十万分之一突变分子的敏感度对ctDNA进行定量分析。未来，还需利用更大的数据集对INVAR平台进行优化，以提高其ctDNA检测能力。

美国液体活检初创公司Thrive Earlier Detection公司与美国约翰·霍普金斯大学[537]等合作，结合其开发的CancerSEEK血液检测技术（通过检测血液中与癌症相关的16个基因和9种蛋白进行癌症筛查）与PET-CT成像技术，针对10 006名无癌症病史的女性进行筛查，证实微创血液检测结合PET-CT可以实现在无癌症史女性中安全地检测并精确定位某些类型的癌症。该成果是世界上首个前瞻性、国际性癌症早筛血液检测研究，证实了此方式的可行性和安全性，未来仍需进一步研究以评估此类测试的临床有效性、风险收益和成本效益。

（3）新型检测对象的发展

液体活检目前主要集中于检测和分析癌细胞释放到血液中的癌症基因。美国纪念斯隆·凯特琳癌症中心和康奈尔大学[538]的新研究则表明，通过分析由肿

---

535 Chabon J J, Hamilton E G, Kurtz D M, et al. Integrating genomic features for non-invasive early lung cancer detection [J]. Nature, 2020, 580 (7802): 245-251.

536 Wan J C M, Heider K, Gale D, et al. ctDNA monitoring using patient-specific sequencing and integration of variant reads [J]. Science translational medicine, 2020, 12 (548).

537 Lennon A M, Buchanan A H, Kinde I, et al. Feasibility of blood testing combined with PET-CT to screen for cancer and guide intervention [J]. Science, 2020, 369 (6499): eabb9601.

538 Hoshino A, Kim H S, Bojmar L, et al. Extracellular Vesicle and Particle Biomarkers Define Multiple Human Cancers [J]. Cell, 2020, 182, (4): 1044-1061.

瘤释放的微小包囊 EVP 中的蛋白质，也可以用于在早期阶段检测多种不同类型的癌症。研究人员通过建立一种机器学习方法，将特定 EVP 蛋白特征与某些癌症类型匹配，其识别癌症的敏感性（95%）和特异性（90%）均较高。

早期癌症通常预后良好，但大多数病例确诊时已发生局部或远处转移，导致约 90% 的癌症死亡病例，因此癌症早期诊断尤其重要。美国堪萨斯大学[539]利用高分辨率胶体喷墨打印创建 3D 纳米微流体芯片，对肿瘤相关胞外囊泡（EVs）进行综合功能与分子表型分析，进行细胞外囊泡的分子和功能性分析，实现了癌症进展、侵袭和转移的实时监测，有助于改善疾病分层、预后预测和转移的早期检测，以开展最佳治疗。

（4）新产品获批上市

美国 Guardant Health 公司开发的液体活检产品 Guardant 360 CDx[540]，获美国 FDA 批准用于所有实体瘤类型的综合基因组分析，并批准该产品作为伴随检测，用于确定携带表皮生长因子受体（EGFR）基因特定类型突变的转移性非小细胞肺癌（NSCLC）患者。Guardant360 CDx 是 FDA 批准的首例结合新一代测序（NGS）技术和液体活检技术指导治疗决策的诊断产品，可同时检测 55 个肿瘤基因的突变，以推动临床上更好地评估肿瘤携带的多种基因突变。

美国 Foundation Medicine 公司的泛肿瘤液体活检产品 FoundationOne Liquid CDx[541] 也获得了 FDA 的批准。该产品是基于 NGS 的定性体外诊断（IVD）测试，通过分析晚期癌症患者的外周全血中分离的循环游离 DNA（cfDNA）的 324 个基因，可发现包括 BRCA1/2 的重排和拷贝数丢失等的 311 个基因短变异，以实现多种类型肿瘤的检测。

---

539 Zhang P, Wu X, Gardashova G, et al. Molecular and functional extracellular vesicle analysis using nanopatterned microchips monitors tumor progression and metastasis [J]. Science Translational Medicine, 2020, 12 (547).

540 FDA. FDA Approves First Liquid Biopsy Next-Generation Sequencing Companion Diagnostic Test [EB/OL]. https://www. fda. gov/news-events/press-announcements/fda-approves-first-liquid-biopsy-next-generation-sequencing-companion-diagnostic-test.

541 FDA. FDA Approves Foundation Medicine′s FoundationOne®Liquid CDx, a Comprehensive Pan-Tumor Liquid Biopsy Test with Multiple Companion Diagnostic Indications for Patients with Advanced Cancer [EB/OL]. https://www. foundationmedicine. com/press-releases/445c1f9e-6cbb-488b-84ad-5f133612b721.

3. 国内重要进展

（1）新型技术开发与优化

中山大学肿瘤防治中心[542]比较了癌症基因组图谱计划（The Cancer Genome Atlas）生成的459个结直肠癌肿瘤样本的甲基化图谱以及754个正常样本的甲基化图谱，重点关注了两组之间呈现差异的9个标志物，并利用其建立具高敏感性（近88%）的结直肠癌诊断评分模型“cd-评分”，以及预后预测评分模型“cp-评分”。该研究通过分析血液中的ctDNA，发现了结直肠癌特定甲基化模式，其甲基化图谱有助于结直肠癌的诊断、预后和监测，并有可能实现无症状结直肠癌患者的早期检测。

复旦大学、山东大学、鹍远基因等机构合作开发出一种称为PanSeer的ctDNA甲基化多癌筛查技术[543]，可通过血液样本检测五种常见癌症（胃癌、食管癌、结直肠癌、肺癌和肝癌），且比目前的癌症诊断方法可提前四年进行预测。对于收集样本时无症状且1～4年后诊断为癌症的人群，该技术的提前检出率为91%；在收集样本时已经确诊的113名患者中，该技术的检测准确率为88%。该技术可识别已经出现癌症生长趋势但目前检测方法仍无法检测的群体，后续还需进一步开展大规模纵向研究来确认该测试在个体预诊断中早期发现癌症的潜力。

（2）新型检测对象的发展

传统CTC检测技术通常依赖于一个细胞角蛋白（CKs）的蛋白家族作为标志物，但其在非小细胞肺癌中检出率很低。上海交通大学附属胸科医院、复旦大学生物医学研究院与美国系统生物医学研究所[544]分析了新的葡萄糖代谢关键

542 Luo H Y, Zhao Q, Wei W, et al. Circulating tumor DNA methylation profiles enable early diagnosis, prognosis prediction, and screening for colorectal cancer [J]. Science Translational Medicine, 2020, 12 (524): eaax7533.

543 Chen X D, Gole J, Gore A, et al. Non-invasive early detection of cancer four years before conventional diagnosis using a blood test [J]. Nature Communications, 2020: 3475.

544 Yang L, Yan X W, Chen J, et al. Hexokinase 2 discerns a novel circulating tumor cell population associated with poor prognosis in lung cancer patients [J]. PNAS, 2021, 118 (11): e2012228118.

酶己糖激酶 -2（HK2），作为非小细胞肺癌患者外周血中 CTC 检测的标志物。利用 HK2 作为标志物，可更灵敏地从外周血中识别 CTC，并预测非小细胞肺癌患者的治疗反应，具有巨大的临床意义。

4. 前景与展望

液体活检技术因具有无创、高效、准确、可实时动态监测、有效应对肿瘤异质性等优势，受到了极大关注，其潜力不断被激发，成为肿瘤早期筛查、诊断分型、药物伴随检测、患者病情检测等领域的无创诊断利器。目前，随着检测技术与算法的进步，肿瘤与健康情况的监测能力不断增强，相关设备和产品开发也已取得巨大进展。

但是，液体活检技术仍然有许多难题亟待解决，目前还不是肿瘤临床检验的标准工具。如检测技术缺乏规范化的流程和质量控制标准，尚未有统一的临床参考值；液体活检仍然缺乏大规模的临床数据支持，因此也没有清晰的临床共识；液体活检技术的多样性以及结果的不稳定使其可靠性不足；检测价格过高，没有医保覆盖导致无法大规模推广，以及如何在提高检测特异性、灵敏性、经济性之间取得平衡仍值得考量。目前，较为乐观的观点认为液体活检将逐步替代侵入性的组织活检手段，相对保守的观点则认为液体活检会是对传统活检手段的有力补充，但液体活检领域在未来医学诊断方面的巨大潜力毋庸置疑。

当前，随着新技术的不断出现和发展，多基因联合检测、人工智能的结合应用等成为液体活检技术的发展趋势。未来，随着技术灵敏度、可靠性、标准化的不断完善，液体活检技术必将成为精准医学中的一块重要阵地。

（三）器官制造

1. 概述

随着生物技术的快速发展和学科的加速融合，以类器官、生物 3D 打印、器官芯片等技术为基础的器官制造概念逐渐被提出，相比再生医学范畴内的“器官再生”专注于疾病治疗，器官制造更强调器官的体外构建，在疾病研究、

药物筛选、药效测试、药物敏感性检测等方面均具有广阔的应用前景。近年来，器官制造领域正在逐渐成为国际新兴热点。多个国家陆续将器官制造作为独立的支持方向纳入到生物医药科技规划中，美国、澳大利亚等国已经通过建设3D生物打印、器官芯片研发设施对器官制造领域进行专项规划。在政策的推动下，研究人员在器官制造领域的研发热情持续升温，如在器官芯片领域，从2010年起步至今的10年间，国际年度发表论文数量增长了10倍。与此同时，一系列体外器官模型产品已经进入药物研发企业等生物医药产业的下游环节，实现了初步的应用，产业化进程已经开始推进。

2. 国际重要进展

（1）类器官

类器官是利用干细胞自组装的特性在体外构建组织器官的技术，从2013年引起国际广泛关注以来，该领域的发展速度不断加快，类器官构建技术不断升级，促进类器官的种类、功能快速提升，作为疾病模型的潜力日益显现。

美国斯坦福大学等机构的研究人员利用干细胞构建了大脑皮质和后脑/脊髓的类器官，并与人类骨骼肌进行组装，生成了3D皮质-运动组装体，而刺激组装体中的皮质球状体，能够引发肌肉收缩。融合后的组装体在形态和功能上保持完整长达10周。该成果为理解发育和疾病的神经通路提供了良好的模型[545]。

美国波士顿儿童医院等机构的研究人员开发了一种利用人类多能干细胞生成复杂皮肤类器官的培养体系，构建出由表皮、真皮、色素毛囊组成的皮肤类器官，单细胞RNA测序表明，皮肤类器官与发育中期胎儿的面部皮肤类似。当移植到裸鼠上时，皮肤类器官能够形成带有毛的皮肤。该成果为未来人类皮肤的发育、疾病建模和重建手术的研究奠定了基础[546]。

---

545 Andersen J, Revah O, Miura Y, et al. Generation of Functional Human 3D Cortico-Motor Assembloids [J]. Cell, 2020, 183 (7): 1913-1929.

546 Lee J, Rabbani C C, Gao H, et al. Hair-bearing human skin generated entirely from pluripotent stem cells [J]. Nature, 2020, 582: 399-404.

英国剑桥大学和荷兰 Oncode 研究所等机构的研究人员利用胚胎干细胞构建了首个人类原肠胚类器官，该类器官能够分化为全部三个胚层，而无需额外的胚胎组织辅助。该模型为观察胚胎第 18～21 d 的发育情况提供了便捷的工具[547]。

瑞士洛桑联邦理工学院等机构的科研人员利用组织工程支架引导肠干细胞形成了小肠类器官，该类器官具有可进入的管腔，且具有隐窝和绒毛状结构域等肠道的标志性特征。该类器官保留了肠道的主要生理功能，并具有显著的再生能力，且能够实现微生物在其中的定植，是研究宿主与微生物组相互作用等的良好模型[548]。

德国马克斯·普朗克分子遗传学研究所等机构的研究人员通过将小鼠胚胎干细胞聚集物埋入细胞外基质替代物中，构建出具有神经管、身体和肠道的胚胎躯干样结构（embryonic trunk-like structure，TLS）。活体成像和单细胞转录组比较表明，TLS 与小鼠发育过程中的胚胎类似。该类器官将为高分辨率解码哺乳动物胚胎发生提供了一个可扩展、易于处理和可访问的高通量平台[549]。

韩国浦项科技大学和韩国首尔国立大学医院等机构的研究人员成功构建出能够模拟组织再生和癌症的膀胱类组装体。该类组装体由膀胱干细胞衍生的类器官以及组织基质相关的细胞重构而成，突破了以往类器官技术未考虑组织结构和微环境的局限性，能够更好地在结构和功能上重现成体膀胱组织，并模拟癌症病理生理学特征。该研究为模拟各种复杂疾病并开发更好的治疗方案提供新的途径[550]。

（2）器官芯片

器官芯片技术的出现一方面为替代动物模型提供了一条潜在路径；另一方面，使用人体细胞构建的器官芯片能够更有效地模拟人体内的真实情况，也使

547 Moris N, Anlas K, Brink S C, et al. An in vitro model of early anteroposterior organization during human development [J]. Nature, 2020, 582: 410-415.

548 Nikolaev M, Mitrofanova O, Broguiere N, et al. Homeostatic mini-intestines through scaffold-guided organoid morphogenesis [J]. Nature, 2020, 585: 574-578.

549 Veenvliet J V, Bolondi A, Kretzmer H, et al. Mouse embryonic stem cells self-organize into trunk-like structures with neural tube and somites [J]. Science, 2020, 370 (6522): 4937.

550 Kim E, Choi S, Kang B, et al. Creation of bladder assembloids mimicking tissue regeneration and cancer [J]. Nature, 2020, 588: 664-669.

其有望成为更优于动物的组织器官模型。近年来，越来越多的器官模型得以构建，而朝着其终极目标——人体芯片的前进步伐也在持续推进。

美国哈佛大学威斯研究所等机构的研究人员构建了一种自动化器官芯片培养体系，利用液体处理机器人、定制软件和集成的移动显微镜，实现自动培养、灌注、培养基添加、流体连接、样本收集和原位显微成像等功能，构建了10个器官芯片相互连通的组织培养体系。而这一系统最终在3周内维持了8种器官芯片（肠、肝、肾、心、肺、皮肤、血脑屏障和脑）的生存和功能。利用这一系统，科研人员进一步预测了口服尼古丁（使用肠道、肝和肾芯片）和静脉注射顺铂（使用骨髓、肝和肾芯片）的药代动力学参数。结果显示，其预测结果与此前报道的患者数据相符。该系统的建立为多器官芯片的建立和应用奠定了基础[551, 552]。

美国得州农工大学等机构的科研人员建立了卵巢癌器官芯片，模拟了血小板外渗通过内皮进入肿瘤的过程，揭示了卵巢癌肿瘤、血管和血小板之间的相互作用，发现卵巢癌或会打破血管屏障以使其能与诸如血小板等血细胞进行交流沟通。该器官芯片为模拟癌症 - 血管 - 血液之间的关系机制和开发相关疗法提供了有效的平台[553]。

（3）3D 生物打印

相比类器官技术构建的组织器官规模较小、器官芯片没有3D实体，3D生物打印技术构建的器官模型在形态上更接近人体真实的组织器官，除了同样可以作为疾病模型外，3D生物打印的组织器官还具有作为替代组织器官应用于疾病治疗的潜力。目前，除了骨骼、软骨等相对简单组织器官的制造已经日趋成熟外，科研人员也在不断探索更为复杂的心脏等组织器官的构建，并取得了巨大突破。

---

551 Novak R, Ingram M, Marquez S, et al. Robotic fluidic coupling and interrogation of multiple vascularized organ chips [J]. Nature Biomedical Engineering, 2020, 4: 407-420.

552 Herland A, Maoz B M, Das D, et al. Quantitative prediction of human pharmacokinetic responses to drugs via fluidically coupled vascularized organ chips [J]. Nature Biomedical Engineering, 2020, 4: 421-436.

553 Saha B, Mathur T, Handley K F, et al. OvCa-Chip microsystem recreates vascular endothelium–mediated platelet extravasation in ovarian cancer [J]. Blood Advances, 2020, 4 (14): 3329-3342.

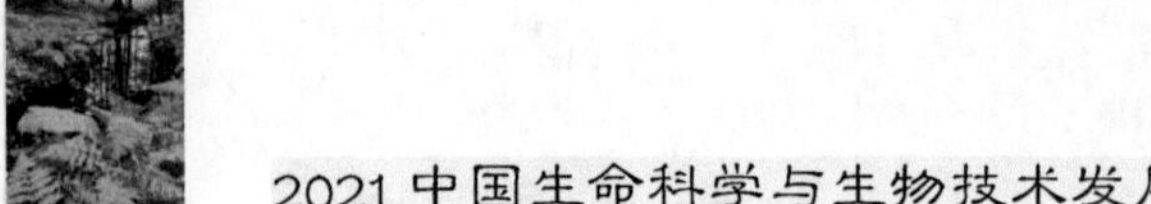

美国明尼苏达大学等机构的研究人员利用多种材料打印出主动脉根部模型，包含心脏的主动脉瓣和冠状动脉开口等结构。通过将这些模型的几何保真度与患者术后的数据进行比较，并对其体外血流动力学性能进行评估，证实了这些模型的有效性。该心脏模型可用于模拟患者的心脏，用于帮助医生了解特定患者心脏的解剖结构和机械性能，为减少术后并发症的风险和促进下一代医疗设备的发展铺平了道路[554]。

意大利帕多瓦大学等机构的科研人员开发出一种光敏生物凝胶，实现了在活体小鼠体内直接打印三维结构和功能性组织。利用该技术，科研人员成功地在小鼠体内打印出真皮、骨骼肌、大脑等组织。同时证实，打印的肌肉组织能够在小鼠体内重新形成肌纤维。该技术有望为组织器官损伤的治疗带来一种全新的策略[555]。

美国伦斯勒大学等机构的科研人员开发了一种集成平台，将 3D 打印与高分辨率成像相结合，构建了多形性成胶质细胞瘤的体外模型。该模型具有血管结构，能够在体外长期培养，并模拟药物输送过程。该成果为癌症的研究提供了良好的模型[556]。

3. 国内重要进展

（1）类器官

我国类器官研究起步相对较晚，因此研究规模目前仍然较小，但近年来，相关领域的发展获得重视，发展速度开始逐渐加快，涌现出一系列突破性成果，部分成果达到国际领先水平。

中国科学院分子细胞科学卓越创新中心等机构的研究人员成功鉴定出小鼠胰岛中的干细胞类群，并借助干细胞体外培养的方法，获得了有功能的小鼠胰

---

554 Haghiashtiani G, Qiu K, Sanchez J D, et al. 3D printed patient-specific aortic root models with internal sensors for minimally invasive applications [J]. Science Advances, 2020, 6 (35): eabb4641.

555 Urciuolo A, Poli I, Brandolino L, et al. Intravital three-dimensional bioprinting [J]. Nature Biomedical Engineering, 2020, 4: 901-915.

556 Ozturk M S, Lee V K, Zou H, et al. High-resolution tomographic analysis of in vitro 3D glioblastoma tumor model under long-term drug treatment [J]. Science Advance, 2020, 6 (10): eaay7513.

岛类器官，为下一步人体胰岛研究提供了理论依据和技术支持[557]。

复旦大学等机构的科研人员建立了肝脏导管类器官模型，研究了新型冠状病毒感染和损伤肝脏的分子机制。该研究证明新冠病毒可以感染肝脏胆管上皮细胞，进而下调肝脏胆管组织中细胞紧密连接及胆汁酸转运相关基因的表达。该研究为新冠病毒研究和药物开发提供了重要工具，并提示肝脏胆管功能紊乱可能是部分新型冠状病毒感染者肝脏损伤的直接诱因[558]。

上海交通大学等机构的科研人员利用人类多能干细胞开发了肺类器官模型和结肠类器官，发现Ⅱ型肺泡细胞尤其容易感染新冠病毒，并在感染后表现出强烈的趋化因子诱导作用。而在肠道中，多种结肠细胞类型，尤其是肠上皮细胞，能够表达 ACE2，具有新冠病毒易感性。此外，科研人员也利用这两种类器官进行了药物筛选。该模型的建立为筛选新冠病毒候选治疗药物提供有价值的资源[559]。

（2）器官芯片

我国器官芯片领域的技术水平不断提升，但研发体量仍然较小。器官芯片目前的主要应用方向是药物研发，而随着我国对药物研发支持力度的不断增强，器官芯片也将迎来更加广阔的发展空间。

中国科学院大连化学物理研究所等机构的科研人员设计并建立了一种基于双水相液滴微流控技术的杂合水凝胶微囊材料的新体系，并成功用于人诱导多能干细胞衍生胰岛细胞的 3D 培育、组装和胰岛类器官形成。这种微囊制备体系尺寸灵活可调，还可延伸用于培育其他类型的类器官，并可作为免疫隔离载体，在体内移植和再生医学等方面都具有重要应用潜力[560]。

中国科学院昆明动物所与中国科学院大连化学物理研究所的研究人员利用

---

557 Wang D, Wang K, Bai L, et al. Long-Term Expansion of Pancreatic Islet Organoids from Resident Procr+ Progenitors [J]. Cell, 2020, 180 (6): 1198-1211.

558 Zhao B, Ni C, Gao R, et al. Recapitulation of SARS-CoV-2 infection and cholangiocyte damage with human liver ductal organoids [J]. Protein & Cell, 2020, 11: 771-775.

559 Han Y, Duan X, Yang L, et al. Identification of SARS-CoV-2 inhibitors using lung and colonic organoids [J]. Nature, 2020, 589: 270-275.

560 Liu H, Wang Y, Wang H, et al. A Droplet Microfluidic System to Fabricate Hybrid Capsules Enabling Stem Cell Organoid Engineering [J]. Advanced Science, 2020, 7 (11): 1903739.

器官芯片技术建立了一种体外肺器官微生理系统，模拟了新冠病毒感染人体导致的肺组织损伤和免疫反应等，为新冠病毒致病机制研究和快速药物评价等提供了新策略和新技术[561]。

（3）3D 生物打印

我国在 3D 生物打印领域整体技术水平处于国际前列，近年来，我国在复杂组织器官的 3D 打印、体内打印等方向也不断获得突破。

北京协和医院、清华大学和上海科技大学的研究人员以肝细胞和生物墨水为原料，打印出肝脏类器官。该 3D 打印肝脏类器官不仅在体外具有良好的肝脏特征，将其移植到Ⅰ型酪氨酸血症肝衰竭模型小鼠体内，还能显著改善小鼠的肝功能，并提高小鼠的存活率。该技术为肝脏疾病新疗法的开发提供了新工具[562]。

中国科学院深圳先进技术研究院与天津大学的研究人员构建出一种高强度纳米复合医用水凝胶墨水，并证实其具有优异可打印性能，利用同轴 3D 打印技术，构建了具有高韧性、超拉伸性、抗压性、快速自恢复性能的小口径微管，同时调控同轴通道的内外径可实现微观尺寸可控性。该研究提出的 3D 打印方式具有规模化生产潜能，为 3D 打印小口径微管支架应用于组织再生奠定了基础[563]。

四川大学等机构的研究人员开发出一种基于数字近红外光聚合 3D 打印技术，可以实现组织的无创体内 3D 生物打印，通过近红外的体外照射，皮下注射的生物墨水可以在原位无创打印成定制组织结构。该成果为无创组织修复和体内 3D 生物打印奠定了技术基础[564]。

---

561 Zhang M, Wang P, Luo R, et al. Biomimetic Human Disease Model of SARS-CoV-2-Induced Lung Injury and Immune Responses on Organ Chip System [J]. Advanced Science, 2020, 8 (3): 2002928.

562 Yang H, Sun L, Pang Y, et al. Three-dimensional bioprinted hepatorganoids prolong survival of mice with liver failure [J]. Gut, 2020, 70 (3): 567-574.

563 Liang Q, Gao F, Zeng Z, et al. Coaxial Scale-Up Printing of Diameter-Tunable Biohybrid Hydrogel Microtubes with High Strength, Perfusability, and Endothelialization [J]. Advanced Functional Materials, 2020, 30 (43): 2001485.

564 Chen Y, Zhang J, Liu X, et al. Noninvasive in vivo 3D bioprinting [J]. Science Advances, 2020, 6 (23): eaba7406.

4. 前景与展望

器官制造领域作为目前国际生物医药研究的热点和前沿，已经展现出巨大的发展潜力和应用前景。未来，随着相关技术的不断优化，器官制造领域一方面通过构建与人体生理功能、形态特征一致的组织器官模型，将有望完全替代动物模型，变革药物研发、药物评估和疾病研究的模式；另一方面还有望构建出能够用于人体的组织器官替代品，用于器官衰竭等疾病的临床治疗，从而改变疾病治疗的模式。

第三章 生物技术

一、医药生物技术

（一）新药研发

2020 年，NMPA 批准了 19 个由我国自主研发的新药上市，包括 13 个化学药、2 个生物制品和 4 个中药（表 3-1）。其中，有 15 个是我国自主研发的 1 类创新药。

表 3-1 2020 年 NMPA 批准上市的我国自主创制的创新药及中药新药

序号	通用名	商品名	上市许可持有人 / 生产单位	适应证	注册分类
1	苯环喹溴铵鼻喷雾剂	必立汀	银谷制药有限责任公司	变应性鼻炎	化学药 1 类
2	甲磺酸阿美替尼片	阿美乐	江苏豪森药业集团有限公司	既往经表皮生长因子受体（EGFR）酪氨酸激酶抑制剂（TKI）治疗后 EGFR T790M 阳性的晚期非小细胞肺癌	化学药 1 类
3	泽布替尼胶囊	百悦泽	百济神州（苏州）生物科技有限公司	复发或难治性套细胞淋巴瘤，复发或难治性慢性淋巴细胞白血病 / 小淋巴细胞淋巴瘤	化学药 1 类
4	注射用甲苯磺酸瑞马唑仑	瑞倍宁	江苏恒瑞医药股份有限公司	结肠镜检查的镇静药	化学药 1 类
5	盐酸恩沙替尼胶囊	贝美纳	贝达药业股份有限公司	克唑替尼治疗后进展的或不耐受的间变性淋巴瘤激酶（ALK）阳性的晚期非小细胞肺癌	化学药 1 类

续表

序号	通用名	商品名	上市许可持有人/生产单位	适应证	注册分类
6	环泊酚注射液	思舒宁	辽宁海思科制药有限公司	麻醉镇静药	化学药1类
7	氟唑帕利胶囊	艾瑞颐	江苏恒瑞医药股份有限公司	二线及以上化疗后伴BRCA1/2突变的复发性卵巢癌	化学药1类
8	奥布替尼片	宜诺凯	北京诺诚健华医药科技有限公司	复发或难治性慢性淋巴细胞白血病/小淋巴细胞淋巴瘤，复发或难治性套细胞淋巴瘤	化学药1类
9	索凡替尼胶囊	苏泰达/SULA NDA	和记黄埔医药（上海）有限公司	无法手术切除的局部晚期或转移性、进展期非功能性、分化良好（G1、G2）的非胰腺来源的神经内分泌瘤	化学药1类
10	盐酸可洛派韦胶囊	凯力唯	北京凯因格领生物技术有限公司	无法手术切除的局部晚期或转移性、进展期非功能性、分化良好（G1、G2）的非胰腺来源的神经内分泌瘤	化学药1类
11	依达拉奉右莰醇注射用浓溶液	先必新	南京先声东元制药有限公司	急性缺血性脑卒中所致的神经症状、日常生活活动能力和功能障碍	化学药1类
12	盐酸拉维达韦片	新力莱	歌礼生物科技（杭州）有限公司	与利托那韦强化的达诺瑞韦钠片和利巴韦林联合用于初治的基因1b型慢性丙型肝炎病毒感染的非肝硬化成人患者	化学药1类
13	磷酸依米他韦胶囊	东卫恩	宜昌东阳光长江药业股份有限公司	与索磷布韦片联合用于成人基因1型非肝硬化慢性丙肝	化学药1类
14	新型冠状病毒灭活疫苗（Vero细胞）		国药集团中国生物北京生物制品研究所有限责任公司	预防由新型冠状病毒感染引起的疾病（COVID-19）	生物制品1类
15	重组结核杆菌融合蛋白（EC）		安徽智飞龙科马生物制药有限公司	结核杆菌感染诊断、辅助结核病的临床诊断	生物制品1类
16	桑枝总生物碱				
17	桑枝总生物碱片		北京五和博澳药业有限公司	2型糖尿病患者	新药5类
18	筋骨止痛凝胶		江苏康缘药业股份有限公司	活血理气、祛风除湿、通络止痛。用于膝骨关节炎肾虚筋脉瘀滞证的症状改善	新药6.1类
19	连花清咳片		石家庄以岭药业股份有限公司	宣肺泄热，化痰止咳。用于急性气管-支气管炎痰热壅肺证引起的咳嗽、咳痰等	新药6.1类

注：国家药监局批准注射用甲苯磺酸瑞马唑仑上市信息发布日期为2019年12月27日

1. 新化学药

2020年，NMPA批准了13个我国自主研发的1类新化学药。

A. 苯环喹溴铵鼻喷雾剂，商品名“必立汀”。银谷制药有限责任公司为本品的药品上市许可持有人。苯环喹溴铵为选择性M胆碱能受体拮抗剂，可能通过抑制胆碱能神经介导的腺体分泌和炎症反应，缓解变应性鼻炎的症状。本品用于改善变应性鼻炎引起的流涕、鼻塞、鼻痒和喷嚏症状。

B. 甲磺酸阿美替尼片，商品名“阿美乐”。江苏豪森药业集团有限公司为本品的药品上市许可持有人。甲磺酸阿美替尼为表皮生长因子受体的激酶抑制剂。本品的上市有助于改善经第一代EGFR-TKI治疗后疾病进展且T790M阳性非小细胞肺癌患者的药物可及性，为非小细胞肺癌患者提供新的用药选择。本品用于既往经表皮生长因子受体（EGFR）酪氨酸激酶抑制剂（TKI）治疗时或治疗后出现疾病进展，并且经检测确认存在EGFR T790M突变阳性的局部晚期或转移性非小细胞肺癌成人患者。

C. 泽布替尼胶囊，商品名“百悦泽”。百济神州（苏州）生物科技有限公司为本品的生产单位。泽布替尼是布鲁顿氏酪氨酸激酶（BTK）选择性抑制剂，用于既往至少接受过一种治疗的成人套细胞淋巴瘤（MCL）患者和既往至少接受过一种治疗的成人慢性淋巴细胞白血病（CLL）/小淋巴细胞淋巴瘤（SLL）患者。

D. 注射用甲苯磺酸瑞马唑仑，商品名“瑞倍宁”。江苏恒瑞医药股份有限公司为本品的生产单位。甲苯磺酸瑞马唑仑为苯二氮䓬类药物，作用于$GABA_A$受体，注射用甲苯磺酸瑞马唑仑的上市将为常规胃镜检查镇静提供新的用药选择。

E. 盐酸恩沙替尼胶囊，商品名“贝美纳”。贝达药业股份有限公司为该品种上市许可持有人。恩沙替尼为间变性淋巴瘤激酶（ALK）抑制剂，用于此前接受过克唑替尼治疗后进展的或者对克唑替尼不耐受的间变性淋巴瘤激酶（ALK）阳性的局部晚期或转移性非小细胞肺癌（NSCLC）患者的治疗。

F. 环泊酚注射液，商品名“思舒宁”。辽宁海思科制药有限公司为该品种

上市许可持有人。环泊酚为 $GABA_A$ 受体激动剂，是麻醉镇静药，用于消化道内镜检查中的镇静。

G. 氟唑帕利胶囊，商品名“艾瑞颐”。江苏恒瑞医药股份有限公司为本品生产单位。氟唑帕利为小分子 PARP 抑制剂，可抑制 BRCA1/2 功能异常细胞中的 DNA 修复过程，诱导细胞周期阻滞，进而抑制肿瘤细胞增殖。本品用于既往经过二线及以上化疗的伴有胚系 BRCA 突变（gBRCAm）的铂敏感复发性卵巢癌、输卵管癌或原发性腹膜癌患者的治疗。

H. 奥布替尼片，商品名“宜诺凯”。北京诺诚健华医药科技有限公司为该品种上市许可持有人。奥布替尼为选择性 Bruton 酪氨酸激酶抑制剂，用于治疗：①既往至少接受过一种治疗的成人套细胞淋巴瘤（MCL）患者；②既往至少接受过一种治疗的成人慢性淋巴细胞白血病（CLL）/ 小淋巴细胞淋巴瘤（SLL）患者。

I. 索凡替尼胶囊，商品名“苏泰达 /SULANDA”。和记黄埔医药（上海）有限公司为本品的生产单位。索凡替尼为血管内皮细胞生长因子受体（VEGFR）和成纤维细胞生长因子受体 1（FGFR1）的小分子抑制剂。本品单药适用于无法手术切除的局部晚期或转移性、进展期非功能性、分化良好（G1、G2）的非胰腺来源的神经内分泌瘤。

J. 盐酸可洛派韦胶囊，商品名“凯力唯”。北京凯因格领生物技术有限公司为该品种上市许可持有人。盐酸可洛派韦是一种非结构蛋白（NS）5A 抑制剂，通过抑制 NS5A 蛋白而阻断 HCV 病毒的复制和组装。本品与索磷布韦联用，治疗初治或干扰素经治的基因 1、2、3、6 型成人慢性丙型肝炎病毒（HCV）感染，可合并或不合并代偿性肝硬化。

K. 依达拉奉右莰醇注射用浓溶液，商品名“先必新”。南京先声东元制药有限公司为该品种上市许可持有人。本品由依达拉奉与右莰醇两个组方以 4：1 最佳配比组成，可协同增效，做到自由基清除、抗炎作用两手抓。本品主要针对卒中脑损伤机制发挥更优效的神经保护功能。

L. 盐酸拉维达韦片，商品名“新力莱”。歌礼生物科技（杭州）有限公司为该品种上市许可持有人。盐酸拉维达韦是 NS5A 抑制剂，可抑制病毒 RNA 复

制。NS5A 是一种多功能蛋白，是 HCV 复制复合体的基本组成部分。本品联合利托那韦强化的达诺瑞韦钠片和利巴韦林，用于治疗初治的基因 1b 型慢性丙型肝炎病毒感染的非肝硬化成人患者，不得作为单药治疗。

M. 磷酸依米他韦胶囊，商品名“东卫恩”。宜昌东阳光长江药业股份有限公司为本品的生产单位。磷酸依米他韦是 NS5A 抑制剂，能抑制病毒 RNA 复制和病毒粒子组装。磷酸依米他韦胶囊需与索磷布韦片联合，用于治疗成人基因 1 型非肝硬化慢性丙型肝炎。

2. 新生物制品

2020 年，NMPA 批准了 2 个我国自主研发的生物制品。

A. 新型冠状病毒灭活疫苗（Vero 细胞），由国药集团中国生物北京生物制品研究所有限责任公司研发生产。该疫苗是首家获批的国产新冠病毒灭活疫苗，适用于预防由新型冠状病毒感染引起的疾病（COVID-19）。

B. 重组结核杆菌融合蛋白（EC），由安徽智飞龙科马生物制药有限公司申请上市。本品适用于 6 月龄及以上婴儿、儿童及 65 周岁以下成人结核杆菌感染诊断，并可用于辅助结核病的临床诊断，为全球首个用于鉴别卡介苗接种与结核杆菌感染的体内诊断产品，其获批上市为临床鉴别诊断提供了新的手段。

3. 新中药

2020 年，NMPA 批准了 4 个中药新药上市。

A. 桑枝总生物碱及桑枝总生物碱片。北京五和博澳药业有限公司为桑枝总生物碱片上市许可持有人。该药的主要成分为桑枝中提取得到的总生物碱，配合饮食控制及运动，用于治疗 2 型糖尿病。

B. 筋骨止痛凝胶，由江苏康缘药业股份有限公司申请上市。该药主要成分为醋延胡索、川芎等 12 种药味组成的中药复方新药，适用于膝骨关节炎肾虚筋脉瘀滞证的症状改善，具有“活血理气，祛风除湿，通络止痛”的功效。本品为外用凝胶制剂，药物中各成分通过透皮吸收而发挥作用，可避免肠胃吸收和肝脏首过代谢。

C. 连花清咳片。石家庄以岭药业股份有限公司为该品种的药品上市许可持有人。该药是由麻黄、石膏等药味组成的中药新药，可用于治疗急性气管－支气管炎中医辨证属痰热壅肺证者。

（二）诊疗设备与方法

2020年，在全力抗击新冠肺炎疫情背景下，科技部设立了科技攻关应急专项，国家药监局启动了抗疫用械应急审批工作。54个新型冠状病毒检测试剂盒（25个核酸检测试剂盒、26个抗体检测试剂盒和3个抗原检测试剂盒），20个包括基因测序仪、核酸检测仪、呼吸机和血液净化装置等在内的仪器设备，1个新型冠状病毒2019-nCoV核酸分析软件产品和3个敷料产品经国家药监局审批获准上市，助力疫情防控。

2020年，医用人工智能技术快速发展。北京昆仑医云科技有限公司的冠脉血流储备分数计算软件、上海鹰瞳医疗科技有限公司和深圳硅基智能科技有限公司的糖尿病视网膜病变眼底图像辅助诊断软件、语坤（北京）网络科技有限公司的冠脉CT造影图像血管狭窄辅助分诊软件、杭州深睿博联科技有限公司的肺结节CT影像辅助检测软件获得了医疗器械注册证。

2020年，远程医疗技术快速发展。清华大学、北京品驰医疗设备有限公司在国际上首创的远程程控技术平台，有效帮助医生为植入了脑起搏器、迷走神经刺激器、骶神经刺激器、脊髓刺激器的患者提供异地、远程程控服务，累计完成远程程控约1.9万人次。我国远程程控的技术创新及大规模临床应用，获得了国际高度认可，2020年11月《科学》杂志刊发了专题报道。

2020年1月，上海瑞柯恩激光技术有限公司研发的便携、风冷式掺铥光纤激光治疗机SRM-T120F优路激光上市。该产品应用融合波技术和双包层侧泵浦技术，使电光转换效率提高至50%。其组织切割速度是原有固体激光的四倍，手术时间是原来的1/4；具备安全、精准、高效、低耗等特点，术式灵活，禁忌证少，适用于大、中、小体积的前列腺以及高龄、高危、吃抗凝药的患者；学习曲线短，不同级别医生之间的手术差异小，目前已广泛应用于国内各级医疗机构。

2020 年 2 月，由深圳市新产业生物医学工程股份有限公司研发的超高速全自动化学发光免疫分析仪 MAGLUMI X8 批量推向市场。该产品测试速度达到 600T/h，检测灵敏度低至 pg 级，在稳定性、携带污染率、精密度等多项性能指标上也达到国际领先水平。该产品获得了近百项专利，提升了医疗机构的检验效率和质量，在国内多个三甲医院实现了进口替代，并出口多国、参与全球抗击新冠病毒“战疫”行动。

2020 年 4 月，由深圳华迈兴微医疗科技有限公司研发的微流控化学发光 POCT 系统推广上市，检测项目包含心血管、炎症、传染病、甲状腺功能、不孕不育疾病的标志物。该系统结合了先进的医用级微流控芯片与精准的化学发光免疫技术，实现了化学发光系统的微型化、精准化和智能化。产品应用于国内多家临床单位的心内科、急诊科、检验科、胸痛中心等科室，10～15min 内给出检测结果。

2020 年 9 月，深圳北芯生命科技股份有限公司研发的我国首款血流储备分数（FFR）测量系统（含 FFR 测量设备和压力微导管）获得医疗器械注册证。该系统采用了创新性快速交换导管设计，显著提升了 FFR 指导冠心病介入治疗的易用性和普适性；在微型传感器封装等关键技术上实现了突破，压力导管尺寸最小、过复杂病变能力强，等效尺寸被压缩到 0.0205 英寸。

2020 年 9 月，由中国科学院近代物理研究所及其控股公司兰州科近泰基新技术有限责任公司研制的碳离子治疗系统获得 NMPA 产品注册证，用于肿瘤精准放射治疗。截至 2021 年 5 月 25 日，该系统共完成 316 名患者的治疗（含临床试验 46 例），疗效显著，运行效率达到国际先进水平。该装置填补了高端医疗器械碳离子治疗系统国产化空白，对于提升我国肿瘤诊疗手段和水平具有重大意义。

2020 年 11 月，由深圳迈瑞生物医疗电子股份有限公司牵头研发的多功能动态实时三维超声成像系统及单晶面阵探头取得 NMPA 产品注册证。单晶面阵探头为国内首创，四维显示及智能分析、全域聚焦、声速矫正、基于剪切波的弹性成像、血流动力学成像和三维造影成像等技术，以及整机系统达到了国际先进水平。

2020年12月，由明峰医疗系统股份有限公司牵头研发的256排高端CT获得NMPA产品注册证。该产品创新设计16cm宽体探测器球面——神光探测器，突破了传统弧面探测器因锥形束伪影对探测器宽度的限制，实现单器官灌注；独创磁悬浮机架和电磁直驱系统，保证了整机运行中的稳定性，实现业内最快的0.25s/圈的高转速；研制了X射线球管，实现核心部件自主可控。该产品可实现单器官成像、动态实时灌注、一站式的心脏成像、一站式脑卒中扫描、一次检查完成多重任务等临床功能。

2020年12月，由华科精准（北京）医疗科技有限公司自主研发的新一代HoloShot智能感知技术“神经外科手术导航定位系统（型号：SR1-3D）”获批上市。该机器人是世界上首款采用3D结构光和HoloShot智能感知技术的手术机器人产品，将手术机器人病人注册时间大幅缩短到3min以内，且病人无需固定标志物扫描术前CT，显著提高了手术效率并减低患者痛苦。该产品基于所研发的智能感知与定位技术，更加智能地处理非结构化、动态的复杂工作场景，显著降低了操作难度、扩大手术适用范围。

（三）疾病诊断与治疗

医药生物技术的快速发展加速了生物医学研究成果产出与有效转化，产生了一系列新技术、新产品、新方法，并得以推广和临床应用，为疾病诊断和治疗提供了重要支撑。

1. 疾病诊断

2020年4月，上海交通大学研究团队构建了一种基于Pd-Au壳层合金材料的基质辅助激光解吸电离质谱（MALDI-MS）平台，可以实现对代谢分子的快速、高通量检测，用于疾病诊断和疗效评估。研究人员对健康对照组和不同状态髓母细胞瘤患者的血清代谢组指纹图谱进行采集，并结合机器学习方法实现了髓母细胞瘤患者和健康人群的精准分群，诊断灵敏度为94%，特异性为85%，准确性为89%。该研究为髓母细胞瘤诊断及治疗过程中的代谢指标变化提供了新的方法。

2020年5月，诺禾致源正式发布其Falcon智能交付系统。该系统为全球高通量测序领域首个多产品并行的柔性化智能交付系统。该产品为一种无人化、全流程智能生产线。其立足图像信息集成技术，让智能生产线上的66台精密设备，依据不同产品需求进行自动化、智能化组合，基于高效数据传输和机器识别，实现对各生产单元的精准控制、实时监测和动态优化，保障全天候24h不间断的智能生产。该系统全程监控，全盘溯源，消灭人工误差和污染，保障数据精准和安全，双重质量把控，为不同产品自动筛选并匹配对应标准，同步并行开展数据识别和诊断工作。

2020年7月，迈瑞生物发布全自动血液细胞分析仪BC-7500 CRP。该仪器集末梢血和静脉血检测、高速CRP检测于一体，血常规和CRP联检速度可达100T/h；同时创新整合全自动末梢血检测功能，实现了血常规全样本检测的标准化、自动化，为二级、三级医院提供了全新的血液分析解决方案。BC-7500 CRP采用SF-Cube 2.0三维荧光分析平台，通过三维散点图分割对粒子群进行最优分析，实现静脉血、末梢血异常细胞精准检测与全参数分析，对异常白系、红系和血小板均具有较好的检测性能。

2020年8月，桂林优利特医疗电子有限公司在常规尿检模块基础上进行创新，研制出US-3000系列人工智能模块化尿液分析流水线，实现了尿液理学检测、干化学分析、有形成分分析、尿液生化及免疫检测等多模块集成。该产品通过AI深度学习将有形成分综合识别率提升至95%，综合测速达960T/h，并支持实景双图像和细胞图像鞘流原始视频回放；其特定蛋白模块采用免疫散射比浊法，提供尿微量蛋白组合系列联合检测项目；其尿生化模块可同时在线分析58项常规生化、3项电解质检测项目，极大丰富了尿液检测项目，对泌尿系统疾病的筛查、诊断与鉴别具有重要意义。

2020年9月，北京万泰生物药业股份有限公司发布新品全自动化学发光免疫分析系统Wan200+。该系统通过模块化设计可实现1～4台仪器的灵活组合以及对接流水线，设置150个样本位可在线连续装载，实现单模块通量200T/h、四台联机高达800T/h，实现单机20个试剂位、联机80个项目同时检测，具备独立急诊位、可15min快速出结果，实现真正意义上的急诊检测。此外，该系

统基于先进的人工智能技术，促进人机对话，自动计算并直观显示耗材、试剂使用情况，全面提升用户体验。

2. *疾病治疗*

2020 年 3 月、5 月和 12 月，武田制药旗下的 3 款单抗药物——注射用维得利珠单抗（商品名：安吉优®）、注射用维布妥昔单抗（商品名：安适利®）和拉那利尤单抗注射液（商品名：达泽优®）分别获得进口批准。维得利珠单抗是目前炎症性肠病（IBD）领域唯一的肠道选择性生物制剂，获批适应证为对传统治疗或肿瘤坏死因子 -α（TNF-α）抑制剂应答不充分、失应答或不耐受的中重度活动性溃疡性结肠炎和克罗恩病；维布妥昔单抗是全球首个和目前唯一一个以 CD30 为靶点的抗体耦联药物，用于治疗复发 / 难治性系统性间变性大细胞淋巴瘤（sALCL）或 CD30 阳性霍奇金淋巴瘤（HL）成人患者；拉那利尤单抗是目前全球唯一一款针对遗传性血管性水肿的单克隆抗体药物，可降低患者的水肿反复发作次数，预防致命性喉头水肿所导致的窒息，填补了中国遗传性血管性水肿长期无针对性治疗的空白。

2020 年 7 月，上海邦耀生物科技有限公司宣布与中南大学湘雅医院合作开展的“经 γ 珠蛋白重激活的自体造血干细胞移植治疗重型 β 地中海贫血安全性及有效性的临床研究”的临床试验取得初步成效。这是亚洲首次通过基因编辑技术治疗地中海贫血，也是全世界首次通过 CRISPR 基因编辑技术治疗 β0/β0 型重度地中海贫血的成功案例。

2020 年 8 月，国家药监局官网公示了首个突破性治疗品种的细胞治疗药物，即南京传奇生物 LCAR-B38M CAR-T 细胞自体回输制剂，这是一种靶向 B 细胞成熟抗原（BCMA）的 CAR-T 疗法，在治疗复发 / 难治性多发性骨髓瘤中展示出显著疗效，被评为 2020 年中国医药生物技术十大进展之一。

2020 年 8 月 18 日，中国科学院分子细胞科学卓越创新中心与上海科技大学、复旦大学附属眼耳鼻喉科医院联合研究、首次证实 CAR 受体在结合肿瘤抗原后会发生泛素化修饰及溶酶体介导的 CAR 降解，从而导致细胞表面 CAR 受体水平显著下调。研究人员提出了一种新型的“可循环 CAR”设计方案，显著

提高了 CAR-T 细胞在体内的持续活性和抗肿瘤效果，为防止 CAR-T 治疗后的肿瘤复发提供了新策略。相关研究结果发表在 *Immunity* 杂志上。

2020 年 8 月和 12 月，上海复宏汉霖生物技术股份有限公司的 2 款生物类似药——注射用曲妥珠单抗（商品名汉曲优®）和阿达木单抗注射液（商品名汉达远®）分别获批上市。汉曲优®用于 HER2 阳性的早期与转移性乳腺癌和转移性胃癌的治疗；汉达远®用于治疗类风湿关节炎、强直性脊柱炎和银屑病。其中汉曲优®是首个国产曲妥珠单抗生物类似药，同年已获欧盟批准上市，是首个在中国、欧洲同时上市的国产单抗生物类似药，也是进入欧洲市场的第一个“中国籍”单抗生物类似药，被评为 2020 年中国医药生物技术十大进展之一。

2020 年 9 月，厦门大学研究团队首次揭示了疱疹病毒 α 家族的水痘 - 带状疱疹病毒（VZV）不同类型核衣壳的近原子分辨率结构，阐明了 VZV 核衣壳不同组成蛋白的相互作用网络与衣壳装配机制，为进一步开展新型载体疫苗及抗病毒药物设计提供新靶标。相关结果发表在 *Nature Microbiology* 杂志上。

2020 年 10 月 12 日，清华大学和中山大学团队合作研究发现造血祖细胞激酶 1（HPK1）可以作为 T 细胞免疫治疗的一个潜在靶点。研究人员发现 HPK1 的表达与病人肿瘤浸润 T 细胞衰竭正相关，机制研究发现 HPK1 通过激活 NFκB-Blimp1 通过促进 T 细胞功能耗竭，缺失 HPK1 的 CAR-T 细胞具有更强的抗肿瘤效应。同时，HPK1 激酶小分子抑制剂和靶向 HPK1 的蛋白降解嵌合体能够通过提高小鼠的抗肿瘤免疫反应，从而抑制肿瘤的生长。该研究证明了 HPK1 可作为 T 细胞免疫疗法的潜在药物研发靶点。相关研究成果发表在 *Cancer Cell* 杂志上。

2020 年 12 月，广州医科大学和北京大学的联合研究团队通过分析肝脏免疫表型，揭示了胆管闭锁的致病机制以及潜在的治疗靶点。研究人员利用单细胞测序技术分析了对照组和胆管闭锁患儿肝脏中免疫细胞的亚型、转录组特征，发现 Th17 细胞向 Th1 转分化能够促进疾病进展；CX3CR1+CD8 效应 T 细胞通过颗粒酶介导的成纤维细胞杀伤从而抑制纤维化；肝脏 B 细胞耐受的缺失能够促进新生儿自身免疫疾病；通过利妥昔单抗治疗能够恢复胆管闭锁患儿肝脏免疫系统。在新生儿胆管闭锁缺少特异性治疗药物及高病死率的情况下，该

研究为胆管闭锁术前或术后的药物治疗提供了新的免疫干预策略，具有潜在的临床转化价值。相关研究成果发表在 *Cell* 杂志上。

3. 疾病预防

2020 年 2 月，厦门大学研究团队报道了手足口病主要病原体柯萨奇病毒 A 组 16 型（CVA16）不同衣壳颗粒与不同类型治疗性中和抗体的相互作用细节与中和表位结构信息，阐明了成熟颗粒是疫苗主要保护性免疫原的理论基础，建立了可指导疫苗研制的免疫原特异检测方法，为 CVA16 疫苗及抗病毒药物研究提供关键基础。相关研究结果发表在 *Cell Host & Microbe* 杂志上。

2020 年 6 月，厦门大学研究团队报道了新一代 HPV 疫苗的研究。该研究基于对人乳头瘤病毒的病毒样颗粒组装机制的深入认识，设计了一种能够针对多种型别 HPV 同时产生保护效果的杂合病毒样颗粒（capsomere-hybrid VLP，chVLP），为研发涵盖所有高危型别 HPV 的更广谱新一代多价宫颈癌疫苗奠定了关键技术基础，为其他高变异病毒疫苗和靶向肿瘤新抗原的疫苗设计提供了新的思路。相关结果发表在 *Nature Communications* 杂志上。

2020 年 9 月，北京民海生物科技有限公司获得国家知识产权局颁发的关于五联苗（吸附无细胞百白破、脊髓灰质炎、b 型流感嗜血杆菌联合疫苗）及其制备方法的发明专利证书。这是国内首个五联苗专利证书，填补了国内技术空白。2020 年 9 月 17 日，该疫苗获得国家药监局受理通知书。多联多价苗有效解决了各抗原成分的相互干扰，有效简化了接种程序，具有增强家长和婴幼儿依从性的优势。目前国内上市的五联苗仅有进口产品，未来有望打破进口垄断。

2020 年 9 月，中国科学院过程工程研究所与军事医学研究院生物工程研究所合作，基于纳米“底盘”构建了多糖结合疫苗，在小鼠、猴等多种动物模型中成功诱导生成了针对细菌与肿瘤的高水平保护性抗体，其抗体滴度远优于商品化铝佐剂剂型。基于该纳米“底盘”构建的肿瘤疫苗同样表现优异。这种通用的“底盘”策略及模块化组合的疫苗设计理念，为抗肿瘤、抗细菌、抗病毒等高效疫苗的研发提供了新思路。相关研究结果发表在 *Advanced Materials* 杂志上。

二、工业生物技术

（一）生物催化技术

反式 4- 羟基脯氨酸是一种重要的氨基酸，在食品、化妆品及药物合成等领域应用广泛。2020 年 5 月，江南大学生物工程学院饶志明教授报道了该团队在高效生物合成反式 4- 羟基脯氨酸研究方面取得的进展。该团队提出了一种提高工程菌合成反式 4- 羟基脯氨酸的通用组合策略，即利用稀有密码子筛选和代谢工程改造策略提升底盘细胞合成前体脯氨酸的能力；然后基于群体感应调控线路动态调节酮戊二酸脱氢酶活性，控制酮戊二酸产量；最后，使用 Gromacs 和 Rosetta 等分子动力学模拟软件理性改造脯氨酸羟化酶，提高其催化脯氨酸和酮戊二酸生成反式 4- 羟基脯氨酸的活性。最终，反式 4- 羟基脯氨酸产量达到 54.8g/L。该工作发表在期刊 *Science Advances* 上。

L- 脯氨酸（L-Pro）是 20 种蛋白质氨基酸之一，参与蛋白质合成。L-Pro 能够维持细胞稳态和氧化还原平衡，同时在氨基酸类药物合成及催化领域具有广泛应用。目前 L-Pro 生物合成途径有两种：第一种是以 L- 谷氨酸为前体，经过三种酶催化得到，该路径比较复杂；第二种是利用鸟氨酸氨基转移酶催化 L- 鸟氨酸或 L- 精氨酸合成 L-Pro。2020 年 6 月，江南大学生物工程学院饶志明团队发表了其在 L- 脯氨酸生物制备方面的研究成果。该团队运用稀有密码子选择筛选和 pEvolvR 定向进化策略，获得了鸟氨酸氨基转移酶变体，其催化效率提高了 2.85 倍；然后将该突变体转入谷氨酸棒状杆菌，通过一系列的代谢优化进一步促进该工程菌合成 L- 脯氨酸；最后，通过实施添加 L- 鸟氨酸和 L- 精氨酸的发酵策略，L- 脯氨酸的产量达到 38.4 g/L。该研究成果发表在期刊 *ACS Synthetic Biology* 上。

低分子量透明质酸是一种高价值的功能多糖，具有促进毛细血管合成、促进伤口愈合等功能，在医美、化妆品、食品等领域广泛应用。当前，该产品主

要通过动物组织提取和微生物发酵等方法获得。受原材料和提取工艺限制，动物组织提取法受到约束。因此，构建高效安全的微生物生产菌株，是实现大规模低分子量透明质酸生产的有效手段。2020 年 6 月，江南大学生物工程学院康振教授课题组在低分子量透明质酸的微生物发酵生产方面取得重要进展。该团队以谷氨酸棒杆菌为宿主，构建了透明质酸合成途径；然后敲除糖基转移酶，弱化了甘露聚糖和阿拉伯甘露聚糖等胞外多糖的合成；最后，在发酵过程中通过应用水蛭透明质酸酶消除透明质酸“荚膜层”的发酵策略，使得低分子量透明质酸发酵产量达到 74.1 g/L，为国际报道最高水平。该研究成果发表在期刊 *Nature Communications* 上。

酮酸在生物代谢中十分重要，对慢性肝肾功能衰竭等疾病效果显著。然而化学法制备酮酸工艺复杂、成本高、污染大。利用转氨酶催化 L- 氨基酸制备相应酮酸获得较大关注。得益于合成生物学的快速发展，微生物发酵制备 L- 氨基酸的技术日益成熟且成本不断降低。据统计，2022 年全球氨基酸产量将突破 1100 万 t。这为利用 L- 氨基酸作为底物进行生物制备酮酸提供了物质基础。2020 年 6 月，中国科学院微生物研究所的吴边团队报道了一种基于转氨酶的多酶级联系统，直接将 L- 氨基酸氧化为对应的酮酸。为解决转氨酶底物特异性问题，该团队利用生物信息大数据，建立了高效快速的转氨酶筛选方法。该方法从一万多个转氨酶库中筛选获得 6 个具有互补功能的转氨酶，能够催化全部的天然 L- 氨基酸获得相应的酮酸，多数反应转化率＞99%。该研究成果发表在期刊 *ACS Catalysis* 上。

手性 1,4- 二氮杂环类化合物是制备新型催眠药物苏沃雷生的重要手性单元。该手性杂环的化学制备具有极高的挑战性，生物酶催化法具有较严格的手性识别，是制备该类化合物的理想方案。2020 年 7 月，中国科学院天津工业生物技术研究所研究员朱敦明团队报道了利用亚胺还原酶催化不对称获得手性 1,4- 二氮杂环类化合物的方法。该团队首先构建了亚胺还原酶库，通过对酶库的筛选，获得了两个立体选择性相反的亚胺还原酶，对 R- 和 S- 构型产物的选择性＞99%。由于野生酶对 R- 构型 1,4- 二氮杂环的活力较低，该团队利用蛋白质工程技术对该酶进行改造，获得了突变体 Y194F/D232H，该突变体的酶活

提高了 61 倍。最后，该团队对该酶进行了广泛的底物谱测试，获得了一系列不同结构特征的手性 1,4- 二氮杂环类化合物，为新药开发提供了丰富的手性模块。该研究成果发表在 *ACS Catalysis* 上。

甘露寡糖具有调节肠道微生态、提高免疫力等功能，是一种安全的饲料添加剂，在饲料行业有广泛的应用前景。目前工业上主要通过水解魔芋多糖、酵母细胞壁多糖制备，但是该方法获得的产品聚合度等质量标准不统一。因此，开发一种高效制备聚合度等质量标准统一的甘露寡糖的技术方法十分必要。2020 年 9 月，中国科学院天津工业生物技术研究所研究员孙媛霞及其团队报道了一条“淀粉 – 甘露糖 – 甘露寡糖”生物转化合成的新技术路线。该团队利用该实验室成熟的淀粉高效利用技术，从淀粉制备甘露糖，转化率可达 81%，产量超过 75g/L；进一步地，以谷氨酸棒状杆菌为底盘细胞，构建了制备甘露寡糖及其衍生物的细胞工厂；最后，成功获得了甘露二糖、甘露三糖及甘露糖甘油酸等具有高附加值的甘露寡糖。与使用葡萄糖为底物合成甘露寡聚糖的技术路线相比，该路线的甘露寡糖的合成效率高，且单一类型产品浓度高，为功能性寡糖的合成提供了新思路。相关研究成果发表在期刊 *Metabolic Engineering* 上。

尼龙是一种重要合成纤维，在服装纺织、物流运输及军事国防等国计民生领域具有重要应用。其单体为 α,ω- 二元羧酸类化合物，目前该类化合物主要通过化学法合成，耗能高、污染大，同时还会产生 NO、NO_2 等温室气体，不符合绿色化学的理念，因此开发新的合成工艺显得十分重要。2020 年 10 月，湖北大学生命科学学院生物催化与酶工程国家重点实验室李爱涛教授团队报道了一条全新的生物合成途径，可以催化环己烷合成己二酸。该生物合成系统采用模块化微生物菌群催化策略，首先将己二酸合成途径中用到的 8 种酶分成三组；然后分别构建三种大肠杆菌工程菌；最后，采用“即插即用”的组装策略构建大肠杆菌菌群催化体系，实现高效转化环己烷或环己醇生成己二酸，并顺利实现放大。值得一提的是，通过理性设计，该系统具备多种 α,ω- 二元羧酸类化合物的制备能力。该过程在常温常压下进行，且反映体系为水相，实现了 α,ω- 二元羧酸类化合物的绿色合成。该成果发表在期刊 *Nature Communications* 上。

2,3- 丁二醇是一种高附加值的化学品，在军工、日化和印刷等领域广泛应用。目前该化合物主要由化学法合成，考虑到化学合成带来的环境污染问题，生物法制备 2,3- 丁二醇技术受到关注。然而目前使用生物技术合成 2,3- 丁二醇存在多种弊端，如生产成本高、能量需求大等问题。因此提高生物发酵效率，降低生物发酵成本至关重要。2020 年 10 月，华南理工大学娄文勇课题组报道了该团队高效生产 2,3- 丁二醇的相关研究成果。该团队以肺炎克雷伯菌为底盘细胞，探究了非灭菌发酵生产 2,3- 丁二醇的策略，旨在降低生产能耗。该团队首先筛选得到一株能够利用尿素和亚磷酸酯的强壮菌株，该菌株能够抵抗系统污染；然后调节 2,3- 丁二醇代谢通路，敲除了途径中不利于 2,3- 丁二醇形成的乳酸脱氢酶、磷酸转乙酰酶和醇脱氢酶；最后，对该突变体进行脱毒处理，最终获得的肺炎克雷伯菌工程菌在未灭菌条件下通过补料发酵工艺获得了 84.53 g/L 的 2,3- 丁二醇。该成果发表在 *Green Chemistry* 上。

α- 生育三烯酚是维生素 E 的一种有效形式，是机体正常代谢的必需维生素。α- 生育三烯酚氧化性强，具有降低胆固醇、抗癌等保健功效，是一种重要的膳食补充剂。2020 年 10 月，浙江大学于洪巍课题组发表了其在生物全合成 α- 生育三烯酚方面的研究成果。该团队挖掘了 14 种光合生物，获得了 5 个合成 α- 生育三烯酚的关键元件；随后经过表达优化、将其整合入酿酒酵母，获得了合成 α- 生育三烯酚的工程酵母；进一步通过代谢路径优化，克服关键限速步骤，解除反馈抑制，重新构建了工程菌的代谢平衡，实现了 α- 生育三烯酚的高效制备。为调节酵母细胞生长与 α- 生育三烯酚合成的平衡，该团队进一步开发了新的温控策略，只需若干个小时的冷激，即可激发工程菌合成 α- 生育三烯酚的开关。最终实现生育三烯酚的高效生产，产量达到 320 mg/L。该成果发表在 *Nature Communications* 上。

在合成生物学中，平衡目标化学品的合成与微生物生长之间的关系是一个重要的研究课题。目前已经发展的策略有细胞生长与目标产物合成耦联策略、细胞生长与目标产物合成解耦联策略以及平衡代谢途径等策略。但是每种策略都有其弊端。针对该问题，2020 年 10 月，江南大学生物工程学院陈坚教授在大肠杆菌和枯草芽孢杆菌中开发了一种普适性高且鲁棒性好的细胞生长与产物

合成平衡策略。研究者将能够掺入非天然氨基酸的正交氨酰 -tRNA 合成酶和对应的 tRNA 分别引入大肠杆菌和枯草芽孢杆菌，构建了既能够精确调控目的蛋白的翻译水平，又能避免胞内天然代谢产物干扰的表达系统。研究者利用该系统生产燕窝酸，菌株的 OD_{600} 从 12.2 提升至 25.2；燕窝酸的产量提高了 4.54 倍，达到 12.77g/L。该研究成果发表在期刊 *Nature Communications* 上。

同样是解决生物制造过程中目标产品合成与宿主自身生长存在营养物质竞争的问题，2020 年 11 月，南京农业大学食品科技学院吴俊俊副教授报道了两套群体感应系统，促进营养物质最大限度地流向目标产品。一是在大肠杆菌中构建出粪肠球菌的群体感应系统，该系统能够自发诱导表达目的蛋白，代替人工添加诱导剂。二是利用序列特异性的核酸内切酶，构建了一套切割非目标合成途径，保护目标产物制合成途径的群体感应系统。在绿色荧光蛋白报告基因测试和中链脂肪酸生产中，改造后工程菌生产强度提高了 30 倍。该成果同样发表在期刊 *Nature Communications* 上。

手性 β- 氨基酸具有重要的应用价值，是多种天然药物以及合成药物的重要元件。转氨酶可以催化 β- 酮酸或 β- 羟基羧酸直接合成 β- 氨基酸，但是该方法的催化效率低，应用范围窄。因此，开发应用价值高、催化效率高的手性 β- 氨基酸合成路线十分必要。2021 年 2 月，中国科学院天津工业生物所联合深圳先进技术研究院周佳海课题组报道了利用氨基酸脱氢酶不对称还原胺化 β- 酮酸高效制备手性 β- 氨基酸的策略。该方法原子经济性高，在手性氨基酸的不对称合成中具有巨大的应用潜力。研究者首先获得了 L- 赤式 -3,5- 二氨基己酸脱氢酶的晶体结构，分析了 L- 赤式 -3,5- 二氨基己酸脱氢酶的催化机理，并对其进行改造，在不改变该酶立体选择性的前提下最终获得了对（R）-β- 高甲硫氨酸活力提高约 200 倍的突变体。该突变体同时对（S）-β- 高赖氨酸表现出较高的催化活力。使用该突变体制备（R）-β- 高甲硫氨酸和（S）-3- 氨基己酸，其产率分别为 93% 和 95%。该研究成果发表于期刊 *Angewandte Chemie International Edition* 上。

β- 羟基 -α- 氨基酸是一类重要的手性砌块，可以用于合成多种药物，如氯霉素、氟苯尼考等。目前，主要通过化学法合成 β- 羟基 -α- 氨基酸，获得外

消旋产物。利用 L- 苏氨酸醛缩酶催化甘氨酸和相应的醛不对称合成手性 β- 羟基 -α- 氨基酸，该合成路线绿色污染小、原子利用率高，具有极大的吸引力。2021 年 2 月，浙江大学吴坚平教授和徐刚副教授报道了该课题组在 β- 羟基 -α- 氨基酸制备方面的研究成果，该成果着眼于 L- 苏氨酸醛缩酶非对映体选择性机理研究。研究者通过同源建模、分子对接和分子动力学模拟等技术，首次提出了“路径假说”来阐述 L- 苏氨酸醛缩酶非对映体选择性机理；然后利用 CAST/ISM 策略对这些候选位点进行组合、迭代突变；最终得到了高效的突变体。该突变体对 L-*syn*- 对甲砜基苯丝氨酸及 2-NO_2-、4-NO_2-、4-CH_3- 和 H- 取代的苯丝氨酸衍生物的非对映体选择性超过了 99%。该研究成果发表在期刊 *ACS Catalysis* 上。

动态调控和精确控制代谢通路对合成生物学的意义重大。人工构建的基因调控系统由于缺乏足够的鲁棒性，在大体积发酵后期进行动态控制难度较大。目前开发的化学诱导和光诱导系统在生产中存在各种弊端，在工业大体积发酵中往往不适用，开发新的、适合工业化应用的代谢调控系统迫在眉睫。2021 年 3 月，清华大学生命科学学院陈国强团队报道了在大肠杆菌中利用温控进行动态双向代谢调节的研究。研究者向大肠杆菌中导入温敏转录因子，构建出具有温度敏感基因开关的大肠杆菌，实现 30℃和 37℃之间不同基因转录上调和下调。研究者以绿色和黄色荧光蛋白为报告基因，验证了基因开关的精确性；通过基因开关控制细菌形态验证了该系统的普适性和稳定性；最后，将该系统应用于高分子材料的合成，成功实现在 7L 发酵罐中对大肠杆菌代谢过程的控制。该成果发表在期刊 *Nature Communications* 上。

蔗糖是重要的食品添加剂，但是摄入过量容易引起肥胖、高血脂、高血压等病症。D- 阿洛酮糖是果糖的 C-3 差向异构产物，相对甜度是蔗糖的 70%，但只有 10% 的热量，被认为是蔗糖的理想替代品。研究还发现 D- 阿洛酮糖还具有降血脂、降血糖等功效。2021 年 4 月，天津工业技术研究所游淳课题组发表了关于生物制备 D- 阿洛酮糖的工作。该课题组构建了基于“热力学驱动策略”的体外合成系统，以一锅法催化廉价的淀粉合成高附加值的 D- 阿洛酮糖。该系统包含 5 个核心酶（包括 α- 葡聚糖磷酸化酶、磷酸葡萄糖突变酶、磷酸葡萄

糖异构酶、D- 阿洛酮糖 -6- 磷酸 -3- 异构酶及 D- 阿洛酮糖 -6- 磷酸磷酸酶）和 4 种辅助酶。在最优条件下 D- 阿洛酮糖的转化率最高达到 88.2%。该研究为 D- 阿洛酮糖的生物制造提供了一种经济高效的策略。该研究成果发表在期刊 *ACS Catalysis* 上。

地球上的生命系统由二十种天然氨基酸构筑，但是天然氨基酸种类有限，限制了蛋白质设计和药物应用的发展。向蛋白质中引入非天然氨基酸能够极大丰富蛋白质的功能，同时非天然氨基酸也是一种重要的医药中间体，对于新药开发至关重要。开发非天然氨基酸的高效生物合成路径对丰富非天然氨基酸的种类意义重大。2021 年 5 月，中国科学院微生物研究所吴边团队报道了微生物非天然氨基酸合成平台的研究成果。研究者以来源于芽孢杆菌的氢胺化酶为研究对象，深度解析了底物与活性中心氨基酸的相互作用，阐明了该酶的反应机理与专一性机理，构建了超广谱生物氨化反应途径。在此基础上，研究者提出了针对氢胺化酶的设计原则，并在该原则的指导下成功获得了一系列的非天然氨基酸合成酶突变体，实现了多种非天然氨基酸的高效生物合成，如 N- 丁基 -L- 天冬氨酸，且区域选择性、立体选择性和转化率均＞99%。该研究成果发表在期刊 *Nature Catalysis* 上。

D- 对羟基苯甘氨酸是一种重要的医药中间体，广泛应用于制药和精细化工行业。化学法合成 D- 对羟基苯甘氨酸过程复杂，且对环境污染较大，不符合绿色发展的理念，构建高效的 D- 对羟基苯甘氨酸生物合成途径意义重大。2021 年 5 月，江南大学药学院吴静报道了多酶耦联转化 L- 酪氨酸生成 D- 对羟基苯甘氨酸的生物途径。通过代谢路径分析，研究者发现可以通过修饰万古霉素类抗生素生物合成途径的相关酶来合成 D- 对羟基苯甘氨酸。该路径包括 L- 氨基酸脱氨酶、4- 羟基扁桃酸合成酶、苹果酸脱氢酶和内消旋二氨基庚二酸脱氢酶等 4 个酶。研究者将这 4 种酶在大肠杆菌中共表达，并通过启动子优化等工程手段调节催化过程平衡；最后通过定向进化等手段对内消旋二氨基庚二酸脱氢酶进行改造，实现了 D- 对羟基苯甘氨酸的高效合成，产物浓度达到 42.69 g/L，收率达到 71.5%。该研究成果发表在 *Bioresources and Bioprocessing* 上。

外源基因表达与生物生长的动态平衡是合成生物学的重要内容。基于生物

群体感应的动态调控是目前比较通用的调节策略，但是单个细胞之间的差异往往使该策略不能很好地实施。2021 年 5 月，江南大学周景文、邓禹实验室发表了该团队关于多层动态调控大肠杆菌代谢过程的研究成果。该研究以大肠杆菌为底盘细胞，以柚皮素为目标产物，构建了一个生长耦合柚皮素－香豆酸－丙二酰辅酶 A 代谢途径。为调节胞内丙二酰辅酶 A 的供应，研究者设计了一个多层次动态调控网络。该网络包括异源柚皮素合成途径调节；耦联细胞生长动态，放大向柚皮素合成的代谢通量调节；动态调节香豆酸；在发酵后期提高丙二酰辅酶 A 的供应；以及基于生物传感器的定向进化策略等增强不同层次之间的协同效应。该研究最终实现柚皮素产量（523.7±51.8）mg/L，相比原始菌株，产量提升 8.7 倍。该研究成果发表在期刊 *Metabolic Engineer* 上。

聚对苯二甲酸乙二酯是菊酯类塑料的主要成分，塑料的发明给社会带来方便的同时也带来了巨大的环境污染问题。即使在理想的条件下，聚对苯二甲酸乙二酯的自然降解也需要数百年。全球都在为降低塑料污染做出努力，降低塑料的使用能有效减少聚对苯二甲酸乙二酯污染的增长速度，但是不能从根本上降低塑料污染。开发高效、廉价的聚对苯二甲酸乙二酯降解方法被认为是有效的手段。2021 年 5 月，湖北大学郭瑞庭、戴隆海和黄建文等发表了利用微生物降解聚对苯二甲酸乙二酯的研究成果。研究者通过对比来源于 *Ideonella sakaiensis* 聚对苯二甲酸乙二酯降解酶和角质酶的结构和催化机理，发现 185 位色氨酸空间位置下方的氨基酸种类对其活力和偏好性影响较大。当该位置的氨基酸为小位阻氨基酸时，色氨酸活动自由，酶活高；当该位置的氨基酸为大位阻氨基酸时，色氨酸的柔性受影响，酶活降低。研究者以该理论为指导，对多种聚对苯二甲酸乙二酯降解酶进行改造，获得了多个酶活提升的突变体。该研究为塑料降解酶的分子机理研究奠定重要基础。该研究成果发表在期刊 *Nature Catalysis* 上。

叶黄素对人类健康保健起到重要作用，能够抗氧化，预防人体心血管硬化；还对视网膜有保护作用，预防近视。目前叶黄素的来源主要从植物中提取，这限制了叶黄素的产量。开发微生物发酵制备叶黄素是有效的代替途径。2021 年 5 月，浙江大学生物工程研究所叶丽丹等发表了在生物发酵制备叶黄素

方面的研究成果。研究者以酵母菌为底盘细胞，构建了叶黄素合成路线。通过代谢通路分析，研究者发现番茄红素的不对称环化是合成叶黄素的限速步骤。研究者利用时间和空间控制策略调控代谢路径的平衡，并将温度响应表达的β- 环化酶与组成型表达的ε- 环化酶相耦联，提高叶黄素产量。经过发酵优化，每克干重细胞中叶黄素的含量达到 438μg。该研究成果发表在期刊 *Metabolic Engineering* 上。

（二）生物制造工艺

开发高效、绿色的生物制造关键技术和装备，大力推动绿色生物制造工艺在轻工业、食品加工、化工制药等过程的应用，可显著降低物耗、能耗、工业固体废物产生和环境污染物的排放，促进生物制造产业规模化全面发展。

国投生物科技投资有限公司牵头的“生物乙醇智能生产关键技术及产业化”项目，荣获 2020 年度中国轻工业联合会科技进步奖一等奖。通过项目实施，该项目在 30 万 t 规模企业形成了基于全厂水平衡的零排放污水技术、多原料多产品无缝切换的智能化柔性生产技术、基于关键设备的蒸发 – 干燥 – 饲料质量的 DDGS 技术集成、基于关键设备的原料 – 菌种 – 工艺导向的燃料乙醇过程智能生物反应器设计共 4 项技术成果。项目的经济效益良好，累计新增销售额 17.21 亿元，累计新增利润 1.75 亿元。该项目形成一套燃料乙醇智能生产关键技术，模块式系统方案有利于在行业内进行应用推广，对整个生物乙醇产业的技术提升产生引领和示范作用。

江苏大学肖香教授牵头完成的“乳酸菌发酵产品产业化关键技术开发与应用”成果，荣获 2020 年度中国轻工业联合会科技进步奖二等奖。该项目从菌种筛选、发酵过程优化、代谢产物研究、菌剂创制等环节开展系统研究，实现了乳酸菌发酵产品产业化应用过程中的关键技术突破。主要技术创新包括：①发明了微滤膜耦联生物反应器高密度培养技术，形成了高质稳定直投式菌剂制备关键技术；②揭示了乳酸菌代谢产物的生理活性及其作用机理，为乳酸菌发酵新产品的开发提供了理论支撑；③开发了“本体抑菌”技术和复合菌剂，解决了泡菜、发酵肉等传统发酵产品的安全性等问题。该项目的实施提升了我国发

酵食品产业技术水平，为我国发酵食品的安全与质量保障提供了有力支撑，符合国家“健康中国”和“食品安全”的重大战略需求，经济效益和社会效益显著。

中国科学院微生物研究所陶勇研究员牵头完成的“高效酶法制备海藻糖”成果，荣获2020年度中国轻工业联合会科技进步奖二等奖。该项目团队利用高效酶制剂建立了新型海藻糖生产技术，充分利用原料，提高底物利用率，进一步提高了海藻糖酶法转化效率，突破技术瓶颈，实现淀粉水解物到海藻糖的高效转化，具有自主知识产权。该技术已在德州汇洋生物科技有限公司建立了年产1.5万t食品级海藻糖的生产线，生产工艺技术各项性能指标均领先于国内外同行业水平，由此汇洋公司也将成为全球最大的海藻糖生产基地。该项目解决了海藻糖国产化、规模化生产中的一系列问题，实现了海藻糖的高效优质生产，产生了重大的经济效益和社会效益。随着工艺技术的优化、生产规模的扩大及销售市场的拓展，该技术也将在全球行业内显示出强化的技术和成本竞争力，形成强大的行业影响力。

浙江科技学院毛建卫教授主持完成的“植物酵素生物制造关键技术创新及产业化示范”项目成果，荣获2020年度中国轻工业联合会科技进步奖二等奖。该项目基于多种类农业生物资源原料，进行了特色发酵菌种资源发掘，突破了生物制造功能性植物酵素耐高渗微生物菌剂及规模化制备系列技术瓶颈，开发了适合工业化生产的功能性植物酵素的发酵菌种及其菌剂制备等核心技术；利用多元复合菌协同阶梯式生物发酵与定向生物转化的功能活性成分稳定化工艺，基于生物发酵萃取与增效技术制备功能性植物酵素产品，开发了原料保质、高效萃取与转化、功能增效关键技术；基于高维时间序列解析的多参数植物酵素发酵过程监测技术和非监督式多维主成分分析，建立植物酵素品质评价指标的综合评价模型，为植物酵素的精准生物制造提供技术支撑；建立了植物酵素的生产规范和产品系列团体标准及工信部行业标准，制定了酵素产业发展规划，为植物酵素规范化、标准化和高品质生产提供技术指导；植物酵素研究成果转化与产业化推广，达到了农业生物资源高值化、全质化利用。

（三）生物技术工业转化研究

齐鲁工业大学王瑞明教授主持完成的“L- 赖氨酸高效生产关键技术研发与产业化”项目成果，荣获 2020 年度中国轻工业联合会科技进步奖一等奖。该项目利用分子生物学技术和方法，敲除野生型菌中氨基酸跨膜转运蛋白等相关基因，提高 L- 赖氨酸的产率。该项目对现有工业生产菌种进行改造，将新菌种应用于工业化生产 L- 赖氨酸。该项目自动化程度高、经济效益巨大、节能减排效果显著，在同行业中处于领先地位，形成了我国高品质 L- 赖氨酸在全球的竞争优势。

中国科学院天津工业生物技术研究所张大伟研究员主持完成的“高产维生素 B_{12} 菌种的创制及应用”项目成果，荣获 2020 年度中国轻工业联合会科技进步奖二等奖。该项目以维生素 B_{12} 生产菌株为对象，解决了菌株遗传改造的瓶颈问题，打通维生素 B_{12} 好氧合成途径中支路前体及中间体的合成途径，以代谢组学分析代谢瓶颈，增强前体合成途径与弱化支路合成途径，获得了维生素 B_{12} 高产菌株，在 120m^3 发酵罐产量提高约 36.4%。该项目获得了高效的腺苷钴胺和羟钴胺盐的制备方法，大幅提高了回收率，降低了生产成本，总体达到国际领先水平。该项目近 4 年新增收入共 10.6 亿元，新增利润共 7.1 亿元，新增税收 2.8 亿元，创收外汇 2.8 亿美元，节支总额 2.1 亿元，取得了巨大的经济效益和社会效益。

江南大学陈旭升教授主持完成的“ε- 聚赖氨酸高效生物制造关键技术与产业化”项目成果，荣获 2020 年度中国轻工业联合会技术发明奖二等奖。该项目通过菌种、发酵、提取与精制等贯穿 ε- 聚赖氨酸（ε-PL）盐酸盐生物制造全链条的关键技术研发，实现了我国 ε-PL 产品的规模化生产。该项目的 ε-PL 生产菌合成能力和发酵水平较国内外公开报道最高水平分别提高了 50.2% 和 29.4%，实现了 10m^3 发酵罐 ε-PL 产量 52.8 g/L，30t/ 年生产线 ε-PL 盐酸盐纯度 98.4%、收率 65.7% 的国际领先技术指标，生产成本下降了 50% 以上，产品防腐抑菌效果显著。该项目成果已在江苏一鸣生物股份有限公司实现了产业化应用，建成了国内产能最大、技术水平最高的 ε-PL 生产线，近三年累计新增产值

1.3 亿元，利润 4000 余万元。

三、农业生物技术

（一）分子培育与品种创制

1. 农作物分子设计与品种创制

2020 年以来，作物基因编辑技术领域依然保持很高的研究热度。虽然基于 CRIPSR 系统的基因组编辑技术已经可以定向修饰植物基因组，大大加速了植物育种进程，但是该技术目前仍存在较多的问题。因此，作物基因编辑技术仍然在不断改进之中，主要的发展趋势是更加高效、精准和低脱靶效应。在作物重要农艺性状的研究上，营养（氮、磷）高效利用方向继续保持强劲的势头，取得了多个突破性的研究进展。而农作物分子育种方面，值得注意的是不同农作物（特别是玉米和大豆）多个转基因生产应用的安全证书获得了农业农村部的审批，涉及的主要性状为抗虫和抗除草剂。

（1）作物基因编辑技术

通过 CRISPR 系统虽能实现基因片段的敲入，但是同源重组在植物中的效率很低，难以实现高效的精准编辑。CRISPR 融合的胞嘧啶和腺嘌呤碱基编辑器，虽然实现了 C：G>T：A 或 A：T>G：C 的碱基替换，但是单碱基编辑系统不能任意编辑所有碱基，且报道显示植物中的单碱基编辑系统存在脱靶效应。此外，CRISPR 系统很难对重要 DNA 功能元件如启动子等顺式作用元件进行精准操作。

2020 年 6 月，*Nature Biotechnology* 杂志在线发表了中国科学院遗传与发育生物学研究所在基因编辑领域的重要研究进展。该研究建立了一种名为“AFID 系统”（APOBEC-Cas9 fusion-induced deletion systems，AFIDs）的新型多核苷酸靶向删除系统，该系统具有高效、精准、可预测等特点。研究人员基于胞嘧啶

脱氨以及碱基切除修复（base excision repair，BER）的机制，将野生型 SpCas9 与胞嘧啶脱氨酶 APOBEC、尿嘧啶糖基化酶（UDG）以及无嘌呤嘧啶位点裂合酶（AP lyase）组合，建立了新型的多核苷酸靶向删除系统 AFIDs，并成功在水稻和小麦基因组中实现了精准、可预测的多核苷酸删除。研究人员首先利用高脱氨活性的 APOBEC3A 脱氨酶构建 3 种形式的 AFID 系统（AFID-1～AFID-3），通过在水稻和小麦细胞中对多个内源 DNA 靶点进行的测试，发现 AFID-3 介导的删除效率可达 33.1%，产生从不同 5′– 胞嘧啶到 Cas9 切割位点间的多核苷酸删除，且可预测的删除比例达 30% 以上。研究人员进一步对不同胞嘧啶脱氨酶进行筛选，发现截短的 APOBEC3B 脱氨酶 A3Bctd 不仅有较高的脱氨活性，同时还具有更窄的脱氨窗口；将 A3Bctd 替换 AFID-3 系统中的 A3A，开发出删除效率比 AFID-3 更高的 eAFID-3 系统。此外，研究人员利用 AFID-3 系统靶向水稻 *OsSWEET14* 基因启动子的效应子结合元件，获得多核苷酸删除的突变体植株，经白叶枯病接种试验，发现相较于 1～2 bp 的插入缺失，AFID-3 系统产生的多核苷酸删除水稻突变体具有更强的白叶枯病菌抗性。因此，该系统的建立为植物基因组调控 DNA 的功能研究及设计育种又提供了一个有力的基因组编辑工具。

2020 年 7 月，*Nature Biotechnology* 杂志在线发表了中国科学院分子植物科学卓越中心的研究成果。研究人员通过将供体片段进行硫代修饰和磷酸化修饰，显著增强了 CRISPR-Cas9 引导的靶向敲入效率。研究人员先后在 14 个基因位点上靶向敲入各类调控元件，包括翻译增强子、转录调控元件，甚至整个启动子，供体片段最长达 2049bp。通过对 1393 株各类 T_0 代基因编辑水稻植株的分析发现，该方法的敲入效率可高达 47.3%，平均效率为 25%。研究人员进一步设计了一种片段精准替换的“重复片段介导的同源重组（TR-HDR）”策略，在 5 个基因位点上实现了片段替换和原位的 Flag 标签蛋白的精准融合，效率最高达 11.4%。这一技术突破有助于促进农作物定向遗传改良的进程。

2021 年 3 月，*Nature Biotechnology* 杂志在线发表了中国科学院遗传与发育生物学研究所对植物引导编辑（prime editing）系统的重要改进，提高了植物引导编辑的效率并为高效设计 pegRNA（prime editing guide RNA）提供了解决

方案。研究人员首先考察了引导编辑系统的引物结合位点（primer biding site，PBS）序列的熔解温度（melting tempreture，Tm）对编辑效率的影响，对 18 个水稻内源位点进行测试，发现当 PBS 的 Tm 值为 30℃左右时，水稻的引导编辑效率在多数位点上达到最高。同时，研究人员还尝试了双 pegRNA 编辑的策略，即同时利用两个 pegRNA 分子分别靶向目标 DNA 的两条链进行共同编辑。对 15 个水稻内源位点的测试结果显示，采用双 pegRNA 分子的引导编辑与仅使用单个 pegRNA 相比平均编辑效率提升 3 倍。此外，研究人员进一步开发了植物 pegRNA 设计网站 PlantPegDesigner（http://www.plantgenomeediting.net/），该网站为使用者提供完整的 pegRNA 选择、设计与推荐方案，方便使用者快速设计高活性 pegRNA。该研究有效地提升了引导编辑系统的工作效率，简化了设计植物高效 pegRNA 的过程，为实现作物精准编辑提供了有力的技术工具。

2021 年 4 月，*Nature Biotechnology* 杂志在线发表了中国科学院遗传与发育生物学研究所对植物引导编辑系统脱靶效应的系统评估。引导编辑系统可以在基因组的靶向位点实现任意类型的碱基替换、小片段的精准插入与删除，但是其脱靶效应还缺乏系统研究。研究人员首先在 pegRNA 的间隔序列与 PBS 序列不同位置上分别引入数量不同的错配碱基，发现该系统对间隔序列近 PAM 端或 PBS 的 5′ 端的错配容忍度较低。研究人员进一步对 179 个潜在的内源脱靶位点的引导编辑进行深度检测，发现引导编辑系统在水稻内源位点鲜有脱靶编辑。因此，引导编辑系统的 pegRNA 依赖型的脱靶效应非常低，可通过合理设计 pegRNA 提升该系统的特异性。随后，研究人员重点评估了引导编辑系统是否造成不依赖 pegRNA 的全基因组范围的脱靶效应，通过对引导编辑水稻植株的全基因组测序分析，统计了全基因组范围内的碱基替换（single nucleotide variants，SNVs）和小片段插入与删除（small insertions/deletions，Indels）突变的数目，发现引导编辑系统不会在基因组内引发额外的 SNVs 或 Indels 突变。研究人员还分析了过表达外源含有 M-MLV 逆转录酶的引导编辑系统是否会干扰细胞内源的逆转录生物学过程。对水稻逆转录转座子 OsTos17 和端粒区域的拷贝数及保真性分析显示，引导编辑不影响逆转录转座子的转座活性及端粒酶的活性。研究人员对高丰度 mRNA 及 pegRNA 序列的逆转录–插入的可能性也

进行了分析，没有发现引导编辑系统在全基因组范围内产生 pegRNA 或 mRNA 序列的随机插入。以上结果表明，引导编辑系统不会造成全基因组范围的不依赖于 pegRNA 的脱靶效应。因此，引导编辑系统整体上具有很高的编辑特异性。

（2）重要农艺性状的分子基础

2020 年 12 月，*Nature* 杂志在线发表了中国科学院分子植物科学卓越创新中心在豆科植物结瘤固氮分子机制研究上取得的重要进展。研究揭示，豆科植物皮层细胞获得 SHR-SCR 干细胞分子模块，可能是豆科植物有别于其他植物能够共生结瘤固氮的前提事件。SHR-SCR 是植物发育的干细胞程序关键模块，在植物干细胞区域和内皮层进行表达。研究发现豆科植物的 SCR 在皮层细胞表达，SHR 在维管束表达后移动到皮层细胞，使得豆科植物的皮层细胞获得了 SHR-SCR 干细胞分子模块。该干细胞分子模块赋予豆科植物不同于非豆科植物的皮层细胞分裂能力。SHR-SCR 干细胞分子模块还能被根瘤菌的信号激活，诱导豆科植物苜蓿的皮层分裂形成根瘤。在苜蓿根中过量表达 SHR-SCR 模块时，可以诱导皮层细胞分裂形成根瘤样结构。在非豆科植物拟南芥和水稻根中异位过量表达 SHR-SCR 分子模块同样可以诱导根皮层细胞分裂。上述研究结果揭示了豆科植物共生结瘤固氮的重要分子基础。

2021 年 1 月，*Nature* 杂志在线发表了中国科学院遗传与发育生物学研究所在水稻氮素高效利用方面的重要研究进展。该研究证明了水稻的氮利用效率的遗传基础与当地土壤的适应性相关，并揭示了氮素调控水稻分蘖发育过程的分子基础。研究者利用全球收集的 110 份水稻农家种，对水稻分蘖氮响应性开展全基因组关联分析，鉴定出一个水稻氮高效基因 *OsTCP19*。进一步研究表明，*OsTCP19* 上游调控区中一小段 29bp 核酸片段的缺失与否决定了不同水稻品种分蘖氮响应的差异。氮响应负调控因子 LBD 蛋白可以结合在该缺失位点附近，抑制 *OsTCP19* 的转录，氮高效品种的 *OsTCP19* 调控区普遍缺失该 29bp 核酸序列。*OsTCP19* 等位基因的地理分布与土壤氮含量密切相关，表明该基因对适应不同地理区域的土壤条件具有重要作用。研究还发现 *OsTCP19* 受氮素调节，并靶向油菜素内酯信号中的重要组成部分 DLT，形成 OsTCP19-DLT 模

块。OsTCP19-DLT 模块整合了氮素和油菜素类固醇信号的传导，可以转导环境氮刺激来调节发育过程。*OsTCP19* 还可以调节分蘖促进基因的表达来介导氮触发的发育过程，并通过调节氮利用基因的表达进一步调节氮的吸收，以满足水稻对氮的增长需求。在低氮和中氮条件下，近等基因系 *OsTCP19-H* 比对应的受体亲本 Kos 具有更多的分蘖数目和单株产量。此外，*OsTCP19-H* 品系在低氮条件和中度氮条件下的实际产量和 NUE 相比对照亲本分别提高了约 20% 和约 30%。通过对世界水稻种植区土壤氮含量的分析，研究团队发现土壤越贫瘠，*OsTCP19* 的氮高效变异越常见，而随着土壤氮含量的增加，氮高效类型品种逐步减少。我国现代水稻品种中这一氮高效变异几乎全部丢失，因此该研究对于培育施氮肥少且高产的水稻品种奠定了基础。

2021 年 1 月，*Science* 杂志在线发表了上海交通大学在植物响应土壤硬度机制方面的研究进展。通过建立不同硬度的土壤体系，研究人员发现水稻根系在硬度较大的土壤内生长受阻，根系变短、增粗。研究人员通过深入研究发现土壤孔隙的多少是决定疏松土壤和坚硬土壤的关键点。围绕疏松土壤和坚硬土壤的特点，科学家们进行了一系列探索，利用细胞生物学、遗传学、化学等实验手段证实了高硬度的土壤可以通过限制植物自身产生的乙烯扩散，进而通过增加根系周围的乙烯浓度来抑制根系生长，实现对外界土壤硬度的响应度。该研究阐释了植物积极响应外界土壤硬度的分子机制，为通过分子设计育种培育适应不同土壤的作物新品种提供了新思路。

2021 年 2 月，*Cell* 杂志在线发表了中国科学院遗传与发育生物学研究所在异源多倍体水稻研究上的重要进展，成功实现了从头驯化（de novo domestication）的异源四倍体野生稻。研究人员首先确定生物量大及抗胁迫性强的 CCDD 型异源四倍体野生稻作为目标材料，共收集了 28 份异源四倍体野生稻资源；然后通过对组培再生能力、基因组杂合度及田间综合性状等进行系统考察，筛选出一份高秆野生稻资源（Oryzaalta）作为后续研究的底盘种质材料，并命名为 PolyPloid Rice 1（PPR1）；通过组装四倍体野生稻基因组、优化遗传转化体系并利用基因组编辑技术，改变其落粒性、芒性、株型、籽粒大小及抽穗期等作物驯化相关的重要性状，实现了异源四倍体高秆野生稻的从头定向驯化。该研究

首次提出了异源四倍体野生稻快速从头驯化的新策略，旨在最终培育出新型多倍体水稻作物，从而大幅提升粮食产量并增加其环境变化适应性。本项研究对未来应对粮食危机提出了一种新的可选策略，开辟了新的作物育种方向。

2021 年 2 月，*Nature Genetics* 发表了上海师范大学研究成果。研究人员系统挖掘了已知的水稻数量性状位点基因及其关键的变异位点，构建了最完善的水稻数量性状基因关键功能变异位点图谱。研究人员通过整合所有已知的与性状相关的致变位点，创建涵盖这些致变位点的水稻品系集合，开发了水稻分子育种智能化基因组导航系统 RiceNavi，为水稻分子育种提供了一个有效的信息利用平台。

磷素营养同样与作物产量密切相关。2021 年 4 月，*Nature Genetics* 杂志在线发表了中国科学院分子植物科学卓越创新中心、上海科技大学生命科学学院和美国加州大学伯克利分校在作物籽粒灌浆和磷素利用方面取得的重要进展。该研究利用水稻种质资源的自然变异，通过图位克隆法发掘到一个编码 PHO1 类型的磷转运蛋白基因 *OsPHO1;2*。进一步对 *OsPHO1;2* 基因功能的研究揭示了磷转运、籽粒灌浆和磷利用效率三者之间的紧密联系。研究人员首先运用膜片钳系统证明 *OsPHO1;2* 具有磷转运活性，该蛋白同时具有内流活性和外排活性，且以外排活性为主。核磁共振波谱分析表明 *OsPHO1;2* 不参与细胞质和液泡之间的无机磷（Pi）移动。*OsPHO1;2* 突变体会导致胚乳细胞中的无机磷含量显著累积，抑制了淀粉合成相关酶（特别是淀粉合成过程重要的限速酶 AGPase）的酶活和表达，从而导致籽粒灌浆缺陷，千粒重下降。而在水稻中过表达 *OsPHO1;2* 能适度降低籽粒中的无机磷和总磷含量，促进 AGPase 酶活并增加单株产量，特别是在低磷条件下，过表达株系可维持高产性状。研究还发现玉米同源基因 *ZmPHO1;2* 也能够调控玉米籽粒灌浆和磷的再分配过程，表明 PHO1 家族蛋白介导的籽粒灌浆调控过程在谷类作物中高度保守。该研究为同时提高作物籽粒灌浆及磷肥利用效率提供了有效的育种目标基因。

（3）基因工程作物

2020 年 7 月 15 日，中国农业科学院作物科学研究所的转 *g2-epsps* 和 *gat* 基

因耐除草剂大豆‘中黄 6106’在黄淮海夏大豆区生产应用的安全证书［农基安证字（2020）第 196 号］获农业农村部批准。‘中黄 6106’是采用农杆菌介导子叶节遗传转化法，将含有 *g2-epsps* 和 *gat* 基因表达框的载体转化大豆品种‘中黄 10’，获得的高耐草甘膦的转基因大豆新品系。‘中黄 6106’的目的基因 *g2-epsps* 来源于荧光假单胞杆菌，编码 5- 烯醇丙酮酸莽草酸 -3- 磷酸合酶，可提高植物对草甘膦除草剂的耐受性；另一目的基因 *gat* 来源于地衣芽孢杆菌，编码草甘膦 N- 乙酰转移酶，使草甘膦乙酰化，从而解除除草剂活性。培育和推广耐草甘膦除草剂大豆新品种，对提高大豆生产中的田间杂草防治效率、降低生产成本、提高农民种豆积极性、增强国产大豆竞争力等具有重要意义。

2020 年 7 月 15 日，北京大北农生物技术有限公司转 *epsps* 和 *pat* 基因耐除草剂玉米 DBN9858 在北方春玉米区生产应用的安全证书［农基安证字（2020）第 195 号］获农业农村部批准。DBN9858 的目的基因 *epsps* 来源于土壤农杆菌，其表达产物可使转化体耐受草甘膦除草剂；另一目的基因 *pat* 来源于绿产色链霉菌，其表达产物可使转化体耐受草铵膦除草剂。2021 年 2 月 4 日，转 *epsps* 和 *pat* 基因耐除草剂玉米 DBN9858 在黄淮海夏玉米区等四个玉米区生产应用的安全证书［农基安证字（2020）第 214-217 号］也获农业农村部批准。

2021 年 2 月 4 日，北京大北农生物技术有限公司转 *cry1Ab* 和 *epsps* 基因抗虫耐除草剂玉米 DBN9936 在黄淮海夏玉米区等四个玉米区生产应用的安全证书［农基安证字（2020）第 218-221 号］获农业农村部批准。DBN9936 的目的基因 *cry1Ab* 来源于苏云金杆菌，所编码的杀虫晶体蛋白可以抑制和杀死鳞翅目昆虫玉米螟、黏虫和棉铃虫；另一目的基因 *epsps* 来源于土壤农杆菌，可编码 5- 烯醇丙酮酸莽草酸 -3- 磷酸合酶，以提供对草甘膦除草剂的耐受性。

2021 年 2 月 4 日，北京大北农生物技术有限公司转 *vip3Aa19* 和 *pat* 基因抗虫耐除草剂玉米 DBN9501 在北方春玉米区生产应用的安全证书［农基安证字（2020）第 223 号］获农业农村部批准。DBN9501 的目的基因 *vip3Aa19* 来源于苏云金杆菌，编码的杀虫蛋白可以抑制和杀死鳞翅目昆虫小地老虎和棉铃虫；另一目的基因 *pat* 来源于绿产色链霉菌，其表达产物可使转化体耐受草铵膦除草剂。

2021 年 2 月 4 日，北京大北农生物技术有限公司转 *epsps* 和 *pat* 基因耐除草剂大豆 DBN9004 在北方春大豆区生产应用的安全证书［农基安证字（2020）第 224 号］获农业农村部批准。DBN9004 的目的基因 *epsps* 来源于土壤农杆菌，其表达产物可使转化体耐受草甘膦除草剂；另一目的基因 *pat* 来源于绿产色链霉菌，其表达产物可使转化体耐受草铵膦除草剂。

2021 年 4 月 7 日，转 *g2-epsps* 和 *gat* 基因耐除草剂大豆‘中黄 6106’在北方春大豆区生产应用的安全证书［农基安证字（2021）第 005 号］获农业农村部批准。此外，“成功创制耐草甘膦除草剂转基因大豆‘中黄 6106’”还入选了 2020 年中国农业科学院十大科技进展。

2021 年 4 月 7 日，华中农业大学转 *cry1Ab/cry1Ac* 基因抗虫水稻‘Bt 汕优 63’在湖北省生产应用的安全证书［农基安证字（2021）第 001 号（续申请）］和转 *cry1Ab/cry1Ac* 基因抗虫水稻‘华恢 1 号’在湖北省生产应用的安全证书［农基安证字（2021）第 002 号（续申请）］获农业农村部批准。‘Bt 汕优 63’和‘华恢 1 号’的目的基因 *cry1Ab/cry1Ac* 来源于苏云金杆菌，所编码的杀虫晶体蛋白可以抑制和杀死鳞翅目昆虫二化螟、三化螟、大螟、稻纵卷叶螟。

2021 年 4 月 7 日，杭州瑞丰生物科技有限公司转 *cry1Ab/cry2Aj* 和 *g10evo-epsps* 基因抗虫耐除草剂玉米‘瑞丰 125’在黄淮海夏玉米区等两个玉米区生产应用的安全证书［农基安证字（2021）第 003-004 号］获农业农村部批准。‘瑞丰 125’的目的基因 *cry1Ab/cry2Aj* 来源于苏云金杆菌，所编码的杀虫晶体蛋白可以抑制和杀死鳞翅目昆虫；另一目的基因 *g10evo-epsps* 来源于抗辐射菌（Deincoccus radiodurans），编码 5- 烯醇丙酮酸莽草酸 -3- 磷酸合酶，提供对草甘膦除草剂的耐受性。

（4）重大品种培育

2020 年，我国利用生物技术结合常规育种方法，在水稻、玉米、小麦等重大品种培育方面也取得了丰硕的成果。

中国水稻研究所等单位完成的“超高产米粉专用稻品种中嘉早等的选育和应用”科技成果荣获 2020 年度国家科技进步奖二等奖（已公示）。‘中嘉早 17’

是我国近 30 年来唯一年推广面积超千万亩（1 亩≈666.7m²）的早稻品种，累计推广面积超过 6500 万亩，适合在长江中下游作双季早稻种植，熟期适中，产量高；出糙率 81.4%，整精米率 64.4%，直链淀粉含量 25% 以上，适合作为米粉专用品种。

上海市农业生物基因中心等单位完成的“水稻遗传资源的创制保护和研究利用”科技成果荣获 2020 年度国家科技进步奖一等奖（已公示）。该成果选育的早熟粳稻品种‘绥粳 18’是黑龙江省农业科学院绥化分院联合中国农业科学院作物科学研究所等育成的香稻。该品种特点是早熟、高产、耐逆，出米率高，适应性广。该品种 2014 年在黑龙江省第二积温带审定，2019 年品种扩区到黑龙江省第三积温带，累计推广已经超过 4100 万亩。

中国农业大学等单位完成的“小麦耐热基因发掘与种质创新技术及育种利用”科技成果荣获 2020 年度国家技术发明奖二等奖（已公示）。该成果揭示了小麦耐热性的生理和分子基础，建立了耐热性评价的有效指标，发掘出 117 份小麦耐热优异种质资源和 12 个显著提高耐热性的基因资源；精细定位了 15 个小麦耐热性数量性状位点，并开发了紧密连锁的分子标记；创建了小麦耐热资源创新和高效利用的技术体系，培育出以‘冀麦 585’为代表的一批突破性耐热高产新品种（系）。

北京市农林科学院完成的“高产优质、多抗广适玉米品种京科 968 的培育和应用”科技成果荣获 2020 年度国家科技进步奖二等奖（已公示）。‘京科 968’是以自选系‘京 724’为母本、‘京 92’为父本杂交育成的杂交组合，践行了“高大严”玉米自交系选育新方法。2016 年起，‘京科 968’年种植超过 2000 万亩，成为我国玉米三大主导品种之一，也是近十年来玉米品种中推广面积最大的品种。

2. 家畜基因工程育种

针对我国猪、牛、羊良种的自主培育能力不足、基本依赖进口的问题，为尽快提高我国畜牧种业创新水平、实现良种自主供给，2008 年以来，在转基因重大专项的资助下，科研人员围绕提高肉、奶、毛（绒）生产性能和抗病力，

持续开展猪、牛、羊重要经济性状形成的遗传解析和基因工程育种研究，获得一批具有应用前景的原创性成果，推动我国家畜基因工程育种水平跃居世界前列。

一是建立了猪、奶牛、肉牛、绵羊、山羊的功能基因发掘技术，发现了一批调控生长发育、肌肉和脂肪代谢、生殖效率、产乳性能、产毛性能和抗病力的功能基因及其调控分子。二是攻克猪、牛、羊等大家畜基因工程育种的难点和堵点，创立了具有自主知识产权的猪、牛、羊基因工程育种技术体系，先后申请发明专利 486 项，获批发明专利 221 项。三是培育一批育种新材料和显著提高肉、奶、毛生产性能及抗病力的新品种（系），主要包括：创制基因工程猪育种新材料 49 种，其中新品系 10 种，新品种 3 种；创制基因工程牛育种新材料 13 种，其中新品系 7 种，新品种 5 种；创制基因工程羊育种新材料 23 种，其中新品系 4 种，新品种 1 种。

最具代表性的新品种（系）有以下 11 种。

A．节粮型高瘦肉率转基因猪：形成目前国际上群体规模最大的 *MSTN* 敲除转基因猪新品种育种群。已研制出 6 种不同基因型的 *MSTN* 基因修饰猪育种新材料；获批环境释放 3 项；*MSTN* 基因编辑湖北白猪和 *MSTN* 基因编辑大白猪达到新品系认定标准。相较于野生型大白猪，*MSTN* 第三外显子基因编辑大白猪眼肌面积提高 28.96%，腿臀比提高 7.08%，胴体瘦肉率提高 7.48%。

B．环境友好型转基因猪：获环保转基因猪育种新材料 7 个，获环境释放审批书 1 项，生产性试验审批书 1 项。转基因猪粪磷和粪氮排放分别减少 34%～52% 和 15%～24%，料肉比降低 10%～14%，日增重提高 14%～30%，上市时间缩短 15d，饲料消耗减少 10%～15%。

C．抗病转基因猪：培育出抗繁殖与呼吸综合征、流行性腹泻、猪瘟等重大传染病的抗病猪新品系 6 个。抗流行性腹泻转基因猪病毒感染率降低 30%～40%，发病率降低 33.4%；抗猪瘟转基因猪病毒感染率降低 35%，存活率提高了 100%；抗繁殖与呼吸综合征转基因猪抗病力提升 100%。

D．功能型乳铁蛋白转基因奶牛：已完成乳铁转基因牛安全证书申报；累计繁育转基因牛 401 头，达到新品种审定标准；最新一代无标转基因奶牛重组

乳铁蛋白表达平均值在 10g/L 以上，达到国际领先水平；培育种公牛 15 头，并完成种公牛的注册，具备年繁育 5 万头以上的推广能力。

E. 高产优质转基因肉牛：培育双肌型肌肉生长抑制素（MSTN）基因编辑鲁西牛、蒙古牛和西门塔尔牛 3 个新品系，获得环境释放审批书。*MSTN* 基因编辑牛的生长速度提高 15%～20%，产肉率提高 15%～20%；获得富含多不饱和脂肪酸转基因肉牛育种新材料 1 个，多不饱和脂肪酸含量提高 20% 以上。

F. 人溶菌酶转基因抗乳腺炎奶牛：培育人溶菌酶转基因抗乳腺炎奶牛和人溶菌酶基因编辑抗乳腺炎奶牛共计 100 头，年均产奶量达到 1 万 kg 以上，对乳腺炎的抗病力提高 80% 左右。人溶菌酶转基因抗乳腺炎奶牛已完成生产性试验，申报了安全证书，达到转基因牛新品种认定标准；人溶菌酶基因编辑奶牛已完成环境释放，达到转基因牛新品系认定标准。

G. 基因编辑抗结核奶牛：培育 *Ipr1* 基因编辑抗结核奶牛、*Nramp1* 基因编辑抗结核奶牛、人 β- 防御素 3 基因定点整合抗结核奶牛和 *SP110* 基因修饰抗结核奶牛 4 个育种新材料，育种群达到 105 头。基因编辑奶牛抗结核菌的能力提高 60% 以上，年均产奶量达到 1 万 kg 以上。其中，*Ipr1* 基因编辑抗结核奶牛已完成环境释放，达到转基因牛新品系认定标准。

H. 转基因细毛羊：研制出 5 种不同基因型的超细毛羊育种新材料，其中 *IGF1* 转基因羊、*β-catenin* 转基因羊和 *FGF5* 基因编辑羊达到新品系认定标准。成年母羊平均产毛量（4.63±0.56）kg，毛长度（8.94±1.05）cm，分别比对照组提高 20% 和 16.85%；平均细度（17.33±0.42）μm，羊毛性能达到澳毛的水平。

I. 优质转基因肉羊：培育了高产优质 *MSTN* 基因编辑肉羊新品系，表现出了典型的“双肌”特征，肌纤维细度降低、密度增加，臀中肌和背最长肌肌纤维数目分别增加 66.67% 和 52.08%，臀中肌占胴体重提高 26.35%，背膘厚度减少 50%，肉中脂肪含量降低了 25.9%。编辑绵羊 F1 代 20 余只，F1 代群体规模仍在扩大，正在生产 F2 代，具备了产业化推广能力。

J. 高产优质转基因奶山羊：培育了转人乳铁蛋白基因优质奶山羊，群体三个世代达到 65 头，人乳铁蛋白在转基因奶山羊乳腺中表达量达到 0.75g/L，已

建立了大规模生产重组人乳铁蛋白的奶山羊生物反应器生产体系。转人乳铁蛋白基因奶山羊达到了转基因生物安全评价生产性试验阶段，生长发育性能、繁殖性能、产奶性能均表现正常，不存在潜在食用安全风险。

K. 抗病转基因羊：培育抗病转基因羊育种新材料 5 种。其中，抗乳房炎人溶菌酶转基因山羊进入生产性试验阶段，群体规模 180 余只，乳房炎发病率降低 59.24%。抗布氏杆菌病 *TLR4* 转基因羊进入环境释放阶段，群体规模达到 200 余只，体内攻菌感染率降低了 20%；在疫区自然感染，感染率降低了 35.7%，羔羊成活率提高了 4.03%。*TLR4* 转基因羊和人溶菌酶转基因羊均达到转基因羊新品系认定标准。

（二）农业生物制剂创制

1. 生物饲料及添加剂

（1）饲料用酶制剂

2020 年我国饲料产量达 2.52 亿 t，居世界第一位。随着我国养殖业高速发展，饲料粮短缺、饲料产品安全、养殖环境污染等问题也日渐突出。酶制剂作为一种安全有效的饲料添加剂在饲料工业中广泛应用，对上述问题的解决发挥着重要作用。近几年，饲料酶产量逐年增大，品种不断增多，功能逐渐拓展，不仅能够提高饲料的消化吸收效率、消除抗营养因子、减轻环境污染，在新型饲料资源开发、饲料原料污染物有效去除、动物免疫力提高、抗生素替代等方面也发挥着越来越重要的作用。因此，饲料酶的应用是促进养殖业健康发展的有效措施。

2019 年，我国饲料用酶的产量为 16 万～18 万 t，其中植酸酶的产量 5 万 t。到 2020 年，我国饲料用酶的产量达到 23 万 t，其中植酸酶的产量 7 万 t，非淀粉多糖（NSP）酶及其他的产量 16 万 t。饲料酶的种类不断丰富，以促进消化、提高饲料利用率、消除抗营养因子为主要功能的营养型酶，如植酸酶、非淀粉多糖酶（木聚糖酶、葡聚糖酶、甘露聚糖酶等）、蛋白酶、脂肪酶等已普

遍应用；以抗生素替代、提高动物免疫力为主要目标的葡萄糖氧化酶、高产寡糖酶、蛋白酶等的研究和应用逐渐走向成熟；面对饲料安全和饲料资源开发的脱毒酶（真菌毒素降解酶类、棉酚降解酶及其他有害物质去除相关的酶类等）、蛋白酶类、纤维素酶类等的研究一直在深入开展并取得了系列成果。

饲料用酶的快速发展，离不开技术的创新。随着生物信息学、合成生物学、分子生物学及现代营养学技术的不断发展，饲料酶研究技术取得了巨大进步。在基因资源的获得方面，先是从产酶微生物筛选、同源克隆到从环境中直接快速克隆目标基因，有效克服了微生物难以培养的难题；随着测序技术的长足发展，基于组学大数据的功能基因挖掘技术使得基因的获得变得更加容易。

饲料酶蛋白稳定性、催化活性、可表达性等是使酶蛋白变成酶产品的关键，酶的分子改良和高效表达一直以来都是饲料酶研究中的热点。中国农业科学院北京畜牧兽医研究所姚斌院士团队在酶的分子改良和高效表达方面取得了很大进展。该团队建立了多目标协同的酶改良技术体系，获得了集多种优良性能为一体的系列饲用酶，如超耐热 & 耐酸葡萄糖氧化酶、百℃木聚糖酶、植酸酶等。在酶的高效表达方面，表达盒工程及宿主菌工程协同对生产菌株进行优化，目前饲料用酶的表达量部分可达到 50g/L 的水平。今后，基于人工智能和大数据的智能设计与改良将是酶分子改良的重点，基于合成生物学及基因编辑技术的新型通用表达系统的构建将是饲料酶高效表达的研究方向。

（2）饲用微生物及发酵饲料

饲料中添加微生物，可有效改善动物肠道菌群和动物消化吸收能力，提高饲料转化率和养殖效率，增强机体免疫力，促进动物生长和畜禽养殖废弃物源头减量等。目前，我国已将 34 种微生物列入《饲料添加剂品种目录》，适用范围为养殖动物、青贮饲料等。饲用微生物添加剂对养殖业绿色发展起到了重要的推动作用。我国 2020 年饲用微生物制剂的产量保持了较快的增长，产量为 6.7 万 t，同比增幅 22.7%。

我国饲用微生物制剂虽然发展很快，但目前仍然存在一定的问题。首先，我国在该领域的自主创新能力较差，益生菌种类少，很多饲用微生物产品仍然

依靠进口；自主研发能力不足，需要我们加快自己的菌种资源库建设和投入，开发具有自主知识产权的菌种及终端产品。其次，微生物饲料添加剂多为活菌制剂，对外界环境较敏感，储存条件苛刻，需要不断进行生产工艺创新和应用技术探索，开发能够稳定发挥作用的微生物饲料添加剂。最后，饲料微生物制剂行业市场混乱，规模化程度不高，质量良莠不齐，缺乏一套合理可靠的评估体系。目前国内从事活性微生物饲料添加剂开发应用的企业大约有 400 家，但年销售额在 1 亿元以上的不足 5 家，大多数企业的年销售额在 1000 万元，甚至 500 万元以下，生产及销售规模相对较小。

随着饲用微生物制剂和酶制剂的发展，发酵饲料得到了快速发展。发酵饲料是将粗饲料经过微生物或微生物加酶进行发酵和酶解制成。粗饲料经过发酵后可将难消化的物质转化为易于消化物质以及微生物菌体、生物活性肽、益生元等，不仅能够增强消化吸收利用而且能够改善动物健康水平。目前发酵饲料已经在我国养殖企业广泛推广和应用，但我国发酵饲料市场仍然不够规范，很多产品没有统一的标准，产品质量难以保证。另外，很多养殖企业通过自给自足的形式制备发酵饲料，发酵饲料产量很难进行统计。

2. 生物农药

社会主义生态文明建设，一方面为我国农业绿色发展和高质量发展指明了方向，提出了在确保国家粮食安全和重要农产品有效供给的前提下，大力推动绿色投入品种等领域自主创新，实现藏粮于地、藏粮于技。另一方面也为生物源农药的发展提供了良好的契机和巨大的空间，而生物农药的研发与推广，将有利于克服传统农药生产和使用不当造成的农产品质量安全和环境污染问题。

（1）我国生物农药领域在基础研究、产品创制和应用技术方面均有较大突破

聚酮类天然产物农药代谢调控机制、sRNA 负调控 Bt 杀线虫蛋白欺骗宿主趋避行为新机制、高效元件发掘以及关键代谢途径优化等方面取得突破成果。研究人员挖掘了一批新型微生物菌株、天敌昆虫、植物源小分子化合物等生防资源；创制了一批微生物农药、植物源农药和天敌昆虫产品；研制了一批轻简化的生物

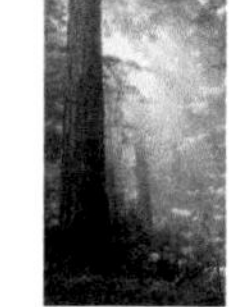

防治配套技术。球孢白僵菌等真菌杀虫剂新增蓟马类害虫防治产品，控效持续提升。高效、促生枯草芽孢杆菌和解淀粉芽孢杆菌、木霉等生物杀菌剂的研制与推广应用，在农作物细菌和真菌病害防控上发挥了重要作用；新型广谱抗逆绿僵菌、高效广谱 Bt 工程菌和甘蓝夜蛾病毒等新一代杀虫微生物农药产品投放市场；集成了成虫性诱剂为主，幼虫 Bt 工程菌、白僵菌生物防治为辅的番茄潜叶蛾绿色防控技术，控制害虫的效果显著。通过攻克天敌昆虫大规模、工厂化生产技术，赤眼蜂、烟蚜茧蜂、捕食螨、蠋蝽、益蝽等优质天敌产品陆续大面积产业化，并与其他绿色防控产品协同联用，实现了我国生物农药技术与产品应用的重大突破。

（2）我国生物农药登记数量在稳步增加，生物农药产业发展逐渐领跑植保市场

2020 年，农业农村部发布《我国生物农药登记有效成分清单（2020 版）》（征求意见稿），引导生物农药研究和产业技术发展迈向新时代。我国生物农药研究和产业技术发展彰显新时代新特征。一是登记生物农药产品登记数量再创新高。截至 2020 年 10 月 10 日，我国共批准登记了 4564 个生物农药产品，占农药登记总数的 10.95%。其中，农用抗生素类农药独占鳌头，共获得 3502 项登记，占生物农药登记总数的 76.73%。另有生物化学农药 461 项，微生物农药 474 项，植物源农药 194 项，天敌生物 2 项。二是生物农药可防控对象范围持续扩大。从登记作物来看，微生物农药主要登记用于水稻（214 项）、十字花科蔬菜（172 项）、棉花（121 项）、果树（苹果、柑橘等）等。主要靶标害虫则包括小菜蛾（181 项）、菜青虫（97 项）、稻纵卷叶螟（93 项）、松毛虫（78 项）等。

（3）生物化学农药、微生物农药和植物源农药仍然是三大类主要登记产品

2020 年，我国已知的有效登记状态的生物农药有效成分有 125 个，产品 1735 个（未包括农用抗生素和天敌）。其中，生物化学农药登记情况从含有的有效成分上看，共涉及 44 个有效成分，其中乙烯利、赤霉酸和氨基寡糖素为获登记最多的有效成分，共有 229 家企业持有生物化学农药登记证，主要登记企业包括浙江钱江生物化学股份有限公司（17 项）、海南正业中农高科股份有限公司（16 项）、江苏丰源生物工程有限公司（13 项）、四川省兰月科技有限

公司（12 项）。在 474 个微生物农药登记中，主要登记剂型为可湿性粉剂（249 项）和悬浮剂（118 项）。从有效成分来看，苏云金杆菌获登记数目遥遥领先，有 224 项登记，其次为枯草芽孢杆菌（81 项）、阿维菌素（32 项）。在复配登记产品中，苏云金杆菌和阿维菌素的复配为获登记最多的制剂（32 项）。微生物农药登记的产品以细菌类为主，病毒类为辅。从登记企业来看，474 项微生物农药登记证掌握在 211 家企业手中，武汉科诺生物科技股份有限公司、康欣生物科技有限公司、武汉楚强生物科技有限公司分别持有 18、17、17 项登记，为持有微生物农药登记证最多的三家企业。植物源农药在 194 项登记中，活性成分苦参碱登记数量（121 项）远高于其后的印楝素（26 项）、鱼藤酮（24 项）。在生物化学农药登记的产品中，以天然植物生长调节剂类为主，天然植物诱抗剂类为辅。

（4）科技为生物农药自主研发提供有力支撑，我国生物农药自主创新能力增强，新型生物农药推陈出新

第一，免疫诱抗剂的持续研发，如植物免疫蛋白类、氨基寡糖类、壳寡糖类等，已经经过市场的检验和验证。毒氟磷、阿泰灵、S- 诱抗素、海岛素等一批具有免疫诱抗活性的自主创制产品的问世，将植物诱抗剂在农业生产中的地位推向了一个新的高度。

蛋白多肽类免疫调控技术及产品研发方面，研究人员从镰刀菌、希金斯炭疽菌、木霉菌等真菌获得新型蛋白多肽类免疫诱导子 8 个，进行了免疫诱导子抗病抗虫功能鉴定和免疫调控作用机理研究。

功能糖类免疫调控技术及产品研发方面，研究人员针对 6 类多糖资源，获得可降解多糖的菌株 19 株；已建立新型糖类免疫调控剂制备技术 6 项，形成制备工艺 3 套，包括几丁寡糖、葡寡糖制备工艺各 1 套，果胶寡糖百千克级的规模制备工艺 1 套；获得糖类免疫诱导剂新产品 2 个，建成规模化生产线 2 条，5% 寡糖 · 噻霉酮悬浮剂获得农药正式登记（登记证号 PD20181445）。

小分子化合物类免疫调控技术及产品研发方面，研究人员现已发现 9 种植物提取物具有诱导抗病活性，发现兼具诱导抗病活性和杀菌活性的高活性化

合物 4 个，获得新产品 2 个，建立 S- 诱抗素规模化生产线 1 条，获得 0.4% 芸苔・赤霉酸水剂（登记证号 PD20183924）和 24% 甲噻・吗啉胍悬浮剂（登记证号 PD20181410）农药登记证 2 个。

除了各种类型的蛋白激发子不断被发现外，激发子作用的分子靶标、分子机制研究亦不断深入，并主要集中在激发子受体、诱导免疫反应的信号通路等，有关技术的突破将促进植物免疫诱抗剂的快速发展。通过调节植物的新陈代谢，激活植物自身的免疫系统和生长系统，诱导植物产生广谱性的抗病、抗逆能力等有关新理念、新技术和新方法已经获得市场认可，其新产品有望获得快速发展。

第二，新型杀虫生物农药生产与应用技术取得突破，防控潜力大。

一是昆虫天敌防控技术与产品研发取得突破。研究人员以美洲斑潜蝇、烟粉虱、红脂大小蠹等 10 种重大入侵害虫为主，创建了“繁殖 – 包装 – 释放”一体化生产技术、寄生性天敌繁蜂技术，产能增加 3.6 倍；发现多种天敌共存可通过生态位时空互补机制联合控制效能，首次采用新型基因工程菌 -Bt 制剂，研发了天敌昆虫生态位互补阻截与替代技术、信息素诱捕与干扰以及特定波长灯诱联合诱杀技术、生态调控技术等技术和产品；首创了入侵物种失控应急的保障技术体系，创建并应用了三大类蔬菜高效绿色防控技术模式，研发了寄生蜂应用和化防协同的大田减量施药技术；部分成果获国家及省部级成果奖 4 项。

二是昆虫病毒的高效研发，相关应用技术得到了迅速的推广。目前国内以武汉武大绿洲生物技术有限公司和江西新龙生物科技有限公司为代表的一些企业，结合自身优势与科研院所联合开发，持续推出了多款病毒类生物农药，如棉铃虫核型多角体病毒、松毛虫质型多角体病毒、菜青虫颗粒体病毒等。

三是 RNA 干扰技术突破。利用 RNAi 农药干扰技术，可阻止害虫进行相关蛋白质的翻译及合成，切断其信息传递，阻止害虫对作物危害。我国科学家在利用 RNAi 技术防治稻飞虱的研究中取得了丰富经验和积极进展，正在申请办理农药登记证。

第三，杀菌微生物农药等生物农药迅速改良登记，市场应用前景广阔。

活体微生物杀菌剂应用较多的微生物是芽孢杆菌属（*Bacillus* spp.）和假单

胞菌属（*Pseudomonas* spp.）的拮抗细菌，以及木霉属（*Trichoderma* spp.）的一些种。其中，苏云金杆菌HAN055由华中农业大学农业微生物国家重点实验室与武汉科诺科技股份有限公司联合研制，实现国内第一个防线虫Bt专利菌株产业化，Bt-HAN055能产生杀线虫活性的晶体蛋白Cry6A和Cry55A；还能分泌含有杀线虫活性的金属蛋白酶Bmpl，通过降解线虫的肠道和表皮组织起到杀线虫的效果；还能产生具有杀线虫活性的小分子物质TAA，对根结线虫和孢囊线虫具有高毒力；同时促进作物生长、增强抗逆性，提高作物产量等，田间对线虫防效达70%以上。

木霉菌生物农药是国际上研发和应用最普遍的植物土传病害生物防治制剂。针对木霉菌生防制剂生产成本高、分生孢子抗逆性相对较弱、产品货架期短，导致防效不稳定，限制了产品的大规模生产和应用等问题，中国农业科学院植物保护研究所等单位建立了一种木霉菌厚垣孢子液体深层发酵工艺，可诱导木霉菌仅产生厚垣孢子、不产生分生孢子，厚垣孢子产量可达到10^6～10^8个/mL，发酵规模扩大到20t发酵罐，能够满足商品化生产的要求。研究人员建立了发酵后处理工艺和产品制备工艺，厚垣孢子粉剂产品［微生物肥2017（准字）2357号］的孢子含量达到2×10^8个/g，产品货架期2年。与国外同类的分生孢子产品相比，在防效相当的基础上，其生产和施用成本降低至原来的1/3或更低，而产品货架期提高了3倍，能够适用于大规模的生产和应用，可通过拌种、灌根、穴施、滴灌等方法用于蔬菜、果树、药材等多种作物土传病害的防治。

24%井冈霉素A水剂（登记证号PD20150331）由武汉科诺生物科技股份有限公司研制并生产、销售。研究人员采用专利提纯技术，去除无效、低效的组分和杂质，杂质越低效果越好，杂质越高效果越差。该产品相关杂质水平比同类产品低至1/10或更低。该产品高效低毒，对环境友好，不易发生抗药性，用于防治水稻纹枯病、水稻稻曲病、小麦纹枯病、葡萄灰霉病、葡萄斑点病、辣椒立枯病、玉米大斑病、玉米纹枯病、玉米小斑病、茭白纹枯病。

3. 生物肥料

随着《2020全国高标准农田建设总体规划》提出建设高标准农田8亿亩，

以及 2020 年种植业 3 大工作要点即《2020 年化肥使用量继续负增长行动方案》《2020 年农药使用量负增长行动方案》和《2020 年扩大有机肥替代化肥应用面积由果菜茶向粮油作物扩展》等政策的实施，生物肥料在肥料行业中的地位将进一步提升，占比逐渐提高。2020 年开始进入生物肥料产业发展的“窗口期”，至 2020 年年底，获得农业农村部登记的生物肥料产品有 9200 余个，有效登记证 8385 个，其中微生物菌剂类产品 4335 个，生物有机肥 2460 个，复合微生物肥料 1590 个；使用的功能菌种已达到 200 余种，年产量超过 3000 万 t，应用面积在 5 亿亩以上，包括蔬菜、果树、甘蔗、中草药、烟草、粮食等作物，年产值达 400 亿元以上；全国生物肥料企业有 2800 多家，遍布我国的 30 个省（自治区、直辖市），全国从事生物肥料生产的人员超过 15 万人。

2020 年，Web of Science 数据库中全球共发表 2405 篇生物肥料相关的研究论文。中国发文量以 959 篇位居第一位，约占该领域总发文量的 40%；其中多篇论文发表在 *Soil Biology and Biochemistry*（36 篇）、*Biology and Fertility of Soils*（21 篇）、*Pedosphere*（6 篇）和 *Plant and Soil*（9 篇）等土壤与肥料领域的代表性高水平杂志上。作物根际微生物组广泛参与作物生长发育、抗病、抗逆和营养吸收等过程的调控，被认为是作物的“第二基因组”，也是生物肥料优良菌种的潜在资源库。2020 年，*Nature* 杂志发表了华中农业大学关于植物微生物组的文章，该研究率先开启了植物菌群失调与植物健康之间关系的研究，能帮助相关从业者设计和改变植物微生物群落结构，从而改善植物生长和抗逆等症状。南京农业大学先后在 *Microbiome* 杂志上发表 3 篇文章，分别从生物有机肥对根际土著微生物的激发效应、捕食性黏细菌和原生动物的生态功能三个角度取得了原创性的研究成果：生物有机肥中功能菌芽孢杆菌能激发土著假单胞菌的富集，强化土壤的疫病能力，芽孢杆菌与特定的益生假单胞菌种群能够协调多物种的根际定殖，最终形成一种能够有效抵御病原菌入侵的植物益生“菌团”；土壤中的掠食性黏细菌通过捕食行为改变土壤微生物群落结构，提升根际有益细菌（如芽孢杆菌、假单胞菌、固氮菌和溶菌杆菌）的关联度，有效抑制了病原菌尖孢镰刀菌的增殖，显著降低了黄瓜枯萎病的发病率；土壤中的吞噬型原生动物是决定植物健康的关键因素，值得注意的是，吞噬型原生动物

能直接捕食一些土壤中的病原细菌（如茄科劳尔氏菌等），并通过调控根际细菌群落的结构与功能（产生抑菌性物质能力），进而维持植株健康。

目前，生物肥料使用的菌种超过 200 个，涵盖了细菌（主要包括芽孢杆菌、放线菌和乳杆菌等）和真菌（主要包括酵母、曲霉和木霉菌等）各大类别。土壤生态系统中的原生动物和黏细菌等新兴研究对象在根际的生态作用越来越受关注，是今后潜在的生物肥料生产菌种。当前生物肥料的核心仍是活菌细胞，传统的养分性生物肥料主要还是以氮素固定和活化土壤中的磷钾养分为主。今后，主要通过作用于作物，具有促进作物根系发育，增强作物耐受干旱、盐碱、低温等胁迫能力，激活作物根系养分吸收转运活性的微生物代谢物，也将逐步成为生物肥料的重要成分。

生物肥料现已成为我国新型肥料中发展最快、年产量最大、应用面积最广的品种；但行业中的一些共性问题，限制了生物肥料产业的快速发展。这些共性问题主要包括：一是功能微生物的环境适应性问题，克服后能提升生物肥料的应用效果稳定性；二是货架期问题，亟需研发能够有效增加功能菌货架期的“保活剂”，满足真实货架期（生产 – 销售 – 使用全过程）的市场需求；三是知识产权保护（易被复制）的问题，好菌种易被扩繁复制，很大程度上减少了原创企业的竞争优势及科研回报，造成整个生物肥料行业的恶性竞争；四是生物肥料研发、生产、销售、应用的数据跟踪、采集、分析还没有形成数据链，建立微生物肥料研发到应用全链条的大数据系统，对整个生物肥料产业的良性发展、应用的效果分析都可起到至关重要的作用，基于大数据架构下的生物肥料区块链建设后，可发展成为数字生物农业中的磐石。随着国家政策的支持，科学研究的深入，产学研联动和技术开发的加码，生物肥料产业的发展将回归产品竞争力，应用级领先产品将逐步占领区域市场，优化产业结构。

（三）农产品加工

农产品加工业是实现乡村振兴的战略高地，技术创新是实现工业转型升级的唯一引擎，先进生物技术的研究与应用是实现我国农产品加工技术升级改造的必然途径。随着分子生物学和生物化学的发展，生物技术被用于农产品加工

的各个领域，不仅提高了生产效率，而且为人造食品和功能食品的开发提供了技术手段。在加工过程中应用生物技术，不仅可以改进加工工艺，也能改善食品的营养成分，具有非常广阔的前景。生物技术将引领农产品加工向科学化、精细化、绿色化和智能化方向发展，是现代以及未来食品制造的核心驱动力。

中国是大宗粮油制品生产大国，由于产后仓储、物流等环节造成的粮油产后损失高达 10.6%。其中仓储环节损失高达 4.6%，按照发达国家的粮食损失率平均低于 3% 计算，我国每年至少可减少 5000 万 t 的粮食损失。因此，研发粮油仓储期技术是解决粮油减损问题的关键。由中国储备粮管理集团有限公司牵头的国家重点研发计划“现代食品加工及粮食收储运技术与装备”重点专项“现代粮仓绿色储粮科技示范工程”项目，分类突破粮库生产各环节的关键材料、技术、工艺和设备，研发一批绿色储藏、保质减损、节能降耗生物技术，在不同储粮生态区建设 50 多个示范库，以点带面、逐步推广相关成果。

中国是肉品生产与消费大国，传统肉制品是中华的瑰宝，通过现代化新型技术提升传统肉制品的竞争力，挖掘传统肉制品的有益因素，为消费者提供美味、健康肉制品，可提升民族肉制品的地位。由南京黄教授食品科技有限公司、南京农业大学、青岛农业大学共同完成的“中华传统禽肉制品绿色加工关键技术研发与产业化”项目，从原料控制、加工工艺标准化与有害物减控、产品保真、工程化技术等 4 个方面进行了系统研发，解析了禽肉宰前应激与宰后肉品质形成的机制，揭示了天然产物抑制传统禽肉制品加工过程中危害物的机制，研发了利用鸭肉 / 鸭血内源酶和外源酶协同作用生成活性肽技术，优化了传统禽肉制品气调包装技术，研制了全自动连续式油水混合油炸等设备，开发了烧鸡、盐水鸭、虎皮鸡爪、香辣鸭脖、鸭血粉丝汤等 60 余种产品，为中华传统禽制品实现绿色加工和清洁生产提供了理论依据和技术支撑。

我国浆果种类多，产量大，具有很高的营养价值和经济价值。根据《中国统计年鉴 2020》公布的数据显示，2019 年我国仅葡萄单一浆果的产量可达 1419.5 万 t。但是浆果采后极易腐烂，保鲜难度大；加工产品单一，加工过程极易发生品质劣变。浙江省农业科学院主持完成的“特色浆果高品质保鲜与加工关键技术及产业化”项目，创建了临界负压微环境控制、植物源诱导果实抗

性和病原菌靶向抑制等保鲜新技术，构建了浆果减损采收、产地快速预冷、采后商品化保鲜全产业链技术模式，实现腐烂率减少 70%～80%，保鲜期延长 2～3 倍。对浆果中花色苷的研究与开发，揭示了花色苷通过非共价键选择性与蛋白质和酚酸结合，阐释了保持结构稳定的母核 – 配体“手 – 手套”机制；建立了花色苷 – 蛋白质嵌入拼接结合多糖界面聚合、酚酸分子定向调控花色苷活性基团稳定化新技术；开发了基于复合酶和辅色素辅助的活性组分多元联合高效绿色制备技术，花色苷提取率由 79% 提高到 97%，保留率达 90%，实现了非商品果及加工副产物的综合利用，构建了特色浆果保鲜和加工综合调控技术体系，实现规模生产和产业化。

我国乳酸菌资源十分丰富，同时产业市场潜力巨大，但系统性研究和开发起步较晚，特别是针对菌种资源的功能性评价和益生机制研究尚不充分，缺乏自主知识产权的功能性乳酸菌菌剂。目前对于乳酸菌健康功效的关注点主要集中在营养健康和提高机体免疫力上，提高免疫力、改善睡眠质量、营养均衡及肠道营养健康等都是重点关注的方向。光明乳业牵头完成的“乳酸菌的代谢、应用关键技术及功能发酵乳的临床验证”项目，主要开展乳酸菌菌株筛选及功能鉴定等研究，实现了功能性发酵乳制品的规模化生产。2020 年中国食品科学技术学会发布了《益生菌的科学共识（2020 年版）》，主要包括七方面内容：一是益生菌的安全性已得到国际权威机构的认可；二是需进一步完善益生菌标准法规体系；三是对益生菌功效的探索和评价是一个长期、严谨、科学的过程；四是益生菌的核心特征是足够数量、活菌状态和有益健康功能；五是益生菌功效的发挥具有菌株和人群特异性；六是益生菌产业化需科学严谨的验证；七是加强公众科普教育，科学合理消费益生菌相关产品。该共识将对我国益生菌行业的发展和创新具有重要的指导意义。以上工作对提高我国益生菌研究的科技创新能力、打造自主知识产权的益生菌品牌和推动我国益生菌产业的发展具有重要意义。

酶和微生物是实现农产品绿色加工制造的重要工具。华南理工大学赵谋明团队通过体外化学及细胞模型筛选出制备抗氧化、改善记忆和延缓衰老等功能性肽的原料及酶解工艺，然后利用果蝇、小鼠及大鼠等动物模型进行体内功效验证，并阐明其在分子水平上的作用机制，建成年产 2000t 功能性肽示范生产

线1条，目前已实现多种功能性肽产品的产业化生产与应用。中国肉类食品研究中心等单位针对西式发酵肉制品，选育出优良产酸、产酶和产香性状的肉用发酵剂菌株27株，构建优良肉品发酵剂菌株库，研制出复配发酵剂产品，获得核心知识产权，解决了发酵剂这一核心要素依赖进口的问题，有效提高了我国西式发酵肉制品绿色制造的研发水平；制定了第一个ISO肉类产品标准ISO 23854：2021 *Fermented meat products–Specification*。

四、环境生物技术

21世纪，生态环境问题一直是全人类关注的焦点问题之一。近些年，我国将环境生物技术用于环境领域，采用现代分子生态学与生物学的原理，充分利用生物的催化、转化、净化等特性，建立降低或消除污染物产生、高效净化环境污染或监测环境污染物的技术体系，为促进环境与经济社会的协调发展，以及消除生态风险与隐患奠定了基础。环境生物技术主要包括环境监测技术、污染控制技术、环境恢复技术、废弃物处理与资源化技术等方面。2020年，我国在上述环境生物技术领域均取得了快速的发展。

（一）环境监测技术

环境监测技术主要分为生物技术、3S技术、物理化学技术和信息技术。其中，生物技术为生态环境监测提供了可靠有效的保障，其应用是促进生态环境健康发展的关键。“十二五”以来，国务院陆续出台《“十三五”生态环境保护规划》《生态环境监测网络建设方案》，深入实施大气、水、土壤污染防治三大行动计划，进一步推动了我国生态环境监测技术体系建设。2021年是生态环境监测“十四五”的开局之年，我国在生态环境总思路“提气、降碳、强生态，增水、固土、防风险”指引下，推动污染防治攻坚战在关键领域、关键指标上实现新突破。

2020年3～4月，太湖水污染及蓝藻监测预警工作小组赢得了疫情防控和

太湖水污染及蓝藻监测预警工作双线战“疫”的胜利。3 月 13 日，江苏省政府办公厅通过正式印发新修订的《江苏省太湖蓝藻暴发应急预案》，进一步提高了江苏省太湖蓝藻暴发防控工作的标准和要求，为今后的防控工作奠定坚实基础。3 月 20 日，江苏省生态环境厅（省太湖办）组织召开太湖安全度夏形势分析暨应急防控监测预警工作启动视频会，全面分析和部署相关部门的职责和任务。4 月 1 日，工作小组成员单位江苏省苏州环境监测中心、江苏省常州环境监测中心、江苏省无锡环境监测中心和宜兴市环境监测站立即恢复线下战“疫”，密切关注太湖水质、藻情变化。

2020 年 7 月，中国环境监测总站与中国计量科学研究院共同研发了适用于 VOCs 监测的湿度可控的高精度动态稀释仪样机（图 3-1）。本次研制的湿度可控高精度动态稀释仪样机可精确控制稀释流量（1～5L/min）、稀释比（1：2000～1：100）、温度、相对湿度（15%～90%RH）等关键参数，可用于 VOCs 监测的质控、校准和仪器性能测试工作，并去除未充分气化的液滴。对低温冷阱法 VOCs 监测仪的测试结果（共计 77 种 VOCs，2.5ppbv）表明，高湿度对乙烷、丁烯、异戊二烯、苯、甲苯、四氯化碳等 70 种低碳组分定量准确性影响较小，相对误差为－4.4%～4.8%；但对十一烷、十二烷等高碳组分影响明显，相对误差为－8.2% 和－11.9%；同时高湿度对亲水组分如三氯苯的影响

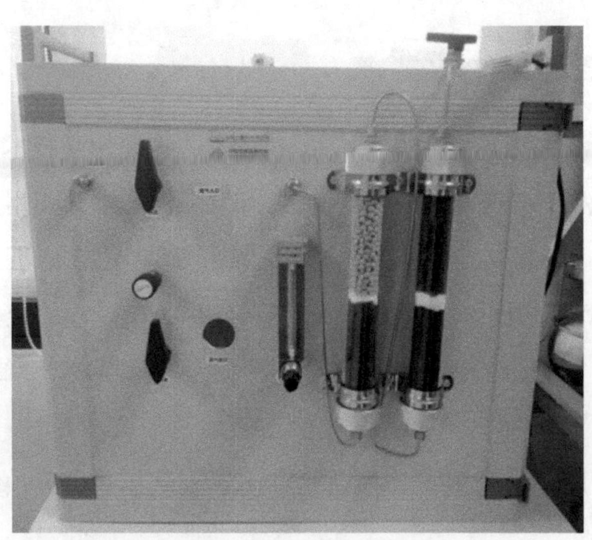

图 3-1　湿度可控的高精度 VOCs 动态稀释仪样机

资料来源：中国环境监测总站质量控制与管理室

显著高于同等碳数的疏水性组分如苯，相对误差分别为－8.2% 和 0.8%。

2020 年上半年，江苏省环境监测中心率先对江苏省 148 个地表水国控断面、饮用水水源地开展了基于环境 DNA（environment DNA，eDNA）技术的鱼类生物多样性试点监测，其中涉及长江干流断面 6 个、支流断面 15 个、水源地 12 个，共检出鱼类 35 种，并在南京江宁滨江、大胜关和江边路 3 个点位成功地检测到江豚的环境 DNA 信号。环境 DNA 作为一种新型生物基因组监测技术，与传统监测方法相比，采集水或底泥样品即可快速开展生物多样性监测，更加高效；检测分析依托标准化的实验操作流程、专业化的仪器设备、规范统一的 DNA 数据库，更加准确；可实现大批量（上百个）样品同时分析，有助于在更大范围、更深入的层面分析研判生态环境治理与保护成效。

2020 年 8 月，福建省福州环境监测中心站开发出新型酶底物法，用于快速测定菌落总数，全面提升了监测中心的日常工作效率。相较于常规平皿计数法，酶底物法培养基配置方便，读数时间少，操作步骤简单，手工操作时间小于 2min，很大程度上减少了分析过程染菌的可能性，可以有效提高水中菌落总数的测定效率。

2020 年 10 月，江苏首艘近海生态环境监测执法船项目正式获批立项，具备在江苏省及周边近岸海域、毗邻沿江区域开展生态环境全要素现场监测采样和船载实验室检测分析能力，为海洋生态环境执法监督、突发环境事件应急监测和现场指挥处置提供坚实基础保障，为打造精锐碧海环保铁军、深入推进“美丽江苏”生态文明建设提供有力技术支撑。

2020 年 10 月，山西省太原生态环境检测中心建立了便携式顶空 / 气相色谱 – 质谱法测定硬质聚氨酯泡沫和组合聚醚中一氟三氯甲烷（CFC-11）、二氟二氯甲烷（CFC-12）、二氟一氯甲烷（HCFC-22）及一氟二氯乙烷（HCFC-141b）的定性分析方法。该方法具有较高的灵敏度，定性准确，适用于实际样品的现场快速定性分析。

2020 年 12 月，山东省青岛生态环境监测中心通过先进的空气质量数值模型系统，综合数据寻找青岛大气污染短期发展趋势和变化规律，在重污染天气持续期间，提高空气质量预警应急响应标准。该中心通过空气质量数值模型系

统，实现了重点排污单位废气中氨及铵离子的“精准监测”，共监测废气重点排污单位120家次，获得监测数据231个，通过准确的监测数据为精准治污、科学治污提供技术支持，确保2020年青岛市蓝天保卫战圆满收官。

随着“大气十条”“水十条”“土十条”等环保政策相继出台，我国环保产业保持快速发展态势，带动环境检测行业市场需求大幅提升，从2016年的160亿元增至2020年的350亿元，复合年均增长率达29.68%，预计在2021年年底环境监测市场规模可达到403.02亿元（图3-2）。业内认为，现代化的生态环境网络体系建设是未来的焦点，包括地下水监测、海洋监测、农村监测、温室气体等综合监测网络建设等，最终实现全国范围内大气和水环境自动检测数据联网，大气超级站、卫星遥感等特征性监测数据联网，构建统一的国家生态环境监测大数据管理平台。

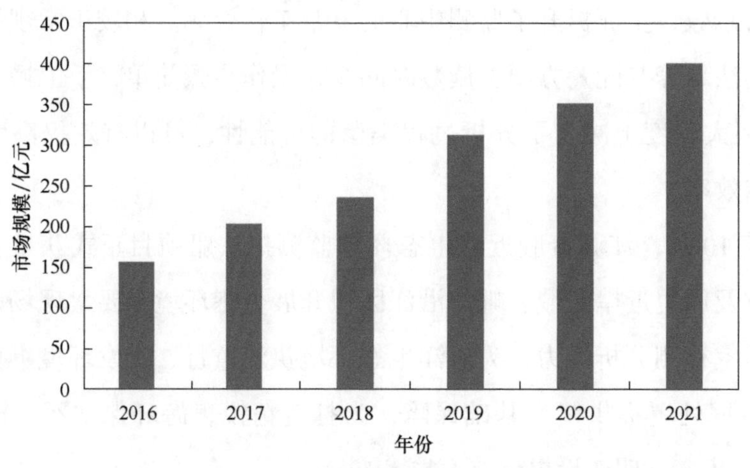

图 3-2　2016～2021 年我国环境监测市场规模统计及预测

资料来源：国家市场监督管理总局，中商产业研究院

（二）污染控制技术

2020年以来，我国利用传统的生物技术在固体废弃物资源化、土壤修复、水污染控制与再生及废气清洁等多方面，取得了固、液、气全面一体化的一系列环境污染控制成果。面临全球经济快速发展的大背景，新的环境污染问题不断威胁人类的生存和发展，我国政府积极调整工业布局，建立成果转化的高效运行机制。另外，相关的企业和科研工作者也对关键的生产技术进行革新升级，开发了

成套污染控制工具包，特别是在生物交叉多学科领域获得了大量研究成果。

2020 年 1 月，浙江中通检测科技有限公司结合生物过滤技术（biofiltration），针对废气净化、大气污染物监测和处理开发了数套装置、设备。作为一项新兴的大气污染控制手段，生物过滤技术中过滤系统的设计、滤料的选择和生物培养方式极为关键。我国在该领域的专利申请、授权数逐渐上升，近些年处于快速增长阶段（图 3-3），且该技术在环境科学与资源化利用方面应用显著（图 3-4）。我国相关企业在该技术方向上的突破对提高我国在大气污染控制领域的国际领先地位十分重要，也为实现全球大气污染清洁提供了良好的前景。

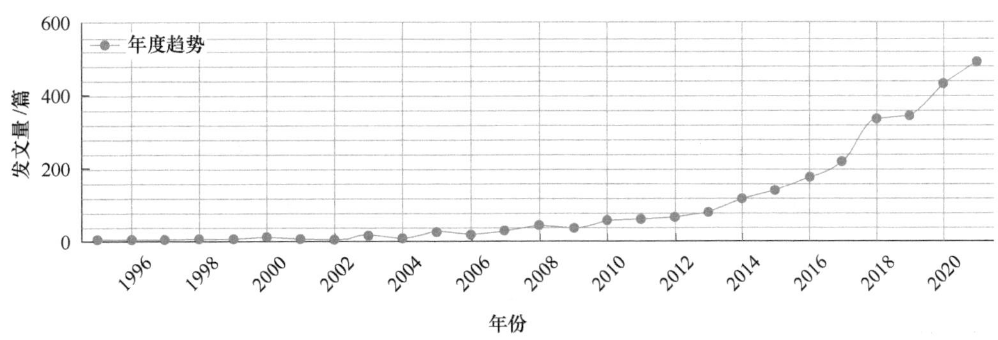

图 3-3　我国生物过滤技术专利申请数

资料来源：中国知网

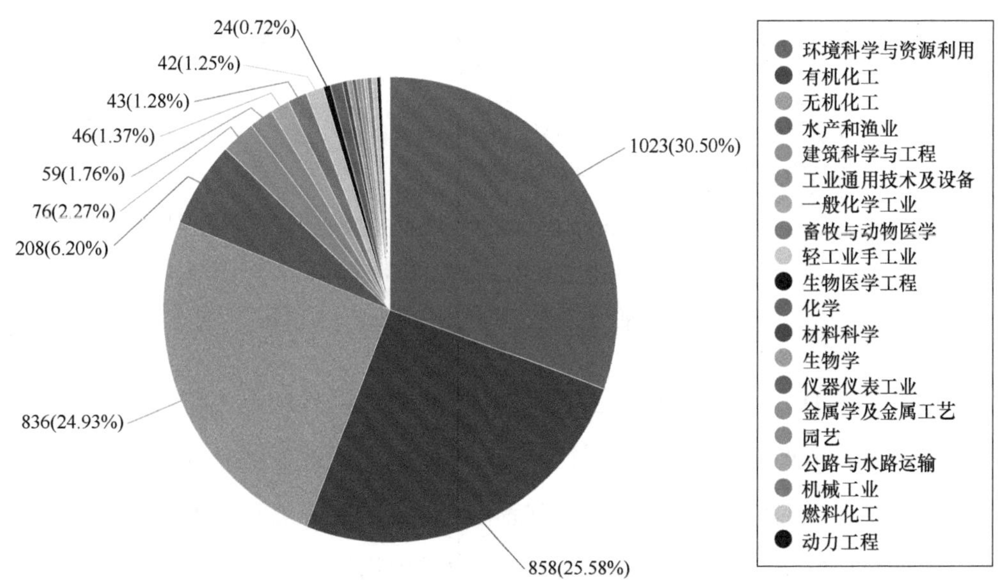

图 3-4　生物过滤技术应用领域分布

资料来源：中国知网

2020 年 1 月，广东工业大学环境健康与污染控制研究院发现天然矿物可导致细菌耐药性增加。该团队采用天然闪锌矿（NS）纳米颗粒激发细菌的氧化应激和抗氧化系统的反应，证明细菌的氧化、抗氧化指标均明显升高，并造成细菌细胞膜状态的改变，影响了供体菌和受体菌细胞膜的融合和 DNA 的跨膜转运。此外，NS 可提高供体菌和受体菌内应激基因表达，在矿物刺激供体菌和受体菌之间发生接合转移过程时，其细菌内部基因表达的上调是细菌活性变化以及细菌防御机制的积极应对的主要表现。细菌体内应激基因表达水平的升高，也表明矿物对供体细菌和受体细菌接合转移效率的促进作用。该发现为了解天然矿物导致的细菌耐药性风险提供了新的理解机制。

2020 年 2 月，住房和城乡建设部水专项实施管理办公室官方发布《新冠肺炎疫情期间加强城镇污水处理和水环境风险防范的若干建议》（图 3-5）。该建议针对公众和业界对新冠病毒可能存在粪 – 口和气溶胶传播途径的疑虑和担忧，从病毒暴露风险防范关键环节、现行排放标准与再生水标准、水专项成套技术支撑、从业人员风险防范工作要点等方面深入研讨，提出了针对性的对策建议。

- 高度重视城镇污水处理系统安全运行保障和从业人员病毒暴露风险防控
- 切实做好运行管理风险点和操作人员的病毒暴露风险防范
- 务必强化市政管网污水冒溢的防控与排除
- 提倡采用自动采样在线监测，视频监控替代人工巡检
- 保障处理系统正常运行，避免过度投加消毒剂
- 优化调整工艺运行模式与参数，确保污泥妥善处理处置

图 3-5　新冠肺炎疫情期间加强城镇污水处理和水环境风险防范的若干建议（节选）

资料来源：住房和城乡建设部水专项实施管理办公室

2020 年 3 月，江南大学环境微生物技术研究室以硅灰石为矿石原料，将矿物碳酸化耦合入产甲烷微生物电解池系统中，实现了微生物电解池中 CO_2 的原位矿石固定，同时强化了反应器的甲烷生产，使甲烷产量和纯度均得到有效提升。此外，研究进一步阐明了耦合体系中的微生物过程和化学反应机理，从而为产甲烷微生物电解池系统提供了一种新的沼气增值和 CO_2 减排方法。

2020年4月，国家发展和改革委员会（简称国家发展改革委）会同有关部门组织起草了《禁止、限制生产、销售和使用的塑料制品目录（征求意见稿）》，自4月10日至4月19日公开征求意见，进一步强化《产业结构调整指导目录》（2019年本）的要求，包含"含塑料微珠的日化用品，到2020年12月31日禁止生产，到2022年12月31日禁止销售"等规定。清华大学、南京大学和华东师范大学、中国科学院土壤环境及污染修复重点实验室等国内一流机构对我国微塑料在大气、土壤、水体中分布、检测以及对人体健康和生态环境进行了风险性评估，并着手开展对微塑料的生物降解菌的筛选和鉴定（图3-6）。为了解决这种潜在的健康危害，涉及生物、环境、医学、高分子等领域的科学家需要共同努力，以支持卫生政策和缓解策略。

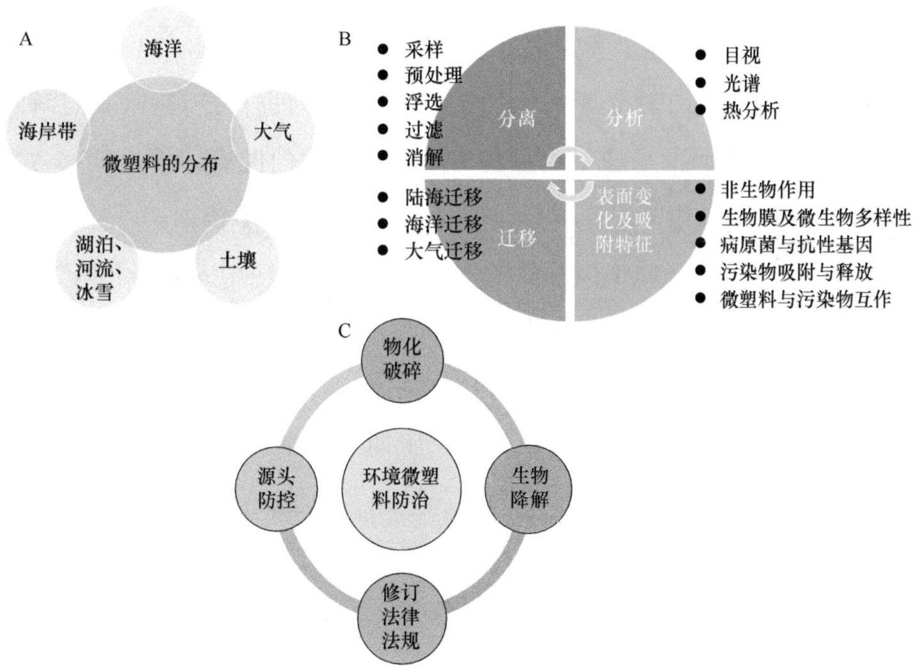

图3-6 环境中微塑料分布情况及污染控制、防治技术

资料来源：中国科学院南京土壤研究所骆永明等

2020年4月，中国科学院城市环境研究所厌氧生物技术研究团队通过生物强化法结合电化学技术，在厌氧系统中富集脂肪酸氧化菌和产电菌互营共生体，促进脂肪酸梯级代谢产甲烷，使脱水液的COD去除率和甲烷纯度分别

提高到 85% 和 90% 以上，并从投入产出角度分析了其经济可行性。该脱水液厌氧生物处理方法为未来开发新型污泥脱水液污染控制和资源回收提供了技术支撑。

2020 年 5 月，农业农村部沼气科学研究所能源微生物创新团队通过解析猪粪水热炭化过程中金属形态与猪粪结构变化关系发现，随着温度升高，以 K、Mg 为代表的轻金属主要转变为高活性的水溶形态进入液体产物中，而 Cu、Zn、Pb 等重金属则随着猪粪炭化程度的加剧进入炭晶体结构中转变成惰性的残渣形态。总体上，轻金属主要发生活化反应而重金属则主要发生钝化反应，温度的升高有利于晶体结构的成型、成熟与重金属的钝化。该研究为猪粪利用过程中基于重金属的风险评估、生命周期评价和污染控制提供了理论和技术支持。

2020 年 8 月，中国科学院城市环境研究所开发了一种高灵敏度（80%）和高特异性（99%）的高通量荧光定量芯片。该芯片可以同时对 23 种人类病原菌的 68 个标记基因和 10 种粪源宿主的 23 个标记基因进行定量。该芯片针对微生物污染监测和溯源的高通量定量将为病原菌相关的健康评估提供有力数据，为保护人类健康发展相关的环境管理措施的制定提供科学依据。

2020 年 9 月，第二届中国食品微生物标准与技术应用大会在北京举办。本届大会由中国微生物学会分析微生物专业委员会食品学组主办，旨在帮助相关单位正确把握新形势下我国食品微生物标准体系的发展趋势，了解基础标准及过程标准的研究进展，以及示范过程控制中如何进行微生物危害识别、风险分析、技术应用和措施改进，从而提高食品微生物检验方法标准的适用性和质量控制水平。病原微生物引起的食源性疾病已成为影响食品安全的头号问题，是食品安全的重大隐患，如何有效控制微生物污染已成为把控食品行业健康发展的重要因素。

2020 年 10 月，污染控制与资源化研究所国家重点实验室在污染物的环境行为与生态效应、水体污染控制理论与技术、固体废物处理与资源化、环境修复与流域污染控制等方面，取得了多项研究成果。这些成果为复合污染水环境中高风险物质溯源与风险防控、开发设计新型强化重金属等有毒物质净化材料和技术、固体废弃物资源化与末端处置二次污染控制技术，以及开展城市水环

境修复和综合整治技术奠定了理论和技术支撑。

2020 年 12 月，农业农村部沼气科学研究所畜禽粪污能源化利用与污染控制团队提出构建以沼气技术为纽带的农业生态系统平衡来解决沼液问题的观点。近年来，我国以处理畜禽粪污为主的沼气技术发展迅速，但是沼液的处理利用问题正成为限制沼气行业可持续发展的瓶颈。沼液还田是沼液处置的主要手段，种植业与畜禽养殖业集约化水平不匹配造成的种养结合不畅是沼液问题产生的根本，构建以沼气技术为纽带的农业生态系统平衡是解决之道。在养殖模式上，研究者通过“公司＋代养”模式来降低新建畜禽养殖场的规模并将其分散，实现以种定养；在沼液处理技术上，研究者通过固液分离、浓稀分流等技术延长沼液的运输距离，以扩大平衡范围；在沼液运输模式上，研究者通过专业的第三方对车辆、管道运输等进行高效的管理以降低成本。但是，开发高附加值沼液利用技术，如沼液浓缩制肥、微藻养殖和水培蔬菜等，并将其推向市场才是未来沼液问题的最终解决方案。

（三）环境恢复技术

环境修复是最近几十年发展起来的环境工程技术，根据修复对象可以分为大气环境修复、水体环境修复、土壤环境修复及固体废弃物环境修复等几种类型。根据环境修复所采用的方法，环境修复技术可分为环境物理修复技术、环境化学修复技术及环境生物修复技术等。其中，生物修复技术已成为环境保护技术的重要组成部分。近年来，随着国家和社会更加重视环境修复，其相关法律法规和制度不断完善，使环境修复行业得到了快速发展。

2020 年，我国在矿山生态环境修复领域取得了可喜的研究成果。研究者通过对国内外的研究进行梳理，总结了矿山生态环境恢复的治理技术主要有地质地貌工程、植被修复和土壤基质修复 3 个方面。其中，不同类型的生物技术手段都充当了十分重要的角色，如生物装置技术、植物养护技术和微生物修复技术等（图 3-7）。

2020 年 2 月，财政部印发《土壤污染防治基金管理办法》。该办法指出，鼓励土壤污染防治任务重、具备条件的省份设立基金，积极探索基金管理的有

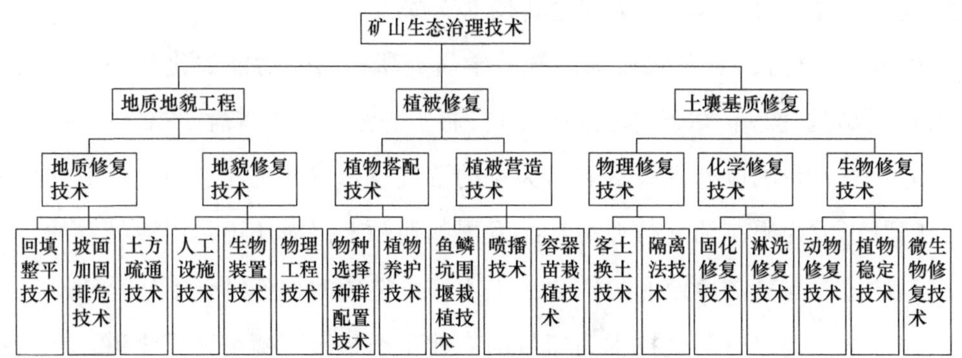

图 3-7　矿山生态治理修复技术

资料来源：浙江省污染土壤生物修复重点实验室

效模式和回报机制。中央财政通过土壤污染防治专项资金对本办法出台后一年内建立基金的省份予以适当支持。

2020 年 3 月，中共中央、国务院发布《关于构建现代环境治理体系的指导意见》。目标到 2025 年，建立健全环境治理的领导责任体系、企业责任体系、全民行动体系、监管体系、市场体系、信誉体系、法律法规体系，落实各类主体责任，提高市场主体和公众参与的积极性，形成导向清晰、决策科学、执行有力、激励有效、多元参与和良性互动的环境治理体系。

2020 年 9 月 16 日，生态环境部、国家发展改革委、国家开发银行共同发布《关于推荐生态环境导向的开发模式试点项目的通知》，公开征集生态环境导向的开发模式试点项目。通知提出 EOD 模式试点申报主体和实施主体为市（县、区）人民政府、园区管委会，申报项目要基于市、县、流域等不同区域尺度，通过公益性较强而收益性差的生态环境治理项目与收益较好的关联产业一体化实施，构建生态产业化、产业生态化的生态经济体系，以创新生态环境治理投融资渠道。试点工作按照申报、确定、实施、评估、总结的程序逐步开展。生态环境领域投融资渠道少、资金需求量大，寻求有效的投融资模式一直是生态环境领域多年来的任务。生态环境导向的开发模式是近年来国家大力鼓励发展的重要模式之一，已纳入 2021 年全国生态环境工作要点中。对于环境修复而言，需要大力探索区域性土壤环境修复与区域土地开发、区域土地综合整治、生态经济发展的联动开发模式，以解决污染土壤治理修

复所需资金来源。

2020年10月，安徽省率先启动了全省地下水环境状况调查项目，开展全省552个集中式地下水饮用水源地、87个垃圾填埋场、8个危险废物处置场、102个重点工业污染源、3个再生水农用区、48个矿山开采区、432个加油站以及区域性地下水监测空白区等区域周边地下水环境状况调查，系统查明“双源”周边的地下水质量和污染状况，针对污染源的特征污染指标，识别地下水污染物的种类、浓度和空间分布特征，分析调查区的水文地质条件，确定地下水污染的途径和方式，结合区域性地下水调查成果，为安徽省地下水污染防治工作提供翔实可靠的基础数据，项目总预算金额4709.9万元。11月，四川省生态环境厅启动了全省地下水环境调查评估与能力建设二期项目，在一期基础上，继续开展成都、内江、自贡、泸州、宜宾、攀枝花、雅安、乐山、甘孜州、阿坝州和凉山州等11个市（州）地下水调查与评估，项目总预算金额4567.1万元。安徽和四川等省级层面上启动地下水全面调查评估较早的省份，将为其他省市开展地下水调查评估起到示范带动作用。

2020年11月，中国环保产业协会发布2020年度环境技术进步奖，包括复合污染土壤低扰动多维协同修复关键技术与应用在内的3个土壤和地下水修复项目入选。12月，中国环保产业协会发布《2020年重点环境保护实用技术及示范工程名录》，包括履带式土壤稳定化修复设备和多项修复药剂材料、热强化异位通风处理技术及装备、原位传导式电加热热脱附技术等在内的5项技术入选实用技术名录，云南红云氯碱有限公司含汞盐泥处理工程等8个工程入选示范工程名录。12月，国家发展改革委发布了《国家鼓励发展的重大环保技术装备目录（2020年版）》，开发类中土壤原位修复智能喷射装备等3项装备入选，应用类中原位热脱附等3项装备入选，推广类中原位空气注入与生物强化集成修复等4项装备入选。12月，生态环境部发布《2020年国家先进污染防治领域技术目录（固体废物和土壤污染防治领域）》，与土壤污染修复相关的6项示范技术和3项推广技术位列名单中。

2020年11月28日至29日，第二届中国·天津土壤污染防治高峰论坛在天津成功举办。本次会议由天津市生态道德教育促进会、天津市生态环境科学

研究院和南开大学共同主办，共 200 余人参加。本次论坛取得了三方面成果：一是论坛嘉宾为行业提供了最新的政策解读和治理技术、管理方法；二是发表了《土壤污染防治天津宣言》，重申了土壤对地球、对人类的重要意义；三是土壤污染防治行业自律公约缔约方在大会发布了《天津土壤污染防治行业自律公约》，这在全国尚属首次，为规范天津土壤污染防治行业市场创造了有利条件，也为加强全国土壤修复从业单位的管理、提高行业自律水平、规范市场公平竞争提供了示范。

2020 年岁末，上海首个大面积应用原位热脱附技术治理修复污染地下水的工程项目在历时 9 个月的建设运行后，进入效果评估阶段。该项目是电加热热传导型（TCH）原位热脱附技术（ISTD）在上海市的首次大规模应用，修复污染含水层体积达 2.5 万 m^3，地块内的主要厂房等建筑物在修复过程中均不拆除。本项目聚焦地块内石油类污染地下水，采用分层建井采样、建设簇井采样、膜界面探测（MIP）等手段开展了精细化调查，调查了该地块含水层中石油类污染物的分布范围以及轻质非水相液体（LNAPL）的赋存状况；基于场地未来利用规划，按照不同油品类型分别制定了超风险关注污染物的修复目标值。按照《污染地块地下水修复和风险管控技术导则》（HJ 25.6—2019）的技术规定，该项目将开展为期至少 2 年的效果评估工作。电加热热传导型原位热脱附技术具有对场地环境破坏小、污染去除效率高、能源供给便捷等优点，曾在苏州、宁波、南京等项目场地大规模应用。该项目的顺利进行为在产企业或原厂改造场地的污染土壤 / 地下水治理修复提供了技术示范。

2020 年疫情突发，对土壤环境修复的培训交流方式产生了根本改变，从过去的线下会议方式调整为随时随地可进行的线上交流方式。北京建工环境修复公司牵头的污染场地安全修复国家工程实验室在 2020 年成功组织了近 30 期网络大讲堂；中国科学院生态环境研究中心组织的易修复云课堂推出了土壤环境修复和国土空间整治系列技术讲座；中关村众信土壤修复产业技术创新联盟也推出了近 20 期集管理、技术、工程、研发等内容在内的多期网上讲座。第四届中国可持续环境修复大会也采取了线上 + 线下联动方式，吸引

了几万人共同参加。网络联动的授课和交流方式已经成为跨越时空的新交流方式，必将在2021年中继续推动环境修复从业单位之间的交流和修复产业的发展。

联合国环境规划署执行主任英格·安德森指出："2020年是值得反思的一年，地球面临着多重危机，包括全球疫情蔓延以及气候、自然和污染的持续恶化。在2021年，我们必须采取谨慎步骤，扭转局势，转危为安。在这一过程中，我们必须认识到自然的恢复对于地球和人类的生存而言都至关重要。"

（四）废弃物处理与资源化技术

随着我国新修订的《中华人民共和国固体废物污染环境防治法》的施行，以及固废处置相关政策的健全和实施，我国对于生活垃圾、医疗废物和污泥等的处理处置做出了更严格的要求。"十四五"时期，我国固废处置的减量化和循环利用将加速推进，固废处置产业规模将进一步扩大，产业结构将得到不断升级，产业发展将进入更高阶段。

截至2019年年底，全国城市污水处理厂处理能力1.77亿m^3/d，据估算，其产生的干污泥约1232万t，干污泥处置量约为1182万t（图3-8）。与传统厌氧消化技术相比，高级厌氧消化技术的研发及应用历史较短，但已展现良好的发展势头，新技术的发展正奠定厌氧消化技术的新局面。2020年，西安市污水处理厂污泥集中处置项目建设的污泥高级厌氧消化工程持续运行。该项目为环境和城市基础设施建设重点项目，采用政府与社会资本合作的PPP模式，西安市污水处理监督管理中心、中国环境保护集团有限公司、西安市市政道桥建设有限公司共同参与本项目的建设和运行，也是目前我国首个拥有完全自主知识产权的项目，日处理规模达1000t/d（含水率80%，年处理总量36.5万t），可满足西安市主城区50%以上的污泥处理需求，单体投资成本与国外同类技术相比降低40%以上。1000t/d的污泥经过热水解、厌氧消化、离心脱水、低温干化等处理工艺，变成240t/d的终端产品，这些产品可作为建材原材料、园林绿化肥料等，实现绿色、循环和可持续发展。产生的沼气经过处理，可供厂区内锅炉燃用。

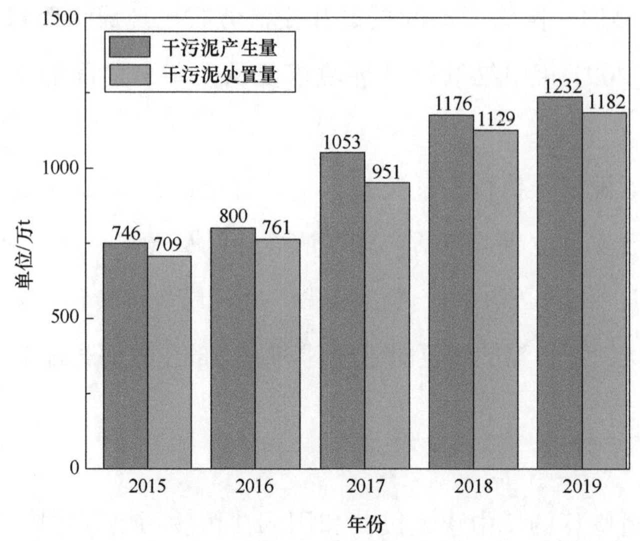

图 3-8 2015～2019 年中国城市污水处理厂干污泥产生量及处置量统计情况

资料来源：公开数据整理

2019 年年底至 2020 年，受新冠肺炎疫情影响，医疗废物数量也较之往年增速明显。由于具有较强传染性、毒性及危害性，医疗废物成为城市废弃物处理的焦点。如表 3-2 所示，上海市作为 2019 年医疗废物产生量排名第一的城市，对医疗废物处理处置的压力巨大。在此背景下，2020 年 1 月，上海市 500 余家一级以上医疗机构自行开发了医疗废物管理系统，占医疗废物总规模的 8.3%，并且管理系统为便于内部管理皆按“个性需求”定制，但包含基础性指标；该部分尚未完全接入国家卫生健康委监管平台，仍须规范化管理。2020 年 4 月 29 日，十三届全国人大常委会第十七次会议表决通过的《中华人民共和国固体废物污染环境防治法》也增加了对医疗废物的监管要求。目前，焚烧是医疗废物处置的主要方式，但从处理能力方面看，2020 年上海市前端产生量 152 t/d 与末端处置能力 122 t/d 不匹配，仍存在 30 t/d 的缺口；“一南一北一岛”的处置设施分布和 360 t/d 的处置能力即将形成，补齐处置缺口，是上海市进一步提高医疗废物规范化处置能力的重点工作。

表 3-2 2019 年医疗废物产生量排名前十的城市

序号	城市名称	医疗废物产生量/t
1	上海市	55713.0
2	北京市	42800.0
3	广州市	27300.0
4	杭州市	27000.0
5	成都市	25265.8
6	重庆市	25210.8
7	郑州市	21701.6
8	武汉市	19500.0
9	深圳市	16500.0
10	南京市	16100.0
合计		277091.2

资源来源：生态环境部，《2020 年全国大、中城市固体废物污染环境防治年报》

2020 年 1 月，云南水务投资股份有限公司建成并运行了占地 1000m^2、处理规模为 40t/d、含水率 80% 的污泥碳化项目。该项目采用立体式布置，具有占地面积小、密封输送简单等特点，整个系统为全自动化控制，操作简单且控制精确，热解产生的高温油气可作为燃料回用，降低了外部能源消耗。热解产生的生物炭比表面积大、性质稳定，可通过多渠道进行资源化利用。该污泥碳化技术可同时用于多类型有机固体废弃物，如生活垃圾、餐厨垃圾、粪便、农林废弃物等的单独处置或协同处置，从根本上实现固废的减量化、无害化、稳定化和资源化。此外，该项目还与中国科学院生态环境研究中心合作，研究生物炭的生态农业应用，将环保与农业链接，形成良好的生态循环。

目前，填埋仍是我国固体废弃物处理的主要方式之一。2020 年 7 月，总投资 1.81 亿元、占地面积 32 万 m^2 的国内最大的沿江平原垃圾填埋场封场工程通过验收，标志着江苏省南通市垃圾处理中心 1 至 6 号池垃圾填埋场进入新的绿色时代。该填埋场是南通市唯一的生活垃圾应急填埋场，自 1997 年起一直承担着生活垃圾应急填埋任务。由于之前建设标准不高，该垃圾填埋场存在垃圾渗滤液渗透进入地下水的风险；垃圾填埋场雨污混流，水面超高，存在外溢入江的风险；周边环境卫生条件极差。经一年的整备，施工人员先对垃圾堆体整

形施工，然后采用直径 850mm 的三轴水泥搅拌桩沿垃圾填埋场周边设置平均深度约 21.7m 垂直防渗墙，以解决垃圾渗滤液通过渗透入江的问题；垃圾堆体表面采用高密度聚乙烯膜，解决雨污混流、雨水进入垃圾堆体的问题；还设立收集系统，对垃圾渗滤液、填埋气进行收集导排，外加气体自动燃烧装置，解决废气污染环境的问题。

2020 年 6 月，财政部、生态环境部发布《关于核减环境违法垃圾焚烧发电项目可再生能源电价附加补助资金的通知》，要求自 2020 年 7 月 1 日起，垃圾焚烧发电项目应依法依规完成“装、树、联”后，方可纳入补贴清单范围，自此垃圾焚烧发电项目运营与时俱进，步入新轨。在此背景下，同年 12 月，海南省的海口和三亚三期、文昌和琼海二期、屯昌、陵水、东方、儋州等 8 座生活垃圾焚烧发电项目全部按国家要求运营，至此海南省“十三五”期间规划建设的焚烧发电项目全部投入运营，这标志着海南省告别传统的垃圾填埋模式，全省生活垃圾处理迎来“全焚烧”时代。海南省全省生活垃圾焚烧处理能力达 11 575t/d，处理能力首次超过全省生活垃圾产生量。采取全焚烧处理后，作为垃圾无害化处理设施的 16 座生活垃圾填埋场将全部停止接收生活垃圾，过去由于处理能力不足而造成积压的生活垃圾，现在由于新建的焚烧项目全部运营，处理设施不仅可以完全满足全省生活垃圾无害化处理要求，而且开始腾出处理能力来消化往年超库容填埋场的垃圾。2015～2020 年间，全国垃圾的焚烧处理能力和处理量见表 3-3。

表 3-3　2015～2020 年我国垃圾焚烧处理能力及处理量统计

年　份	2015	2016	2017	2018	2019	2020
垃圾焚烧处理能力 /（万 t/ 年）	8 578	11 169	13 797	16 389	18 980	21 572
垃圾焚烧处理量 /（万 t/ 年）	6 605	8 712	10 900	13 111	15 374	17 689

资料来源：公开数据整理

由于煤化工产业的蓬勃发展，高盐废水排放量的增加导致煤化工结晶盐的产量也水涨船高，如果处理不善，很容易造成再次污染。就目前而言，如何使得煤化工废水零排放浓盐水走向资源化利用显得尤为重要。2020 年 10 月，安徽（淮北）新型煤化工合成材料基地浓盐水零排放工程建成投产，该项目对

基地污水处理厂一期工程中水回用装置产生的浓盐水进一步处理，产出的硫酸钠和氯化钠合格，产出的回用水全部回用于园区。该项目采用上海晶宇环境工程股份有限公司自主研发的国内外首创废水零排放及结晶盐资源化技术，由中国化学工程第三建设有限公司和上海晶宇环境工程股份有限公司组成联合体EPCO总承包。该项目占地面积44 667 m^2，设计浓盐水的处理规模为4000 m^3/d，其中，蒸发结晶装置处理规模960 t/d，结晶工艺包括预处理、硫酸钠结晶单元、氯化钠结晶单元，配套加药系统、污泥系统、循环水系统等公用工程及辅助设施。

据2020年12月生态环境部公布的《2020年全国大、中城市固体废物污染环境防治年报》统计，此次一般工业固体废物产生量为13.8亿t，比去年同期下降了12.32%，其中工业危险废物产生量为4498.9万t，医疗废物产生量为84.3万t，城市生活垃圾产生量为23 560.2万t，固体废物减量化成果显著。如图3-9所示，一般工业固体废物综合利用量占利用处置及贮存总量的55.9%，处置和贮存分别占比20.4%和23.6%，综合利用仍然是处理一般工业固体废物的主要途径，部分城市对历史堆存的一般工业固体废物进行了有效的利用和处置。

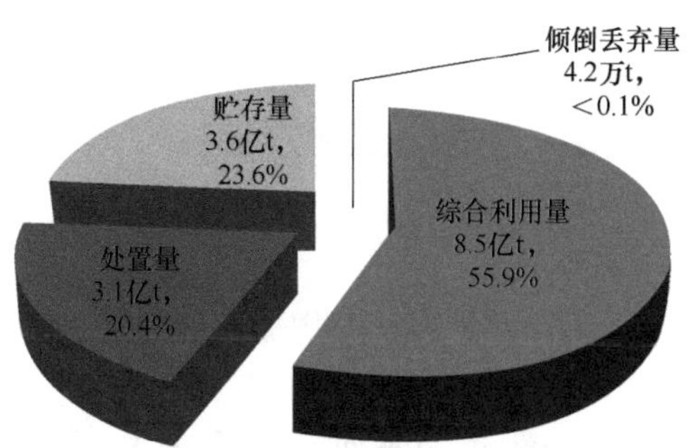

图3-9　一般工业固体废物利用、处置等情况

资料来源：生态环境部，《2020年全国大、中城市固体废物污染环境防治年报》

最近几十年蓝藻水华在我国各大富营养化湖泊频繁暴发，但目前从根本上解决蓝藻水华问题在短时间内难以实现，因此，蓝藻的资源化利用已经成为了控制蓝藻水华问题的一种热门途径。2020年，江南大学环境微生物技术研究室承担的国家科技重大专项——梅梁湾蓝藻水华控制与藻源性有机物处置技术集成与工程示范的子课题“日处理3t湿蓝藻泥的资源化生产示范线”成功运行一年。研究人员针对蓝藻微生物细胞荚膜多糖的凝胶结构，在不添加氧化钙和稀释用水的情况下，通过絮凝和软晶格热重排技术，提高了蓝藻泥的流动性和过滤性能，实现深度脱水，滤饼有机质含量高、热值高，滤液可生化性好、易处

理，为蓝藻饼进一步高效干化和资源化利用奠定了基础条件。研究人员以高含有机质的蓝藻饼为原料，通过精准控制物理活化条件，获得吸附性能良好的蓝藻活性炭，在环境、农业和化工等领域具有广泛的应用价值。示范线的成功运行将有助于显著降低蓝藻泥的脱水和干化成本，有益于推动蓝藻泥的减量化、无害化和资源化，为太湖蓝藻泥寻找到一条有价值的最终出路。

随着人们对资源与环境的日益重视，废弃物处理及资源化技术的发展具有广阔的前景。废弃物并非废物，而是一种错放的资源，其综合利用是我国可持续发展的必然趋势，也是构建资源节约型、环境友好型社会的必经之路。新技术、新工艺的不断创新，来提高废弃物资源利用率，是有效解决我国资源短缺和环境污染问题的重要保障。

五、生物安全

（一）病原微生物研究

1. 新冠病毒研究取得重大突破

突如其来的新冠肺炎疫情使人类生命健康面临重大威胁，给生命科学和医学研究带来了巨大的挑战。2020 年 1 月 20 日，我国迅速成立国务院联防联控机制科研攻关组，科技部会同国家卫生健康委等 12 个部门组成工作专班，并成立以钟南山院士为组长的专家组开展科技攻关，主攻病毒病原和流行病学、动物模型、检测诊断、药物研发和临床救治、疫苗研发五大方向，并取得重大进展。

在病毒病原和流行病学方面，我国科学家最先分离得到新冠病毒毒株并进行全基因组测序；提出蝙蝠可能是携带新冠病毒的源头；解析首个新冠病毒蛋白质；解析新冠病毒三维结构。新冠肺炎疫情发生后，中国科学家在一周内迅速分离得到病毒毒株，花费十余天完成了病毒的全基因组测序工作，并于 2020

年 1 月向全世界公布了这一新兴病原体的全基因组序列，拉开了全球研制新冠肺炎疫苗的序幕，为中国及全球应对新冠肺炎疫情奠定了基础。2020 年 2 月，中国科学院武汉病毒研究所等在 *Nature* 上发表研究论文，通过冠状病毒基因组序列比对，发现新冠病毒可能来源于蝙蝠。2020 年 4 月，饶子和院士团队在 *Nature* 上发表研究论文，解析了首个新冠病毒蛋白质——主蛋白酶的三维结构，该蛋白是新冠病毒的关键药物靶点，为新冠药物的研发奠定了基础。2020 年 9 月，清华大学与浙江大学研究人员合作在 *Cell* 上发表论文，使用高通量、高分辨率冷冻电镜断层成像技术，首次解析了新冠病毒全病毒分子结构。

在动物模型方面，我国科学家成功构建了国际首个新冠病毒感染的动物模型。中国医学科学院医学实验动物研究所、中国疾病预防控制中心病毒病预防控制所、中国医学科学院病原生物学研究所合作，通过比较医学分析，培育了病毒受体高度人源化的动物，建立了转基因小鼠和恒河猴模型，突破了疫苗和药物从实验室走向临床应用的技术瓶颈。相关研究成果分别于 2020 年 3 月和 7 月发表在 *Animal Model & Experimental Medicine* 和 *Nature* 杂志上。

在检测诊断方面，我国科学家研发出了多种新冠病毒快速检测产品并得到广泛应用。多款检测产品出口海外，涉及的技术包括荧光 PCR 法、联合探针锚定聚合测序法、酶联免疫吸附测定法、胶体金法和荧光免疫层析法等，在我国乃至全球的疫情防控中起到关键性的作用。

在药物研发和临床救治方面，药品筛选和治疗方案取得积极进展。疫情初期，中国科学院武汉病毒研究所、中国军事科学院、中国科学院上海药物研究所合作筛选出磷酸氯喹、法匹拉韦，证实这两种药物在细胞水平能有效抗击新冠病毒；上海君实生物医药科技股份有限公司与中国科学院微生物研究所等单位合作开发的重组全人源抗体 JS016 于 2020 年 6 月获批进入一期临床试验，这是国内首个、国际第二个进入临床试验阶段的重组全人源化抗体；北京大学采用高通量单细胞测序技术从新冠肺炎康复期患者血液中筛选出的中和抗体 DXP-593 进入Ⅱ期临床试验。

在疫苗研发方面，我国科学家采用多管齐下的策略，在灭活疫苗、重组蛋白疫苗、腺病毒载体疫苗、减毒流感病毒载体活疫苗、核酸疫苗 5 条技术路线

稳步推进。截至 2021 年 2 月 23 日，中国自主研发进入临床三期试验的疫苗有 6 种，包括 4 种灭活疫苗、1 种腺病毒载体疫苗及 1 种蛋白亚单位疫苗。

2. 其他病原体研究取得重要进展

除新冠病毒以外，中国科学家还在 HIV、流感病毒、砂粒病毒、MERS-CoV、ZIKA、结核菌、EV71、肺炎球菌等病原微生物的结构机制、免疫机制和疫苗研发等方面取得了重要进展。

在结构机制方面，我国科学家首次解析了砂粒病毒科聚合酶结构，首次揭示了流感病毒组装和解体的机制。2020 年 3 月，中国科学院微生物研究所研究人员在 *Nature* 上发表研究论文，首次解析了砂粒病毒科聚合酶结构，提出了由砂粒病毒聚合酶 RNA 合成的机制。2020 年 9 月，中国科学院广州生物医药与健康研究院与英国剑桥医学研究委员会分子生物学实验室研究人员合作在 *Nature* 上发表研究论文，揭示了流感病毒完整颗粒内已组装的 M1 完整结构及在体外重建的 M1 低聚物的结构。

在免疫机制方面，我国科学家揭示了结核菌的人体免疫逃逸机制及机体抵抗病毒感染的机制等。2020 年 1 月，同济大学和上海科技大学研究人员合作在 *Nature* 杂志上发表研究论文，报道结核菌利用人体泛素化系统抵御人体免疫系统，以逃逸人体的天然免疫应答。2020 年 3 月，中国科学院上海巴斯德研究所科学家在 *Immunity* 杂志上发表研究论文，揭示了机体抵御病毒感染的独特机制，即阴离子通道 LRRC8/VRAC 可将病毒感染细胞产生的 cGAMP 转运至旁观者细胞，并通过激活 STING 信号和诱导 IFN 应答而引发机体免疫。

在疫苗研发方面，我国科学家自主研发的 13 价蛋白结合肺炎球菌疫苗获批上市，开发出了广谱的流感疫苗佐剂，主导制定的 EV71 灭活疫苗指导原则成为国际标准。2020 年 1 月，国家药监局批准云南沃森生物技术股份有限公司申报的 13 价肺炎球菌多糖结合疫苗上市注册申请，这是全球第二个、我国第一个 13 价肺炎球菌结合疫苗。肺炎球菌性疾病是全球严重的公共卫生问题之一，肺炎结合疫苗是预防肺炎球菌性疾病的最有效手段。该公司经过 14 年的自主研发，采用创新的工艺技术及国际最高标准的对照设计，研制出具有完全自主

知识产权的 13 价肺炎球菌结合疫苗，成功打破了欧美国家长期以来在婴幼儿肺炎球菌结合疫苗领域的垄断局面。2020 年 2 月，*Science* 期刊发表一篇研究论文显示，复旦大学与美国哈佛大学医学院、麻省理工学院研究人员合作开发出广谱流感疫苗佐剂，即一种能促进流感疫苗激活并产生抵抗异种亚型流感病毒的广谱免疫反应的 PS 仿生纳米颗粒。2020 年 12 月，国家药监局宣布，在第 72 届世界卫生组织生物制品标准化专家委员会会议上，由中国食品药品检定研究院主导制定的《肠道病毒 71 型（EV71）灭活疫苗的质量、安全性及有效性指导原则》获得审议通过并在世界卫生组织官网发布。该文件为各国监管机构和制造商提供了制造工艺、质量控制和非临床及临床评估等方面的指导，以确保 EV71 灭活疫苗的质量、安全性和有效性，对促进我国 EV71 疫苗通过世界卫生组织预认证、进入联合国疫苗采购清单、进入国际市场具有重大意义。

（二）两用生物技术

1. 合成生物学研究取得重要进展

合成生物学是一个科学领域，涉及通过工程设计有目的地重新设计生物体，使生物体具有新的能力。2020 年，全球科学家将合成生物学用于研制快速检测病毒的生物装置，开发新疫苗的研发技术，构建疫苗和病毒合成的生物平台，在全球抗击新冠肺炎疫情中发挥重要作用；同时，在自动化基因线路设计、细胞疗法等方面也取得了显著进展。中国主要在合成生物构建原理、合成元件开发和调控系统开发等方面取得了重要进展。

在合成生物构建原理方面，2020 年 5 月，中国科学院深圳先进技术研究院、深圳合成生物学创新研究院研究人员在 *Nature Microbiology* 上发表文章，揭示了合成生物构建原理。文章分析了决定细菌大小的因素，推导出“个体生长分裂方程”，修正了细菌生长领域原有的“SMK 生长法则”和“恒定起始质量假说”两大生长法则，为合成生物学领域的生命体设计提供了构建的基础原理。

在合成元件开发方面，2020 年 8 月，中国科学院微生物研究所、北京大学、中国科学院大学、中国科学院深圳先进技术研究院的研究人员在 *Nature*

Communications 上发表文章，利用生物小分子的化学多样性，为高性能、多通道的细胞 - 细胞通讯和生物计算从头设计了一个遗传工具箱。研究人员通过信号分子的生物合成途径设计、传感启动子的合理工程化和传感转录因子的定向进化，在细菌中获得了六个细胞 - 细胞信号通道，其综合性能远远超过传统的群体感应信号系统，并成功地将其中一些转移到酵母和人类细胞中。细胞间信号传递工具箱扩展了合成生物学在多细胞生物工程中的能力。

在调控系统开发方面，2020 年 8 月，华东师范大学研究人员在 *Science Advances* 上发表文章。研究人员开发了一种由临床许可药物阿魏酸钠（SF）控制的阿魏酸 / 阿魏酸钠（FA/SF）可调节转录开关，证明 SF 反应性开关可被设计用于控制 CRISPR-Cas9 系统，FA 控制的开关集成到可编程的生物计算机中可处理逻辑运算。

2. 新型基因编辑工具开发方面取得重要进展

基因编辑是一种改变细菌、植物和动物等的 DNA，从而改变相应生物特征或治疗相关疾病的方法。以 CRISPR 为代表的基因编辑技术为改造生物体提供了手段的同时，也为新物种的创造提供了更多的可能性。2020 年，诺贝尔化学奖被授予 CRISPR-Cas9 的发明者。随着生物技术的不断发展，基因编辑技术也不断得到优化，基因编辑工具愈加多样化，编辑的精准性也得到进一步提升。碱基编辑器（BE）是精确基因组编辑的有力工具，可用于纠正单一致病突变。胞嘧啶碱基编辑器（CBEs）能够在目标位点进行有效的胞嘧啶到胸腺嘧啶（C-to-T）的替换，而且不会产生双链断裂。然而，它们可能缺乏精确性，与“目标”胞嘧啶相邻的胞嘧啶也可能被编辑。

2020 年 7 月，美国莱斯大学、中国科学院大学、中国农业科学院的研究人员合作在 *Science Advances* 上发表的论文显示，研究人员设计了新的 CBEs，可以精确地修改单个目标 C，同时最大限度地减少相邻 C 的编辑，与现有的碱基编辑器相比，在疾病序列模型中碱基编辑的准确性提高了 6000 倍。

2020 年 7 月，华东大学研究人员在 *Nature Communications* 上发表的文章显示，研究人员开发了一个远红光诱导的 split Cre-loxP 系统（FISC 系统），该

系统基于菌体光遗传系统和 split-Cre 重组酶，仅通过利用远红光（FRL）就能对体内基因组工程进行光遗传调控。该 FISC 系统扩大了 DNA 重组的光遗传学工具箱，以实现活体系统中的时空控制、非侵入性基因组工程。同月，华东大学研究人员在 *Science Advances* 上发表文章显示，研究人员开发了一个远红光（FRL）激活的 split-Cas9（FAST）系统，它可以在哺乳动物细胞和小鼠中有力地诱导基因编辑。

2020 年 8 月，天津大学研究人员在 *Nature Communications* 上发表的一项研究显示，研究人员开发了一种基于 CRISPR-Cas9 的染色体驱动系统，可以消除目标染色体，使所需的染色体得以传递。

3. 基因编辑在农业、医学等领域的应用范围进一步扩大

随着科学家不断挖掘和发现基因编辑技术的新功能，其应用范围也不断扩大，甚至已被用于人类胚胎和人体基因的编辑。2020 年，我国科学家主要将基因编辑技术应用于农业、医学等领域并取得重要进展。

在农业领域，2020 年 1 月，中国科学院遗传与发育生物学研究所的研究人员在 *Nature Biotechnology* 上发表的一项研究显示，研究人员设计了 5 个可以诱导产生新的突变、促进植物基因的定向进化的饱和定向内源诱变编辑器（STEMEs），还利用其中两种 STEMEs 对水稻的 *OsACC* 基因进行定向进化，获得了抗除草剂突变体。2020 年 3 月，中国科学院遗传与发育生物学研究所的研究人员在 *Nature Biotechnology* 上发表的一项研究显示，研究人员将优化了密码子、启动子和编辑条件的 prime editors 在植物中使用，发现由此产生的一套植物 prime editors 能够在水稻和小麦原生质体中进行点突变、插入和缺失。2020 年 6 月，中国科学院遗传与发育生物学研究所的研究人员在 *Nature Biotechnology* 上发表的一项研究显示，研究人员开发出了 APOBEC-Cas9 融合诱导缺失系统（AFIDs），将 Cas9 与人类 APOBEC3A（A3A）、尿嘧啶 DNA- 葡糖苷酶和嘌呤或嘧啶位点裂解酶相结合。AFIDs 可应用于研究调控区域和蛋白质结构域，以改进作物。

在医学领域，2020 年 3 月，北京大学研究人员在 *Science Advances* 上发表文

章，利用基因编辑技术 CRISPR-SaCas9 系统可精准删除大鼠的特定记忆，为清除长时间存在的“病理性记忆”，治疗相关疾病提供了思路。2020 年 4 月，华西医院开展的“全球首个基因编辑技术改造 T 细胞治疗晚期难治性非小细胞肺癌”的临床试验公布相关结果，12 名接受治疗的患者中有两位患者的中位总生存期为 42.6 周。2020 年 7 月，上海邦耀生物与中南大学湘雅医院合作开展的“经 γ 珠蛋白重激活的自体造血干细胞移植治疗重型 β 地中海贫血安全性及有效性的临床研究”公布相关临床试验结果，显示两例患者已治愈出院，这是全球首次成功利用 CRISPR 治疗 β0/β0 型重度地中海贫血。2020 年 9 月，杭州启函生物科技有限公司与哈佛大学研究人员合作在 *Nature Biomedical Engineering* 上发表一篇文章，使用 CRISPR-Cas9 和转座子技术的组合，展示了所有 PERVs 失活的猪可以通过基因工程消除 3 种异种抗原，并表达 9 种人源基因，提高猪与人类的免疫和血液凝固的相容性，使安全和有效的猪异体移植成为可能。

（三）生物安全实验室和装备

1. 生物安全实验室建设进一步推进

始于 2019 年的新冠肺炎疫情使全球生物安全问题凸显。生物安全实验室，特别是高等级生物安全实验室，作为公共卫生、科学研究、技术生产和国家生物安全的基本支持平台，在生物安全防御和响应中发挥着至关重要的作用。我国高度关注生物安全实验室的建设，进一步部署和推进生物安全实验室的建设工作，已建成了初具规模的生物安全实验室体系。2020 年 6 月 16 日，国家发展改革委新闻发言人孟玮在例行新闻发布会上表示，新冠肺炎疫情期间，暴露出来我们在预防防治方面存在一些短板弱项，要加快补齐医疗防治方面的硬件短板，重点是加大各级疾控机构和相关生物安全实验室建设投入，完善设备配置，统筹优化检验检测资源的区域布局，实现每个省份至少有 1 个生物安全三级水平的实验室，大幅提高重大疫情监测预警能力。2020 年 9 月，教育部发布的《关于政协十三届全国委员会第三次会议第 4961 号（医疗体育类 702 号）提案答复的函》中指出，截至 2020 年，科技部批准建设的高等级生物安全实

验室共 84 个，其中生物安全三级（P3）实验室 81 个，生物安全四级（P4）实验室 3 个。

在生物安全实验室的设施设备方面，我国已初步实现了设备的国产化，但一些国产化设施设备的技术水平和可靠性还有待提高。在“生物安全关键技术研发”重点专项的支持下，我国已利用自主研制的生物安全关键设施设备建成了生物安全四级模式实验室，国产化关键设施设备包括袋进袋出高效空气过滤单元、活毒废水处理系统、生物安全型双扉高压灭菌器、充气式气密门、机械压紧式气密门、气密性传递窗、化学淋浴系统，此外还有国产化的空调自控系统。这些设施设备和系统均达到国家的相关标准，并且达到同类进口设备的技术水平。

2. 生物安全实验室管理进一步强化

在全球新冠肺炎疫情大流行的背景下，我国高度关注生物安全实验室的安全问题，加强了新冠病毒检测实验室的安全监管，开展了实验室生物安全检查，发布了《中华人民共和国生物安全法》，制定了实验室相关的指南和标准等。

在新冠病毒检测实验室的安全监管方面，2020 年 4 月，国务院联防联控机制综合组印发《关于进一步做好疫情期间新冠病毒检测有关工作的通知》，要求：进一步加强实验室建设，提高检测能力；落实实验室备案或准入要求，依法依规检测；加大医疗卫生人员培训力度，规范技术操作；加强实验室检测质量控制，提高检测质量；加强实验室生物安全管理，做好剩余样本处理。2020 年 7 月，国家卫生健康委发布《国家卫生健康委办公厅关于在新冠肺炎疫情常态化防控中进一步加强实验室生物安全监督管理的通知》，提出生物安全实验室要严格执行新型冠状病毒实验活动管理要求，做好实验室生物安全服务保障和规范管理，加强新冠病毒毒株及相关样本管理，加强实验室生物安全监管，并就这四个方面提出具体的规范要求。

在实验室生物安全检查方面，2020 年 9～11 月，国家卫生健康委办公厅开展实验室生物安全检查工作。检查的范围包括各级卫生健康行政部门和实验

室，涉及医疗机构、疾控机构、教学科研单位、出入境检验检疫部门、生物制品生产企业等单位的相关实验室。检查内容包括：卫生健康行政部门监管责任落实及监管工作开展情况、实验室运行管理情况等。检查程序包括自查、抽查整改、总结上报等。

在生物安全法方面，《中华人民共和国生物安全法》于 2020 年 10 月 17 日正式通过，2021 年 4 月 15 日开始施行。《中华人民共和国生物安全法》由十章 88 条组成，旨在加强对生物制剂威胁的预防和应对，培养负责任的实验室行为，并促进生物技术的稳定发展，以确保生态系统和人口的福祉。《中华人民共和国生物安全法》第五章专门讲到病原微生物实验室生物安全，进一步加强生物安全实验室的管理。

在制定相关标准和指南方面，2020 年 1 月，国家卫生健康委发布《新型冠状病毒实验室生物安全指南（第二版）》。该指南是根据当时掌握的新冠病毒生物学特点、流行病学特征、致病性、临床表现等相关信息在第一版的基础上进行的更新。该指南从实验活动生物安全要求、病原体及样本运输和管理、废弃物管理、实验室生物安全操作失误或意外的处理这四个方面对开展新冠病毒检测和研究的生物安全实验室活动的相关环节进行了详细规定，保障实验室的安全。2020 年 2 月，中国工程建设标准化协会发布《医学生物安全二级实验室建筑技术标准》。该标准是在新冠肺炎等传染病大流行的背景下，为规范医学生物安全二级实验室的建设而制定。该标准的技术要求包括建筑、装修和结构，空调、通风和净化，给水排水和气体供应，电气，消防，施工，检测和验收等。该标准将在确保生物安全二级实验室的安全，保障医学研究和检验人员的健康，保护环境安全等方面发挥重要作用。2020 年 8 月，国家认证认可监督管理委员会发布《病原微生物实验室生物安全风险管理指南》（RB/T 040—2020）；2020 年 12 月，中国合格评定国家认可委员会发布《病原微生物实验室生物安全风险管理指南》（CNAS-GL045）。这两份指南的内容和条款完全一致。该指南详细阐述了病原微生物实验室风险管理的原则和实施过程，包括实施准备、实施方案、沟通咨询、风险评估、风险应对、监督检查和持续改进、过程记录和风险评估报告、再评估等，为生物安全实验室的风险管理提供了详细的

技术依据，也为相关管理部门评价和考核实验室生物安全风险管理工作提供了支撑。

此外，科学界还积极开展研讨，探讨促进生物安全实验室建设、发展和管理的策略。2020 年 11 月，中华预防医学会卫生工程分会、未来实验室学苑主办“2020 未来实验室创新与发展高峰论坛”，聚焦疫情下的实验室安全、管理、建设与发展，就高校、企业、科研机构等不同部门的实验室做出深度分析与探讨，提升实验室的设计建设和运营管理水平，建立实验室设计、建设、管理单位与用户沟通的桥梁和渠道，促进实验室可持续发展。

（四）生物入侵

1. 国家发布生物入侵防控工作方案

外来生物入侵对生态环境、生物多样性、经济发展和人畜健康构成了严重威胁。截至 2020 年年底，我国外来入侵物种已有 660 余种，其中重大和重要（一级和二级）入侵物种为 164 种，被列入农林植物检疫性有害生物的为 41 种，已被列入《国家重点管理外来入侵物种名录》的为 100 种，被列入重要影响或威胁自然生态系统的入侵物种为 71 种。中国农业科学院植物保护研究所刘万学研究员牵头提出“如何实现农业重大入侵生物的前瞻性风险预警和实时控制”，入选中国科学技术协会 2020 年十大工程技术难题，进一步体现了外来入侵物种防控已经成为全社会的广泛共识。外来入侵物种防控在 2020 年，多次受到中央领导批示，明确要求提出外来入侵物种防控工作方案、摸清家底、纳入“十四五规划”。

《中华人民共和国生物安全法》明确规定：“国务院农业农村主管部门会同国务院其他有关部门制定外来入侵物种名录和管理办法。国家加强对外来物种入侵的防范和应对，保护生物多样性。”2021 年 1 月 20 日，我国农业农村部、自然资源部、生态环境部、海关总署、国家林业和草原局五部门印发《进一步加强外来物种入侵防控工作方案》（以下简称《方案》）。《方案》要求：开展外来入侵物种普查和监测预警，以农作物重大病虫、林草等外来有害生物为重

点，布设监测站（点），组织开展常态化监测；强化跨境、跨区域外来物种入侵信息跟踪，建设分级管理的大数据智能分析预警平台；加强外来物种引入管理；加强外来入侵物种口岸防控；加强农业外来入侵物种治理；加强森林、草原、湿地等区域外来入侵物种治理；加强科技攻关；完善政策法规；完善防控管理体制；加强宣传教育培训。《方案》还要求：当前重点做好草地贪夜蛾、马铃薯甲虫、苹果蠹蛾、红火蚁等重大危害种植业生产外来物种阻截防控；推进水葫芦、福寿螺、鳄雀鳝等水生外来入侵物种综合治理；加强对危害农业生态环境的紫茎泽兰、豚草等外来入侵恶性杂草的综合治理；抓好松材线虫、美国白蛾、互花米草、薇甘菊等重大林草外来入侵物种治理；开展少花蒺藜草、黄花刺茄等危害森林、草原、湿地生态系统的恶性入侵杂草综合治理；加强江河湖泊及河口外来入侵物种治理等。

2. 外来物种入侵风险预判和监测预警

我国已经构筑完善了外来入侵物种大数据库平台，涉及潜在外来入侵物种4280余种，已入侵物种近800种。该平台突破了多源异构海量数据在数据管理、分析、展示和共享服务等方面存在的难点，运用大数据、云平台、空间分析、时空数据可视化等技术，完善了外来入侵物种时空数据管理与共享服务平台数据资源，实现了重大入侵物种追踪溯源、时空数据模拟与管理信息化。

我国科学家开展一系列基于气候适生性和物种多样性生态位竞争等模型的外来入侵物种（包括潜在入侵物种、新发/局部分布入侵物种）风险评估预判预警研究，完成了草地贪夜蛾、番茄潜叶蛾、玉米根萤叶甲、梨火疫病、麦瘟病、马铃薯金线虫、栎树猝死病、番茄褐色皱果病毒、玫瑰蜗牛等30余种潜在和新发入侵物种的适生性、危害性和暴发性风险预判预警；利用数据挖掘技术和人工神经网络模型中的反馈网络并基于GIS，模拟了番茄潜叶蛾、长芒苋、三裂叶豚草、互花米草、肋骨条藻、克氏原螯虾等20余种重要入侵物种的入侵扩散路径及其时空生态演化影响动态和扩散耦合机制。基于风险评估预判预警，番茄褐色皱果病毒、玉米矮花叶病毒、马铃薯斑纹片病菌、乳状耳形螺、玫瑰蜗牛等5种潜在外来有害生物被增补列入《中华人民共和国进境植物检疫

性有害生物名录》。

我国科学家开展了一系列重要外来入侵物种快速、智能、远程的监测预警技术研究，构筑完善了重要入侵物种早期预警与监控平台。我国科学家研发了重要入侵植物等无人机航拍和遥感的高光谱图像识别，建立了天地空相结合的卫星遥感监测技术体系；开发了外来入侵物种野外调查云数据采集 APP，利用二维码标签实现了长期监管，极大提高了调查数据管理效率和精度；研制了快速分子检测试剂盒、免疫胶体金试纸条等检测技术，实现地中海实蝇、南美番茄潜叶蛾、草地贪夜蛾等 19 种频发跨境入侵害虫，北美苍耳等 9 种重大入侵植物以及番茄斑萎病毒等入侵病原物的精准识别；建立了三个基因组网络平台，开发了两种突变检测方法，发现了入侵物种控制的新型分子靶标。基于风险评估和监测，在《中华人民共和国进境植物检疫性有害生物名录》(更新至 2017 年 6 月，441 种 / 属）中，已有 158 种在我国分布发生;《全国农业植物检疫性有害生物名单》修订、增加了 3 种。

3. 外来物种入侵成灾机制和影响因素

了解和明确重大入侵物种的入侵成灾机制，揭示入侵物种的入侵性及生态系统的可入侵性，建立、实现入侵物种前瞻性风险预判预警和及时性应对与提升防控技术和能力非常重要。我国科学家围绕外来入侵物种入侵机制和影响因素方面开展了诸多研究。我国科学家利用野外调查与移植实验相结合，宏观生态与分子生态相交叉、基因组学等多学科交叉综合方法，创建了入侵种与共生微生物间的“共生入侵”理论学说，解析了外来物种“可塑性基因驱动”的入侵特性，揭示了“可塑性基因”表观遗传世代累计遗传机制；发现了入侵物种的基因家族扩张特征，建立了入侵种基因特征数字模型，实现从基因组角度预测昆虫入侵性；揭示了不同物种在同一寄主上互作和生态位分离共存现象以及入侵物种嗅觉适应和致害病力增强的“新寄主驱动进化”机制，提出了入侵植物凋落物和根际途径通过碳 – 氮物质循环促进入侵的“正向耦联”机制，明确了气温变暖将加剧外来物种入侵的“土壤天敌逃逸与氮分配进化”机制、“生境干扰与自我增强”机制、气候变暖和氮沉降的复杂交互作用对入侵植物竞争

演替的影响，在 *PNAS*、*Ecology Letters*、*Nature Communications*、*Giga Science*、*ISME Journal*、*New Phytologist* 等发表系列高水平论文。

4. 外来物种入侵防治方法和成效

外来入侵物种的防控从单一、碎片化的防控技术，发展到全程联防联控防控和区域性全域治理，注重早期防控和源头治理。在新发重大外来入侵物种的扩散阻截与应急处置方面，我国科学家针对南美番茄潜叶蛾、红火蚁、草地贪夜蛾、葡萄蛀果蛾等 20 余种新发重大外来物种，研发了远程智能监测软件系统和智能监测设备，在发生前沿及其周边地域建立监测阻截带，实现实时监控；研发了新型分子靶标药物，在国际上首次创制出超高效抗病毒化合物，技术评估价值 5700 万元；筛选和研发了红火蚁、草地贪夜蛾、蜂巢小甲虫等的高质量饵剂制造工艺、高质量粉剂制造工艺，建立了全面防治和重点防治相结合的新二阶段防治法；研发了人力、电动、无人机播撒机械与技术，创建了应急防控与根除技术体系；研制了树干注液导入器，完善了树干注药技术理论。

在重大入侵害虫的区域性生物防控减灾技术方面，我国科学家以草地贪夜蛾、美洲斑潜蝇、烟粉虱、红脂大小蠹、实蝇等 10 种重大入侵害虫为主，创建了“繁殖 - 包装 - 释放”一体化生产技术、寄生性天敌蜂繁殖技术，产能增加 3.6 倍；发现多种天敌共存可通过生态位时空互补机制联合控制效能，首次采用新型基因工程菌——Bt 制剂，研发了天敌昆虫生态位互补阻截与替代技术、信息素诱捕与干扰及特定波长灯诱联合诱杀技术、生态调控技术等技术和产品；首创了入侵物种失控应急的保障技术体系，创建并应用了三大类蔬菜高效绿色防控技术模式，研发了寄生蜂应用和化防协同的大田减量施药技术。

在重大入侵植物的生态修复可持续治理技术方面，我国科学家以豚草、紫茎泽兰、空心莲子草、少花蒺藜草、互花米草、水盾草等 10 种重大入侵植物为主，提出立体型生态修复防控策略，针对不同生态系统退化特点，根据具体生境特征探索相应的生态修复技术，首次对我国典型的三类受损退化生态系统建立高效立体型生态修复技术策略，包括针对西南山地受损退化生态系统建立了地下生境改良——地上植被修复立体型生态修复技术体系，针对滨海湿地生

态系统建立了多过程种植方式联合调控一体化修复技术体系，针对受损内陆湿地生态系统通过植物源抑制剂、微生物强化剂和生物炭等土壤改良剂，建立了本地植物多样性替代控制技术体系；创建了植食性天敌“时空生态位互补”联合增效防控新技术、替代植物“功能互补”组合阻截与替代防控新技术；提出了“分区治理、协同防控”策略，集成创新了可持续治理技术模式，成功解决了入侵杂草植物生态位重叠发生、交错连片成灾的控制难题。

5. 外来物种入侵防控建议

我国针对潜在入侵生物和新发疫情的前瞻性风险预警和实时控制等方面进展缓慢，迫切需要实行主动性的“关口外移、源头监控、风险可判、早期预警、技术共享、联防联控”的“源头治理”和“全程管控”策略及相应的技术产品储备，提升和突破预警与监控技术产品；将入侵生物防控技术的研发目标和管控目标落实到入侵生物的“治早、治小、治了、治好”，实现入侵生物被动防控到主动应对的国家能力的转变。

在生物入侵防控科技研发和技术应用方面：①建立国家级跨境入侵生物大数据预警平台，构筑生物入侵“防火墙”。前瞻性开展重大潜在入侵生物对我国的传入－扩散－危害的预警监测及全程风险评估；发展大数据库分析与处理技术、可视化实时时空发布技术、时空动态多维显示技术，研制稳定、自动识别、自动收集和交换共享的整合系统平台与分析方法，提升入侵生物传入和扩散危害的预警预判和信息发布的决策支撑能力。②构建快速精准检测与远程智能监测技术平台，打造高效快速“地空侦检群”。融合基因组学、雷达捕获、高光谱与红外图像识别、无人机、5G互联网＋等技术和方法，创制集地面快速侦检、高空智能监测、风险实时发布、危机紧急处置为一体的技术群，提升入侵生物智能监测预警能力。③升级灭绝根除与狙击拦截的技术平台，建立快速反应“特战队”。重点针对我国“六廊六路多国多港”境内沿线、边贸区、自贸区、自贸港等入侵生物传入扩散前沿阵地，建立国家级全息化地面监测网络，开展基础性和长期性疆域普查与定点排查，制定灭除与拦截的技术标准与

规范化流程，建立不同级别的快速响应机制与储备应急处置物资，最大限度地遏制入侵生物的传播与扩散蔓延。④深化入侵生物跨境/区域联防联控的“源头治理”机制，夯实国家生物入侵管控“旗舰群”。开发链式防控的新技术与新产品（如气味分子侦测技术、高空鹰眼捕捉与识别技术、特殊材料分子干扰剂、功能基因干扰与编辑技术等）；强化入侵生物防控技术和信息的跨境/区域合作与共享，建立和升级跨境/区域的智能联动全程防控技术体系/模式，实施“关口外移、境/区域外预警、联防联控”的源头治理策略，凸显入侵生物防控的全程化、集成性、协调性、智能化和联动性，打造全新的联动管控“旗舰群”。

在相关行业部门科技支撑体系建设方面，健全外来入侵生物防控的法律法规和行业部门内外协同/协调机制，完善政策导向，提升监管能力。①建议农业农村部牵头建立国家级入侵生物防控委员会和风险评估决策中心，进行防控规划和建议的制定及风险评估的权威发布。完善外来物种入侵管理的法律法规体系，特别是完善外来物种引入的风险评估、准入制度、检验检疫制度、名录发布制度等，填补入侵生物监管存在的法律空白。②完善农业农村部、国家林业和草原局、海关总署、生态环境部等行业部门间开展外来入侵防控共同规划和行动的协同/协调及会商机制，统一协调外来入侵生物的管理，解决部门间存在的职能交叉、重叠和空缺，实现入侵生物跨行业危害的监管全覆盖。③完善以政府为主导，以科技为支撑，以专业技术人才队伍为骨架，全民主动参与的入侵生物防控框架的政策导向。④建立多部门间“横向联通”和部门内“纵向贯通”的预警与监控信息共享机制，打造和提升基层专业防控技术队伍的及时应对处置能力。⑤建立入侵生物防控研究国家重点实验室或研究中心，支撑科技创新研发；建立和完善入侵生物野外监测基地及其平台设施，促进监测预警与防控技术的落地实施。⑥各级政府加大财政保障支持力度，储备潜在重大外来入侵生物的物资供应。⑦加强入侵生物预警与防控的国际合作，建立国家/区域间风险交流与风险管控机制，促进预警信息的提前获取和防控技术与产品的前瞻性研发。

第四章 生 物 产 业

对于很多产业而言，2020 年是极具挑战且充满压力的一年，但对于生物产业而言，2020 年却是风险与机遇并存。新冠肺炎疫情这只“黑天鹅”导致全球医疗体系受到巨大冲击，医疗健康行业尤其被推上风口浪尖。也正因如此，生物技术产业尤其是其中的生物医药领域再次成为资本追逐的对象。

与此同时，2020 年也是我国全面建成小康社会目标实现之年，是全面打赢脱贫攻坚战收官之年。作为“十三五”收官、“十四五”开局的一年，我国将生物医药纳入“十四五”专项规划，进一步引导企业突破核心技术，依托重大科技专项、制造业高质量发展专项等加强关键核心技术和产品攻关，加强技术领域国际合作，有力、有效解决“卡脖子”问题，为构建现代化经济体系、实现经济高质量发展提供有力支撑。

数据显示，2020 年国内生产总值 1 015 986 亿元，按可比价格计算，比上年增长 2.3%。分产业看，第一产业增加值 77 754 亿元，比上年增长 3.0%；第二产业增加值 384 255 亿元，比上年增长 2.6%；第三产业增加值 553 977 亿元，比上年增长 2.1%。作为当今发展最快的行业之一，从 2008 年开始，我国生物产业总产值突破万亿元。到 2020 年，我国广义生物产业市场规模约为 6 万亿元。

一、生物医药产业

从生物医药行业发展现状看，随着全面贯彻关于建设健康中国的十九大精神，以保障人民健康、实施健康中国战略为导向，在深化医疗卫生改革的大背景下，在全民医保制度实施、医疗及公共卫生重大专项的推进及人口老龄化趋

势等因素的驱动下，医疗扩容趋势依然延续。同时，人们健康意识的提升和消费能力的提高，以及国家产业政策的推动及支持，尤其新型冠状病毒肺炎疫情的世界性暴发，使得对公共防疫、医疗卫生、人民健康等的需求成长成为大趋势。因此，在未来一个时期内，以科研创新、新技术与新产品应用、新场景发展为抓手来驱动和服务大众健康的生物医药企业的收入和利润将会保持持续、较快的增长。

（一）生物医药产业政策

2020 年，我国出台了一系列生物医药领域的政策，进一步规范和促进生物医药的发展（表 4-1）。

表 4-1　生物医药领域产业政策梳理

政策文件	发布机构	发布时间	主题内容
《中华人民共和国生物安全法》	全国人大常委会	2020-10-17	生物安全
《药品注册管理办法》	国家市场监督管理总局	2020-01-22	药品管理
《药品生产监督管理办法》	国家市场监督管理总局	2020-01-22	药品管理
《药物临床试验质量管理规范》	国家卫生健康委	2020-04-27	药品管理
《突破性治疗药物审评工作程序（试行）》	国家药监局	2020-07-09	药品管理
《药品附条件批准上市申请审评审批工作程序（试行）》	国家药监局	2020-07-09	药品管理
《药品上市许可优先审评审批工作程序（试行）》	国家药监局	2020-07-09	药品管理
《粤港澳大湾区药品医疗器械监管创新发展工作方案》	国家市场监督管理总局、国家药监局等八部委	2020-09-29	药品管理
《生物制品注册分类及申报资料要求》	国家药监局	2020-06-29	生物制品
《生物制品批签发管理办法》	国家市场监督管理总局	2020-12-21	生物制品
《临床试验期间生物制品药学研究和变更技术指导原则》（上网征求意见稿）	国家药监局药审中心	2020-09-10	生物制品
《生物类似药相似性评价和适应证外推技术指导原则》	国家药监局药审中心	2020-08-14	生物类似药
《疫苗生产车间生物安全通用要求》	国家卫生健康委、科技部、国家药监局等五部委	2020-06-18	疫苗生产
《疫苗临床试验抗体分析方法研究技术指导原则（征求意见稿）》	国家药监局药审中心	2020-11-24	疫苗临床
《利妥昔单抗注射液生物类似药临床试验指导原则（征求意见稿）》	国家药监局药审中心	2020-03-17	抗体药物

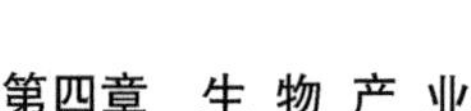

续表

政策文件	发布机构	发布时间	主题内容
《贝伐珠单抗注射液生物类似药临床试验指导原则（征求意见稿）》	国家药监局药审中心	2020-04-07	抗体药物
《曲妥珠单抗注射液生物类似药临床试验指导原则（征求意见稿）》	国家药监局药审中心	2020-04-07	抗体药物
《地舒单抗注射液生物类似药（恶性肿瘤适应证）临床试验指导原则（征求意见稿）》	国家药监局药审中心	2020-04-10	抗体药物
《地舒单抗注射液生物类似药临床试验指导原则》	国家药监局药审中心	2020-04-10	抗体药物
《地舒单抗注射液生物类似药临床试验指导原则（征求意见稿）》	国家药监局药审中心	2020-04-10	抗体药物
《帕妥珠单抗注射液生物类似药临床试验指导原则（征求意见稿）》	国家药监局药审中心	2020-04-16	抗体药物
《新型冠状病毒中和抗体类药物技术资料要求（药学）（征求意见稿）》	国家药监局药审中心	2020-05-01	抗体药物
《托珠单抗注射液生物类似药临床试验指导原则（征求意见稿）》	国家药监局药审中心	2020-05-20	抗体药物
《阿达木单抗注射液生物类似药临床试验指导原则》	国家药监局药审中心	2020-08-04	抗体药物
《注射用奥马珠单抗生物类似药临床试验指导原则（征求意见稿）》	国家药监局药审中心	2020-08-27	抗体药物
《治疗性蛋白药物临床药代动力学研究技术指导原则（征求意见稿）》	国家药监局药审中心	2020-08-03	重组蛋白
《静注人免疫球蛋白治疗原发免疫性血小板减少症临床试验技术指导原则（征求意见稿）》	国家药监局药审中心	2020-07-16	血液制品
《免疫细胞治疗产品临床试验技术指导原则（征求意见稿）》	国家药监局药审中心	2020-07-16	细胞治疗
《人源性干细胞治疗产品临床试验技术指导原则（征求意见稿）》	国家药监局药审中心	2020-08-04	细胞治疗
《免疫细胞治疗产品药学研究与评价技术指导原则（征求意见稿）》	国家药监局药审中心	2020-09-30	细胞治疗
《基因转导与修饰系统药学研究与评价技术指导原则（征求意见稿）》	国家药监局药审中心	2020-09-30	基因治疗

资料来源：根据公开资料整理；火石创造

生物安全作为国家安全的重要组成部分，被提到了空前高度。2020 年 10 月 17 日，为了维护国家安全，防范和应对生物安全风险，保障人民生命健康，保护生物资源和生态环境，促进生物技术健康发展，推动构建人类命运共同

体，实现人与自然和谐共生，第十三届全国人大常委会第二十二次会议表决通过了《中华人民共和国生物安全法》，自 2021 年 4 月 15 日起施行。

从整个生物医药领域来看，生物医药的注册审批和批签发管理不断规范。综合医改试点省份在全省范围内推行“两票制”，鼓励公立医院综合改革试点城市推行“两票制”，鼓励医院与药品生产企业直接结算药品货款、药品生产企业与配送企业结算配送费用。为配合《药品注册管理办法》实施，国家药监局于 2020 年 6 月 29 日发布了《生物制品注册分类及申报资料要求》。2020 年 12 月 21 日，国家市场监督管理总局发布新修订《生物制品批签发管理办法》，自 2021 年 3 月 1 日起施行，加强生物制品监督管理，规范生物制品批签发行为，保证生物制品安全、有效。国家药监局药审中心发布《生物类似药相似性评价和适应证外推技术指导原则（征求意见稿）》和《临床试验期间生物制品药学研究和变更技术指导原则》（上网征求意见稿），规范生物制药临床研究和申报。

从细分领域来看，疫苗、抗体药物、细胞和基因治疗是国家指导的重点领域。

（1）疫苗领域，国家卫生健康委、科技部、工业和信息化部、国家市场监督管理总局、国家药监局五部门于 2020 年 6 月 18 日联合发布了《疫苗生产车间生物安全通用要求》，作为新冠肺炎疫情防控期间推动新冠肺炎疫苗生产的临时性应急要求。国家药监局药审中心发布了《疫苗临床试验抗体分析方法研究技术指导原则（征求意见稿）》，进一步规范和指导疫苗临床试验抗体分析的研究。

（2）抗体药物领域，国家药监局药审中心发布了涉及利妥昔单抗、阿达木单抗、贝伐珠单抗、曲妥珠单抗、地舒单抗、托珠单抗、帕妥珠单抗、奥马珠单抗等抗体药物的临床试验指导原则，为国内相关单抗生物类似药的临床研发提供参考。

（3）细胞和基因治疗领域，国家药监局药审中心制定了免疫细胞治疗产品、人源性干细胞及其衍生细胞治疗产品的临床试验技术指导原则，以及免疫细胞治疗产品、基因转导与修饰系统药学的药学研究与评价技术指导原则。

（4）重组蛋白领域，为切实鼓励创新，进一步指导治疗性蛋白药物的临床

研发，国家药监局药审中心组织起草了《治疗性蛋白药物临床药代动力学研究技术指导原则（征求意见稿）》，以期为治疗性蛋白药物的临床药代动力学研究提供可参考的技术规范。

（5）血液制品领域，为指导和规范静注人免疫球蛋白用于治疗原发免疫性血小板减少症的临床试验，国家药监局药审中心组织起草了《静注人免疫球蛋白治疗原发免疫性血小板减少症临床试验技术指导原则（征求意见稿）》。

（二）生物医药产业市场

近几年我国生物医药产业发展迅速，从防疫物资、检测技术到疫苗，在整个生命健康领域，中国不再仅是一个消费市场，更多是为全球贡献中国力量。在技术进步、产业结构调整和消费支付能力增加的驱动下，我国生物医药市场规模呈稳定上升态势。2016～2020 年，我国生物医药市场总体规模从 1836 亿元增加到 3870 亿元，复合年均增长率达 20.5%。预计 2025 年，我国生物医药市场总体规模将达到 8332 亿元（图 4-1）。从细分领域来看，基因工程药物和疫苗是我国发展最快的子领域。具体来说，2020 年，我国医药工业营业收入和利润总额的增速在三季度回升的基础上实现稳定增长，累计实现营业收入、利润总额、资产总额以及出口交货值分别为 27 960.3 亿元、4122.9 亿元、42 330.2

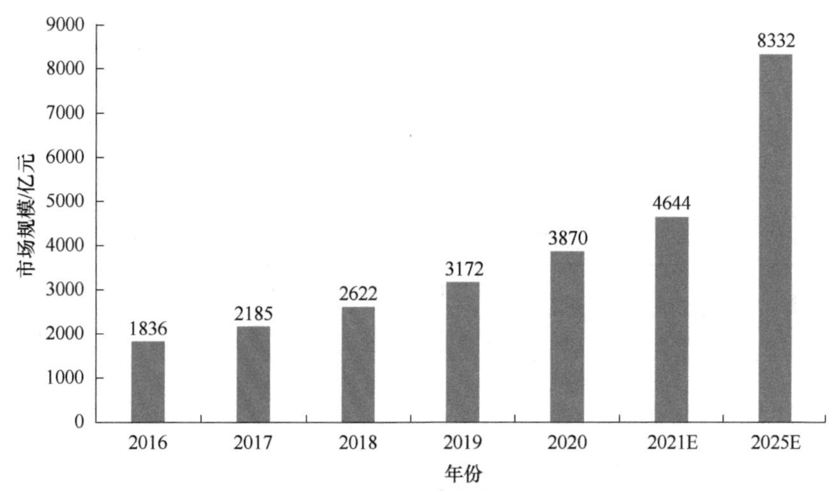

图 4-1　2016～2025 年我国生物医药市场规模及预测

资料来源：Frost&Sullivan；中商产业研究院

亿元、3019.5 亿元，同比分别增长 7.0%、19.3%、13.0% 和 40.0%。在亚子行业中，基因工程药物和疫苗制造业实现营业收入、利润总额、资产总额和出口交货值分别为 290.7 亿元、87.5 亿元、762.5 亿元和 15 亿元，同比分别增长 41.5%、51.8%、63.2%、115.2%，增速明显高于其他子行业。

（三）生物医药产品

1. 疫苗产品

新型冠状病毒疫情暴发促使疫苗研发成为 2020 年生物研究主线。截至 12 月 10 日，处于临床前阶段的疫苗共 162 款，临床 1 期 23 款，临床 2 期 16 款，临床 3 期 13 款。除疫苗研发管线众多外，疫苗上市和应用速度也十分惊人。俄罗斯率先在 8 月批准上市了全球首款新冠肺炎疫苗。此后，美国辉瑞和德国 BIONTECH 的 mRNA 疫苗也在欧洲和加拿大获批上市。此外，美国辉瑞公司研发的疫苗于 2021 年 3 月在澳大利亚上市；辉瑞公司已致函印度药品管理总局，寻求疫苗许可。英国阿斯利康公司于 2021 年 1 月上市其疫苗。我国多款疫苗已获批紧急使用，并在阿联酋、巴林等国获批上市。

2020 年，我国国家药监局药审中心（CDE）共受理 159 个疫苗的申请（国内 97 个和进口 62 个），涵盖肺炎球菌、脑膜炎、流感病毒、狂犬疫苗以及近年比较热点的人乳头瘤病毒（HPV）等多个领域。其中包括 19 个国产疫苗、4 个进口疫苗的临床试验申请；7 个国产疫苗的生产申请获得受理，无进口疫苗申请销售（表 4-2）。

表 4-2　2020 年 CDE 受理和获批上市疫苗情况

批准文号 / 批文件	CDE 受理			NMPA 批准上市 / 个
	总受理数量 / 个	临床试验申请 / 个	生产申请 / 个	
国内	97	19	7	12
进口	62	4	/	/
合计	159	23	7	12

资料来源：火石创造

其中，国内获批上市国产疫苗10种，共12个批件，涉及流感、百白破、脑炎等疫苗（表4-3）。其中，百克生物的冻干鼻喷流感减毒活疫苗是国内首款获批上市的采用鼻腔喷雾给药方式接种的流感疫苗，此前国内批准上市的流感疫苗均采用肌内注射方式接种。

值得一提的是，在新冠肺炎疫情影响下，2020年我国疫苗研发实力进一步凸显。早在疫情暴发初期，我国就布局了5条技术路线开展新冠肺炎疫苗研究。12月31日，国药集团的生物新冠灭活疫苗已获得国家药监局批准附条件上市，Ⅲ期临床试验中期分析中显示，保护力达79.34%，实现安全性、有效性、可及性、可负担性的统一，达到世界卫生组织及国家药监局相关标准要求。截至2020年12月底，国内有14款新冠肺炎疫苗进入临床试验，其中4款在Ⅲ期临床试验阶段。

表4-3　2020年新获批上市的国产疫苗情况

批准文号	产品名称	规格	企业名称
国药准字 S20090015	甲型 H1N1 流感病毒裂解疫苗	每瓶 15μg/0.5mL	华兰生物疫苗股份有限公司
国药准字 S20090015	甲型 H1N1 流感病毒裂解疫苗	每支 15μg/0.5mL	华兰生物疫苗股份有限公司
国药准字 S20200001	吸附无细胞百白破联合疫苗	每瓶 0.5mL	京民海生物科技有限公司
国药准字 S20200002	冻干鼻喷流感减毒活疫苗	复溶后每瓶 0.2mL	长春百克生物科技股份公司
国药准字 S20200003	四价流感病毒裂解疫苗	每瓶（支）0.5mL	长春生物制品研究所有限责任公司
国药准字 S20200007	四价流感病毒裂解疫苗	0.5mL/ 瓶	武汉生物制品研究所有限责任公司
国药准字 S20200010	四价流感病毒裂解疫苗	每支 0.5mL	北京科兴生物制品有限公司
国药准字 S20200021	A 群 C 群脑膜炎球菌多糖结合疫苗	按标示量复溶后每瓶 0.5mL	成都欧林生物科技股份有限公司
国药准字 S20202001	乙型脑炎灭活疫苗（Vero 细胞）	0.5mL/ 支	辽宁成大生物股份有限公司
国药准字 S20200027	23 价肺炎球菌多糖疫苗	0.5mL/ 瓶（支）	北京科兴生物制品有限公司
国药准字 S20200029	新型冠状病毒灭活疫苗（Vero 细胞）	0.5mL/ 支	北京生物制品研究所有限责任公司
国药准字 S20200030	新型冠状病毒灭活疫苗（Vero 细胞）	0.5mL/ 瓶	北京生物制品研究所有限责任公司

资料来源：药智数据库

2. 抗体药产品

2020 年，我国 CDE 共受理了 527 个抗体药物的申请（国内 192 个和进口 335 个），其中包括 112 个国产抗体药物、59 个进口抗体药物的临床试验申请，以及 31 个国产抗体药物、47 个进口抗体药物生产（销售）申请（表 4-4）。

表 4-4　2020 年 CDE 受理和获批上市抗体药物情况

批准文号 / 批文件	CDE 受理			NMPA 批准上市 / 个
	总受理数量 / 个	临床试验申请 / 个	生产申请 / 个	
国内	192	112	31	8
进口	335	59	47	15
合计	527	171	78	23

资料来源：火石创造

从获批上市的情况看，2020 年有 8 个国产单抗药物获批上市，其中 6 个单抗药物为首次获批上市，包括三生国健的 2 类新药伊尼妥单抗，信达生物的 3 款生物类似药贝伐珠单抗、阿达木单抗、利妥昔单抗，以及复宏汉霖的阿达木单抗、曲妥珠单抗。多个重磅进口药获批上市，14 个获批上市的进口单抗药物中（15 个批件），有 9 个药物今年首次获批（表 4-5）。百济神州引进的安进生物注射用贝林妥欧单抗获批上市，是全球首个且唯一的 CD3-CD19 双特异性抗体，用于治疗成人复发或难治性前体 B 细胞急性淋巴细胞白血病（ALL）；安进生物的地舒单抗注射液，是我国首个、目前唯一一个用于骨质疏松症治疗的抗 RANKL 单抗类药物，可帮助绝经后妇女显著降低椎体、非椎体及髋部骨折的发生风险；武田中国旗下的注射用维布妥昔单抗是全球首个、也是目前唯一一个以 CD30 为靶点的抗体耦联药物，而注射用维得利珠单抗是目前炎症性肠病（IBD）领域唯一的肠道选择性生物制剂；恩美曲妥珠单抗是由罗氏和 ImmunoGen 共同研发的抗 HER2 靶向药物曲妥珠单抗与抑制微管聚集的化疗药物美坦新（DM1）通过硫醚连接子连接而成的抗体耦联物（即 ADC 药物）。

此外，从临床试验申请获得受理的情况来看，君实生物、恒瑞医药、百济神州、信达生物等国内企业表现突出。国外巨头罗氏、诺华、默沙东多款产品获得受理，如罗氏的 PD-L1 抗体阿替利珠单抗、默沙东的帕博利珠单抗注射液

表 4-5 2020 年获批上市抗体药物情况

批准文号	药品名称	企业名称	备注
国内获批			
国药准字 S20200012	注射用伊尼妥单抗	三生国健药业（上海）股份有限公司	/
国药准字 S20200013	贝伐珠单抗注射液	信达生物制药（苏州）有限公司	/
国药准字 S20200019	注射用曲妥珠单抗	上海复宏汉霖生物制药有限公司	/
国药准字 S20200020	阿达木单抗注射液	信达生物制药（苏州）有限公司	/
国药准字 S20200022	利妥昔单抗注射液	信达生物制药（苏州）有限公司	/
国药准字 S20200026	阿达木单抗注射液	上海复宏汉霖生物制药有限公司	/
国药准字 S20201002	利妥昔单抗注射液	上海复宏汉霖生物制药有限公司	原批准文号：国药准字 S20190021
国药准字 S20202002	特瑞普利单抗注射液	苏州众合生物医药科技有限公司	原批准文号：国药准字 S20180015
进口获批			
SJ20200025	那利尤单抗注射液	Catalent Indiana，LLC	/
SJ20200026	注射用贝林妥欧单抗	Boehringer Ingelheim Pharma GmbH & Co.KG	/
SJ20202002	依洛尤单抗注射液	Amgen Manufacturing Limited（AML）	原批准文号：SJ20180021 SJ20180022
SJ20202003	戈利木单抗注射液	Janssen-Cilag International NV/Cilag AG	原批准文号：SJ20170050
SJ20202004	古塞奇尤单抗注射液	Janssen-Cilag International NV/Cilag AG	原批准文号：SJ20190044
S20200002	注射用恩美曲妥珠单抗	F. Hoffmann-La Roche Ltd.	160mg/ 瓶
S20200003	注射用恩美曲妥珠单抗	F. Hoffmann-La Roche Ltd.	100mg/ 瓶
S20200004	阿替利珠单抗注射液	Roche Diagnostics GmbH	
S20200005	乌司奴单抗注射液（静脉输注）	Janssen-Cilag International NV/Cilag AG	已有批准文号（不同规格）：S20170046 S20170047
S20200006	注射用维得利珠单抗	Takeda Pharmaceutical Company Ltd.	/
S20200007	阿达木单抗注射液	Vetter Pharma-Fertigung GmbH & Co.KG	已有批准文号（不同规格）：S20160058 S20170019 S20181019 S20191006

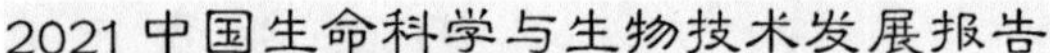

续表

批准文号	药品名称	企业名称	备注
S20200008	注射用维布妥昔单抗	Takeda Pharma A/S/ BSP Pharmaceuticals S.p.A.	/
S20200009	丙型肝炎病毒抗体检测试剂盒（酶联免疫法）	DiaSorin S.p.A. UK Branch	/
S20200017	度普利尤单抗注射液	Sanofi Winthrop Industrie	/
S20200018	布罗利尤单抗注射液	Kyowa Kirin Co., Ltd./ PATHEON ITALIA S.p.A., Monza Operations	/
S20200019	地舒单抗注射液	Amgen Manufacturing Limited	/

资料来源：药智数据库

的临床试验申请获得受理。

从上市申请获得受理的情况来看，国产的君实生物的特瑞普利单抗注射液上市申请获得受理；勃林格殷格翰、葛兰素史克、罗氏等 30 个进口单抗药物（47 个受理号）的上市申请获得受理。

3. 重组蛋白产品

2020 年我国 NMPA 批准上市的重组蛋白产品共有 5 个。另外，CDE 共新增受理了 87 个重组蛋白药品的申请（国产 61 个和进口 26 个），国产重组蛋白批件中有 43 个药品申请临床试验，已有 24 个获得临床批件，10 个药品申请上市，均处于在审评审批阶段；进口重组蛋白批件中，4 个为申请销售且尚未获批上市，另有 2 个申请临床且已有 1 个获得临床批件（表 4-6）。

表 4-6　2020 年 CDE 受理和获批上市重组蛋白情况

批准文号 / 批文件	CDE 受理				NMPA 批准上市 / 个
	临床试验申请 / 个	已获批临床 / 个	生产申请 / 个	销售申请 / 个	
国内	43	24	10	/	5
进口	2	1	/	4	/
合计	45	25	10	4	5

资料来源：火石创造

从申请获得受理的情况看，CDE 共受理了 31 个国产重组蛋白产品的临床试验申请，共计 43 个受理号，已发 24 个批件；共受理了 2 个进口药品申请临床

试验，其中诺和诺德的 Icodec 胰岛素注射液已获批件，勃林格殷格翰的注射用替奈普酶在审评审批中。

另外，我国 CDE 受理了 7 个国产重组蛋白产品的上市申请，共计 10 个受理号，均在审评审批中；受理了 1 个进口产品的销售申请，2 个受理号，即诺和诺德的德谷胰岛素利拉鲁肽注射液，产品尚在审评审批中（表 4-7）。

表 4-7 2020 年 CDE 受理重组蛋白情况（不含国产药品临床申请）

受理号	药品名称	企业名称	申请类型
国产药品上市申请			
CXSS2000009	重组甘精胰岛素注射液	江苏万邦生化医药集团有限责任公司	申请生产
CXSS2000034	重组赖脯胰岛素注射液	江苏万邦生化医药集团有限责任公司	申请生产
CXSS2000035	注射用重组人促卵泡激素	齐鲁制药有限公司	申请生产
CXSS2000038	重组人干扰素 α2b 注射液	长春生物制品研究所有限责任公司	申请生产
CXSS2000049	猪源纤维蛋白黏合剂	广州倍绣生物技术有限公司	申请生产
CXSS2000050	猪源纤维蛋白黏合剂	广州倍绣生物技术有限公司	申请生产
CXSS2000051	猪源纤维蛋白黏合剂	广州倍绣生物技术有限公司	申请生产
CXSS2000052	猪源纤维蛋白黏合剂	广州倍绣生物技术有限公司	申请生产
CXSS2000053	重组人生长激素注射液	长春金赛药业有限责任公司	申请生产
CXSS2000058	重组甘精胰岛素注射液	山东新时代药业有限公司	申请生产
进口药品临床申请			
JXSL2000156	Icodec 胰岛素注射液	丹麦诺和诺德公司	临床申请
JXSL2000186	注射用替奈普酶	勃林格殷格翰（中国）投资有限公司	临床申请
进口药品销售申请			
JXSS2000036	德谷胰岛素利拉鲁肽注射液	丹麦诺和诺德公司	上市申请
JXSS2000037	德谷胰岛素利拉鲁肽注射液	丹麦诺和诺德公司	上市申请

资料来源：药智数据库

4. 血液制品

2020 年，CDE 共批准上市血液制品产品 8 个，注册分类均为 3 类；另外，CDE 共受理了 55 个血液制品，有 12 个申请临床（6 个获得临床批件），9 个申请生产 / 销售（包括一个进口血液制品——人血白蛋白），目前处于审评审批阶段（表 4-8）。

表 4-8　2020 年 CDE 受理和获批上市血液制品情况

批准文号 / 批文件	CDE 受理				NMPA 批准上市 / 个
	临床试验申请 / 个	已获批临床 / 个	生产申请 / 个	销售申请 / 个	
国内	10	6	8	/	8
进口	2	/	/	1	/
合计	12	6	8	1	8

资料来源：火石创造

从获批上市的情况看，2020 年新获批上市血液制品 5 个，涉及 8 个批件，凝血因子类和免疫球蛋白类仍是血液制品获批主体（表 4-9）。

表 4-9　2020 年新获批上市的血液制品情况

批准文号	产品名称	规格	企业名称
国药准字 S20200011	人凝血因子Ⅷ	200IU/ 瓶，复溶后体积为 10mL/ 瓶	广东双林生物制药有限公司
国药准字 S20200018	人凝血因子Ⅷ	200IU/ 瓶	山西康宝生物制品股份有限公司
国药准字 S20200014	人凝血因子Ⅸ	500IU/10mL/ 瓶	山东泰邦生物制品有限公司
国药准字 S20200015	静注人免疫球蛋白（pH4）	2.5g/ 瓶（5%，50mL）	河北大安制药有限公司
国药准字 S20200016	静注人免疫球蛋白（pH4）	2.5g/ 瓶（5%，50mL）	新疆德源生物工程有限公司
国药准字 S20200017	人凝血酶原复合物	300IU/ 瓶，复溶后体积 20mL	河北大安制药有限公司
国药准字 S20200023	人凝血酶原复合物	300IU/ 瓶	广东卫伦生物制药有限公司
国药准字 S20202000	破伤风人免疫球蛋白	250IU/ 支（2.5mL）	同路生物制药有限公司

资料来源：药智数据库

从受理情况来看，兴科蓉医药进口 Octapharma 人血白蛋白的申请获得受理，另有 12 个血液制品申请临床试验，8 个血液制品申请生产，以免疫球蛋白类、凝血因子类为主。重组人凝血因子Ⅶ a、Ⅶ以注册分类 2 类药进行获批临床或申请生产，申请厂家有正大天晴、成都蓉生；其余血液制品均以 3 类药进行注册；远大蜀阳药业的人凝血因子Ⅷ获得优先审评。

5. 细胞和基因治疗产品

2020 年，我国 CAR-T 细胞疗法产品接连提交上市申报。2 月 26 日，国内

首个 CAR-T 细胞治疗产品上市申请获 CDE 受理，即复星凯特从 Kite Pharma 引进的抗人 CD19 CAR-T 细胞治疗产品益基利仑赛注射液（暂定）；6 月 30 日，瑞基仑赛注射液（暂定）成为国内第 2 款申报上市的 CAR-T 疗法产品，该产品是在美国 Juno 公司 JCAR017 基础上，由药明巨诺自主开发的靶向 CD19 的 CAR-T 疗法。两款 CAR-T 细胞疗法产品均纳入优先审评。

从临床试验申请来看，CDE 共受理 1 个进口细胞治疗药品，为天士力从全球领先干细胞研发公司 Mesoblast 引进的异体人骨髓间充质前体细胞产品。CDE 受理了 20 个国产细胞和基因治疗产品，其中免疫细胞产品 12 个，包括西迪尔生物的 CTL 细胞疗法、隆耀生物的 CTL 细胞疗法、益世康宁的 ACTL 细胞疗法、诺未科技的 NewishT 自体记忆性淋巴细胞，以及恒润达生（双靶点）、波睿达生物（双靶点）、重庆精准生物、再生之城、吉倍生物、科济制药、西比曼生物 / 赛比曼生物的 CAR-T 细胞产品；干细胞产品 4 个，包括 1 个人胚干细胞产品和 3 个间充质干细胞产品；基因治疗产品 4 个，包括 1 个 CRISPR/Cas9 基因编辑疗法产品和 3 个溶瘤病毒产品（表 4-10）。

表 4-10　2020 年 CDE 受理的国产细胞和基因治疗产品临床试验申请情况

受理号	药品名称	企业名称	申请类型
	免疫细胞		
CXSL2000018	靶向 CD30 嵌合抗原受体基因修饰的自体 T 细胞注射液	武汉波睿达生物科技有限公司	临床试验申请
CXSL2000037	pCAR-19B 细胞自体回输制剂	重庆精准生物技术有限公司	临床试验申请
CXSL2000038	pCAR-19B 细胞自体回输制剂	重庆精准生物技术有限公司	临床试验申请
CXSL2000060	CBM.BCMA 嵌合抗原受体 T 细胞注射液	上海赛比曼生物科技有限公司	临床试验申请
CXSL2000116	CT041 自体 CAR-T 细胞注射液	上海科济制药有限公司	临床试验申请
CXSL2000122	自体 $CD8^+$-T 淋巴细胞制剂	江苏西迪尔生物技术有限公司	临床试验申请
CXSL2000212	GB5005 嵌合抗原受体 T 细胞注射液	上海吉倍生物技术有限公司	临床试验申请
CXSL2000217	抗 HIV-1 嵌合抗原受体 T 细胞注射液	深圳市再生之城生物医药技术有限公司	临床试验申请
CXSL2000241	非小细胞肺腺癌复合抗原致敏的树突状细胞所激活的自体 T 细胞注射液	深圳益世康宁生物科技有限公司	临床试验申请
CXSL2000289	抗人 CD19-CD22 T 细胞注射液	上海恒润达生生物科技有限公司	临床试验申请
CXSL2000315	LY007 细胞注射液	上海隆耀生物科技有限公司	临床试验申请

续表

受理号	药品名称	企业名称	申请类型
CXSL2000322	自体记忆性淋巴细胞注射液	诺未科技（北京）有限公司	临床试验申请
	干细胞		
CXSL2000005	人脐带间充质干细胞注射液	北京贝来生物科技有限公司	临床试验申请
CXSL2000067	M-021001 细胞注射液	北京泽辉辰星生物科技有限公司	临床试验申请
CXSL2000128	注射用人脐带间充质干细胞	深圳市北科生物科技有限公司	临床试验申请
CXSL2000335	注射用间充质干细胞（脐带）	天津昂赛细胞基因工程有限公司	临床试验申请
	基因编辑		
CXSL2000299	CRISPR/Cas9 基因修饰 BCL11A 红系增强子的自体 $CD34^+$造血干祖细胞注射液	广州辑因医疗科技有限公司	临床试验申请
	溶瘤病毒		
CXSL2000013	重组人 GM-CSF 溶瘤Ⅱ型单纯疱疹病毒（OH2）注射液（Vero 细胞）	武汉滨会生物科技股份有限公司生物创新园分公司	临床试验申请
CXSL2000294	重组人 GM-CSF 溶瘤Ⅱ型单纯疱疹病毒（OH2）注射液（Vero 细胞）	武汉滨会生物科技股份有限公司生物创新园分公司	临床试验申请
CXSL2000328	重组人 GM-CSF 溶瘤Ⅱ型单纯疱疹病毒（OH2）注射液（Vero 细胞）	武汉滨会生物科技股份有限公司生物创新园分公司	临床试验申请
CXSL2000142	重组人 IL12/15-PDL1B 单纯疱疹Ⅰ型溶瘤病毒注射液（Vero 细胞）	中生复诺健生物科技（上海）有限公司	临床试验申请
CXSL2000198	重组人 nsIL12 溶瘤腺病毒注射液	北京锤特生物科技有限公司	临床试验申请

资料来源：药智数据库

二、生物农业

生物农业是根据生物学原理建立的农业生产体系，靠各种生物学过程维持土壤肥力，使作物营养得到满足，并建立起有效的生物防治杂草和病虫害的体系。生物农业包括转基因育种、动物疫苗、生物饲料、非化学方式害虫控制和生物农药几大领域，其中，转基因育种是发展最快、应用最广、最有发展潜力的一个领域；非化学方式害虫控制和生物农药是保证农产品与食品安全的重要手段。

（一）生物种业

1. 政策进一步利好生物育种技术推广

近年来，我国政府推出多项关于种子行业的政策，目的是推动种业生物科技技术的发展，完善种业市场的监管体系，同时打击非法转基因等违法行为（表 4-11）。从政府陆续出台的相关政策可以看出，政府对于转基因种子研发企业持支持和保护的态度，生物育种技术是我国种业未来重要的发展趋势。2021 年 2 月 21 日，《中共中央 国务院关于全面推进乡村振兴加快农业农村现代化的意见》，即 2021 年中央一号文件发布。这是 21 世纪以来第 18 个指导“三农”工作的中央一号文件。文件整体上要求把解决好“三农”问题作为全党工作重中之重，要举全党全社会之力加快农业农村现代化。其中，文件对于育种和养殖产业都有超预期的表述。在育种方面，该文件指出，要加强国家作物、畜禽和海洋渔业生物种质资源库建设；对育种基础性研究以及重点育种项目给予长期稳定支持；加快实施农业生物育种重大科技项目。在此前由农业农村部发布的《关于鼓励农业转基因生物原始创新和规范生物材料转移转让转育的通知》中，也提及了鼓励原始创新、支持高水平研究、发挥市场作用、促进成果转化等。可以说，国家高层对于生物育种给予了极高重视。

考虑到 2021 年中央经济工作会议首次也将种子作为重点任务提出，提出“打赢种业翻身仗”，因此种业有望迎来新一轮的政策红利。

表 4-11 2020 年我国主要育种政策情况

发布日期	政策文件	主要内容
2020 年 1 月	《2020 年农业转基因生物监管工作方案》	加强转基因生物安全监控，以“强化制度执行力为抓手”，严厉打击非法研究、实验和制种行为
2020 年 2 月	《加强工农业种质资源保护与利用的意见》	进一步明确种业种质资源保护的基础性、公益性定位
2020 年 2 月	《2020 年推进现代种业发展工作要点》	加快生物育种技术的应用，规范品种管理，加强知识产权的保护
2020 年 3 月	《2020 年种业市场监督工作方案》	切实加强种业市场监管，强化知识产权保护，严查非法转基因种子

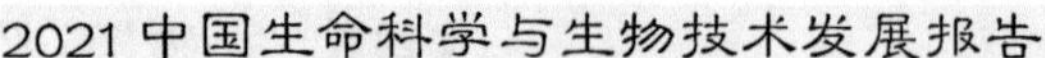

续表

发布日期	政策文件	主要内容
2020 年 4 月	《社会资本投资农业农村指引》	鼓励社会资本投资创新型种业企业，提升商业化育种创新能力，提升我国种业国际竞争力。引导社会资本参与现代种业自主创新能力提升，加强种质资源保存与利用，以及育种创新、品种检测测试与展示示范、良种繁育等能力建设，建立现代种业体系。支持社会资本参与国家南繁育种基地建设，推进甘肃、四川国家级制种基地建设与提档升级，加快制种大县和区域性良繁基地建设
2020 年 7 月	《关于扩大农业农村有效投资 加快补上“三农”领域突出短板的意见》	加强农业种质资源保护和农业重大科技创新能力条件建设
2021 年 2 月	《中共中央 国务院关于全面推进乡村振兴加快农业农村现代化的意见》(即一号文件)	提出要强化科技支撑作用，大力实施种业创新工程，加强农业生物技术的研发。加强农业种质资源保护开发利用，对育种基础性研究及重点育种项目给予长期稳定支持。加快实施农业生物育种重大科技项目。支持种业龙头企业建立健全商业化育种体系

数据来源：根据公开信息整理

2. 我国种业市场规模迎来拐点

在 2016 年以前，我国种子行业整体市场规模以 3% 左右的复合年均增长率缓慢增长。2016 年以后，我国主粮种子库存过剩，国家提出了以“调面积、减价格和减库存”为主的供给侧结构性改革，种子行业市场开始承压。目前，我国主要农作物自主选育品种种植面积（我国种子自主率）占比达到 95%，其中，小麦、水稻都是自主选育品种；蔬菜品种中，进口种子的份额已经从 5 年前的 20% 下降到现在的 13%。近些年来，我国种子市场整体规模停滞在 1200 亿元左右。2018 年，我国种业市场规模为 1174 亿元，其中 7 种重要农作物种子（玉米、水稻、小麦、大豆、马铃薯、棉花、油菜）市值合计为 836.85 亿元；2019 年行业整体市场规模迎来拐点，结束 2017 年、2018 年的下滑，同比略微增长，达到 1192 亿元。2020 年，在国家政策支持以及玉米种子需求扩大的背景下，我国种业市场规模保持缓慢增长，市场规模超过 1400 亿元（图 4-2）。

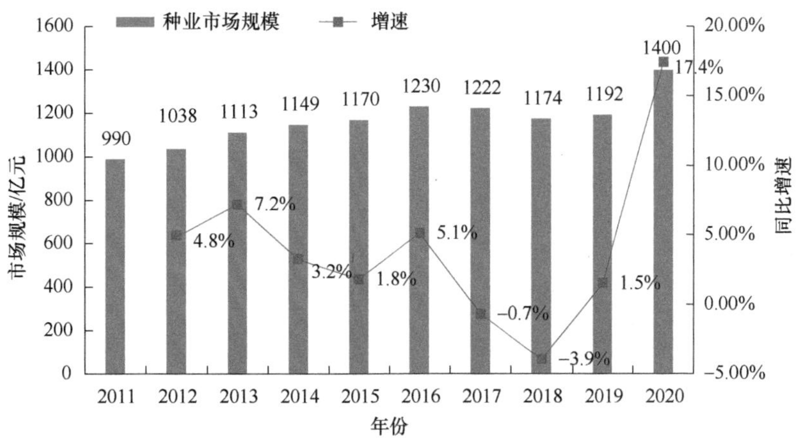

图 4-2　2011～2020 年我国种业市场规模及增速情况

数据来源：天风证券

3. 育种行业创新加速

在计划经济时代，由于育种活动主要集中在农业科研院所，种子企业整体育种热情不高，参与度较少，也不具备足够的经济实力和科研人才与农业科研院所展开深入合作，因而我国种业研发成果及新品种的推广一直较少。改革开放以来，尤其自 2000 年《种子法》颁布后，脱离计划经济体制的我国种业及种子公司，逐步走上了自主研发育种，集“育、繁、推”为一体的综合型企业道路。

种子企业科研总投入持续增加，植物新品种保护权的申请、授权数量及通过审定的品种数量不断上升。据《2020 年中国农作物种业发展报告》，2019 年推广 10 万亩以上品种有 2357 个，其中 1000 万亩以上品种有 10 个，同比增加 1 个（图 4-3）。其中推广面积在 10 万亩以上的玉米品种有 915 个，推广总面积为 42 158 万亩（单个品种推广面积超过 100 万亩的有 5 个，其中‘郑单 958’的推广面积最大，占 6.68%）；推广面积在 10 万亩以上的杂交水稻品种有 449 个，推广总面积为 16 163 万亩；推广面积在 10 万亩以上的常规水稻品种有 274 个，推广总面积为 14 872 万亩；推广面积在 10 万亩以上的小麦品种有 427 个，推广总面积为 30 370 万亩；推广面积在 10 万亩以上的大豆品种有 215 个，推广总面积为 9847 万亩；推广面积在 10 万亩以上的棉花品种有 77 个，推广

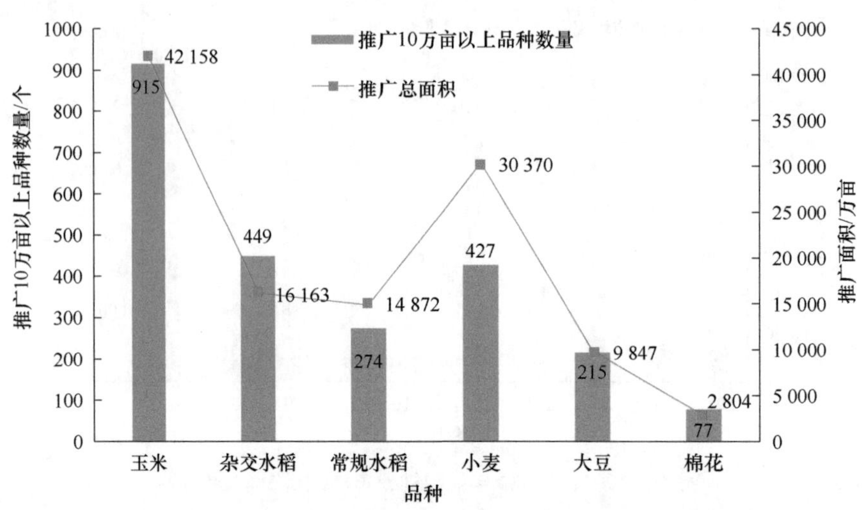

图 4-3　2019 年我国主要农作物品种及推广情况

数据来源：全国农技中心；《2020 年中国农作物种业发展报告》

总面积为 2804 万亩。我国种子行业自主研发和创新能力大幅提升。

4. 育种企业大量涌现

近几年，国家大力支持种业发展，吸引了不少资本投资种业。据企查查数据，2016 年以来，全国种业相关企业持续增加，2020 年全国种业相关企业注册量 2660 家（图 4-4）。

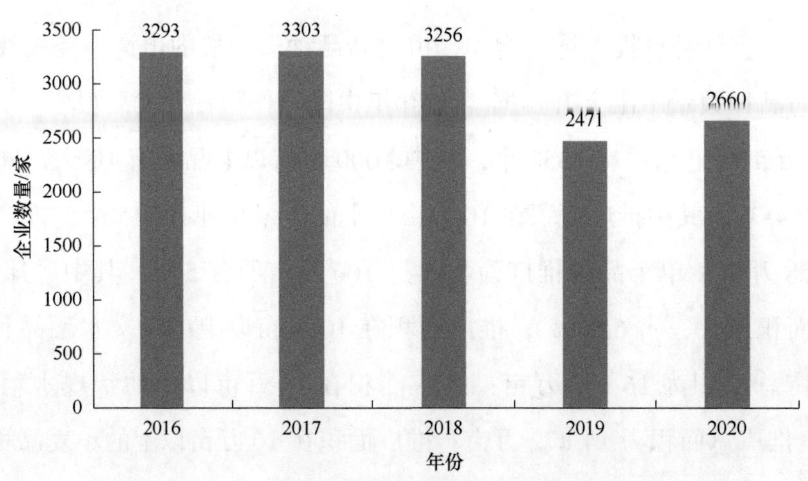

图 4-4　2016～2020 年我国育种行业先关企业注册数量情况

数据来源：企查查；中商产业研究院

在企业分布方面，目前，全国在业/存续种业相关企业35 476家，15个省（直辖市）在业/存续种业相关企业超1000家，多属于农业大省。其中，吉林省在业/存续种业相关企业最多，达3527家；山东省、黑龙江省、河南省在业/存续种业相关企业均超2000家。

5. 生物育种技术有望加速落地

随着生物育种作物品种安全证书的发放增加，抗虫转基因玉米和转基因大豆为我国历史上首次获批安全证书。2020年12月，农业农村部发布了2020年第二批农业转基因生物安全证书批准清单，包含5个生物安全证书（进口）、21个生物安全证书（生产应用），另外还有2个批准颁发、正在进行名称公示的转基因生物（表4-12、表4-13）。2020年，农业农村部总共批准了一百多个“农业转基因生物安全证书（生产应用）”，以及13个“农业转基因生物安全证书（进口）”，这显示政府对于转基因农产品的管理在稳步推进。在2020年批准或者延期的13个品种中，大多数是外国公司开发的转基因玉米、棉花和大豆，批准的用途都是作为“加工原料”。

此外，2020年12月召开的中央经济工作会议中重点提出2021年要“解决好种子和耕地问题”，回顾党的十八大以来，还是首次在中央经济工作会议层面提到解决种子问题，这表明我国种业发展已经进入实质性的新阶段。

表4-12 2020年农业转基因生物安全证书（进口）批准清单

序号	审批编号	转基因生物	申报单位	用途	有效期
1	农基安证字（2020）第197号	抗虫耐除草剂玉米MON87411	拜耳作物科学公司	加工原料	2020年12月29日至2025年12月28日
2	农基安证字（2020）第198号	抗虫耐除草剂玉米MZIR098	先正达农作物保护股份公司	加工原料	2020年12月29日至2025年12月28日
3	农基安证字（2020）第199号	耐除草剂棉花GHB614	巴斯夫种业有限公司	加工原料	2020年12月29日至2025年12月28日
4	农基安证字（2020）第200号	耐除草剂棉花LLCotton25	巴斯夫种业有限公司	加工原料	2020年12月29日至2025年12月28日
5	农基安证字（2020）第201号	抗虫棉花COT102	先正达农作物保护股份公司	加工原料	2020年12月29日至2025年12月28日

数据来源：农业农村部

表 4-13　2020 年农业转基因生物安全证书（生产应用）批准清单

序号	审批编号	申报单位	项目名称	有效期
1	农基安证字（2020）第 202 号	军事科学院军事医学研究院军事兽医研究所	表达狂犬病病毒糖蛋白的重组复制缺陷型人 5 型腺病毒活载体疫苗 rAd5-ΔE1/E3-CGS 生产应用的安全证书	2020 年 12 月 29 日至 2025 年 12 月 28 日
2	农基安证字（2020）第 203 号	中国科学院微生物研究所	重组大肠杆菌 BL21（rBL21-PoIFN-λ1）表达的猪 λ1 干扰素生产应用的安全证书	2020 年 12 月 29 日至 2025 年 12 月 28 日
3	农基安证字（2020）第 204 号	诺维信公司	重组地衣芽孢杆菌 S10-34zEK4 表达的丝氨酸蛋白酶生产应用的安全证书	2020 年 12 月 29 日至 2025 年 12 月 28 日
4	农基安证字（2020）第 205 号	诺维信公司	重组地衣芽孢杆菌 SJ10402 表达的 α- 淀粉酶生产应用的安全证书	2020 年 12 月 29 日至 2025 年 12 月 28 日
5	农基安证字（2020）第 206 号	诺维信公司	重组米曲霉 COls741 表达的植酸酶生产应用的安全证书	2020 年 12 月 29 日至 2025 年 12 月 28 日
6	农基安证字（2020）第 207 号	诺维信公司	重组米曲霉 JaL339 表达的木聚糖酶生产应用的安全证书	2020 年 12 月 29 日至 2025 年 12 月 28 日
7	农基安证字（2020）第 208 号	勃林格殷格翰动物保健（中国）有限公司	缺失 *meq* 基因的重组鸡马立克氏病病毒疫苗 SC9-2 生产应用的安全证书	2020 年 12 月 29 日至 2025 年 12 月 28 日
8	农基安证字（2020）第 209 号	丹尼斯克美国有限公司	重组地衣芽孢杆菌 BML612-LAToriICAP75 表达的 α- 淀粉酶生产应用的安全证书	2020 年 12 月 29 日至 2025 年 12 月 28 日
9	农基安证字（2020）第 210 号	丹尼斯克美国有限公司	重组枯草芽孢杆菌 BG3600-1425-3D 表达的蛋白酶生产应用的安全证书	2020 年 12 月 29 日至 2025 年 12 月 28 日
10	农基安证字（2020）第 211 号	河北科星药业有限公司	表达 *tsh* 基因的大肠杆菌活载体疫苗 BL21（DE3）/pEASY-E1/tsh 生产应用的安全证书	2020 年 12 月 29 日至 2025 年 12 月 28 日
11	农基安证字（2020）第 212 号	南昌勃林格殷格翰动物保健有限公司	表达鸡新城疫病毒 *F* 基因的重组马立克氏病病毒活载体疫苗 vHVT-BG901 生产应用的安全证书	2020 年 12 月 29 日至 2025 年 12 月 28 日
12	农基安证字（2020）第 213 号	厦门大学	重组毕赤酵母 GS115（pPIC9K-PC-hepc）表达的大黄鱼抗菌肽生产应用的安全证书	2020 年 12 月 29 日至 2025 年 12 月 28 日
13	农基安证字（2020）第 214 号	北京大北农生物技术有限公司	转 *epsps* 和 *pat* 基因耐除草剂玉米 DBN9858 在黄淮海夏玉米区生产应用的安全证书	2020 年 12 月 29 日至 2025 年 12 月 28 日

续表

序号	审批编号	申报单位	项目名称	有效期
14	农基安证字（2020）第 215 号	北京大北农生物技术有限公司	转 *epsps* 和 *pat* 基因耐除草剂玉米 DBN9858 在南方玉米区生产应用的安全证书	2020 年 12 月 29 日至 2025 年 12 月 28 日
15	农基安证字（2020）第 216 号	北京大北农生物技术有限公司	转 *epsps* 和 *pat* 基因耐除草剂玉米 DBN9858 在西南玉米区生产应用的安全证书	2020 年 12 月 29 日至 2025 年 12 月 28 日
16	农基安证字（2020）第 217 号	北京大北农生物技术有限公司	转 *epsps* 和 *pat* 基因耐除草剂玉米 DBN9858 在西北玉米区生产应用的安全证书	2020 年 12 月 29 日至 2025 年 12 月 28 日
17	农基安证字（2020）第 218 号	北京大北农生物技术有限公司	转 *cry1Ab* 和 *epsps* 基因抗虫耐除草剂玉米 DBN9936 在黄淮海夏玉米区生产应用的安全证书	2020 年 12 月 29 日至 2025 年 12 月 28 日
18	农基安证字（2020）第 219 号	北京大北农生物技术有限公司	转 *cry1Ab* 和 *epsps* 基因抗虫耐除草剂玉米 DBN9936 在南方玉米区生产应用的安全证书	2020 年 12 月 29 日至 2025 年 12 月 28 日
19	农基安证字（2020）第 220 号	北京大北农生物技术有限公司	转 *cry1Ab* 和 *epsps* 基因抗虫耐除草剂玉米 DBN9936 在西南玉米区生产应用的安全证书	2020 年 12 月 29 日至 2025 年 12 月 28 日
20	农基安证字（2020）第 221 号	北京大北农生物技术有限公司	转 *cry1Ab* 和 *epsps* 基因抗虫耐除草剂玉米 DBN9936 在西北玉米区生产应用的安全证书	2020 年 12 月 29 日至 2025 年 12 月 28 日
21	农基安证字（2020）第 222 号	华南农业大学	转番木瓜环斑病毒复制酶基因的番木瓜华农 1 号在华南地区生产应用的安全证书	2020 年 12 月 29 日至 2025 年 12 月 28 日
22	农基安证字（2020）第 223 号	北京大北农生物技术有限公司	转 *vip3Aa19* 和 *pat* 基因抗虫耐除草剂玉米 DBN9501 在北方春玉米区生产应用的安全证书	2020 年 12 月 29 日至 2025 年 12 月 28 日
23	农基安证字（2020）第 224 号	北京大北农生物技术有限公司	转 *epsps* 和 *pat* 基因耐除草剂大豆 DBN9004 在北方春大豆区生产应用的安全证书	2020 年 12 月 29 日至 2025 年 12 月 28 日

数据来源：农业农村部

（二）生物农药

生物农药（biological pesticide）是指利用生物活体（真菌、细菌、昆虫病毒、转基因生物和天敌等）或其代谢产物（信息素、生长素、萘乙酸和 2，4-D 等）针对农业有害生物进行杀灭或抑制的制剂。目前，我国生物农药类型包括微生物农药、农用抗生素、植物源农药、生物化学农药、天敌昆虫农药和植物

生长调节剂类农药等 6 大类型，已有多个生物农药产品获得广泛应用，包括井冈霉素、苏云金杆菌、赤霉素、阿维菌素、春雷霉素、白僵菌、绿僵菌等。

1. 政策大力支持生物农药

早在 2016 年，为促进农药行业产业升级，工信部就已发布了《农药工业“十三五”发展规划》，提出了一系列发展目标及措施。我国农药工业将坚持走新型工业化道路，以创新发展为主题，以提质增效为中心，进一步调整产业布局和产品结构，推动技术创新和产业转型升级，减少环境污染，满足现代农业生产需求，并提高我国农药工业的国际竞争力。

2020 年 2 月 6 日，农业农村部印发《2020 年种植业工作要点》，其中对农药行业的核心要点是确保农药利用率提高 40% 以上，其他工作要点包括对现有的农药残留制定标准、编制农药发展规划、印发《农药包装废弃物回收处理管理办法》、为生物农药和高毒农药替代产品开通“审批绿色通道”（表 4-14）。

表 4-14 《2020 年种植业工作要点》农药部分节选分析

政策文件	工作要点	主要内容
《2020 年种植业工作要点》	完善农药肥料标准体系	再组织制修订农药残留标准 1000 项，加快制修订一批肥料安全性标准、农药产品和检测方法标准
	科学用药	加强农药安全使用监督检查，加大违规使用禁限用农药、超范围使用农药、不严格执行安全间隔期等问题的查处力度。推进科学用药，促进环境友好型绿色农药替代传统农药，减少农药残留，确保农产品质量安全
	持续推进农药减量增效	深入开展农药减量增效行动，确保农药利用率提高到 40% 以上，保持农药使用量负增长
	探索开展农药肥料包装废弃物回收	会同生态环境部制定印发《农药包装废弃物回收处理管理办法》。开展农药包装废弃物回收情况监测调查。推进农药包装废弃物回收工作，因地制宜探索回收模式，划分生产企业、经营单位和使用者的回收义务，鼓励使用者自发回收农药包装废弃物，引导专业化统防统治开展农药包装废弃物回收服务
	优化行政许可审批	完善农药登记审批“绿色通道”政策，为微生物农药、高毒农药替代产品、特色小宗作物用药登记和企业兼并管理创造良好环境。优化农药进出口管理服务，推进农药登记试验数据互认工作
	推进规划编制和重大课题研究	编制《全国农药产业发展规划（2021—2025 年）》，做好农药生产布局、产能规模、产品结构和政策措施等顶层设计

数据来源：根据公开信息整理

2. 生物农药中以生物化学农药为主

在国际上，生物农药的具体定义目前还没有明确的标准答案。根据我国药检所相关负责人的描述，我国对生物农药也没有统一明确的标准和定义，而是在《农药登记资料》中分别对生物化学农药（性诱剂等）、微生物农药、植物源农药、转基因生物、天敌生物等分别进行了定义（表 4-15）。

表 4-15　我国对生物农药细分类别的定义（新旧管理办法对比）

生物农药类别	管理办法（旧）	管理办法（新）
生物化学农药	生物农药	生物农药
微生物农药	生物农药	生物农药
植物源农药	生物农药	概念上是生物农药，但是登记和管理会比生物化学农药和微生物农药更严格
转基因生物	生物农药	不再作为单独的一类，通过基因修饰的微生物列为微生物类别管理
天敌生物	生物农药	列入备案管理，不纳入正式登记
抗生素	/	有待商榷

数据来源：根据公开信息整理

2020 年 3 月 19 日，农业农村部制定《我国生物农药登记有效成分清单（2020 版）》（征求意见稿），包括 101 种产品。按照上述清单在农药信息网进行查询，截至 2020 年 5 月底，我国共用生物农药产品登记数量 1220 个，以生物化学农药为主。其中，生物化学农药 28 种产品，实际登记产品数量 513 个，数量占比达到 42.0%；微生物农药登记 47 种产品，实际登记产品数量 434 个，数量占比为 35.6%；植物源农药 26 种产品，实际登记产品数量 273 个，占比 22.4%（图 4-5）。

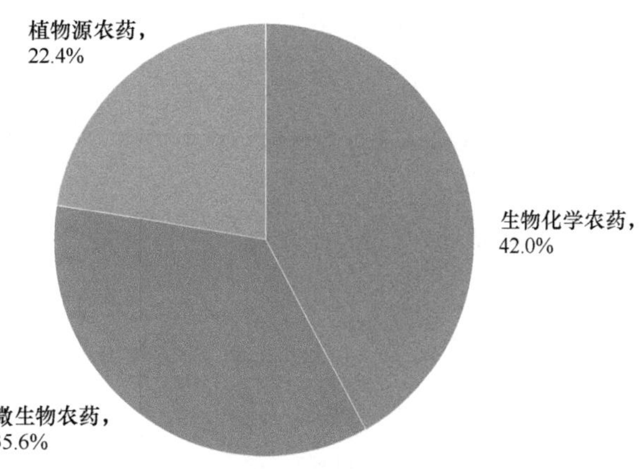

图 4-5　2020 年我国生物农药登记产品数量占比情况（截至 2020 年 5 月底）

数据来源：农业农村部

具体来看，在生物化学农

药登记的产品中，赤霉酸登记产品数量最大，达到 142 个；接着依次是萘乙酸 58 个、氨基寡糖素 56 个、芸苔素内酯 53 个。生物化学农药登记的产品，以天然植物生长调节剂类为主，天然植物诱抗剂类为辅。

在微生物农药登记的产品中，苏云金杆菌登记产品数量最大，达到 176 个；接着依次是枯草芽孢杆菌 73 个、球孢白僵菌 24 个、棉铃虫核型多角体病毒 21 个。微生物农药登记的产品，以细菌类为主，病毒类为辅。

在植物源农药登记的产品中，苦参碱登记产品数量最大，达到 116 个；接着依次是印楝素 26 个、鱼藤酮 22 个、蛇床子素 18 个。生物化学农药登记的产品，以天然植物生长调节剂类为主，天然植物诱抗剂类为辅。

3. 我国生物农药的替代空间大

从目前生物农药所占的我国农药市场比例来看，我国生物农药市场还存在广阔的发展空间。据行业智库数据显示，2017 年，全球生物农药的销售额已超过 33 亿美元，并以 13.9% 的复合年均增长率持续高速增长，预计到 2025 年实现 95 亿美元市值，总体而言，生物农药的发展呈向上趋势。

按照 2020 年 3 月 19 日，农业农村部制定《我国生物农药登记有效成分清单（2020 版）》（征求意见稿）查询，截至 2020 年 5 月份，我国现有登记的生物农药产品共计 1220 个，而我国有效期内登记在案的农药产品共 41 614 种，生物农药登记产品仅占总农药产品的 2.9%（图 4-6）。但是产品价格、技术壁垒、消费者接受度都存在一定的限制，因此短时间内，我国农药行业依旧保持以化学农药为主。我国生物农药的替代之路道阻且长，生物农药发展需要还一定时间和空间的沉淀，但发展潜力巨大。

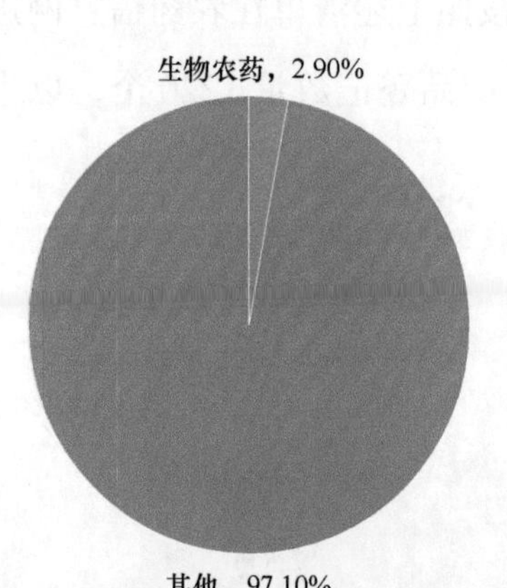

图 4-6 我国农药产品登记数量类别占比

数据来源：农业农村部；前瞻产业研究院

（三）生物肥料

生物肥料（也叫微生物肥料、菌肥、细菌肥料）利用微生物对氮的固定、对土壤矿物质和有机质的分解，从而刺激作物根系生长，促进作物对土壤中各种养分的吸收。其在我国已有近50年的历史，从根瘤菌剂到细菌肥料再到微生物肥料，名称上的演变已说明我国微生物肥料逐步发展的过程。生物肥料能改良土壤，活化被土壤固定的营养元素，提高化肥利用率，为作物根际提供良好的生态环境，是绿色农业和有机农业的理想肥料。

1. 政策红利助推生物肥料产业发展

近年来，我国农用化肥施用量总体呈波动下降趋势。这主要是由于2015年我国农业部印发《〈到2020年化肥使用量零增长行动方案〉推进落实方案》，导致2015年之后我国化肥施用量开始下降。更重要的是，习近平主席于2020年9月在第七十五届联合国大会一般性辩论上宣布："中国将提高国家自主贡献力度，采取更加有力的政策和措施，二氧化碳排放力争于2030年前达到峰值，努力争取2060年前实现碳中和"*。2020年10月发布的中国共产党"十九届五中全会"公报也提出，作为"基本实现社会主义现代化远景目标"的一部分，到2035年实现"碳排放达峰后稳中有降"。此外，《中共中央关于制定国民经济和社会发展第十四个五年规划和二〇三五年远景目标的建议》中也提到"推进化肥农药减量化和土壤污染治理"。整体来看，目前我国化肥行业总体政策倾向是化肥使用量负增长，鼓励环保、高效的新型肥料发展。这些碳中和目标的提出，使农业领域化肥施用量进一步下降（图4-7）。

与之相对的，生物肥料因具有更加绿色、环保、低碳的特点，进入了快速成长期。目前，我国生物肥料产业已跨入科技创新最为迫切的时期，选育新功能菌种、研发新产品、拓展新功能是未来产业发展目标。生物肥料产业应确立以微生物肥料产业发展目标和国家需求为导向，以源头创新与重点新产品创制

* 引自 http://www.gov.cn/xinwen/2020-10/12/content_5550452.htm。

为核心内容，以重点龙头企业为创新主体，以产学研相结合交融为平台的科技创新发展思路。在技术产品的研发上，生物肥料产业应集中力量突破微生物和生物功能物质筛选与评价、高密度高含量发酵与智能控制、新材料配套增效应用、功能菌与微生态因子互作机制及其调控、障碍因子生物修复等关键技术，研发应用高效稳定的绿色新产品。到2020年，生物肥料年总产量已达到3000万t，产业发展前景广阔。

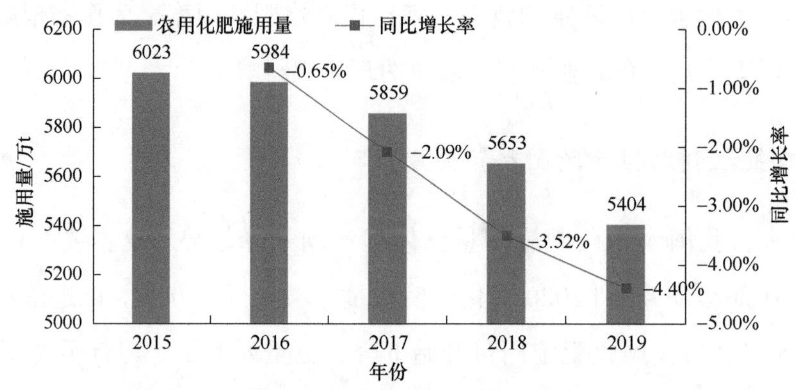

图 4-7　2015～2019 年我国农用化肥施用量及增长率情况

数据来源：国家统计局；前瞻产业研究院

2. 生物肥料产品登记快速上涨

根据农业部的调查，截至2015年年底，累计批准颁发微生物肥料产品登记证2398个。截至2020年5月底，在农业农村部微生物肥料和食用菌菌种质量监督检验测试中心查询到的微生物肥料产品登记证为7246个。四年半的时间我国微生物肥料的产品登记数量快速上升，复合年均增长率达到27.8%（图4-8）。

3. 微生物菌剂成为生物肥料主力军

目前，农业农村部登记的微生物肥料产品共有9个菌剂类品种，包括根瘤菌剂、固氮菌剂、溶磷菌剂、硅酸盐菌剂、菌根菌剂、光合菌剂、有机物料腐熟剂、微生物菌剂和土壤修复菌剂。但根据产品登记数量来看，微生物肥料以微生物菌剂为主。据前瞻产业研究院调查，截至2020年5月底，在农业农村

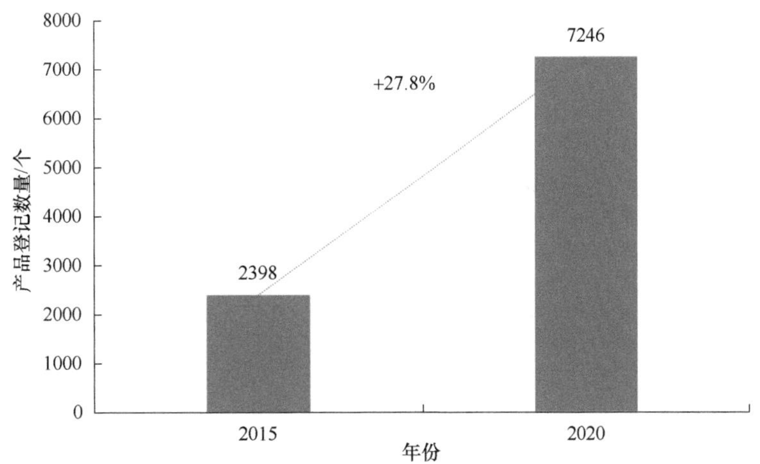

图 4-8　2015 年与 2020 年我国微生物肥料种类登记数量变化（截至 2020 年 5 月底）

数据来源：农业农村部；前瞻产业研究院整理

部微生物肥料和食用菌菌种质量监督检验测试中心查询到的微生物肥料产品登记证为 7246 个。其中微生物菌剂产品登记数量 3315 个，占比 45.75%；生物有机肥产品登记数量 2205 个，占比 30.43%；复合微生物肥料产品登记数量 1399 个，占比 19.31%（图 4-9）。

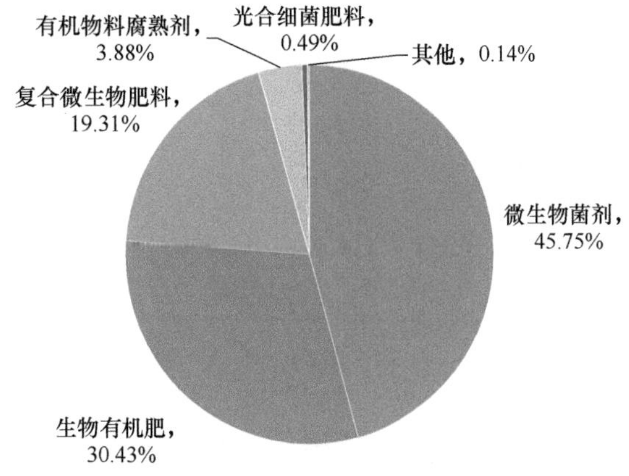

图 4-9　2020 年我国微生物肥料种类登记占比分析（截至 2020 年 5 月底）

数据来源：农业农村部；前瞻产业研究院整理

（四）生物饲料

生物饲料指使用国家相关法规允许使用的饲料原料和添加剂。目前，世界范围内开发的生物饲料产品有数十个品种，已成为一个较大的产业，主要包括饲料酶制剂、饲用氨基酸和维生素、益生菌（直接饲喂微生物）、饲料用寡聚糖、植物天然提取物、生物活性寡肽、饲料用生物色素、新型饲料蛋白、生物药物饲料添加剂等。而我国研究和生产过程中更加关注的则主要包括饲用酶制剂、益生菌、生物活性寡肽和寡聚糖等。

1. 饲料产量实现较快增长

根据中国饲料工业协会统计数据，2020 年，受生猪生产持续恢复、家禽存栏高位、牛羊产品产销两旺等因素拉动，全国工业饲料产量实现较快增长，高质量发展取得新成效。数据显示，2016～2020 年，我国工业饲料总产量呈现持续增长态势，全国饲料产量复合年均增长率为 3.04%。其中，2020 年，随着下游市场需求量的回升，我国工业饲料总产量为 25 276.1 万 t，较上年同期增长 10.40%，预计 2021 年我国饲料工业产量为 25 638 万 t（图 4-10）。

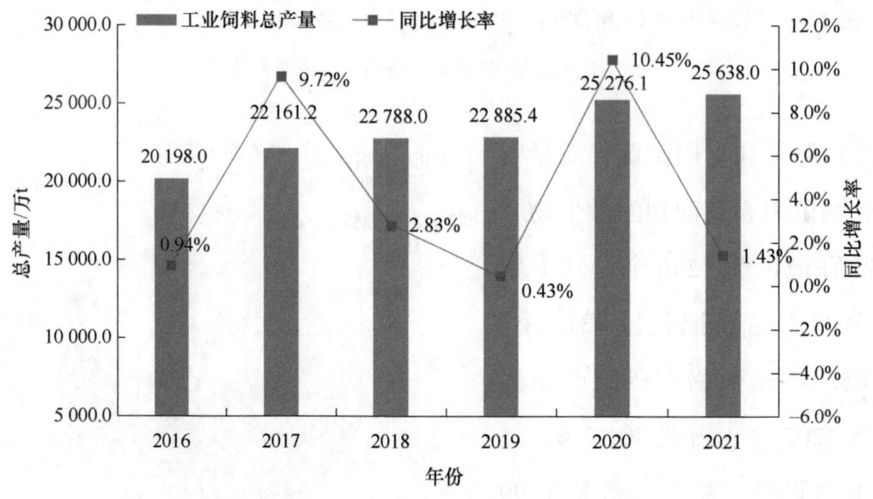

图 4-10 2016～2021 年我国工业饲料总产量及增长率

资料来源：中国饲料工业协会

其中，配合饲料产量 23 070.5 万 t，同比增长 9.8%；浓缩饲料产量 1514.8 万 t，同比增长 22.0%；添加剂预混合饲料产量 594.5 万 t，同比增长 9.6%（图 4-11）。分品种看，猪饲料产量 8922.5 万 t，同比增长 16.4%，达到 2018 年历史最高产量的 86%；蛋禽饲料产量 3351.9 万 t（同比增长 7.5%），肉禽饲料产量 9175.8 万 t（同比增长 8.4%），反刍动物饲料产量 1318.8 万 t（同比增长 18.9%），均创历史新高；水产饲料产量 2123.6 万 t，同比下降 3.6%；宠物饲料产量 96.3 万 t，同比增长 10.6%；其他饲料产量 287.2 万 t，同比增长 18.7%（图 4-12）。

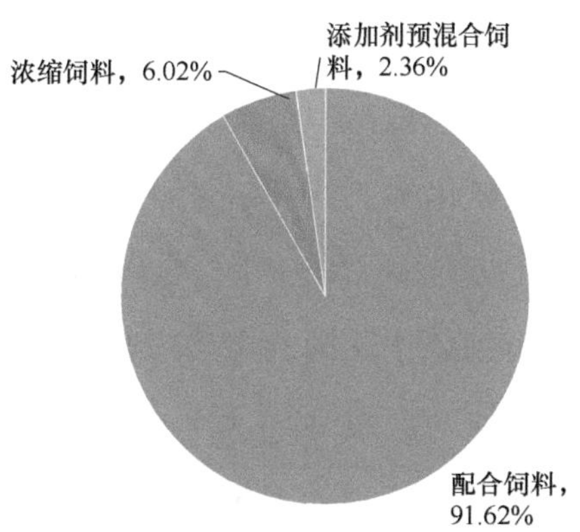

图 4-11 2020 年工业饲料产量按类别构成

资料来源：中国饲料工业协会

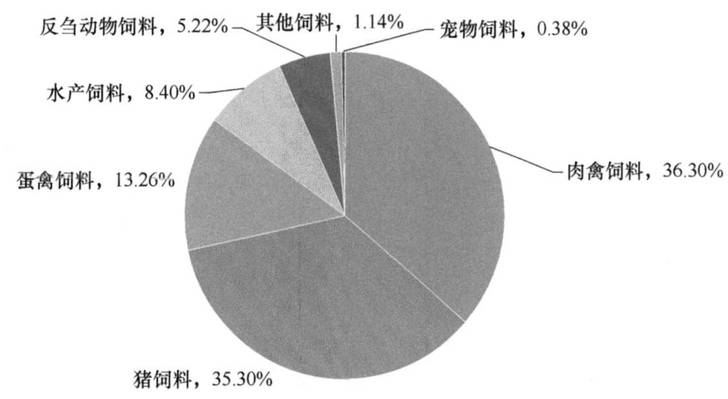

图 4-12 2020 年我国不同品种工业饲料产量份额

资料来源：中国饲料工业协会

2. 酶制剂和微生物制剂等生物饲料添加剂产量增长较快

饲料添加剂是指在饲料生产加工、使用过程中添加的少量或微量物质，有助于增加饲料营养价值，提高动物生产性能，节省饲料成本，改善畜产品品质。从饲料添加剂品种结构上看，饲料添加剂细分品种主要有氨基酸、矿物元

素、酶制剂和微生物制剂等种类。

我国在氨基酸（赖氨酸、色氨酸、苏氨酸）、单项维生素、微量元素、酶制剂（植酸酶、木聚糖酶、糖化酶）、胆碱、药物添加剂等领域具有显著优势。据中国饲料工业协会统计数据显示，2020 年，全国饲料添加剂产量 1390.8 万 t，同比增长 16.0%。其中，直接制备饲料添加剂产量 1296.4 万 t，同比增长 14.7%；生产混合型饲料添加剂产量 94.4 万 t，同比增长 36.8%。氨基酸、维生素和矿物元素产量分别为 369.7 万 t、160.3 万 t、692.6 万 t，同比分别增长 12.0%、26.0%、17.3%。酶制剂和微生物制剂等新型饲料添加剂产量保持较快增长，同比增幅分别为 15.1%、22.7%，尤其是微生物制剂，其增速远高于行业业平均产量增速，处于快速发展阶段（图 4-13）。

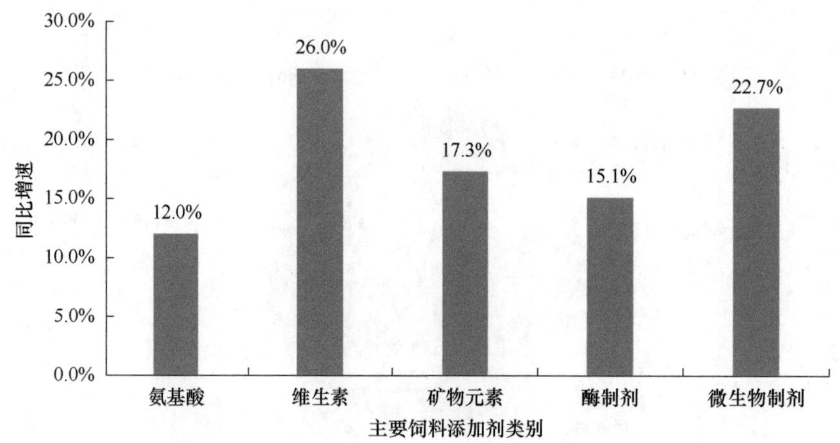

图 4-13　2020 年我国主要饲料添加剂产品产量同比增速情况

资料来源：中国饲料工业协会

3. 国内生物饲料市场潜力较大

生物饲料的开发有助于解决饲料资源及饲料添加剂匮乏的问题。目前生物饲料的生产量与实际需求量有较大的差距，缺口量较大。我国生物饲料企业数量快速增加，除西藏外，我国所有省份都有企业涉足生物饲料产业，从事相关领域的企业数量达到 1000 家以上。从区域分布来看，山东、广东和河南最为活跃，生物饲料相关企业最多。

2020 年，受疫情影响，全球生物饲料市场受到了不同程度的冲击，行业市场规模略有下降，约为 162.76 亿美元（图 4-14）。2020 年，我国生物饲料行业市场规模约为 205 亿元。随着生物发酵饲料产品的广泛应用、生物饲料系列团体标准的发布、农业农村部生物安全防控和生物饲料评价体系的建立，养殖业抗生素、化学添加剂的使用量可有效降低，我国动物食品安全状况也将得到明显改观。生物饲料已表现出巨大的发展前景。

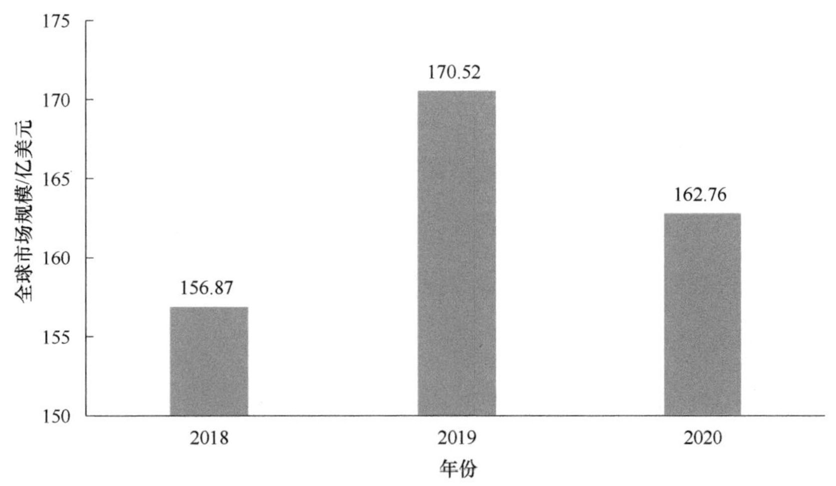

图 4-14　2018～2020 年全球生物饲料市场规模

资料来源：中研普华产业研究院

（五）兽用生物制品

1. 政策出台进一步规范兽药市场

随着 GMP 认证和 GSP 认证的实施、执业兽医师制度的推广，兽药行业壁垒逐渐提高。此外，新版《兽药生产质量管理规范（2020 年修订）》已于 2020 年 4 月 21 日公布，2020 年 6 月 1 日起施行，并要求所有兽药生产企业在 2020 年 6 月 1 日前达到新版兽药 GMP 的要求。在政策的督促下，兽药市场将逐步走向规范化。而随着生产效率的提高及技术的提升，我国兽药市场集中度将进一步提升。同时，受政策影响，未来非强制性兽用免疫制品市场将进一步扩大。

按针对的疫病是否属于国家强制免疫，我国兽用生物制品可分为国家强制

免疫兽用生物制品和非国家强制免疫兽用生物制品两类。国家强制免疫兽用生物制品主要通过政府采购后免费发放给养殖户，非国家强制免疫兽用生物制品主要通过直销或经销等市场化途径销售。农业农村部于 2019 年 12 月底印发的《2020 年国家动物疫病强制免疫计划》指出，2020 年国家强制免疫病种有高致病性禽流感、口蹄疫、小反刍兽疫、布鲁氏菌病、包虫病。自 2017 年开始，高致病性蓝耳病、猪瘟不再列入强制性免疫品种。

2. 兽用生物制品市场出现下滑，未来整体市场将持续增长

随着化学、免疫学、生物技术等相关领域新技术、新方法的飞速发展及其推广应用，我国兽用生物制品市场不断发展。动物疫病是我国由畜牧业大国走向畜牧业强国的重要制约因素。随着畜牧业发展由量到质的转变，兽用生物制品行业已成为畜牧业健康发展的重要保障，更是我国七大战略性新兴产业之一的生物医药行业中的重点支持子行业。此外，随着我国城镇化发展水平和居民生活水平的不断提高，饲养宠物的家庭逐渐增多，宠物相关产品的市场规模日渐扩大，其中宠物疫苗是预防宠物疫病的主要手段。

综合来看，2020 年，随着猪瘟疫情对行业影响的消散，我国兽用生物制品行业整体相较于 2019 年略有增长；预计未来几年我国兽用生物制品行业仍将保持平稳增长态势，到 2025 年，我国兽用生物制品行业销售额预计将达到 170 亿元（图 4-15）。

3. 国内兽用生物制品生产企业不断增加

近年来，我国兽用生物制品生产企业数量不断增加，2017 年为 94 家，2018 年增长至 99 家。根据中国兽药协会的统计数据显示，2019 年共有 1632 家兽药生产企业，生物制品企业有 102 家（图 4-16）。其中，中型企业较多，大型企业占比约为 17%。

随着国内兽用生物制品行业的不断发展，行业中的领先企业在企业规模、产品数量、品牌效应等多方面取得优势，从而获得了更高的经济效益（表 4-16）。近年来，我国畜牧业发展迅速，畜牧业生产中对于饲料和兽药等产品的需求和依

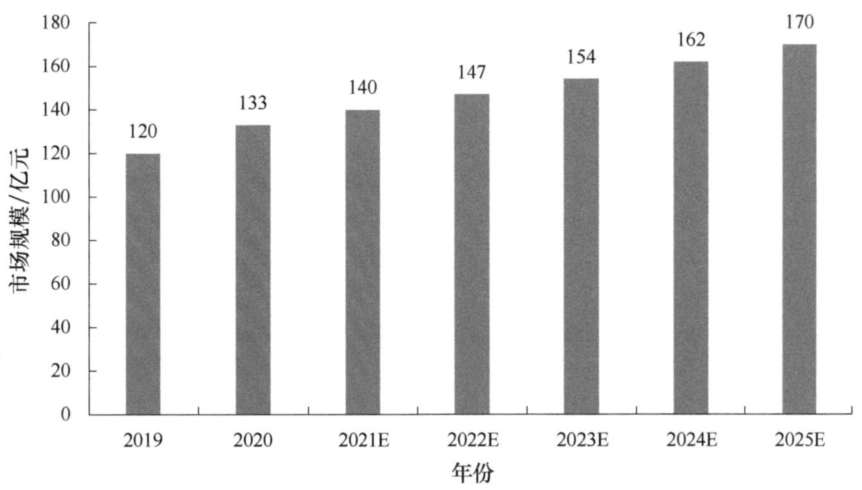

图 4-15 2019～2025 年我国兽用生物制品行业市场规模及预测

资料来源：前瞻产业研究院

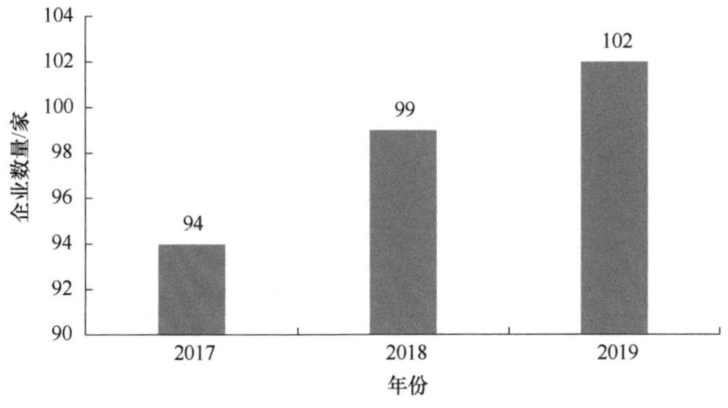

图 4-16 2017～2019 年我国兽用生物制品生产企业数量

资料来源：中国兽药协会；前瞻产业研究院

赖性逐渐加强。例如，2020 年主要兽药企业中，中牧股份兽药营业收入为 10.14 亿元，同比增长 7.2%；瑞普生物兽药营业收入为 8.85 亿元，同比增长 39.6%。

表 4-16 我国主要兽药品牌概况

品牌	所属企业	概况
Zoetis 硕腾	硕腾（苏州）动物保健品有限公司	由辉瑞旗下动物保健更名而来，全球较大的动物保健品提供商，专业提供优质的兽药和疫苗 / 业务支持和技术培训
勃林格殷格翰	上海勃林格殷格翰药业有限公司	兽药十大品牌，创建于 1885 年德国，集人用药品 / 动物保健 / 生物制药为一体，致力于人类生物制药化学和动物健康产品研发，专注于生猪 / 家禽 / 宠物 / 牛的疫苗和药品领域

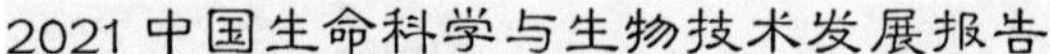

续表

品牌	所属企业	概况
BAYER 拜耳	拜耳（中国）有限公司	创建于 1863 年，德国拜耳集团旗下，世界闻名的非处方药供应商，从事高分子 / 医药保健 / 化工及农业领域，专注于人类和动物医药生产 / 研发 / 销售的全球制药企业
Elanco	礼来（上海）管理有限公司	创建于 1876 年美国，致力于帮助兽医 / 食品生产商及关注动物健康的人们提供解决方案，以研发为基础的全球性医药公司
MSD 默沙东	默沙东动物保健品（上海）有限公司	致力于高质量的创新药品和疫苗研发，帮助人们提高健康水平和生活质量，为卫生事业的发展贡献科研与服务
CAHIC 中牧	中牧实业股份有限公司	中牧股份是我国高致病性禽流感、口蹄疫、高致病性猪蓝耳病、猪瘟等重大动物疫病防控疫苗的定点生产企业，畜禽疫苗年生产能力达 350 亿羽份，销量多年保持国内行业第一
ringpu 瑞普	天津瑞普生物技术股份有限公司	瑞普生物致力于不断开发和生产高质量和高附加值的产品。目前拥有家禽、家畜、宠物、水产等动物产品 280 多种，其中化学药物近 170 种，生物制品 50 多种，饲料添加剂 30 多种，植物提取制剂 30 多种
BAOLING 宝灵	金宇保灵生物药品有限公司	农业农村部定点生产家畜口蹄疫疫苗的骨干企业之一，已成为集科研、开发、生产、销售为一体的高新技术企业
DBN 大北农	北京大北农科技集团股份有限公司	大北农集团产业涵盖畜牧科技与服务、种植科技与服务、农业互联网三大领域，拥有饲用微生物工程国家重点实验室和作物生物育种国家地方联合工程实验室，建有中关村海淀园博士后工作站分站和北京市首家民营企业院士专家工作站，与国内外近百家科研院所建立长期合作

资料来源：智妍咨询

4. 研发力度持续加大，国内兽药制品新注册数量保持平稳

随着畜禽产业化进程的加速，国家对兽药管理制度的不断完善，行业对兽药产品的要求越来越高，企业也纷纷加大研发投资力度，这也使得我国的新兽药产品注册数量持续保持平稳。2020 年，我国新兽药研发资金超过 40 亿元；2016～2020 年，我国新注册兽药证书整体呈现平稳增长的趋势。其中，2020 年，国内兽药制品新注册数量保持平稳。根据中国兽药协会统计数据，2020 年全年我国国内新注册兽药 70 个，与 2019 年新兽药注册数量基本持平（2019 年为 71 个）。其中，一类 8 个、二类 24 个、三类 32 个、四类 2 个、五类 4 个，同比增速分别为 100%、9.1%、－13.5%、－33.3%、－20.0%（图 4-17）。

从进口兽药来看，2020 年我国进口新兽药数量相较于 2019 年有较大回落。根

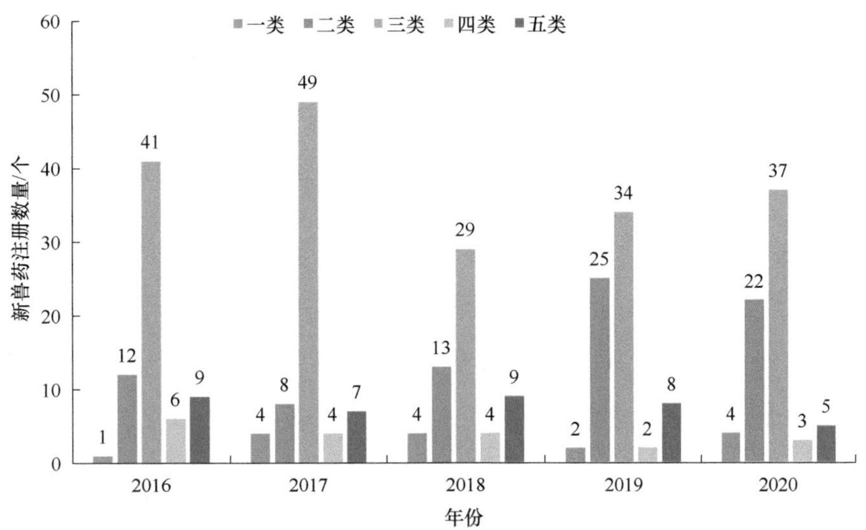

图 4-17　2016～2020 年我国国内新兽药注册数量及各类别情况

数据来源：中国兽药协会

据中国兽药协会统计数据，2020 年全年我国共新注册（再注册）进口兽药 69 个，同比 2019 年有较大幅度的回落（2019 年为 113 个），下降幅度达 38.9%（图 4-18）。

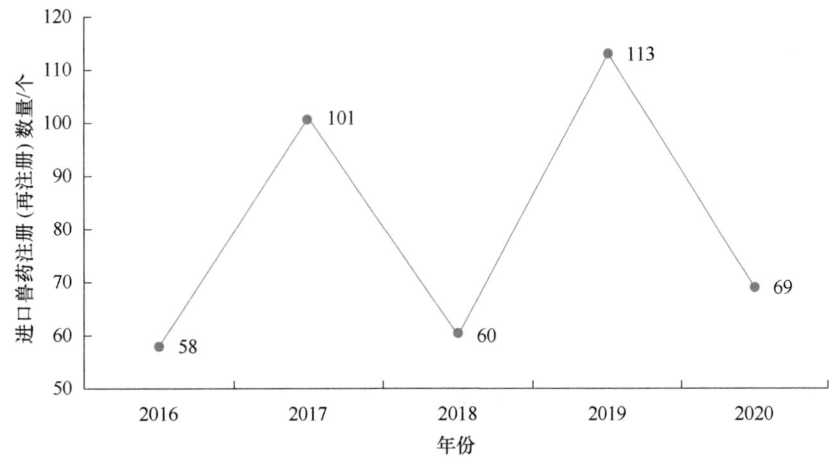

图 4-18　2016～2020 年我国进口新兽药注册（再注册）数量统计

数据来源：中国兽药协会

据国家兽药基础数据库数据，2020 年我国兽药产品批准数量最多地区为四川省，兽药批准数量为 3988 个；其次是山东省，兽药批准数量为 3319 个；再次是河南省，兽药批准数量为 2487 个。

三、生物制造业

生物制造是我国建设科技强国的重点发展产业之一。《“十三五”战略性新兴产业发展规划》则进一步明确生物制造是国家重点发展的产业之一，是我国战略性新兴产业的主攻方向，对于我国抢占新一轮科技革命和产业革命制高点，加快壮大新产业、发展新经济、培育新动能具有重要意义，是促进传统产业动能升级的主要推动力。2020 年，我国生物制造产业已经进入产业生命周期中的快速成长阶段，正在为生物经济发展注入强劲动力，也正成为全球再工业化进程的重要组成部分。

（一）生物质能源

生物质能源是重要的可再生能源，开发利用生物质能是能源生产和消费革命的重要内容，是改善环境质量、发展循环经济的重要任务。为推进生物质能分布式开发利用，扩大市场规模，完善产业体系，加快生物质能专业化、多元化、产业化发展步伐，截至 2020 年年底，我国已投产生物质发电项目 1353 个。

1. 国家出台政策规范和引导生物质能源行业健康发展

生物质发电是生物质能的主要利用形式，近年来，为推动生物质能发电，我国发布了一系列生物质能利用政策，包括《生物质能发展“十三五”规划》《全国林业生物质能发展规划（2011—2020 年）》等，并通过财政直接补贴的形式加快其发展（表 4-17）。近年来，在国家政策支持下，生物质发电建设规模持续增加，项目建设运行保持较高水平，技术及装备制造水平持续提升，助力构建清洁低碳、安全高效能源体系，对各地加快处理农林废弃物和生活垃圾发挥了重要作用。

生物质能利用对促进农林废弃物和城乡有机废弃物处理、推进城乡环境整

治、替代化石能源、减少温室气体排放等具有重要作用。国家也将继续支持生物质能产业持续健康发展，通过对各环节相关政策支持和补偿，鼓励并探索生物质发电项目市场化运营试点，逐步形成生物质发电市场化运营模式。

表 4-17　2020～2021 年我国关于生物质能源行业的相关政策汇总

发布日期	政策文件	主要内容
2020 年 1 月	《可再生能源电价附加资金管理办法》	规定了生活垃圾焚烧发电厂根据焚烧炉和自动监控系统运行情况，如实标记自动监测数据的规则。本规定适用于投入运行的垃圾焚烧厂。只焚烧不发电的生活垃圾焚烧厂参照执行
2020 年 3 月	《关于开展可再生能源发电补贴项目清单审核有关工作的通知》	①以收定支，合理确定新增项目发展规模；②通过竞争性方式配置新增项目，在年度补贴资金总额确定的前提下，将对生物质发电进行分类管理；③补贴资金将按年度拨付，财政根据年度可再生能源电价附加收入预算和补充资金申请情况，将补助资金拨付到电网企业，电网企业根据补助资金收支情况，按照相关部门确定的优先顺序，向生物质发电企业兑付补助资金
2020 年 4 月	《关于有序推进新增垃圾焚烧发电项目建设有关事项的通知》（征求意见稿）	对于 2016 年 3 月后并网的生物质发电项目，要想进入补贴清单、分享可再生能源补贴，需要满足以下条件：①需于 2018 年 1 月底前全部机组完成并网；②符合国家能源主管部门要求，符合国家可再生能源价格政策，上网电价已获得价格主管部门批复
2020 年 6 月	《关于核减环境违法垃圾焚烧发电项目可再生能源电价附加补助资金的通知》	除了项目获得审批、核准或备案，纳入年度投资计划外，新增垃圾焚烧发电项目还需要所在城市落实垃圾处理收费制度，上年度省级补贴拨付到位
2020 年 7 月	《关于做好 2020 年畜禽粪污资源化利用工作的通知》	明确要求要积极协调落实好沼气发电上网、生物天然气并入城市管网等项目落地和运行提供支持保障；明确了垃圾焚烧发电项目纳入补贴清单、拨付补贴资金的必要条件
2020 年 9 月	《关于促进非水可再生能源发电健康发展的若干意见》	明确了可再生能源电价附加补助资金结算规则，为进一步明确相关政策、稳定行业预期，补充了补贴资金有关事项
2020 年 9 月	《完善生物质发电项目建设运行的实施方案》	①引入了信用承诺制度，申报单位需要承诺项目不存在弄虚作假情况，建设运行合法合规；②建立监管预警制度，综合评估行业发展情况，引导企业科学、有序建设，理性投资；③补贴资金中央、地方分担，自 2021 年 1 月起，新纳入补贴范围的项目补贴资金由中央和地方共同承担
2021 年 2 月	《国家能源局关于因地制宜做好可再生能源供暖相关工作的通知》	有序发展生物质热电联产，因地制宜加快生物质发电向热电联产转型升级，为具备资源条件的县城、人口集中的农村提供民用供暖，以及中小工业园区集中供热

续表

发布日期	政策文件	主要内容
2021 年 3 月	《关于"十四五"大宗固体废弃物综合利用的指导意见》	大力推进秸秆综合利用，推动秸秆综合利用产业提质增效。扩大秸秆清洁能源利用规模，鼓励利用秸秆等生物质能供热、供气、供暖，优化农村用能结构，推进生物质天然气在工业领域应用

数据来源：根据公开资料整理

2. 国家大力发展生物质发电，生物质发电投资持续增长

数据显示，2020 年可再生能源电价附加收入安排的支出中，生物质发电补助为 53.41 亿元。根据 2019 年国家可再生能源电价补贴资金预算安排情况，生物质发电补贴预算达 42 亿元；2020 年生物质发电补贴执行情况好于 2019 年，带动实际补贴金额高于 2019 年。

在国家政策和财政补贴的大力推动下，我国生物质发电投资持续增长。数据显示，2020 年我国生物质发电投资规模突破 1960 亿元，同比增长 30.5%，较 2012 年增长了超两倍（图 4-19）。投资项目方面，截至 2019 年年底，全国已投产生物质发电项目 1094 个，较 2018 年增长 192 个，较 2016 年增长了 439 个。其中，农林生物质发电项目达到 374 个。

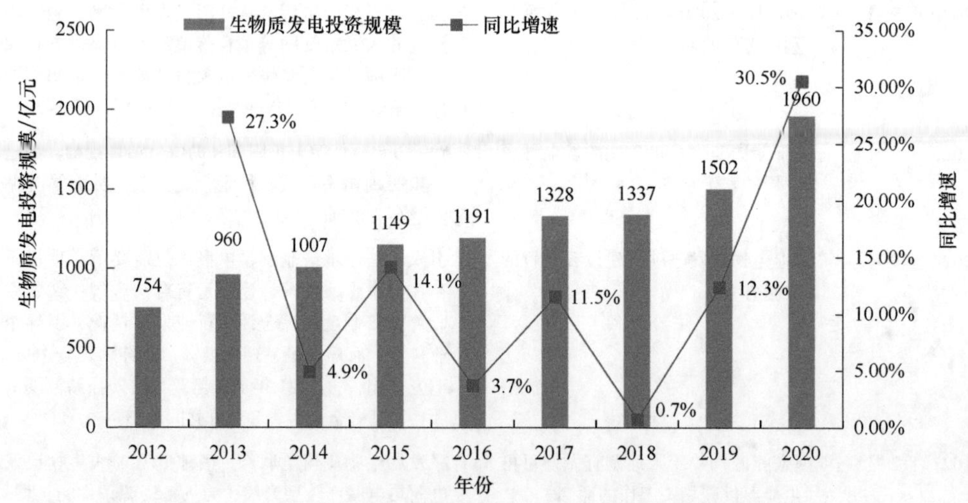

图 4-19　2012～2020 年我国生物质发电投资规模

数据来源：前瞻产业研究院

3. 我国生物质发电装机容量已连续三年位列世界第一

我国生物质发电装机容量已经连续三年位列世界第一。截至 2020 年年底，我国共新增装机 543 万 kW，装机容量较上一年增长 22.6%。我国已投产生物质发电项目 1353 个，并网装机容量 2952 万 kW（图 4-20）。

同时，2020 年我国生物质发电量累计达到 1326 亿 kW · h，同比增长 19.4%，继续保持稳步增长势头（图 4-21）。而在整个"十三五"期间，我国生物质发电量的复合年均增长率达到 20.3%。

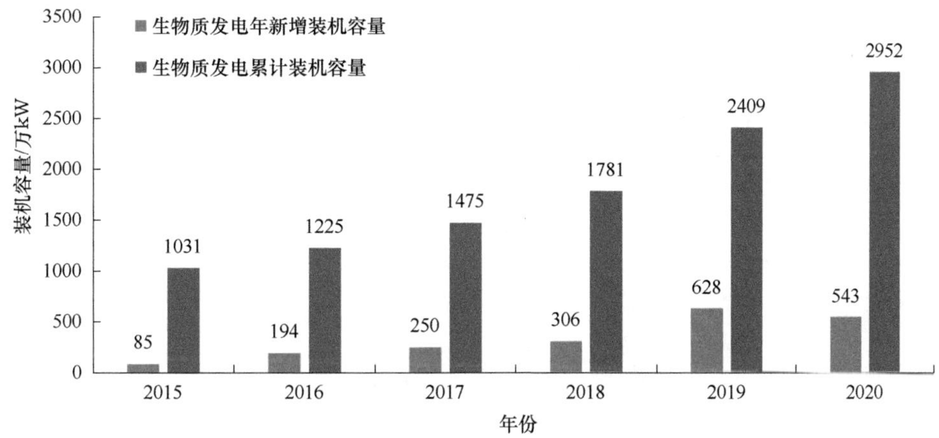

图 4-20 2015～2020 年我国生物质发电累计及新增装机容量统计图

数据来源：国家能源局

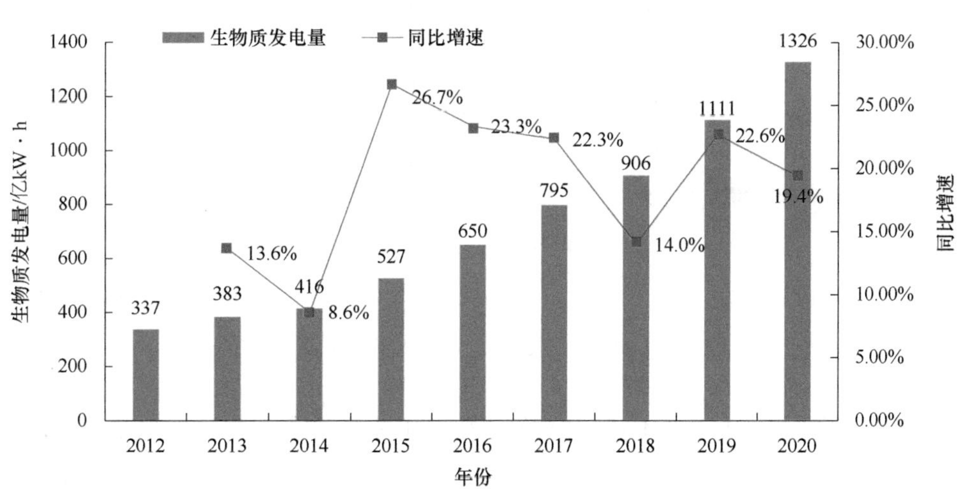

图 4-21 2012～2020 年我国生物质发电累计发电量

数据来源：国家能源局

4. 我国以生物质直燃发电为主，垃圾焚烧和农林生物质发电占主导

常见的生物质发电技术有直燃发电、甲醇发电、生物质燃气发电技术等，目前我国的生物质发电以直燃发电为主，技术起步较晚但发展非常迅速，主要包括垃圾焚烧发电、农林生物质发电和沼气发电。

装机量方面：2020 年我国生物质发电新增装机 543 万 kW，累计装机达到 2952 万 kW。其中，垃圾焚烧发电新增装机 311 万 kW，累计装机达到 1533 万 kW; 农林生物质发电新增装机 217 万 kW，累计装机达到 1330 万 kW；沼气发电新增装机 14 万 kW，累计装机达到 89 万 kW（图 4-22）。

发电量方面：2020 年我国生物质发电达到 1326 亿 kW · h，其中垃圾焚烧发电量 778 亿 kW · h，农林生物质发电 510 亿 kW · h，沼气发电 37.8 亿 kW · h（图 4-23）。

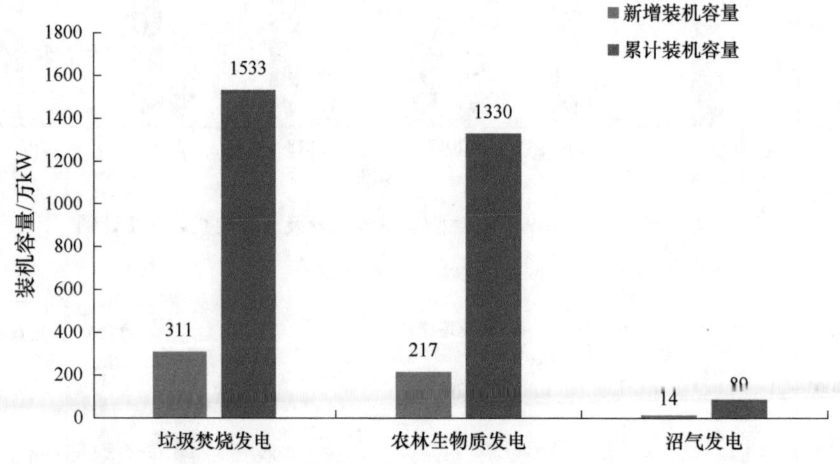

图 4-22　2020 年我国生物质发电行业细分市场新增和累计装机容量统计

数据来源：国家能源局

5. 我国生物质发电区域较为集中，但各区侧重点有所不同

随着生物质能源开发和利用的政策落实和技术进步，各个区域在生物质能源发展上也取得了一定的成绩。具体来看，截至 2020 年年底，累计装机排名前五位的省份是山东、广东、江苏、浙江和安徽，分别为 365.5 万 kW、282.4

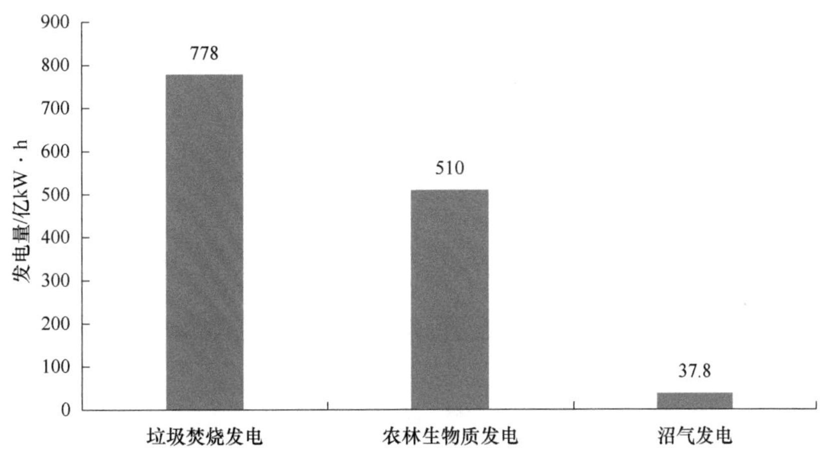

图 4-23 2020 年我国生物质发电行业细分市场发电量分布情况

数据来源：国家能源局

万 kW、242.0 万 kW、240.1 万 kW 和 213.8 万 kW（图 4-24）。

2020 年年底，新增装机较多的省份是山东、河南、浙江、江苏和广东，分别为 67.7 万 kW、64.6 万 kW、41.7 万 kW、38.9 万 kW 和 36.0 万 kW（图 4-25）。

2020 年年发电量排名前五位的省份是广东、山东、江苏、浙江和安徽，分别为 166.4 亿 kW·h、158.9 亿 kW·h、125.5 亿 kW·h、111.4 亿 kW·h 和 110.7 亿 kW·h（图 4-26）。我国生物质能发电区域发展集中度较高。

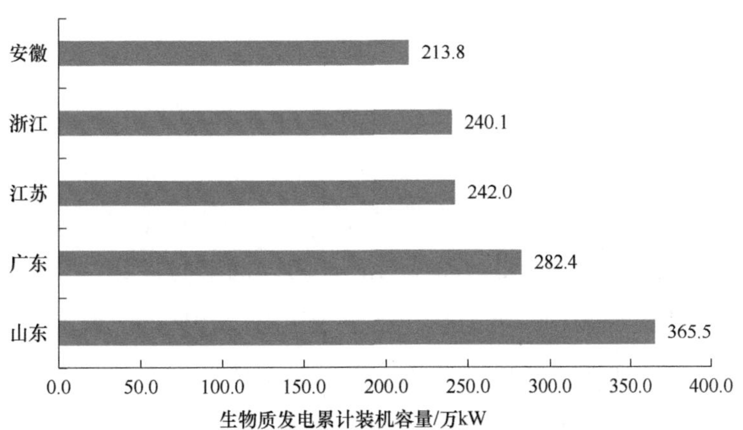

图 4-24 2020 年我国生物质发电累计装机容量 TOP5 省市分布情况

数据来源：国家能源局

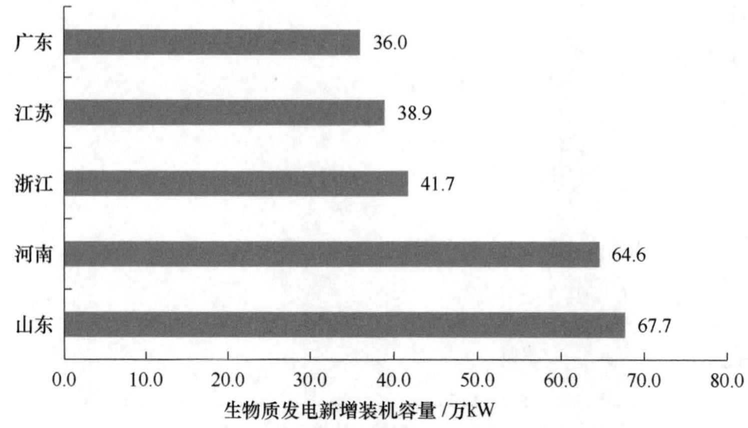

图 4-25　2020 年我国生物质发电新增装机容量 TOP5 省市分布情况

数据来源：国家能源局

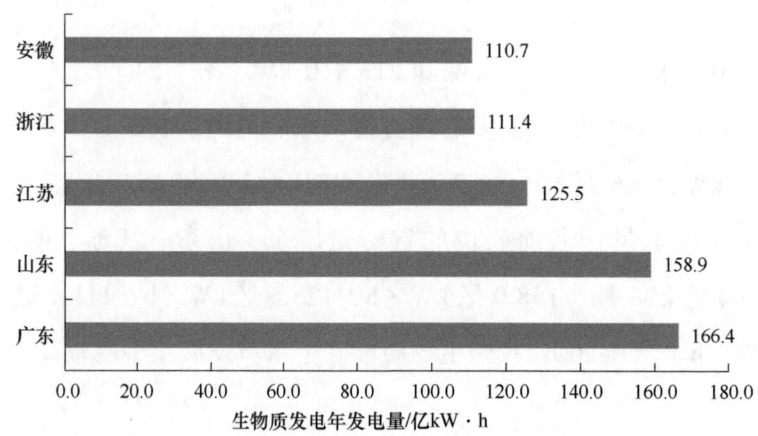

图 4-26　2020 年我国生物质发电年发电量 TOP5 省市分布情况

数据来源：国家能源局

（二）生物基产品

生物基产品包括燃料、化学品及材料，与人们的衣食住行息息相关。根据欧盟领先市场倡议（LMI），生物基产品是指源自生物质的非食品产品，范围包括生物燃料、化学品及下游材料。该概念不包括纸浆和纸张，木制品以及以生物质为能源的传统生物基产品（如秸秆）。生物基产业包括基本生物基化学品如有机酸，烷烃和烯烃获得的生物醇，还包括生物基纤维、生物基塑料、生物基橡胶、糖工程产品及生物质热塑性加工得到的塑料材料等。由于当前石化资

源紧张及环保压力日益增大等因素，生物基产业逐渐走进人们视野，成为近年来全球竞相发展的重要领域。

1. 碳交易政策出台提高生物基产品输出

我国是全球最大的 CO_2 排放国，2018 年 CO_2 排放约占全球的 26%。2020 年 9 月，我国宣布二氧化碳排放力争于 2030 年前达到峰值，努力争取 2060 年前实现碳中和。全球主要碳排放国也相继提出了净零排放目标。2020 年以来，我国陆续发布了多项与碳中和有关的重要政策，尤其是 2020 年 9 月 22 日，习近平总书记在第七十五届联合国大会提出我国将采取更加有力的政策和措施保障二氧化碳排放力争于 2030 年前达到峰值，努力争取 2060 年前实现碳中和（碳净零排放），拉开了我国低碳经济时代的序幕。此外，《“十四五”规划》及《2020 年政府工作报告》中均提及“碳中和”“碳达峰”目标，量化碳减排目标（“十四五”时期单位国内生产总值能耗和二氧化碳排放分别降低 13.5%、18%），并细化各项工作。2021 年 2 月发布的《国务院关于加快建立健全绿色低碳循环发展经济体系的指导意见》提出“提升产业园区和产业集群循环化水平”“鼓励绿色低碳技术研发”等发展方向（表 4-18）。

表 4-18 2020 年我国各项与碳中和相关的政策文件及重要事件梳理

发布时间	政策文件 / 重要事件
2020-09-22	习近平主席在第七十五届联合国大会上宣布：“中国将提高国家自主贡献力度，采取更加有力的政策和措施，二氧化碳排放力争于 2030 年前达到峰值，努力争取 2060 年前实现碳中和”*
2020-10-21	生态环境部等五部委联合出台指导意见，首次明确了气候投融资的定义与支持范围，引导和促进更多资金投向应对气候变化领域的投资和融资活动，支持范围包括减缓和适应气候变化两个方面
2020-10-29	《中共中央关于制定“十四五”规划和 2035 年远景目标的建议》中指出，发展绿色建筑；开展绿色生活创建活动；降低碳排放强度，支持有条件的地方率先达到碳排放峰值，制定 2030 年前碳排放达峰行动方案
2020-11-02	《全国碳排放权交易管理办法（试行）》（征求意见稿）中明确，全国碳排放权交易市场的交易产品为排放配额及其他产品。重点排放单位及符合规定的机构和个人是全国碳排放权交易市场的交易主体
2020-11-20	生态环境部发布征求意见稿，指出将根据发电行业碳排放核查结果，筛选确定纳入 2019～2020 年全国碳市场配额管理的重点排放单位名单，并实行名录管理

* 引自 http://www.gov.cn/xinwen/2020-10/12/content_5550452.htm。

续表

发布时间	政策文件 / 重要事件
2020-12-12	我国在联合国气候雄心峰会上提出，到 2030 年，中国单位国内生产总值二氧化碳排放将比 2005 年下降 65% 以上，非化石能源占一次能源消费比重将达到 25% 左右，森林蓄积量将比 2005 年增加 60 亿 m^3，风电、太阳能发电总装机容量将达到 12 亿 kW 以上
2021-01-05	《碳排放权交易管理办法（试行）》正式发布，规定符合下列条件的企业应当列入温室气体重点排放单位名录：①属于全国碳排放权交易市场覆盖行业；②年度温室气体排放量达到 2.6 万 t 二氧化碳当量。碳排放配额分配以免费分配为主，可以根据国家有关要求适时引入有偿分配

数据来源：根据公开资料整理

近年来，生物科技领域高速发展，并不断在能源、化工、材料、农业、医药等方面获得新的应用。碳交易政策通过市场和法律法规强制提高石化燃料、产品的生产使用成本，从而形成生物基产品的成本优势，引导产业转型。因此，生物基替代化石基产品，并转向低碳经济是全球解决经济增长及环境问题的长期战略。

2. 生物基化工产品市场规模持续攀升

在碳中和政策推动下，生物基产品的市场规模持续攀升、潜力巨大。

（1）生物基柴油：政策利好需求大幅增长，我国竞争优势显著

目前生物基产品中生产及需求量最大的当属生物燃料，据 REN21 的可再生能源报告，2019 年全球生物燃料的产量同比增加 5.5%，达到近 1.32 亿 t/ 年。

随着生物柴油添加比例政策性提升，据经合组织 - 粮农组织预计，2025 年全球生物柴油需求量将达到 4500 万 t 的水平，海外发达国家预计将需要 350 万 t 生物柴油的进口量。我国生物柴油需求量有望达到 700 万 t。产能方面，全球生物柴油产量从 2010 年的 169 万 t 增长到 2019 年的 4210 万 t，复合年均增长率达到 11%。近年来全球生物柴油供不应求趋势明显，生物柴油出口价格由之前 5500～6500 元 /t 的稳定水平开始逐步走高。

虽然当前我国尚未强制要求在柴油中强制添加生物柴油，但是有部分省（直辖市）已开始在辖区内的油站进行生物柴油的市场推广，如上海市从 2013 年即开始在公交车、环卫车辆上使用 B5 生物柴油，2018 年开始向社会车辆销售 B5 生物柴油，目前油品供应已覆盖了市区百多个加油站。根据国家统计局

的数据，2019 年我国柴油消费量为 1.4 亿 t，因此若国家从 B5 添加标准（即 5% 生物柴油添加比例）开始推广生物柴油，那么生物柴油的需求量将达到 700 万 t。

而未来随着添加标准提升，我国生物柴油的需求量将水涨船高。行业空间将呈现倍数式增长。以 5500 元 /t 的保守出口单价估计，欧洲生物柴油的行业空间有望从目前 700 亿元增长至 2025 年的 2500 亿元。若我国实施 B5 标准，以 5000 元 /t 的价格测算，行业空间将达到 350 亿元。

（2）生物基化学品及材料：潜力巨大新蓝海

生物质原料替代石油基原料、生化法结合或生物法是化学品制造业发展的重点方向。近年来在各国政策引导下，生物燃料产能增长推动生物精炼部门发展的同时，也加速了农业部门 - 生物精炼部门 - 下游厂商 - 认证机构 - 消费部门整条产业链的构建，带动下游生物基化学品和新材料的高速发展。根据 MarketsandMarkets 数据，全球生物基化学品及材料 2020 年的市场规模为 105 亿美元，受各国政府产业扶持政策的推动，2025 年有望增长至 279 亿美元，复合年均增长率将达到 21.7%。其中，亚太地区是新兴市场，作为主要生产中心，全球约 70% 的注塑基础设施位于亚洲，因此市场增长速度最快。

在我国，生物基材料作为我国新材料行业发展的重要组成部分，近年来发展迅猛。中国科学院宁波材料技术与工程研究所主办的“2019 国际生物基材料技术与应用论坛”预测，我国生物基材料行业保持 20% 左右的年均增长速度，总产量已超过 600 万 t/ 年，正值发展的上升期。

2020 年，我国的生物基材料产业发展迅猛，关键技术不断突破，产品种类速增，产品经济性增强，生物基材料正在成为产业投资的热点，显示出了强劲的发展势头。据统计，2019 年我国规模以上企业生物基材料营业收入为 148.49 亿元，较 2018 年增加了 24.38 亿元；2019 年我国规模以上企业生物基材料营业成本为 132.26 亿元，较 2018 年增加了 23.18 亿元（图 4-27）。

3. 生物基塑料市场处于高速增长起点

生物基塑料是目前生物基化学品下游材料最主要的应用领域。生物基塑料产品有两个主要优点：①优秀的减排能力，生物基塑料的 CO_2 排放量只相当于

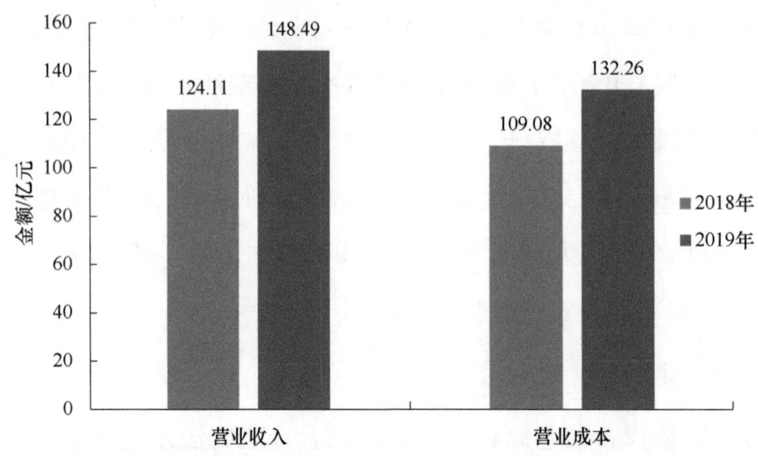

图 4-27　2018～2019 年我国规模以上企业生物基材料营业收入及营业成本情况

数据来源：我国纺织工业报告；智研咨询

传统塑料的 20%；②部分塑料具有天然可生物降解性，不可降解的生物基塑料亦可回收再利用。

未来随着生物基塑料需求的增长，以及越来越多生物基聚合物、应用和产品的出现，生物基塑料产能仍将保持不断增长。据 European Bioplastics（欧洲生物塑料协会）发布的数据显示，全球生物基塑料约占每年生产的塑料中的 1%。其中，2020 年，全球生物基塑料产能达 211.1 万 t，其中可生物降解塑料的产能为 122.7 万 t，不可生物降解的产能为 88.4 万 t，可生物降解塑料占比达到 58.1%，创近三年新高。同时，随着全球各国环保产业的发展，在生物基塑料产能中，可生物降解塑料的产能占比不断增长，不可生物降解塑料的产能占比不断下降。据欧洲生物塑料协会预测，至 2025 年，全球生物基塑料产能将突破 287 万 t，其中，可降解生物基塑料的产能占比也将提升至 60% 以上（图 4-28）。

2019 年，我国塑料制品产量高达 8184 万 t，约占全球塑料诉求量的 1/4；与此同时，2019 年，我国生物降解塑料消费量仅为 52 万 t，参考欧洲生物塑料协会的数据，我国生物可降解塑料消费量全球占比仅为 4.6%，显著低于全球平均水平。可见当下国内可降解塑料行业仍处于导入期。

其中，从我国新材料发展方向上看，生物降解材料不仅是国家战略的重点，也是目前最热、最具绿色概念的材料之一。聚乳酸（PLA）、PBAT 作为代表性

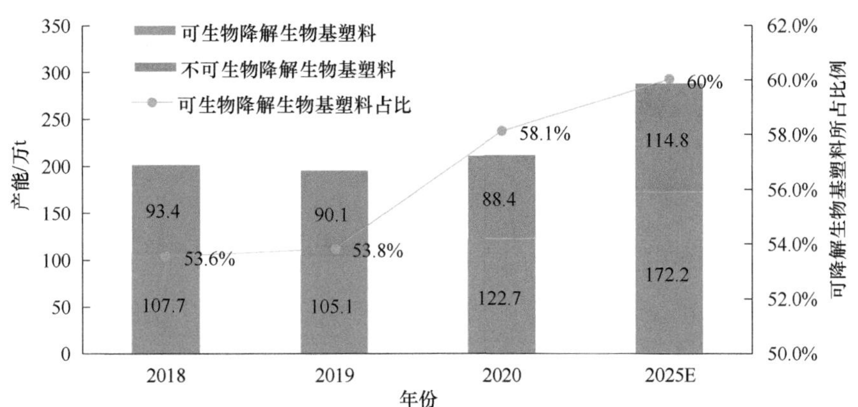

图 4-28　2018～2025 年全球生物基塑料产能变化及可降解生物基塑料占比情况（含预测）

数据来源：European Bioplastics（欧洲生物塑料协会）；智研咨询

产品，因其生产过程无污染，且产品可生物降解，能实现在自然界中的循环，成为可降解塑料中的大宗品和投资热点，也为我国治理“白色污染”开辟新途径。PLA 全球目前年产能为 30 万 t 以下，PBAT 全球目前年产能 50 万 t 以下。对一次性塑料的限制与禁止使用，使供给端的 PLA、PBAT 等生物可降解塑料需求激增，当前市场缺口大，供不应求。

四、生物服务产业

生物服务产业主要是指医药外包服务行业，包括合同研发外包服务（CRO）和药物研发生产外包服务（CMO/CDMO）两大细分领域。随着新药研发生产的产业链不断复杂化、精细化，导致成本提升和研发难度加大，CRO/CDMO 等医药外包服务行业被称为医药行业创新研发的“卖水人”，其景气度也不断提升。2020 年，我国医药外包市场总规模达到 1500 亿元，拥有较大增量空间，其中我国 CRO 行业市场规模接近 1000 亿元，C（D）MO 行业市场规模超过 530 亿元。

（一）生物服务产业政策

目前，国内医药服务产业的政策红利不断释放，成为国内医药外包行业高

速成长的重要驱动因素。例如，2020 年 1 月 14 日，商务部等八部门发布的《关于推动服务外包加快转型升级的指导意见》指出，要推动重点外包服务领域发展，包括发展医药研发外包。此外，2020 年 5 月，国家药监局发布《关于开展化学药品注射剂仿制药质量和疗效一致性评价工作的公告》，给医药外包服务行业再次送来“政策红包”。

此外，近些年国内利好政策纷纷落地，如药品审评审批加速、仿制药一致性评价、MAH 制度等系列重大医药政策，推动国内药品研发投入提升及研发生产相分离，不断推进国内医药外包服务行业高速成长（表 4-19）。

表 4-19　2020 年我国生物服务产业主要相关政策梳理

发布时间	政策文件	主要内容
2020 年 1 月	《进口药材管理办法》	为加强进口药材监督管理，保证进口药材质量，根据《中华人民共和国药品管理法》《中华人民共和国药品管理法实施条例》等法律、行政法规，制定本办法。进口药材申请、审批、备案、口岸检验以及监督管理，适用本办法。国家药监局主管全国进口药材监督管理工作
2020 年 3 月	《医疗器械拓展性临床试验管理规定（试行）》	规范对患有危及生命且尚无有效治疗手段的疾病的患者，在开展临床试验的机构内使用尚未批准上市的医疗器械的活动和过程
2020 年 5 月	《国家药监局关于开展化学药品注射剂仿制药质量和疗效一致性评价工作的公告》	已上市的化学药品注射剂仿制药，未按照与原研药品质量和疗效一致原则审批的品种均需开展一致性评价。药品上市许可持有人应当依据国家药监局发布的《仿制药参比制剂目录》选择参比制剂，并开展一致性评价研发申报
2020 年 7 月	《药物临床试验质量管理规范》	参照国际通行做法，细化明确药物临床试验各方职责要求，并与 ICH 技术指导原则基本要求相一致，在总体框架和章节内容上较 2003 年版《药物临床试验质量管理规范》做出了较大幅度的调整和增补

数据来源：根据公开资料整理

（二）生物服务产业细分领域

1. CRO

（1）市场规模及行业渗透率不断增长

尽管全球 CRO 行业发展迅速，市场规模不断扩大，但受制于昂贵的研发成本，产业逐渐向中国、印度等 CRO 行业发展相对成熟、人力成本低的新兴国家转移。根据南方所数据统计，2015 年，我国 CRO 市场规模仅为 379 亿元人民币，到 2020 年，我国 CRO 行业市场规模接近 1000 亿元（图 4-29）。

此外，相较于全球 CRO 行业渗透率，我国 CRO 行业渗透率较低，预计 2022 年将增长至 40.3%（图 4-30）。我国制药企业更多专注于仿制药开发，对 CRO 需求较弱，随着国家出台政策鼓励创新药开发，企业在创新药研发上的投入力度加大，越来越多小型创业型生物制药公司成立，而创业型制药企业将更多依赖 CRO 服务，未来 CRO 的需求和业务渗透率将快速提升。同时，共享全

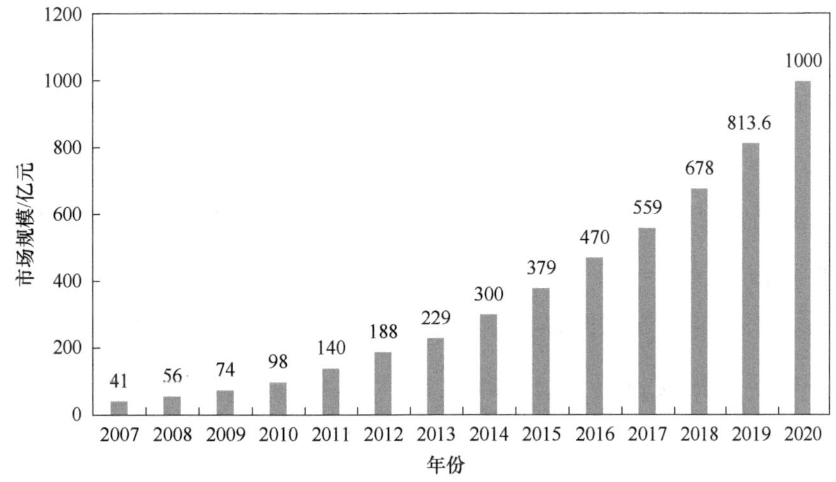

图 4-29 2007～2020 年我国 CRO 行业市场规模统计情况

数据来源：前瞻产业研究院

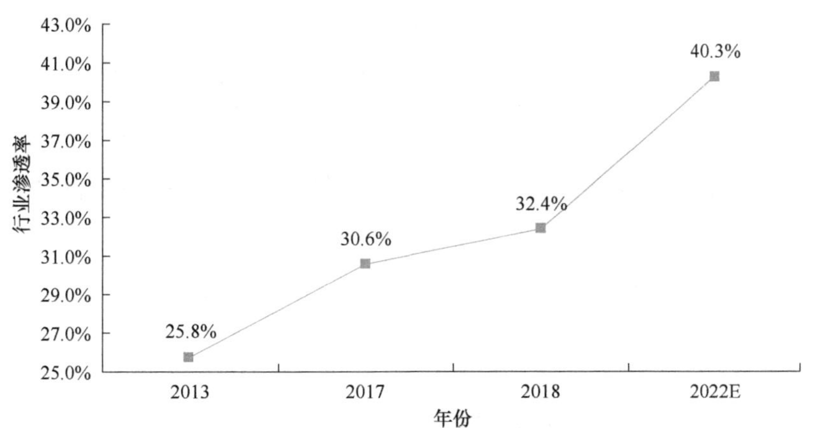

图 4-30 2013～2022 年我国 CRO 行业渗透率统计情况及预测

数据来源：前瞻产业研究院

球医药外包行业的成长红利，行业订单持续向我国转移，加之疫情影响，产业转移更加明显，预计后续海外产业转移有望加速。

（2）长期来看疫情对我国 CRO 影响较小

疫情之下，新冠肺炎药物的研发成败成为资本关注的焦点。2020 年 8 月，国内 CRO 龙头企业之一的泰格医药登陆港交所上市，成为继药明康德、康龙化成后国内第三家“A＋H”药物研发外包服务企业。此外，从头部企业看，在我国除药明康德目前营收过百亿外，其余头部企业距离百亿大关目前仍然相距甚远。因此，由于国际市场所占份额整体偏低，抢占国际市场仍旧是药明康德、泰格医药等巨头及一些“小而美”的细分龙头未来增长业务规模的主要路径。

短期来看，虽然从 2020 年 3 月开始，全国开始逐步复工复产，但新冠肺炎疫情还是对国内医药外包企业带来了一定影响。随着国内很快复工复产，CRO 行业也在逐渐恢复增长。从长远发展来看，疫情对我国 CRO 行业在国内广阔的市场中影响相对较小——或带来利好因素，这是由于新冠肺炎疫情改变了商业固有的模式，尤其是在新药研发方面，政府更加重视医药和器械产品的研发，对医药外包企业的支持也将会大幅度提升。因此，对于国内医药外包行业来说，新冠肺炎将加快升级其产业链从而进行横纵向化收购，其目的是完善并且扩张其业务结构，成为一站式的医药外包企业。

目前来看，我国医药外包行业已具备相应条件，处于接收全球产业转移的第一梯队。除了人力成本，我国还具有相对较低的环保成本、较大规模的病患市场和工程师红利等支撑条件；同时，国内传统企业转型和中小型生物科技企业快速崛起，提升研发投入，为产业转移进一步奠定基础。而产业政策给我国 CRO 行业提供了良好的营商环境，也为投资者提供了良好的政策保障。

2. C（D）MO

（1）我国 C（D）MO 行业规模不断扩大，份额持续提升

我国 C（D）MO 市场规模逐渐增大，正逐渐接收全球 C（D）MO 产能。据 Informa 等报告显示，2012～2020 年，国内 C（D）MO 市场规模复合年均增长

率超过 18%，高于全球 C（D）MO 市场增速；其中，在 2020 年，我国 C（D）MO 市场规模达到 528 亿元，同比增速达到 19.7%。有关咨询机构预测，未来五年，国内 C（D）MO 的发展潜力远大于全球，尤其是上市许可持有人制度使得国内市场空间打开，随着医药制造产业链的转移和我国对创新型药物的支持，初步测算 2020～2025 年我国的 C（D）MO 市场将保持 18% 以上的复合年均增速，到 2025 年市场规模将超过 1200 亿元（图 4-31）。

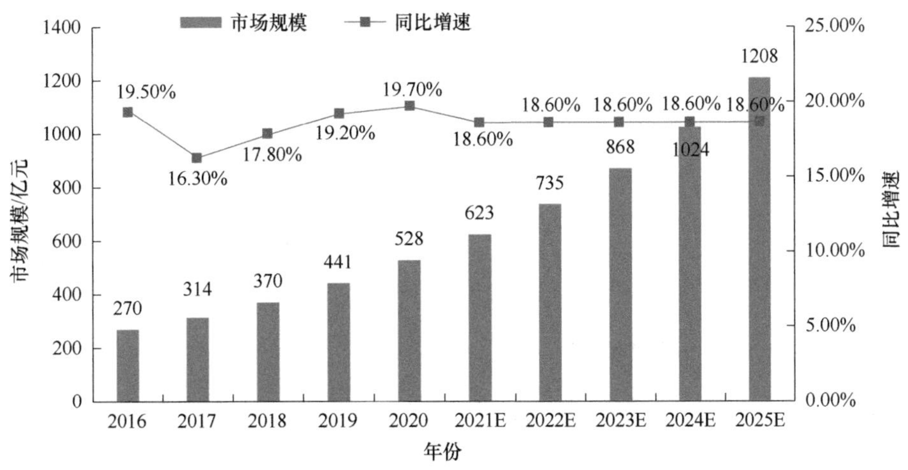

图 4-31 2016～2025 年我国 C（D）MO 行业市场规模统计及增速情况（含预测）

数据来源：Informa；前瞻产业研究院

（2）我国 C（D）MO 行业集中度仍较低

C（D）MO 业务是创新药产业链上的重要组合部分。截至 2020 年 10 月，A 股的相关的上市公司共有 7 家，H 股的上市公司为 1 家。根据前瞻产业研究院通过对上市公司的 C（D）MO 业务收入和 2019 年行业市场规模对比，计算得出行业 TOP5 企业市场份额仅占据整个国内 C（D）MO 市场的 23%。合全药业是国内最大的 C（D）MO 企业，市场占有率达到 8%，其次是凯莱英、博腾股份、药明生物、普洛药业、九州药业等，行业整体集中度较低（图 4-32）。

从行业代表性公司地理位置分布来看，我国 C（D）MO 企业主要集中在长三角地区，其中江苏和浙江地区产业集群效应最为明显，集聚药明康德、雅本化学、天宇股份、九州药业、联化科技、海正药业和普洛药业等知名企业。

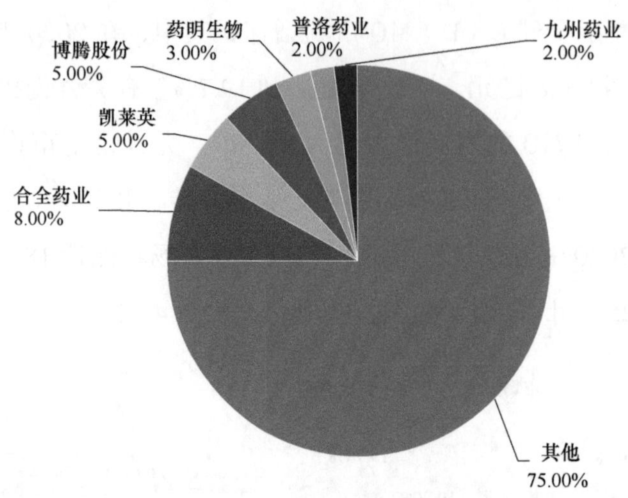

图 4-32　2019 年我国 C（D）MO 行业企业竞争格局情况

数据来源：根据各企业 2020 年年报公布信息整理；前瞻产业研究院

五、产业前瞻

（一）基因检测产业

基因检测指通过血液、组织或细胞分泌物，对生物染色体、DNA 分子进行检测的一系列技术。目前在医疗领域，基因检测除直接检测人体 DNA 分子外，还可通过检测人体内微生物基因信息，判断受检者健康状况和疾病风险。

基因检测从染色体结构、DNA 序列、DNA 变异位点或基因的表达丰度，可以为受检者与医疗研究人员提供一些与基因遗传有关的疾病、体质或个人特质评估的依据。在疾病预防和治疗方面，基因检测可以鉴定基因突变，对那些可能致病的突变能起到提前预知和预防的作用，对患者则可以提供有针对性、有效的治疗；还可应用于身份鉴识、亲子关系鉴定、追溯祖源，以及先天体质、特质潜能的分析等。了解这些基因信息，有助于人类更好地应对疾病和健康风险。

1. 国家政策支持基因检测行业发展

近年来，我国将基因测序作为国家重点领域，加大了支持力度，先后推出

了多项政策、制度进行扶持，为行业的发展创造了良好的政策环境。短短几年间，我国基因测序就经历了无监管、政府叫停、国家卫生健康委监管、全面发展四个阶段，可谓是政策发布最为频繁的行业之一。综合来看，国家政策端对于基因检测行业的推动力主要体现在三个层次：国家宏观战略、国家发展改革委制定基因检测产业发展政策、国家卫生健康委（原卫计委）和国家药监局（原国家食品药品监督管理总局）对基因检测行业的监管（表 4-20）。

表 4-20　基因检测相关国家战略及行业政策梳理

时间	颁布机构	政策文件 / 措施	支持对象	主要内容
国家宏观战略 / 措施				
2015 年 3 月	科技部	成立国家精准医疗战略专家委员会	精准医疗	成立中国精准医疗战略专家组，2030 年前在精准医疗投入 600 亿人民币
2015 年 6 月	国家发展改革委	《国家发展改革委关于实施新兴产业重大工程包的通知》	基因检测机构	率先建设 30 个基因检测技术应用示范中心，提出快速推进基因检测临床应用及试剂、仪器的国产化
2016 年 7 月	国务院	《“十三五”国家科技创新规划》	基因检测技术	重点攻克新一代基因测序技术、组学研究和大数据融合等核心关键技术
2016 年 7 月	中共中央、国务院	《“健康中国 2030”规划纲要》	新生儿疾病筛查	明确了“提高妇幼健康水平”的目标和任务，并详细提出了“加强出生缺陷综合防治，构建覆盖城乡居民，涵盖孕前、孕期、新生儿各阶段的出生缺陷防治体系”“实施健康儿童计划，加强儿童早期发展，加强儿科建设，加大儿童重点疾病防治力度，扩大新生儿疾病筛查”等一系列任务和目标
2016 年 12 月	国家发展改革委	《“十三五”生物产业发展规划》	基因检测、基因编辑、产前筛查	基因检测能力（含孕前、产前、新生儿）覆盖 50% 以上出生人口
2017 年 12 月	国家发展改革委	《增强制造业核心竞争力三年行动计划（2018—2020 年）》	医疗检测设备	制定高端医疗器械和药品关键技术等 9 个重点领域关键技术产业化实施方案，涉及影像设备、体外诊断产品、植入介入产品、治疗设备等方面
2019 年 11 月	国家医保局、人力资源社会保障部	公布 2019 年《国家基本医疗保险、工伤保险和生育保险药品目录》	肿瘤诊断与治疗	22 个抗癌药被纳入新版目录和国家医保，平均降价 65%

续表

时间	颁布机构	政策文件 / 措施	支持对象	主要内容
基因检测产业发展政策				
2015 年 1 月	原国家卫生计生委、原 CFDA	《关于产前诊断机构开展高通量基因测序产前筛查与诊断临床应用试点工作的通知》	无创产前检测 NIPT	通过 108 家医疗机构开展高通量基因测序 NIPT 临床试点
2015 年 4 月	原国家卫生计生委医政医管局	《关于肿瘤诊断与治疗项目高通量基因测序技术临床应用试点工作的通知》	肿瘤诊断与治疗	发布了第一批肿瘤诊断与治疗项目高通量基因测序技术临床应用试点单位名单
2015 年 7 月	原国家卫生计生委医政医管局	《药物代谢酶和药物作用靶点基因检测技术指南（试行）》和《肿瘤个体化治疗检测技术指南（试行）》	靶点基因检测	提高临床实验室开展药物代谢酶和药物靶点基因检测技术，以及肿瘤个体化用药基因检测技术的规范化水平
2016 年 10 月	原国家卫生计生委	《关于规范有序开展孕妇外周血胎儿游离 DNA 产前筛查与诊断工作的通知》	无创产前检测 NIPT	所有有资质的产前检测医疗机构均可开展 NIPT，试剂设备需经过 CFDA 批准注册
2017 年 12 月	原国家卫生计生委	《感染性疾病相关个体化医学分子检测技术指南》和《个体化医学检测微阵列基因芯片技术规范》	基因芯片	介绍了感染性疾病相关的个体化医学分子检测应注意的相关问题、技术方法等；对个体化医学检测中采用微阵列基因芯片检测核酸序列及基因表达进行一般技术指导
2018 年 12 月	国家卫生健康委	《关于印发原发性肺癌等 18 个肿瘤诊疗规范（2018 年版）的通知》	基因检测肿瘤领域应用	/
2019 年 5 月	国家卫生健康委能力建设和继续教育中心	遗传咨询能力建设专家委员会在北京成立	遗传咨询	积极应对出生缺陷，推动建立权威、科学、规范的遗传咨询师国家职业标准，弥补遗传咨询在国内的空白
2019 年 7 月	国务院	《中华人民共和国人类遗传资源管理条例》	遗传资源信息利用	国内基因行业在利用人类遗传资源时的边界得以明确
2019 年 8 月	国家药监局	我国首个 PD-L1 检测试剂盒获批上市	免疫治疗、精准医疗	NMPA 对外发布准产批件通知，安捷伦科技（中国）有限公司的“PD-L1 检测试剂盒（免疫组织化学法）”正式获批上市
2020 年 9 月	国家药监局药审中心（CDE）	《基因治疗产品药学研究与评价技术指导原则（征求意见稿）》	基因治疗	规范基因治疗产品的药学研究，统一评价标准，引导基因治疗产品的研究与申报

续表

时间	颁布机构	政策文件 / 措施	支持对象	主要内容
2020 年 10 月	全国人大常委会	《中华人民共和国生物安全法》	基因检测及安全	将人类遗传资源有关活动的安全管理纳入监管
2020 年 12 月	国家卫生健康委	《抗肿瘤药物临床应用管理办法（试行）》及《新型抗肿瘤药物临床应用指导原则（2020 年版）》等	基因治疗、基因检测	明确指出由国家卫生健康委发布的诊疗规范、临床诊疗指南、临床路径或药品说明书中规定需要进行基因靶点检测的靶向药物，使用前必须经靶点基因检测，确认患者适用后方可开具

资料来源：根据公开资料整理

宏观战略方面，以 2015 年科技部首次召开“国家精准医疗战略专家会议”为标志，我国在战略层面进入“精准医疗”时代。我国政府到 2030 年前拟投入 600 亿元发展精准医疗，而基因检测是实现精准医疗的基础路径。之后在有关生物产业、科技创新的“十三五”规划中，我国政府又多次提及要把基因检测作为重点发展的新兴产业，快速推进基因检测在重大疾病早期筛查、个体化治疗等方面的临床应用。例如，2017 年国家发展改革委正式印发了《“十三五”生物产业发展规划》，明确了基因检测能力覆盖 50% 以上出生人口的目标，强调了以个人基因组信息为基础，结合蛋白质组、代谢组等相关内环境信息，整合不同数据层面的生物学信息库，利用基因测序、影像、大数据分析等手段，在产前胎儿罕见病筛查、肿瘤、遗传性疾病等方面实现精准的预防、诊断和治疗。

产业发展政策方面，国家发展改革委于 2015 年 6 月发布《国家发展改革委关于实施新兴产业重大工程包的通知》，文中提到，“将支持拥有核心技术、创新能力和相关资质的机构，采取网络化布局，率先建设 30 个基因检测技术应用示范中心，以开展遗传病和出生缺陷基因筛查为重点，推动基因检测等先进健康技术普及惠民，引领重大创新成果的产业化”。2016 年 4 月，国家发展改革委下发了《关于第一批基因检测技术应用示范中心建设方案的复函》（发改办高技［2016］534 号），正式批复建设 27 个基因检测技术应用示范中心。此次批复的共有 27 个省、自治区、直辖市，有上百家医疗机构被批准，其中获得资格较多的包括华大基因下属独立实验室、博奥生物下属独立实验室和达安基因独立实验室等，涉及的上市公司包括迪安诊断、美康生物、中源协和、金

域检测、康圣环球和贝瑞和康等。

进入 2020 年以来，我国进一步发布了促进基因检测相关行业的政策法规。其中，2020 年 9 月，国家药监局药审中心（CDE）发布《基因治疗产品药学研究与评价技术指导原则（征求意见稿）》。同月，国家药监局也正式发布全球首个高通量基因测序仪标准，规范了上游数据生产的基本标准。2020 年 12 月，国家卫生健康委连续印发《抗肿瘤药物临床应用管理办法（试行）》及《新型抗肿瘤药物临床应用指导原则（2020 年版）》等文件，明确指出由国家卫生健康委发布的诊疗规范、临床诊疗指南、临床路径或药品说明书中规定需要进行基因靶点检测的靶向药物，使用前必须经靶点基因检测，确认患者适用后方可开具。

2. *居民对健康的需求驱动基因检测行业发展*

需求端的动力显著体现在居民对于健康及国家对于医疗实力的重视程度增加。

第一，居民对于肿瘤患病、新生儿成长、个人长寿等健康问题的重视，使得基因检测这类可提前预知患病风险可能性的服务获得关注。其中，肿瘤患者新增数量和患者生存数量的上升使肿瘤患者更关注肿瘤精准治疗的未来，而精准治疗的前提恰恰需要基因检测来诊断。尤其是人口加速老龄化带来精准肿瘤治疗刚需。第七次全国人口普查结果数据显示，我国 60 岁及以上人口有 2.6 亿人，占比达到 18.70%，其中 65 岁及以上人口 1.9 亿人，占比达到 13.50%。2010 年至 2020 年，60 岁及以上人口占比上升了 5.44 个百分点，65 岁及以上人口占比上升了 4.63 个百分点。与上个 10 年相比，上升幅度分别提高了 2.51 和 2.72 个百分点（图 4-33）。与此同时，老龄化给社会带来极大的疾病负担，对我国疾病防治体系也带来了新挑战。2018 年年初，14 个部委联合发布《关于开展人口老龄化国情教育的通知》。由于肿瘤主要是由于基因突变累积发生，老龄化需要医养结合，更带来肿瘤精准医疗的刚需。

第二，生育需求逐步释放推动基因检测的需求增加。一方面，近年来我国生育政策发生巨大变化，自 2013 年起，实施了近三十年的“计划生育”政策出现变化，中共中央正式启动“单独二孩”政策，之后又放开“全面二孩”，

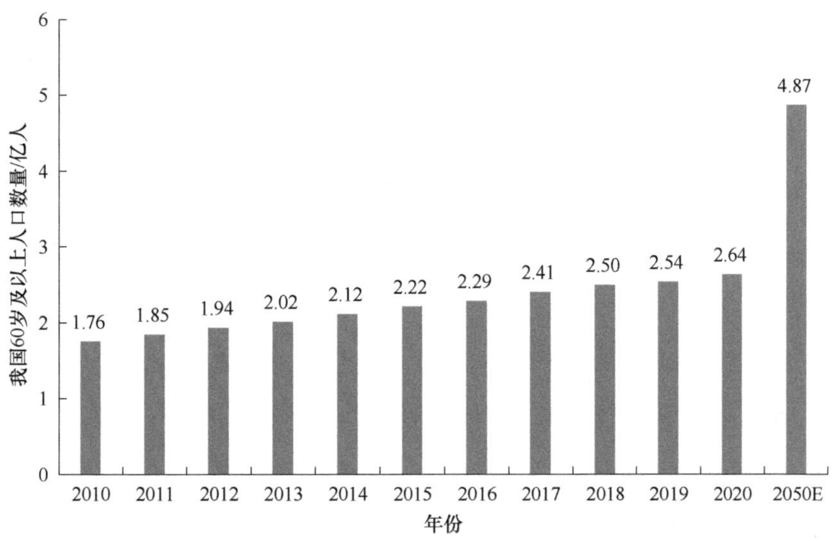

图 4-33　2010～2050 年我国 60 岁及以上人口数量（含预测）

数据来源：国家统计局；国家卫生健康委；《第七次全国人口普查公报》

目前生育需求正在逐步释放中。从 2017 年的统计数据看，尽管目前新生人口增长量不及预期，但当年 1723 万出生人口中，有 51% 为二孩，说明政策对人们生育需求仍起到了推动作用。另一方面，我国出生缺陷总发生率在 5.6% 以上，是婴儿死亡的第二大原因。随着覆盖城乡居民，涵盖婚前、孕前、孕期、新生儿和儿童各阶段的出生缺陷防治体系的逐步完善建立，基因检测市场规模有望得到进一步扩大。

第三，大健康市场需求持续扩大。基因检测目前仍属新兴事物，但 80 后、90 后正逐渐成为消费主力，其求新、求异的消费观念，将使其更易接受、尝试新鲜事物。目前市场上各类消费级基因检测产品，即有赖于年轻人消费习惯和观念的转变。

3. 资本推动基因检测行业发展

多层次资本市场的完善，客观上也推动了基因检测行业发展。早在 2003 年左右，中央政府提出要建立多层次市场体系，侧重满足大量中小型企业尤其是创新型企业的融资需求。经过近十几年的探索，如今我国已初步形成包括主板、中小板、创业板、新三板、新四板在内的多层次资本市场体系。类似基因

检测这样以新科技驱动的创新型产业，其市场参与主体可获得更多融资渠道和机会，从而促进整个产业快速发展。尤其是风险投资机构的早期介入，使企业能够获得更多启动资金，打磨自身产品和商业模式。而多层次、流动性强的资本市场结构，也为风险投资机构退出、获得回报提供了更多渠道。

经历了 2017 年、2018 年的肿瘤 NGS 混战和 2019 年的整体融资跳水，2020 年基因检测行业似乎繁荣了许多。从新冠肺炎疫情暴发初期的核酸检测在与 CT 影像之争中略胜一筹，到年中燃石医学、泛生子一周之内登陆美股，再到华大智造、诺辉健康拿下大额单笔融资后纷纷递交上市申请，全年发生 62 起融资事件，累计超 200 亿人民币。

从融资情况来看，2020 年的国内基因检测领域融资金额共计 205.9 亿人民币（其中包含 16.4 亿美元融资，合计时均按照公布当天美元汇率换算）。其中，2020 年 10 月，华大智造以等值 71.65 亿人民币的 10 亿美元 B 轮融资，刷新国内基因检测领域单轮融资纪录，也蝉联了年度基因检测融资榜首。其中，31% 的融资事件发生在肿瘤 NGS 领域，是基因检测融资最密集的应用场景；其后则是肿瘤早筛，占比 24%；此外，融资事件数量排名第四的单细胞测序项目，也主要围绕肿瘤展开，包括肿瘤新药研发和临床支持（图 4-34）。高通量单细胞测序技术有望逐渐取代传统的整体样本二代测序，主要是在临床和药物开发方

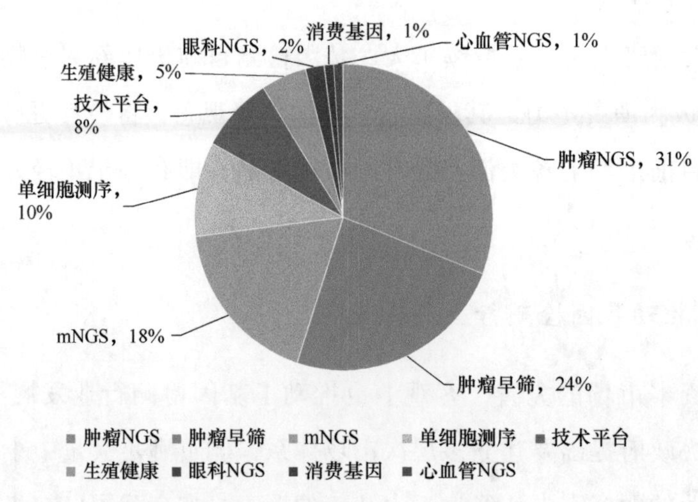

图 4-34　2020 年国内基因检测领域 62 起融资所在的细分领域情况

数据来源：动脉网

面，可以替代或互补分子、细胞学和组织病理检测的现有技术，或者用于新兴的免疫治疗、细胞及基因治疗等系统性疗法的开发。

值得一提的是，宏基因组测序（mNGS）融资事件数量在2020年排名第三，院内病原感染诊断仍然是基因检测十分火热的应用领域。

4. 未来基因检测市场规模潜力巨大

我国基因检测行业市场快速发展，增长速度远超全球水平，未来市场空间巨大，到2020年增长至378.8亿人民币。我国作为人口大国，基因检测行业已成为国家“精准医学”战略规划的重要组成部分，发展前景广阔。伴随着经济的快速发展，我国基因检测发展迅速，据Analysys易观分析，2013年我国基因检测行业规模约为54.9亿人民币，2018年我国基因检测行业规模达到206.5亿人民币，到2020年市场规模达到378.8亿人民币，2013～2020年期间复合年均增长率达到31.78%，预计2022年市场规模有望达659.5亿人民币（图4-35）。

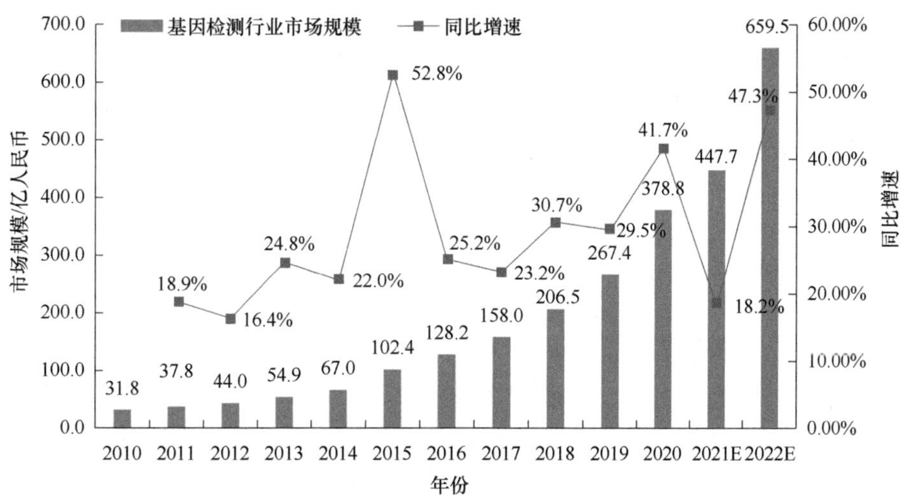

图4-35　2010～2022年我国基因检测行业市场规模及增速（含预测）

数据来源：Analysys易观

其中，根据2017～2020年高龄孕产妇每年达300万人以上的数据，以无创产检在全部孕妇中的渗透率达到20%估算，预计2022年无创产检市场规可达到210亿人民币。根据2017年我国累计参与基因检测人数30万的公开数据，预计

2022 年消费者达可 5000 万人，消费基因检测市场规模达到 249.5 亿人民币。

5. 未来肿瘤领域仍是行业竞争的主战场

目前来看，肿瘤将继续成为基因检测市场竞争的主战场。一方面，尽管目前大多数临床级基因检测公司都在探索基因检测在肿瘤疾病早筛、分子分型、辅助诊断、个性化用药方面的应用，看起来市场空间已经略显拥挤，但鉴于肿瘤领域潜在市场规模和发展前景巨大，该领域仍会有竞争者继续涌入。

另一方面，无创产前筛查这一市场空间相对较窄的领域，已孕育出像华大基因、贝瑞基因这样利润率较高的上市公司。预计下一批基因检测行业的头部公司将依托肿瘤相关基因检测服务诞生，其能容纳的龙头企业也会更多。

6. 行业仍面临诸多问题和挑战

虽然整体来看我国基因检测行业发展形势大好，但仍面临诸多行业发展问题和挑战，主要包括以下四个方面。

一是产品同质化。除科研级基因检测服务需根据用户需求量身定做外，目前临床级基因检测和消费级基因检测存在产品同质化倾向。一方面，大多数基因检测公司成立初期，都基于公有基因数据库提供检测服务，其中许多位点和疾病之间的关联是公开信息，各家公司能提供的检测项目差异化不明显。另一方面，国内知识产权保护法规尚不完善，对方法论、制作工艺的保护相对欠缺，客观上为基因检测等行业的跟风现象提供了条件。

二是行业标准未建立。目前除无创产前筛查基因检测已基本进入成熟阶段外，其余临床级基因检测产品，如肿瘤诊断与治疗、遗传病诊断等还正在试点中，行业标准尚未建立。如不加以引导、规范，可能引起医疗纠纷。消费级基因检测市场整体更为混乱，卫生部门还未批准消费级基因检测结果用于指导临床，但其检测项目中已涉及药物代谢能力、疾病易感基因筛查等服务，许多检测公司在宣传中夸大检测结果意义，可能造成受检者不必要的精神负担，不利于市场有序发展。

三是人才短板明显。数据分析和解读是基因检测重要环节，前者需要兼具

生物学和信息学背景的人才，才能使得检测结果的分析更符合临床需要，同时效率较高；而后者需要遗传咨询师的介入，帮助患者和临床医生更充分地理解基因检测结果的意义。但目前这两类人才都比较缺乏。

四是商业模式仍不成熟。目前大多数基因检测服务，本质上更接近医疗服务业。由检测服务提供商面向医疗机构、患者、普通消费者提供基因检测服务，后者向前者支付服务费用。而基因检测更大的应用价值，在于样本量积累到一定程度后，挖掘数据价值用于药物研发、个性化医疗、健康管理。但目前还未有相对成熟的商业模式出现。这一方面受限于基因检测市场整体渗透率不高，各公司正致力于收集更多样本、扩大市场份额；另一方面受限于国内相关法律、法规的缺失。截至目前，关于基因检测等医疗类数据的确权、开放、交易和隐私，国内还没有相关法律专门予以规范，盲目挖掘基因数据价值容易陷入伦理和法律争议。

（二）智慧医疗产业

智慧医疗（英文简称 WIT120）是一门以生命科学和信息技术相融合为基础形成的新兴的交叉学科，尚未有一个统一的概念和定义。一般认为，智慧医疗是以互联网为依托，基于大数据和人工智能，同时借助社交媒体、远程医疗、移动医疗等信息交互模式，利用最先进的物联网技术，通过打造健康档案区域医疗信息平台，实现患者与医务人员、医疗机构、医疗设备等的零响应时间互动，逐步达到信息化。

广义的智慧医疗由三部分组成，分别是智慧医院系统、区域卫生系统和家庭健康系统；狭义的智慧医疗则专指基于大数据和人工智能的医疗管理体系。

1. 疫情暴发促进我国智慧医疗产业进入快速发展期

智慧医疗是智慧城市战略规划中一项重要的民生领域应用，也是民生经济带动下的产业升级和经济增长点，其建设应用是大势所趋。近几年，我国中央政府各部门积极推动智慧医疗的发展。在疫情防控的大环境之下，我国各级政府纷纷制定各项政策方针，从政策层面支持智慧医疗产业的发展。尤其是 2020 年的“新冠肺炎疫情”暴发，成为了智慧医疗产业发展的“加速器”。

此次疫情期间也是人工智能、5G 等新兴技术快速发展的时间，互联网医疗及智慧医疗主要包含医疗电商（网上药店）、健康服务（预约挂号、问诊、医疗知识百科）、消费医疗（预约体检、医美服务）、互联网医院（企业与公立医院共建互联网医院）、医疗云平台搭建（远程医疗平台、影像云平台、大数据云平台）、AI 诊疗辅助平台（语音电子病历、影像辅助诊断系统、智医助理）等业务，这些都得到了更多实践和应用的落地。

疫情暴发之后，信息服务及在线问诊成为智慧医疗抗疫的首发工具。如阿里健康先是信息普及，在支付宝、淘宝平台上线新型冠状病毒肺炎预防指导页面；而后在线问诊，又在两个平台上线互联网医生免费问诊服务。还有企鹅健康小站，通过互联网与智能设备的融合，将健康新零售产品、健康检测、远程问诊及放松氧吧等功能融为一体，能够减少普通患者去医院就诊次数，降低线下就诊交叉感染的风险。

作为防控新冠肺炎的重要手段之一，CT 影像诊断和评估以往会受限于人力、时间等因素而影响效率。而智能影像技术的推出，不仅可以提高医生的阅片效率，以此帮助诊疗分析，还有助于减少医生的主观偏差，进而减少误诊。如平安集团就自主研发了移动 CT 影像车，应用 AI 读片技术，可以智能量化病灶大小、CT 值及肺部占比等，只需要 1.5min 就能完成扫描，大大减少患者排队聚集；还有 GE 医疗，通过定制化研发肺部影像 AI 辅诊工具和算法模型，能够让系统在 8s 之内对 300～500 张片子进行智能检测，为医生提供病灶类型、病灶层面、病灶肺段位置等信息，现已在全国多家承担疫情防控的医院中投入测试。

而随着 5G 技术的不断普及，高清视频、5G＋远程会诊、远程诊断、5G＋热成像等更多智慧医疗的应用也在走向成熟。以远程会诊为例，在本次疫情“战疫”中，武汉协和医院、火神山医院第一时间就开通了 5G 远程会诊平台。借助华为云 WeLink，北京朝阳医院与武汉首次进行了远程病例讨论，通过远程会诊平台与火神山医院的一线医务人员一同对病患进行远程会诊。之后，华为陆续支持重庆、浙江、福州、辽宁、广东、河南、山西、贵州、广西、海南等地上线 5G 远程会诊平台。

另外，在疫情防控当中，因为推崇“非接触式”“智能”“数字自动化”等

元素的医用器械，各种AI智能机械也渐渐进入了实践应用。尤其是在智能化管理方面，各种智能机器人扮演了不同的角色，精准的数字统计大大减少了人力成本，增强了防疫的安全性。2020年2月，京东物流智能配送机器人上路，完成了给医院无人配送的第一单；同月还有中国移动联合产业链推出的5G医用测温巡逻机器人，可进行巡逻测温。

有专家认为，未来，智慧医疗行业将会在运用大数据、人工智能、云计算等数学技术的基础上，在疫情预测分析、病毒溯源、防控救治、资源调配等方面发挥支撑作用，并在完善重大疫情防控体制机制中发挥重大作用，帮助健全国家公共卫生应急管理体系。

2. 国家政策、技术发展等共同推动智慧医疗产业发展

智慧医疗最先由IBM公司于2008年的“智慧地球”战略中提出。对于智慧医疗的兴起和发展，可大体归纳为三个方面的原因：第一，技术的发展，即支撑智慧医疗的基础技术体系包括基因测序、大数据、穿戴设备和人工智能等在近年内发展迅速并日益完善；第二，现实的需要，因为许多国家的医疗服务体系都面临着严峻挑战，如高昂的医疗费用、不可持续的医疗费用增长、沉重的慢性疾病负担、效率低下的医疗服务体系、不断提高的健康需求与有限的供给之间的矛盾等，这些挑战促使很多国家和政府不得不重新思考新的医疗模式；第三，资本市场的推动，即资本市场以其资本分割的标准性、资本流动的充分性、交易的统一性、成本的低廉性、评估的客观性、产权的明确性、信息的公开性、运作的市场性等特征而使智慧医疗资源迅速实现优化配置。在国家政策、技术发展等的共同驱动下，基于全民健康信息化和健康医疗大数据的个人智慧医疗体系正在形成，开始形成跨空间、跨部门的医疗数据融合应用雏形。

基于上述因素，智慧医疗目前已在世界范围内受到广泛关注并快速发展。不仅如此，智慧医疗还在现有医疗体系中不断尝试和实施，潜移默化地改变医疗体系本身。如2015年，美国提出精准医疗（precision medicine），希望通过整合分析基因数据、环境数据和个体生活数据来有效预防控制及治疗肿瘤和糖尿病等疾病。

早在 2016 年，我国就已宣布把精准医疗纳入新的五年计划，投入的科研经费高达 600 亿人民币，在 40 多个开展精准医疗计划的国家中投资规模最大。在疫情防控的大环境之下，我国制定各项政策方针，从政策层面支持智慧医疗产业的发展（表 4-21）。此外，在国家层面和试点地区方面的引领下，各地区也加快了行业发展和规范政策的出台（表 4-22）。

表 4-21　2020 年我国发布的智慧医疗产业相关政策梳理

发布日期	政策文件	主要内容
2020-02-28	《国家卫生健康委办公厅关于在疫情防控中做好互联网诊疗咨询服务工作的通知》	充分发挥互联网医疗服务优势，大力开展互联网诊疗服务，特别是对发热患者的互联网诊疗咨询服务，进一步完善“互联网＋医疗健康”服务功能
2020-03-02	《关于推进新冠肺炎疫情防控期间开展“互联网＋”医保服务的指导意见》	明确要求常见病、慢性病患者在互联网医疗机构复诊可依规进行医保报销
2020-03-05	《关于深化医疗保障制度改革的意见》	创新医保协议管理，及时将符合条件的医疗机构纳入协议管理范围，支持“互联网＋医疗”等新服务模式发展
2020-03-17	《关于组织实施 2020 年新型基础设施建设工程（宽带网络和 5G 领域）的通知》	在七项 5G 创新应用提升工程中，“面向重大公共卫生突发事件的 5G 智慧医疗系统建设”居于首位
2020-04-07	《关于推进“上云用数赋智”行动　培育新经济发展实施方案》的通知	开展互联网医疗的医保结算、支付标准、药品网售、分级诊疗、远程会诊、多点执业、家庭医生、线上生态圈接诊等改革试点、实践探索和应用推广
2020-07-21	《国务院办公厅关于进一步优化营商环境更好服务市场主体的实施意见》	互联网医疗服务纳入医保范围，鼓励地方通过搭建供需对接平台等为新技术、新产品提供更多应用场景

资料来源：根据公开资料整理

表 4-22　我国智慧医疗产业地方省市相关政策

政策文件	主要内容
《广东省促进粤东西北地区市级医疗服务能力提升计划（2020—2022 年）》	提出要提升信息化支撑能力，利用云计算、大数据、物联网、移动互联网、人工智能、5G、区块链等新技术，健全完善医院信息系统功能，建设医院集成平台，推进互联互通、信息共享和业务协同，实现服务、诊疗、管理全面信息化
《重庆市智慧医疗工作方案（2020—2022 年）》	到 2021 年，基本建成“卫生健康云”和全民健康大数据服务平台，完成重点业务信息系统建设，卫生健康智能管理推广应用，智慧医疗产业体系初具形态 到 2022 年，全面建成智慧医疗基础体系，健康医疗大数据全面汇聚和标准化，卫生健康信息资源体系和共享开放机制基本建立，卫生健康数据实现互联互通、业务共享协同，建成国内领先的智慧医疗应用示范城市和医疗智能产业基地

续表

政策文件	主要内容
《青海省促进“互联网＋医疗健康”发展的实施意见》	创新性地提出允许实体医疗机构使用互联网医院作为第二名称，运用互联网技术提供安全适宜的医疗服务，允许在线开展部分常见病、慢性病复诊，开具处方。支持医疗卫生机构、符合条件的第三方机构，开展远程医疗、健康咨询、健康管理服务 提出将搭建家庭医生服务团队与签约居民的服务互动平台，在线提供健康咨询、慢性病随访、健康管理、延伸处方等服务；对线上开具的常见病、慢性病处方，经药师审核后，允许医疗机构、药品经营企业委托符合条件的第三方机构配送
《山东省医养健康产业发展规划（2018—2022 年）》	到 2022 年，基本形成以健康需求为导向的健康医疗大数据产业体系：①夯实健康大数据应用基础；②全面深化健康大数据应用；③培育健康大数据新业态

资料来源：根据公开资料整理

3. 我国智慧医疗市场规模将保持高增速增长

我国疫情防控取得重大战略成果，经济呈现稳定转好的态势，在疫情之下，智慧医疗得到加速发展。根据头豹研究院报告数据，2014 年我国智慧医疗总体市场规模为 437 亿元，到 2020 年其市场规模已达到 1485 亿元，2014～2020 年智慧医疗市场保持平稳高速的增长，其复合年均增长率达到 22.6%（图 4-36）。其中，2014～2020 年行业规模增长迅速原因包括：①我国老龄化问题严重，国家政策层面扶持，医疗改革及前沿科技逐渐趋于成熟，上述因素都为智慧医疗产业发展创造了新的历史机遇；②根据国家卫生健康委要求，我国二级医院在 2023 年要达到 70% 以上智慧医疗部署，三级医院在 2023 年要达到 90% 以上智慧医疗部署；③医疗卫生行业越来越多的业务需要智慧医疗系统支持，信息化需求呈现加速发展的特征。我国三级城市以下的医院也已进入信息化的快速成长期，大型医院的智慧医疗体系逐渐进入整合时期，软件和硬件的升级需求增加；④智慧医疗提供商营业收入及相对占比均快速提升，显示下游医院端不断加大信息化投入。此外，从不同年度医院智慧医疗投入的金额上来看，2018～2019 年度落在 500 万以上智慧医疗投入区间的医院占比快速提升，说明单体医院的智慧医疗投入加强。随着智慧医疗的深化以及农村医疗保障体系的建立，智慧医疗行业的市场容量将进一步扩展。

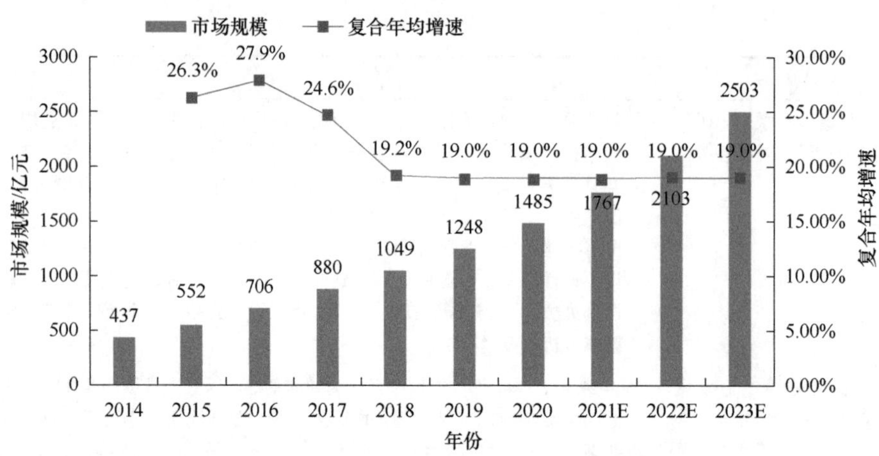

图 4-36　2014～2023 年我国智慧医疗行业市场规模及其增速（含预测）

资料来源：国家卫生健康委；头豹研究院

在下游终端采购量不断增加因素的驱动下，预计我国智慧医疗行业 2019～2023 年市场规模（以营业收入计）将保持 19.0% 的复合年均增长率，到 2023 年智慧医疗行业市场规模（以营业收入计）将达到 2503 亿元。

4. 互联网医疗市场趋于稳定，AI 医疗领域大有可为

近年来，我国智慧医疗市场需求不断增长，市场规模迅速扩大，已成为仅次于美国和日本的世界第三大智慧医疗市场。2020 年，我国智慧医疗市场规模突破 1400 亿元。当前互联网医疗市场几乎逐渐被平安好医生、阿里健康、京东健康微医、春雨医生等几大巨头占领，格局已基本尘埃落定。

与此相反，AI 医疗领域基于图像识别、深度学习、神经网络等 AI 技术，仍将大有可为。随着人工智能技术的逐渐成熟，科技、制造业等业界巨头布局的深入，应用场景不断扩展。落地场景覆盖疾病预测、健康管理、新药研发、精准手术、辅助诊断、医院管理等多个“风口”方向。

从市场规模来看，随着 AI 医疗市场的不断发展，人工智能政策规划不断落地、热度不断提升。数据显示，2018 年我国人工智能市场规模约为 339 亿元，到 2020 年，我国在人工智能的市场规模已超 710 亿元，年均复合增长率高达 44.7%，未来 AI 医疗领域潜力巨大（图 4-37）。

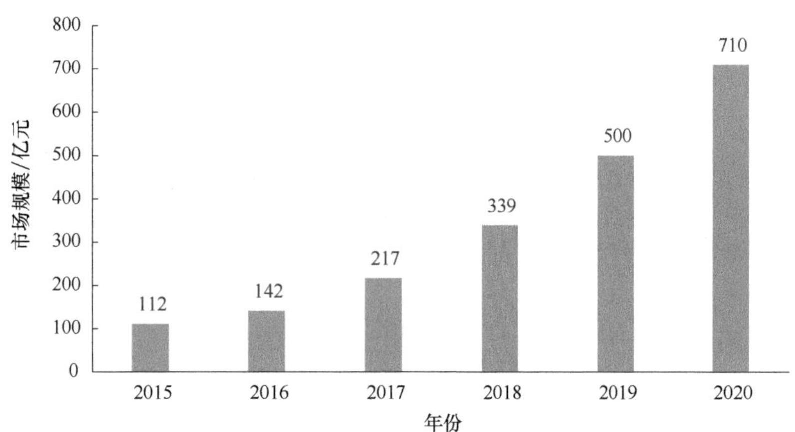

图 4-37 2015～2020 年我国人工智能医疗市场规模情况

资料来源：中商产业研究院

5. 我国智慧医疗产业发展任重而道远

现阶段，我国智慧医疗产业开始以医院临床信息为发展方向，但由于医院信息繁杂，整合难度较大，仍处于缓慢探索中。目前，我国智慧医疗建设的重点开始从以费用管理为主的医院信息化初级阶段逐步过渡到以医院临床信息为主的高级阶段。智慧医疗的开发和应用正在向深度发展，开始从早先的侧重于经济运行管理，逐步向临床应用、管理决策应用延伸，逐步实现“以收费为中心”向“以病人为中心”的信息化医院转变。目前，三级医院 100% 开展了智慧医疗建设，二级及以下级别的医院中 80% 已经开展了智慧医疗建设，以 HIS 系统为主。HIS 系统的应用基本成熟并逐步扩展应用。CIS、PACS、RIS 等系统应用逐渐成熟并得到推广，但是整合难度较大，目前发展较慢。

截至 2020 年年底，我国智慧医疗投资总体规模仍相对较低，地区经济发展水平的差异和医院的级别不同导致信息化发展不均衡，中小型医院及农村医疗卫生体系的智慧医疗建设尚处于起步阶段。此外，我国智慧医疗领域起步较晚，智慧医疗提供商呈现小、多、散和低水平竞争的现象还没有得到根本性的转变。

第五章 投 融 资

一、全球投融资发展态势

（一）全球医疗健康融资额整体规模大幅增长

由于医疗健康行业在大环境不利时期也能保持强大生命力，投资界将其称为“常青行业”。医疗健康行业近年的投资总额度也在逐年攀升，尤其是在今年新冠肺炎疫情严重影响全球经济的环境下，人们对医疗健康行业更为重视。

2020 年全球医疗健康产业融资总额为 749 亿美元（约 5169.3 亿人民币），创历史新高，同比增长约 41%；2020 年共发生 2199 起融资事件，自 2018 年起连续两年下跌，其中公开披露金额的融资事件为 1983 起（图 5-1）。与此同时，2020 年第三季度还创下了 229.3 亿美元（约 1582 亿人民币）的单季度融资额新高。

2020 年，单笔融资超过 1 亿美元的事件达到前所未有的 205 起，同比增长近 80%，占 2020 年融资事件的 9%（图 5-2）。据统计，这 205 家公司融资总额高达 361.9 亿美元，表明全球投入医疗健康产业约一半的资金被不到 10% 的企业所占据。

（二）全球融资三次及以上企业数量大幅增加

2020 年，全球有 19 家企业融资三次及以上，而 2019 年仅为 6 家，其中科亚医疗 2020 年融资 4 次，是 2020 年融资次数最多的企业。19 家企业中包括

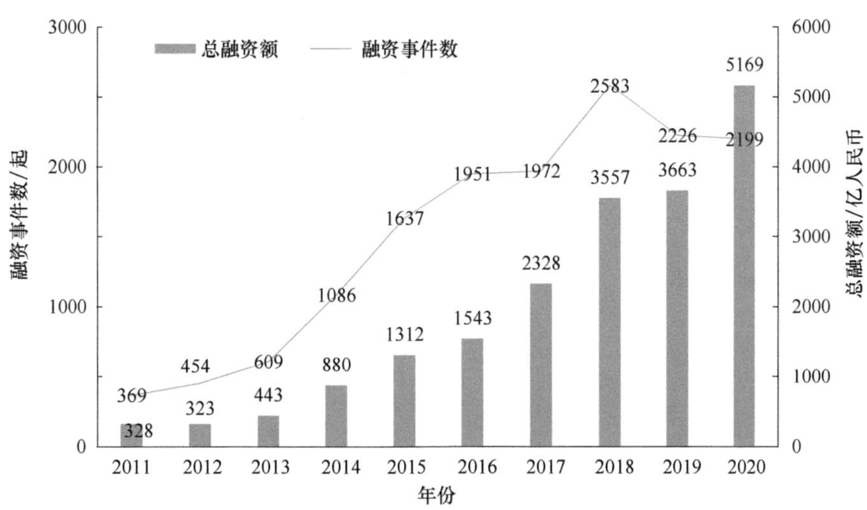

图 5-1　2011～2020 年全球医疗健康产业投融资变化趋势

数据来源：动脉网，2021，《2020 年全球医疗健康产业资本报告》

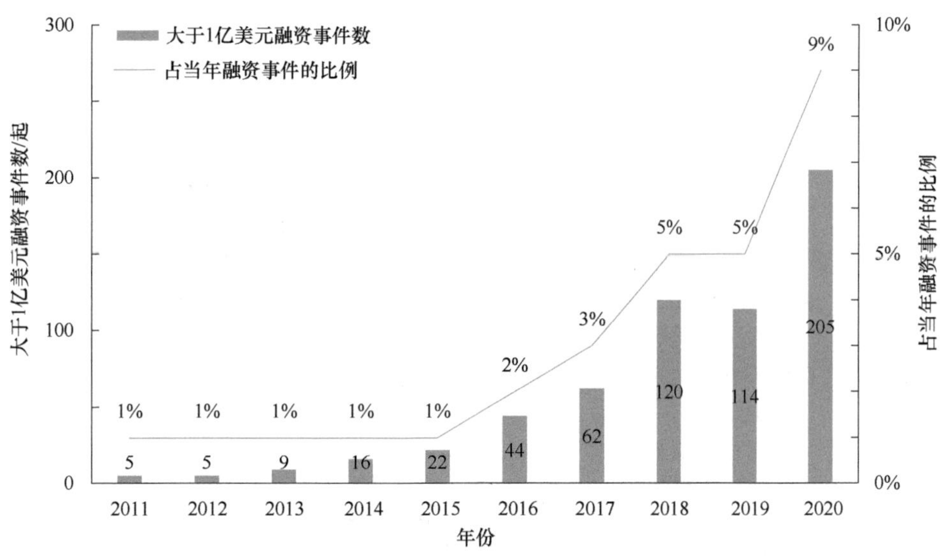

图 5-2　2011～2020 年全球医疗健康领域融资额大于 1 亿美元融资事件数及比例

数据来源：动脉网，2021，《2020 年全球医疗健康产业资本报告》

14 家中国企业，以及 5 家国外企业，可见国内融资氛围相对活跃（表 5-1）。

表 5-1　全球 2020 年融资次数三次及以上的公司

融资公司	业务类型	最近一次融资轮次	最近一次融资金额	投资方
科亚医疗	国际化人工智能医疗技术服务	D 轮	3 亿人民币	高足资产，上海人工智能产业基金，约印医疗基金，中金资本
数坤科技	AI 辅助诊断设备研发	未公开	5.9 亿人民币	创世伙伴资本，远毅资本，启明创投，五源资本，华盖资本，中金浦成，中国再保险，红杉资本中国基金
新格元生物	高通量单细胞测序	A+轮	3000 万美元	软银中国，鼎辉投资，夏尔巴投资，礼来亚洲基金，腾讯
盟科医药	抗菌药研发	E 轮	7 亿人民币	中泰创投，KIP 中国，德同资本，招商证券，方正和生投资，盈科资本，君联资本
左点健康	医疗器械研发	A+轮	1 亿人民币	碧桂园创投，同创伟业，天图资本，清流资本，高瓴创投
和元上海	基因治疗病毒载体 CDMO 服务	C+轮	1 亿人民币	腾讯
Olive	智能化医疗管理系统提供商	未公开	2.255 亿美元	Transformation Capital Partners，Dragoneer Investment Group，Sequoia Capital Equities，GV，Silicon Valley Bank，Drive Capital，General Catalyst，Tiger Global Management
北海康成	肿瘤靶向创新药研发	E 轮	4300 万美元	济峰资本，泰格医药，RA Capital Management，Hudson Bay Capital，上海浦江浦银国际股权投资管理，Yaly Capital，夏焱资本，Casdin Capital，3W Fund Management
Navenio	智能定位技术研发	未公开	110 万美元	Future Planet Capital
亚虹医药	抗肿瘤和抗耐药感染新药研发	D 轮	7 亿人民币	灏硕执耳，约印基金，勤智资本，瀚润资本，建发新兴投资，歌斐资产，弘信资本，上汽恒旭资本，一村资本，中金传化基金，云锋基金，启明创投
派真生物	病毒载体生产商	B+轮	未公开	红杉资本中国基金，德诚资本，凯辉基金，元禾原点
Cue Health	医疗诊断产品开发和制造	未公开	4.81 亿美元	U.S. Department of Defense
漫仕	男性健康产品研发、生产和销售	A 轮	1 亿人民币	高榕资本，SIG 海纳亚洲创投基金，华创资本
宜明昂科	肿瘤免疫治疗产品研发	B 轮	2500 万美元	理成资产，济峰资本，礼来亚洲基金
深至科技	超声诊断智能化和 AI 应用技术研发商	战略融资	1000 万人民币	浙商创投

续表

融资公司	业务类型	最近一次融资轮次	最近一次融资金额	投资方
予果生物	微生物测序及微生物基因组大数据分析服务提供商	A 轮	2.18 亿人民币	北极光创投，辰德资本，创新工场，龙磐资本
乐言科技	AI 整体解决方案提供商	C＋轮	未公开	云九资本
Green Light Biosciences	无细胞生物处理技术及疫苗研发	捐赠 / 众筹	330 万美元	Bill and Melinda Gates Foundation
Nanox Imaging	医学成像技术研发	B 轮	5900 万美元	Yozma Group，富士康工业互联网，Industrial Alliance，SK Telecom

数据来源：动脉网，2021，《2020 年全球医疗健康产业资本报告》

（三）生物医药是融资关注的热点领域

2020 年，全球生物医药领域融资以 786 起交易、约 2547 亿人民币融资额高居全球医疗健康细分领域榜首，数字健康领域以 692 起交易、约 1335 亿人民币融资额紧随其后，器械与耗材领域排名第三。生物医药领域的融资事件数量虽然与其他两个领域差距不大，但其融资额却超过了后者的总和。可见，生物医药公司的平均融资金额远远高出其他细分领域的公司（图 5-3）。

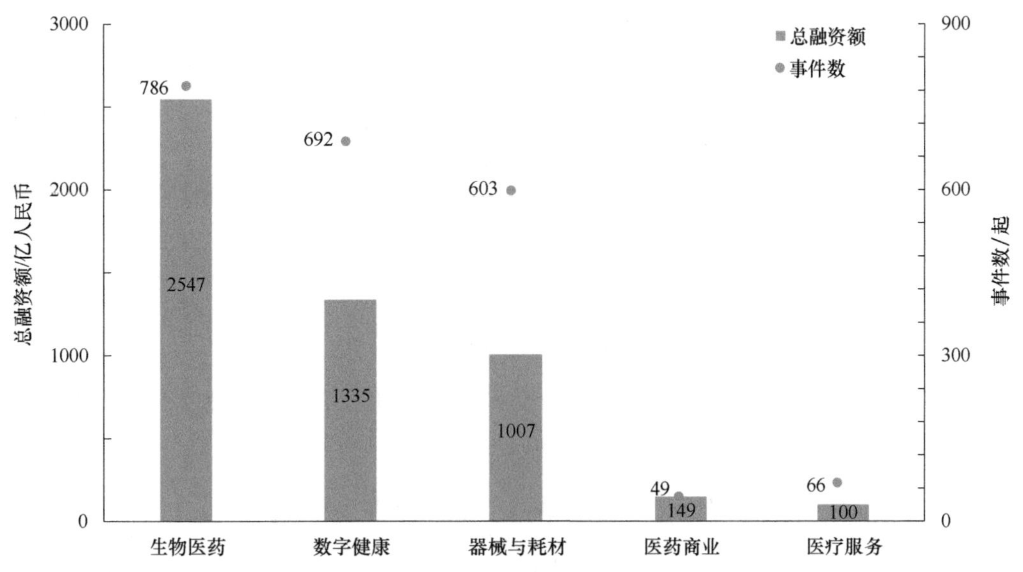

图 5-3 2020 年全球各医疗细分领域融资情况

数据来源：动脉网，2021，《2020 年全球医疗健康产业资本报告》

2020 年，美股、A 股和港股三大股市迎来 179 家医疗健康领域上市公司，同比增加 28%。五大细分领域中，生物医药领域以 123 起 IPO 数量遥遥领先，在 IPO 数量、交易前估值和交易额等方面均创下新高；器械与耗材领域以 34 起事件紧随其后（图 5-4）。

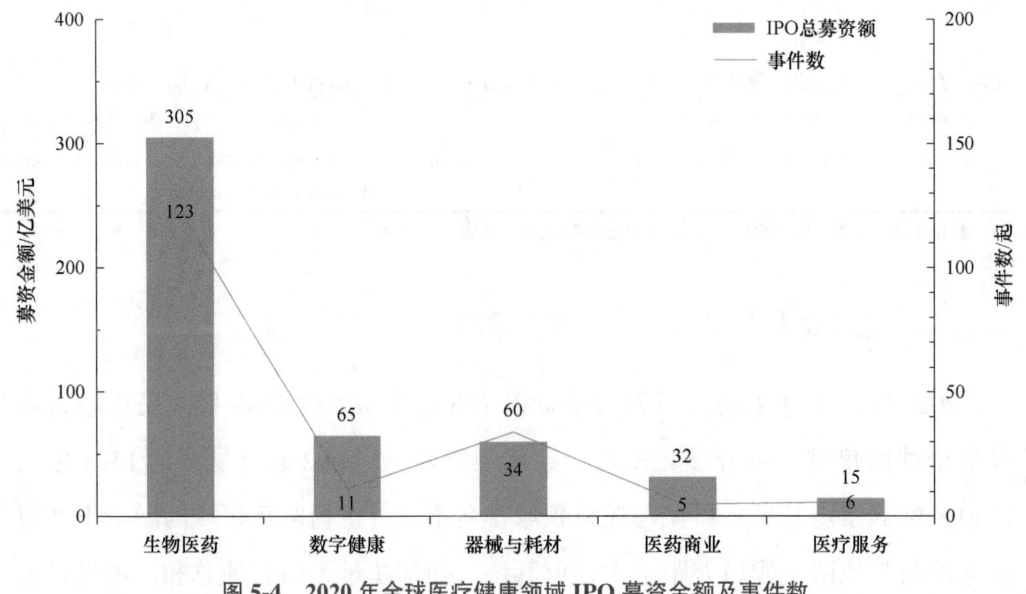

图 5-4　2020 年全球医疗健康领域 IPO 募资金额及事件数

数据来源：动脉网，2021，《2020 年全球医疗健康产业资本报告》

生物医药领域中，神经退行性疾病成为焦点，融资项目聚焦小分子药物。2020 年，国外神经退行性疾病的投融资热度进一步上升，全年发生 51 起融资事件，累计融资额约 23.9 亿美元。从疗法来看，小分子药物重回聚光灯下，17 起融资专注于小分子药物研发，基因疗法融资以 11 起紧随其后（图 5-5）。

（四）OrbiMed 是 2020 年最活跃的投资机构

2020 年，投资全球医疗健康最为活跃的机构是 OrbiMed，破纪录地全年累计出手 50 次，其投资标的以生物医药公司为主。

高瓴资本以全年投资 48 次排名第二，同比增长 140%；2020 年，高瓴资本专门成立了投资早期创业公司的高瓴创投，聚焦生物医药、医疗器械等四大领域，投资规模合计约 100 亿人民币，对一级市场的关注大大提升。

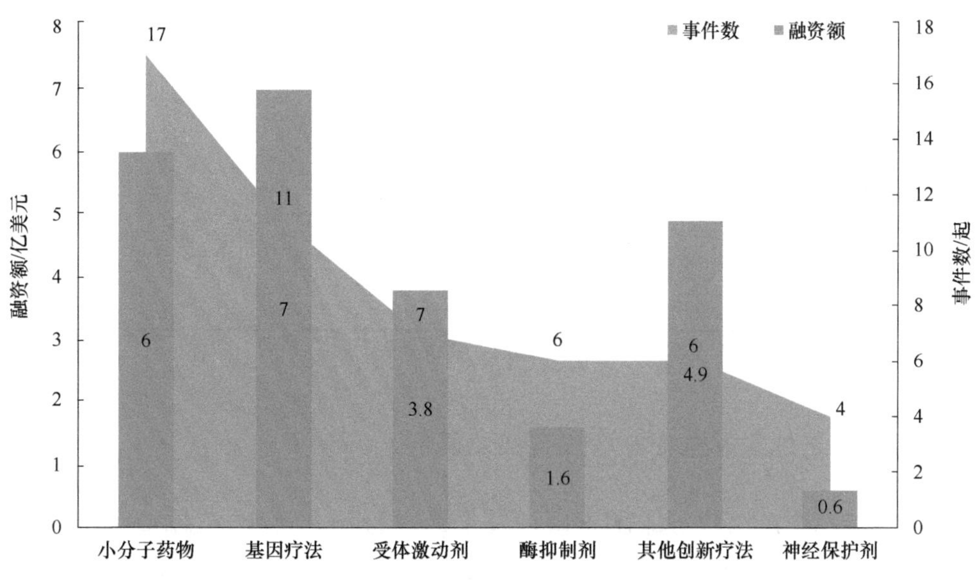

图 5-5 2020 年生物医药细分领域融资情况

数据来源：动脉网，2021，《2020 年全球医疗健康产业资本报告》

对比往昔年份，2020 年头部机构的投资次数普遍大幅上扬，即使排名第十位的启明创投，其 26 次投资就已超过了 2019 年 TOP1 机构的投资纪录。

2020 年，全球十大活跃投资机构中有四家机构来自我国，分别是红杉资本中国基金、高瓴资本（含高瓴创投）、礼来亚洲基金、启明创投，可见国内投资市场活跃（表 5-2）。

表 5-2 2017～2020 年全球十大活跃投资机构

排名	2017 年		2018 年		2019 年		2020 年	
	机构名称	投资次数	机构名称	投资次数	机构名称	投资次数	机构名称	投资次数
1	谷歌风投	24	红杉资本	29	Perceptive Advisors	24	OrbiMed	50
2	启明创投	24	OrbiMed	25	谷歌风投	23	高瓴资本	48
3	OrbiMed	22	君联资本	24	OrbiMed	23	红杉资本	41
4	YC 公司	19	礼来亚洲基金	23	Alexandria Venture Investments	22	Cormorant Asset Management	39
5	经纬中国	19	Alexandria Venture Investments	22	Deerfield	20	RA 资本	38
6	F-Prime 资本	17	ARCH Venture Partners	22	F-Prime 资本	20	谷歌风投	33
7	红杉资本	17	通和资本	22	启明创投	20	Casdin 公司	32

续表

排名	2017 年		2018 年		2019 年		2020 年	
	机构名称	投资次数	机构名称	投资次数	机构名称	投资次数	机构名称	投资次数
8	君联资本	15	高瓴资本	21	礼来亚洲基金	20	礼来亚洲基金	32
9	恩颐投资	14	F-Prime 资本	19	ARCH Venture Partners	19	Perceptive Advisors	31
10	IDG 资本	13	经纬中国	19	红杉资本	19	启明创投	26

数据来源：动脉网，2021，《2020 年全球医疗健康产业资本报告》

（五）美国是全球医疗健康投资热点区域

2020 年，全球医疗健康融资事件发生最多的五个国家分别是美国、中国、英国、以色列和印度。2020 年，美国以 980 起融资事件、443.9 亿美元（约 2841.7 亿人民币）融资额领跑全球，我国紧随其后；中美两国囊括所有国家融资总额的 86%，占融资事件的 79%。

2020 年，美国加利福尼亚州累计发生 358 起医疗健康融资事件，筹集 206.6 亿美元（约 1322.5 亿人民币），这也是全球医疗健康风险投资事件交易最为活跃的地区。马萨诸塞州凭借其著名的生物技术产业集群和丰富的医疗资源，超过了经济更为发达的纽约州成为美国的医疗健康投融资第二大州，不过从体量上还是远远落后于加利福尼亚州。

不过在生物医药领域，2020 年马萨诸塞州生物制药领域的总体和 A 轮的交易数量和交易额均超过加利福尼亚州和纽约州，位列首位（图 5-6）。

美国市场中，医疗健康的各个子行业与其他市场对比相对成熟，其投融资事件数的配比也相对较稳定。在医疗健康行业的美国公司所获融资次数按轮次占比从大到小排序，前三名皆为种子轮、A 轮与 B 轮。其中，种子轮融资笔数最多：生物医药占比 35.3%，医疗器械占比 40.9%，数字医疗占比 44.0%，医疗服务占比 34.8%。因此，美国医疗健康领域中，投资者对于处于早期的初创企业，在其种子轮、A 轮和 B 轮融资轮次时，投资意愿更强。由于融资轮次位于种子轮之前的公司相对不稳定，投资风险较大，在各子行业中，于种子轮之前的早期融资事件数也较少。但数字医疗子行业的 Pre-seed 轮融资笔数占比 17%，远高于其他

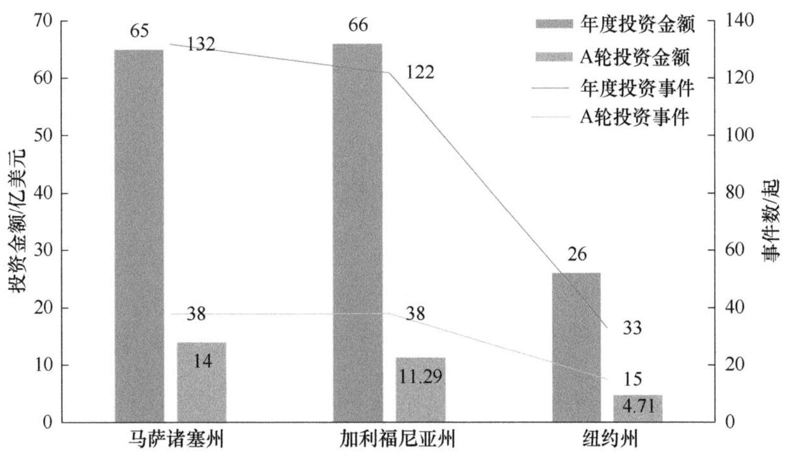

图 5-6 2020 年美国三大州医疗健康投资事件和金额

来源：硅谷银行，2021，《2021 年医疗健康行业投资与退出趋势》

子行业。在美国市场中，较多的数字医疗初创企业于近几年诞生，且受到市场认可；C 轮之后的中后期融资次数相对较少，这主要也由于许多发展较好的美国初创企业于 C 轮之后多数会选择 IPO 上市而不是继续融资（图 5-7）。

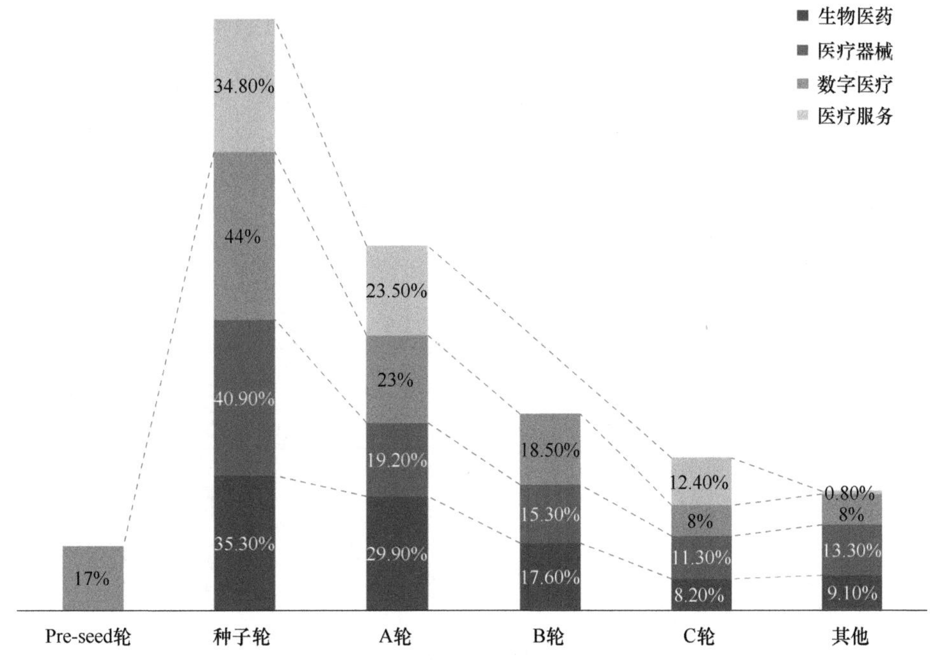

图 5-7 2020 年美国医疗健康投资轮次分布

数据来源：亿欧，2020，《2020 全球医疗大健康科技创新 TOP50》

注：此图表仅展示占比超过 5% 的轮次占比数值，占比低于 5% 的轮次占比数值将统一归为其他

二、我国投融资发展态势

(一)我国医疗健康融资总额创历史新高

2014 年以来，我国政府对医疗健康领域改革与探索的步伐加快，利好政策频出。在政策的支持下，近年来我国医疗健康领域投融资事件数相比于 2014 年以前快速上升。新冠肺炎疫情更是将医疗健康领域推向历史重要位置，2020 年，我国医疗健康产业投融资总额达到创下历史新高的 1626.5 亿人民币，同比增长 58%；但融资交易仅 767 起，同比下滑 6%，自 2018 年融资交易事件数创历史高值，2019～2020 年连续两年，国内融资交易事件数均下滑。2020 年上半年受新冠肺炎疫情影响，短期资金收紧，我国医疗健康融资项目大幅下降，上半年仅 297 起交易，融资 520 亿人民币；而在下半年涌入医疗健康产业的资金则出现超强反弹，470 起融资事件筹集超过 1000 亿人民币，使得全年融资总额飙升至历史首位。同时，2020 年第四季度的大量高额融资，使得该季度的 585 亿人民币也创下我国医疗健康单季度融资总额新纪录（图 5-8）。

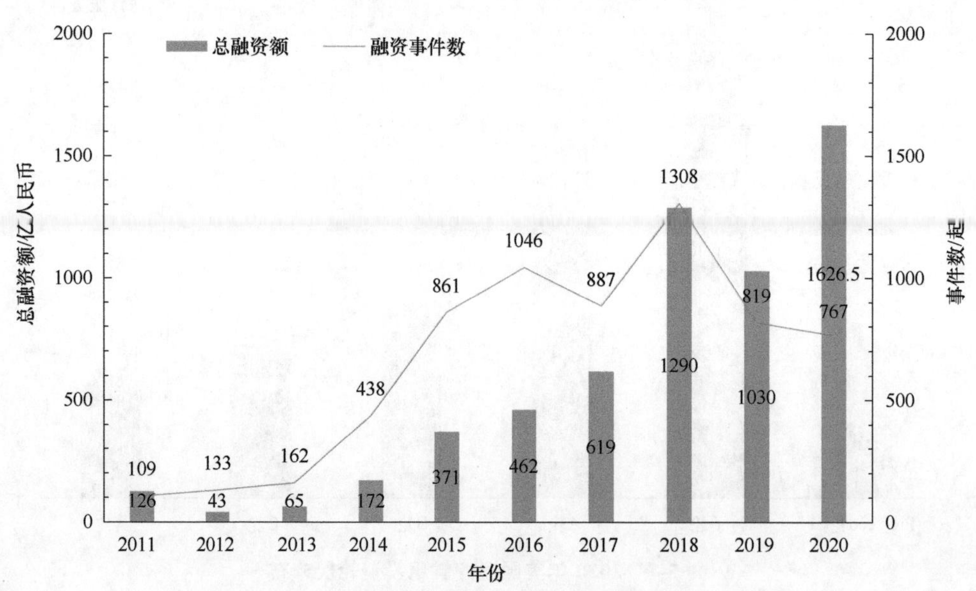

图 5-8　2011～2020 年我国医疗健康产业投融资变化趋势

数据来源：动脉网，2021，《2020 年全球医疗健康产业资本报告》

（二）生物医药占据医疗健康领域融资额半壁江山

从融资的细分领域来看，无论国内还是国外，生物医药常年占据整个医疗健康领域融资额的半壁江山。随着第二批集采、医保目录调整等系列重磅政策落地，资本市场的助推，大型制药公司对生物技术领域的持续兴趣，加上市场对疫苗、体外诊断等高需求，推动了生物医药板块投资交易热度，2020 年生物医药领域以 797 亿人民币融资额、274 起交易事件领跑。同时，器械与耗材板块也逐步走热，以 363 亿人民币融资额、265 起交易事件位列第二，究其原因，一方面是由于体外诊断等疫情相关板块业绩大幅上升，另一方面则是由于器械带量采购落地、上市门槛降低，器械相对于创新药而言风险相对较小、确定性高，且国产替代空间较大等多种因素，医疗器械领域成为了资本配置的重要标的（图 5-9、图 5-10）。

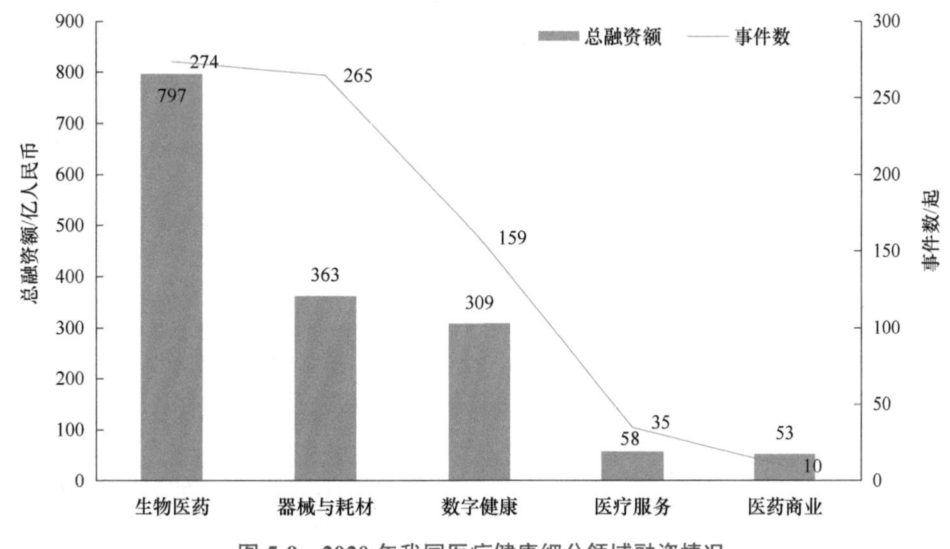

图 5-9 2020 年我国医疗健康细分领域融资情况

数据来源：前瞻产业研究院

从单笔融资金额来看，国内 TOP10 融资金额均超过 3 亿美元（表 5-3）。2020 年披露融资规模最大的一笔是百济神州（北京）生物科技有限公司。2020 年 7 月 13 日，百济神州达成了 20.8 亿美元的股权募资。据统计，这是全球生

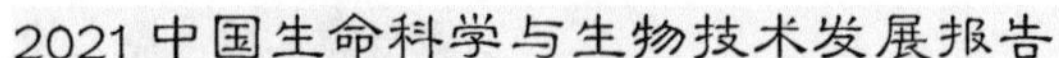

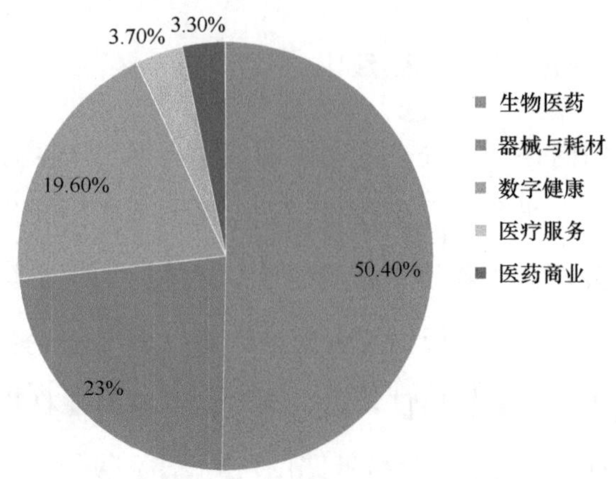

图 5-10　2020 年我国医疗健康细分领域融资总额占比

数据来源：兴业证券，2021，《创新引领，立足我国，赋能全球生物医药研发》

物医药历史上生物科技公司新增发行规模最大的一笔股权融资。此次融资的投资人包括百济神州股东高瓴资本、Baker Brothers，以及百济神州的合作伙伴安进（NASDAQ代码AMGN）等。

2020 年融资规模位列第二的融资项目是京东健康股份有限公司。2020 年 8 月，京东健康完成 8.3 亿美元融资，投资方为高瓴资本；11 月，京东健康完成 13.6 亿美元战略融资，投资方为 GIC 新加坡政府投资公司、高瓴资本、BlackRock、Tiger Global Management、清池资本、我国国有企业结构调整基金。

表 5-3　2020 年医疗健康产业融资规模 TOP10 项目

序号	公司简称	主要业务	轮次	金额	投资方
1	百济神州	抗肿瘤药物研发	战略融资	20.8 亿美元	高领资本，Baker Brothers Advisors，LLCAMGN
2	京东健康	互联网＋医疗健康服务	战略融资	13.6 亿美元	GIC 公司，高瓴资本，Blank Rock，Tiger Global Management，清池资本，我国国有企业结构调整基金
3	华大智造	全套生命数字化设备和系统解决方案	B 轮	超 10 亿美元	IDG 资本，中信产业基金，华兴新经济基金，国方资本，华泰紫金，钛信资本，赛领资本，基石资本，鼎锋资产，国泰君安，中信证券投资，金石投资，松禾资本，信达风，华兴资本，湖北科技投资集团，华盖资本，海控集团，前海长城
4	科兴中维	药品生产	战略融资	5.15 亿美元	中国生物制药
5	丁香园	疫苗研发	战略融资	5 亿美元	挚信资本，腾讯投资，高瓴创投
6	微创医疗机器人	数字医疗健康服务	战略融资	30 亿人民币	高瓴资本，中信产业基金，致凯资产，远翼投资，易方达资产管理，科创投集团，国新科创基金，上海銮阙资产，瑞世财富，凯利易方资本，国方资本
7	天境生物	微创医疗器械制造	股权融资	4.18 亿美元	高瓴资本

续表

序号	公司简称	主要业务	轮次	金额	投资方
8	凯莱英	房地产综合开发	战略融资	23 亿人民币	高瓴资本，中国国有企业结构调整基金，高盛中国，北信瑞丰基金，南方基金，招商基金，大成基金，九泰基金，天津津联海河国有企业改革创新发展基金
9	微医集团	移动医疗服务平台	战略融资	3.5 亿美元	未披露
10	晶泰科技	智能药物研发技术和药物临床前研究服务	C 轮	3.188 亿美元	五源资本，软银愿景基金，人保资本，中金资本，招银国际资本，Mirae Asset Global Investments，中信证券投资，中信资本，海松资本，顺为资本，方圆资本，IMO Ventures，Parkway 基金，腾讯投资，红杉资本中国基金，国寿股权投资，SIG 海纳亚洲创投基金

数据来源：火石创造，2021，《 2020 年生物医药领域融资情况》

2020 年融资规模位列第三的融资项目是深圳华大智造科技股份有限公司。2020 年 5 月，华大智造宣布完成 10 亿美元的 B 轮融资，该轮融资的领投方为 IDG 资本、CPE，基石资本、上海国方资本、华兴新经济基金、华泰证券紫金投资等资本跟投，老股东中信证券、松禾资本等机构也继续加码。在完成此轮融资后，华大智造加速科创板 IPO，于 2020 年 12 月获得 IPO 受理。

（三）科创板和港交所是 IPO 主要登陆地

根据数据统计，科创板和港交所是 2020 年 IPO 的主要登陆地，特别是科创板持续吸引了高速成长的企业。政府对科创板企业给予积极的补贴支持，目前有超过 20 个省、直辖市发布过类似政策，全力推动符合条件的科创企业对接科创板。由于科创板上市条件的放宽及自身研发项目的突破性成功，这些企业在科创板获得了较好的市场化定价。2020 年共有 21 家药企登陆科创板，融资总金额约为 389 亿人民币；共有 15 家药企登陆港股，融资总金额约为 365 亿美元（图 5-11、图 5-12）。2020 年的 52 家上市医药企业中主要包括针对肿瘤免疫疗法、创新化学药物、编码化合物、眼科疾病药物研发的企业，也不乏中药、疫苗、胰岛素、儿药等企业。

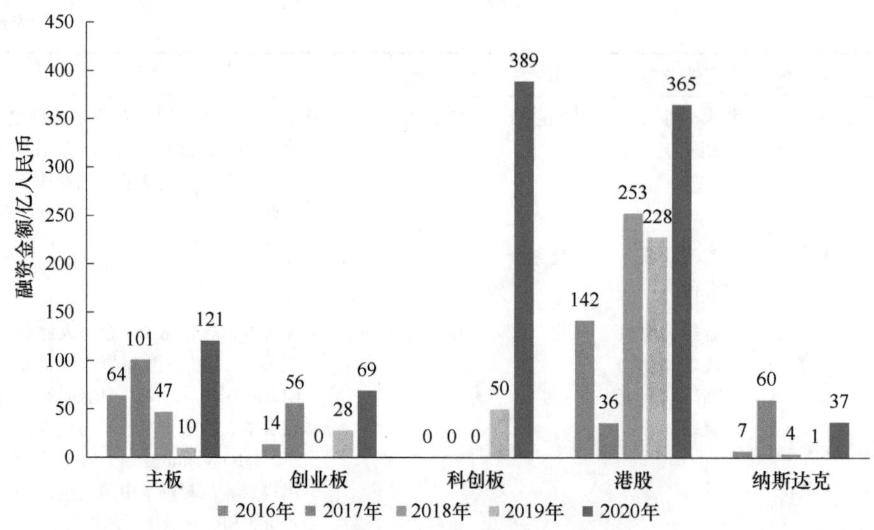

图 5-11　我国医药行业公司 IPO 融资金额

数据来源：普华永道，2021，《2020 年中国企业并购市场回顾与 2021 年展望》

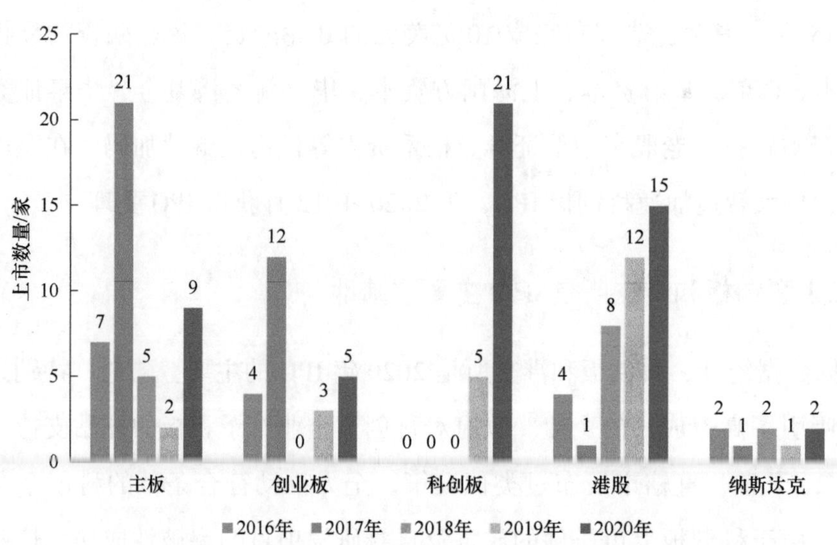

图 5-12　我国医药行业公司 IPO 数量

数据来源：普华永道，2021，《2020 年中国企业并购市场回顾与 2021 年展望》

（四）初创企业获得 B 轮融资事件数占比最高

在医疗健康各个子行业中（图 5-13），生物制药在各个轮次的融资占比分布较为平均，此子行业的相关公司于 B 轮获得的融资笔数最多，与 B 轮相邻的 A

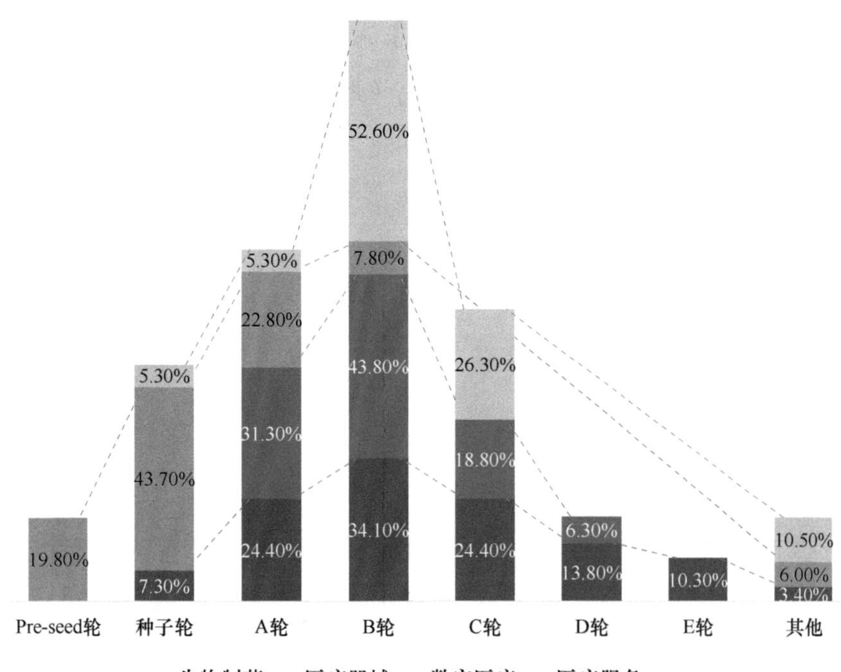

图 5-13 2020 年我国医疗健康投资轮次分布

数据来源：亿欧，2020，《2020 全球医疗大健康科技创新 TOP50》

注：此图表仅展示占比超过 5% 的轮次占比数值，占比低于 5% 的轮次占比数值将统一归为其他

轮与 C 轮则并列第二名。并且，生物医药企业在 D 轮与 E 轮也有一定的融资事件数，这代表我国一级市场中，生物制药行业热度较高，其中新生力量与相对成熟的初创企业都活跃于市场，获得资本关注。

医疗器械子行业与生物制药相似，前三名分别为 B 轮、A 轮与 C 轮。但与生物制药不同的是，医疗器械子行业的投资事件多集中于 A～C 轮，处于种子轮的初期创新企业与 C 轮之后的相对成熟企业都相对较少。

数字医疗子行业在各个轮次的融资占比分布则略有不同。其在种子轮获得投资的公司最多，A 轮与 Pre-seed 轮分别位于第二、第三。此种配比代表着该子行业新生力量强劲，市场处于发展的初期阶段。

（五）并购市场活跃，医药领域达井喷趋势

2020 年，我国医药和生命科学行业并购交易事件披露 928 件，交易金额达

430 亿美元，较 2019 年交易金额增长约 73%，其中医药和医疗器械两大板块的交易数量和交易金额均创近 5 年历史新高（图 5-14）。其中，医药领域达到金盆状态，交易数量达到 635 件，增长约 45%，交易规模达到 351 亿美元，平均交易规模达 5500 万美元，而最引人瞩目的是百济神州的超大交易。

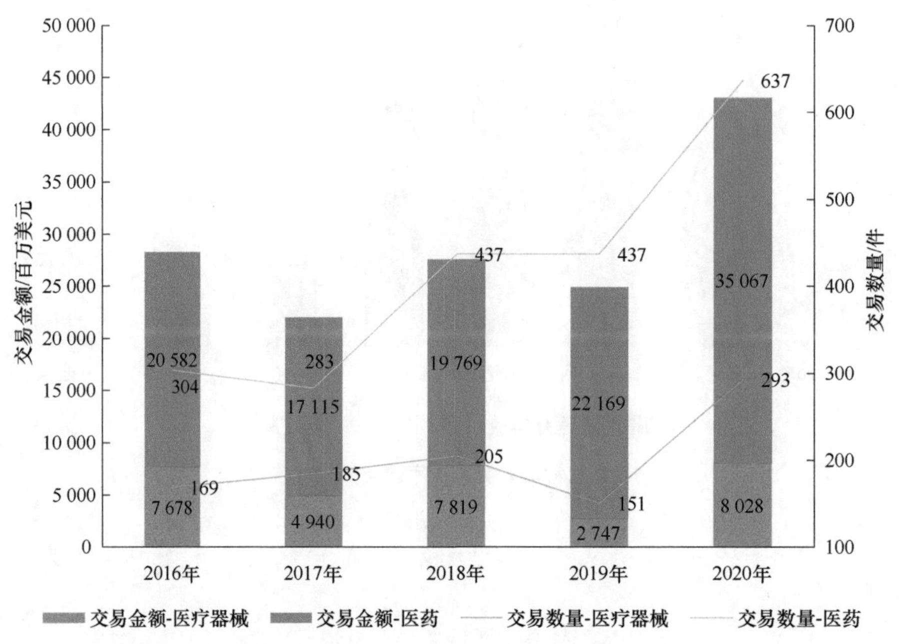

图 5-14　2016～2020 年医药及医疗器械并购交易金额和数量

数据来源：普华永道，2021，《2020 年中国企业并购市场回顾与 2021 年展望》

2020 年 7 月 13 日，百济神州（香港联交所代码 06160；纳斯达克代码 BGNE）宣布达成了 20.8 亿美元的股权募资。这是全球生物医药历史上对于生物科技公司新增发行规模最大的一笔股权融资，交易完成后百济神州账上现金预计超过 50 亿美元。

（六）我国企业海外并购保持低位徘徊

2020 年，受贸易战升级和全球新冠肺炎疫情的蔓延等多种因素，我国企业海外并购保持低位徘徊，但相比 2019 年仍有显著增长。全年共产生 33 笔交易，交易金额约为 13 亿美元。投资者类型中，以民营企业和财务投资者为主，国有企业未进行海外并购，这与 2019 年趋势类似（图 5-15）。

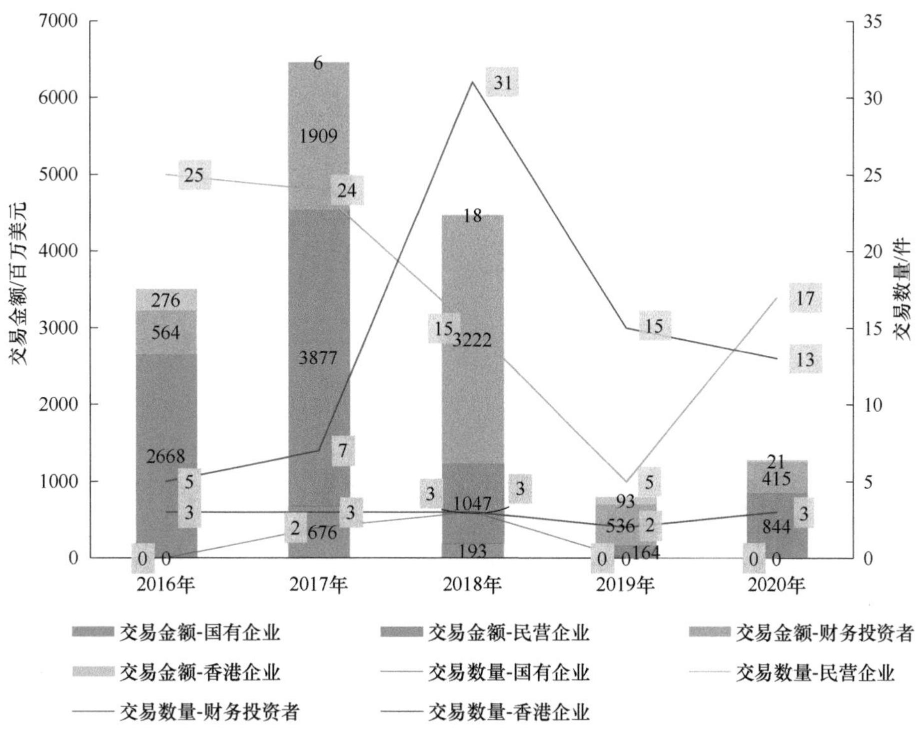

图 5-15 2020 年我国企业海外并购交易金额与数量（按照投资者性质分类）

数据来源：普华永道，2021，《2020 年中国企业并购市场回顾与 2021 年展望》

生物医药领域是海外并购的热门选择，其中以致力于肿瘤免疫疗法、中枢神经用药、AI 药物研发等具有技术性创新性的标的公司最受欢迎。2020 年十大海外并购案件中，以中国平安与日本盐野义制药成立合资公司、康龙化成收购美国 CRO 公司，腾讯、百度领投 AI 小分子发现公司、药明生物收购拜耳生物制剂工厂最具代表性（表 5-4）。

表 5-4 2020 年我国企业前十大海外并购案

投资方	标的公司	投资行业	金额 / 百万美元	地区
中国平安	日本盐野义制药株式会社	抗感染和中枢神经系统化学药	312	日本
康龙化成	Absorption Systems LLC	CRO	138	美国
腾讯控股，AME Cloud Ventures，B Capital Group，Sanabil Investments，百度风投	Atomwise	AI 医药研发	123	美国
药明生物	拜耳德国某生物制剂工厂	生物制剂	86	德国

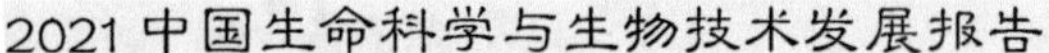

续表

投资方	标的公司	投资行业	金额 / 百万美元	地区
福安药业	Red Realty LLC	医用大麻种植加工	74	美国
HM 资本，凯泰资本，广发信德，本草资本	OncoImmune, Inc.	免疫系统相关疾病治疗	56	美国
RTW Investments，礼来亚洲基金，Casdin Capital，经纬中国，HBM Investments，康桥资本，Octagon Capital	NiKang Therapeutics, Inc.	小分子创新药研发	50	美国
贝达药业，贝达投资	Agenus, Inc.	肿瘤免疫创新性抗癌疗法	35	美国
启明创投，Aisling Capital，Vertex Ventures HC，BVF Partners，Driehaus Capital	Elevation Oncology	生物制药研发	33	美国
晨兴资本	Amylyx Pharmaceutical	神经性疾病治疗药物研发	30	美国

数据来源：普华永道，2021，《2020 年中国企业并购市场回顾与 2021 年展望》

（七）上海是国内医疗健康投资的首选地

2020 年，我国医疗健康投融资事件发生最为密集的五个区域依次是上海、北京、广东、江苏和浙江。上海累计发生 198 起融资事件，筹集资金高达 494.5 亿人民币，领先排名第二的北京近 100 亿人民币。

纵观近十年医疗健康产业投融资的地域分布趋势，北京长期占据着我国医疗健康创新区域的主导地位。2020 年以前，北京已经连续多年成为我国医疗健康融资项目最多的地区。2017 年以后，上海追赶势头较猛，逐渐缩小与北京的差距，并于 2020 年首次超越北京成为该年我国医疗健康融资交易最为活跃的地区。

从区域集群建设和发展来看，江浙沪已形成集群效应，392 起融资事件包揽了全国 2020 年医疗健康融资的半壁江山，其在医疗健康产业的影响力日益扩大，未来有望成为我国投融资规模最大的医疗健康产业集群。

第六章　文献专利

一、论文情况

（一）年度趋势

2011～2020 年，全球和中国生命科学论文数量均呈现显著增长的态势。2020 年，全球共发表生命科学论文 962 737 篇，相比 2019 年增长了 9.38%，10 年的复合年均增长率达到 4.82%[565]。

中国生命科学论文数量在 2011～2020 年的增速高于全球增速。2020 年中国发表论文 180 797 篇，比 2019 年增长了 15.78%，10 年的复合年均增长率达到 15.67%，显著高于国际水平。同时，中国生命科学论文数量占全球的比例也从 2011 年的 7.74% 提高到 2020 年的 18.78%（图 6-1）。

（二）国际比较

1. 国家排名

近 10 年（2011～2020 年）、近 5 年（2016～2020 年）及 2020 年，美国、中国、英国、德国、日本、意大利、加拿大、法国、澳大利亚和印度发表的生命科学论文数量位居全球前 10 位。其中，美国始终以显著优势位居全球首

---

565 数据源为 ISI 科学引文数据库扩展版（ISI Science Citation Expanded），检索论文类型限定为研究型论文（article）和综述（review）。

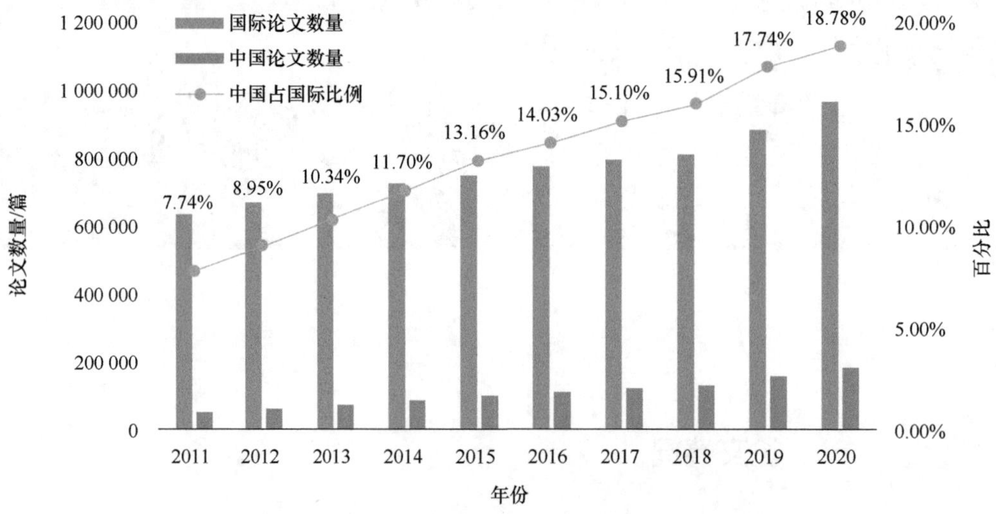

图 6-1　2011～2020 年国际及中国生命科学论文数量

位。中国在 2011 年位居全球第 3 位，2012 年升至第 2 位，此后一直保持全球第 2 位。中国在 2011～2020 年 10 年间共发表生命科学论文 1 056 062 篇，其中 2016～2020 年和 2020 年分别发表 693 444 篇和 180 797 篇，占 10 年总论文量的 65.66% 和 17.12%，表明近年来我国生命科学研究发展明显加速（表 6-1、图 6-2）。

表 6-1　2011～2020 年、2016～2020 年及 2020 年生命科学论文数量前 10 位国家

排名	2011～2020 年		2016～2020 年		2020 年	
	国家	论文数量 / 篇	国家	论文数量 / 篇	国家	论文数量 / 篇
1	美国	2 317 664	美国	1 232 213	美国	266 083
2	中国	1 056 062	中国	693 444	中国	180 797
3	英国	610 065	英国	330 931	英国	73 163
4	德国	549 586	德国	293 859	德国	64 937
5	日本	440 847	日本	234 920	意大利	52 931
6	意大利	385 181	意大利	214 619	日本	52 575
7	加拿大	363 714	加拿大	198 099	加拿大	43 378
8	法国	348 538	法国	186 308	印度	41 269
9	澳大利亚	313 622	澳大利亚	177 706	法国	40 908
10	印度	306 141	印度	174 763	澳大利亚	39 519

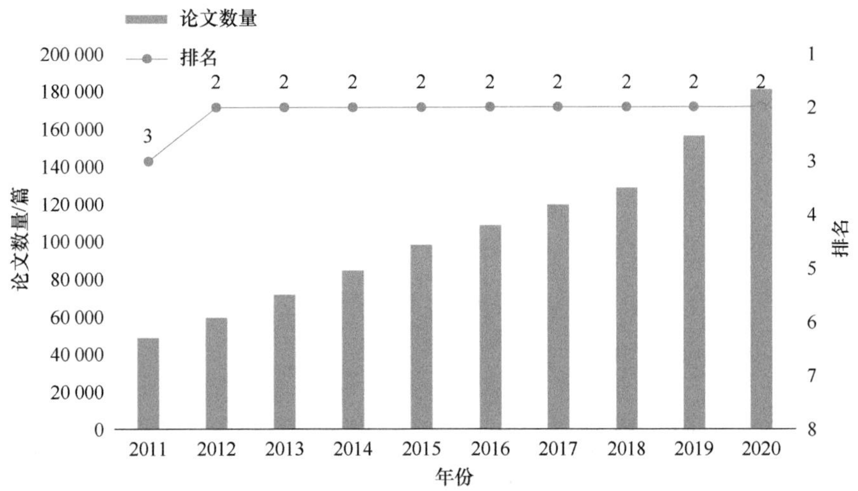

图 6-2　2011～2020 年中国生命科学论文数量的国际排名

2. 国家论文增速

2011～2020 年，我国生命科学论文的复合年均增长率[566]达到 15.67%，显著高于其他国家；位居第 2 位的印度复合年均增长率仅为 7.94%；其他国家的复合年均增长率大多处于 1%～7%。2016～2020 年，我国生命科学论文的复合年均增长率为 13.65%，也显著高于其他国家，显示中国生命科学领域在近年来保持了较快的发展速度（图 6-3）。

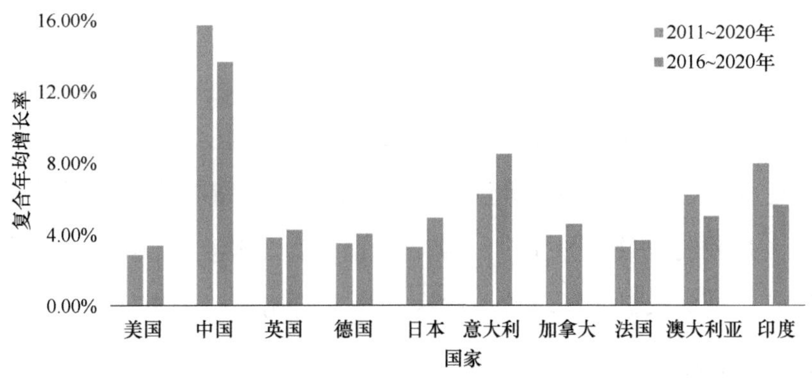

图 6-3　2011～2020 年及 2016～2020 年生命科学论文数量前 10 位国家论文增速

566 n 年的复合年均增长率＝$[(C_n/C_1)^{1/(n-1)}-1]\times 100\%$，其中，$C_n$ 是第 n 年的论文数量，C_1 是第 1 年的论文数量。

3. 论文引用

对生命科学论文数量前 10 位国家的论文引用率[567]进行排名，可以看到，2011～2020 年加拿大的论文引用率达到 89.07%，位居首位，2016～2020 年澳大利亚的论文引用率达到 82.90%，位居首位。我国在 2011～2020 年及 2016～2020 年的论文引用率分别位居第 9 和第 8 位，两个时间段的引用率分别为 83.74% 和 76.97%（表 6-2）。

表 6-2　2011～2020 年及 2016～2020 年生命科学论文数量前 10 位国家的论文引用率

排名	2011～2020 年		2016～2020 年	
	国家	论文引用率 /%	国家	论文引用率 /%
1	加拿大	89.07	澳大利亚	82.90
2	澳大利亚	88.89	英国	82.85
3	英国	88.56	加拿大	82.71
4	意大利	88.03	意大利	82.18
5	美国	87.77	法国	81.26
6	法国	87.06	德国	81.00
7	德国	87.03	美国	80.92
8	日本	85.45	中国	76.97
9	中国	83.74	日本	76.52
10	印度	73.84	印度	65.37

（三）学科布局

利用 Incites 数据库对 2011～2020 年生物与生物化学、临床医学、环境与生态学、免疫学、微生物学、分子生物学与遗传学、神经科学与行为学、药理与毒理学、植物与动物学 9 个学科领域中论文数量排名前 10 位的国家进行了分析，比较了论文数量、篇均被引频次和论文引用率三个指标，以了解各学科领域内各国的表现（表 6-3、图 6-4）。

567 论文引用率 = 被引论文数量 / 论文总量 ×100%

表 6-3 2011～2020 年 9 个学科领域论文数量排名前 10 位的国家

生物与生物化学		临床医学		环境与生态学		免疫学		微生物学		分子生物学与遗传学		神经科学与行为学		药理与毒理学		植物与动物学	
国家	论文数量/篇	国家	论文数量/篇	国家	论文数量/篇	国家	论文数量/篇	国家	论文数量/篇	国家	论文数量/篇	国家	论文数量/篇	国家	论文数量/篇	国家	论文数量/篇
美国	215 942	美国	918 984	美国	148 049	美国	99 965	美国	63 751	美国	177 614	美国	203 427	美国	97 492	美国	179 159
中国	**146 966**	**中国**	**366 102**	**中国**	**128 746**	**中国**	**31 014**	**中国**	**35 703**	**中国**	**114 926**	**中国**	**56 998**	**中国**	**89 722**	**中国**	**104 039**
德国	57 469	英国	245 597	英国	44 871	英国	27 984	德国	17 616	英国	43 283	德国	53 847	日本	26 579	巴西	59 340
英国	54 165	德国	208 239	德国	37 548	德国	19 981	英国	17 287	德国	43 001	英国	50 108	印度	25 509	英国	51 812
日本	51 855	日本	182 829	澳大利亚	36 194	法国	18 088	法国	14 220	日本	29 768	加拿大	36 978	英国	25 410	德国	49 864
印度	38 721	意大利	162 612	加拿大	36 005	意大利	14 155	日本	11 873	法国	26 299	意大利	32 751	意大利	23 762	澳大利亚	40 561
法国	33 611	加拿大	146 061	西班牙	32 762	日本	12 977	巴西	10 573	加拿大	24 311	日本	30 926	德国	22 207	日本	39 839
意大利	32 247	澳大利亚	130 469	法国	28 062	加拿大	12 491	印度	9 482	意大利	22 240	法国	27 719	韩国	17 130	加拿大	38 977
加拿大	31 649	法国	130 440	意大利	25 139	澳大利亚	12 445	韩国	9 094	澳大利亚	17 404	澳大利亚	24 180	法国	15 584	西班牙	36 397
韩国	28 134	韩国	112 077	巴西	23 569	荷兰	11 936	加拿大	9 038	西班牙	16 657	荷兰	22 563	巴西	14 743	法国	35 170

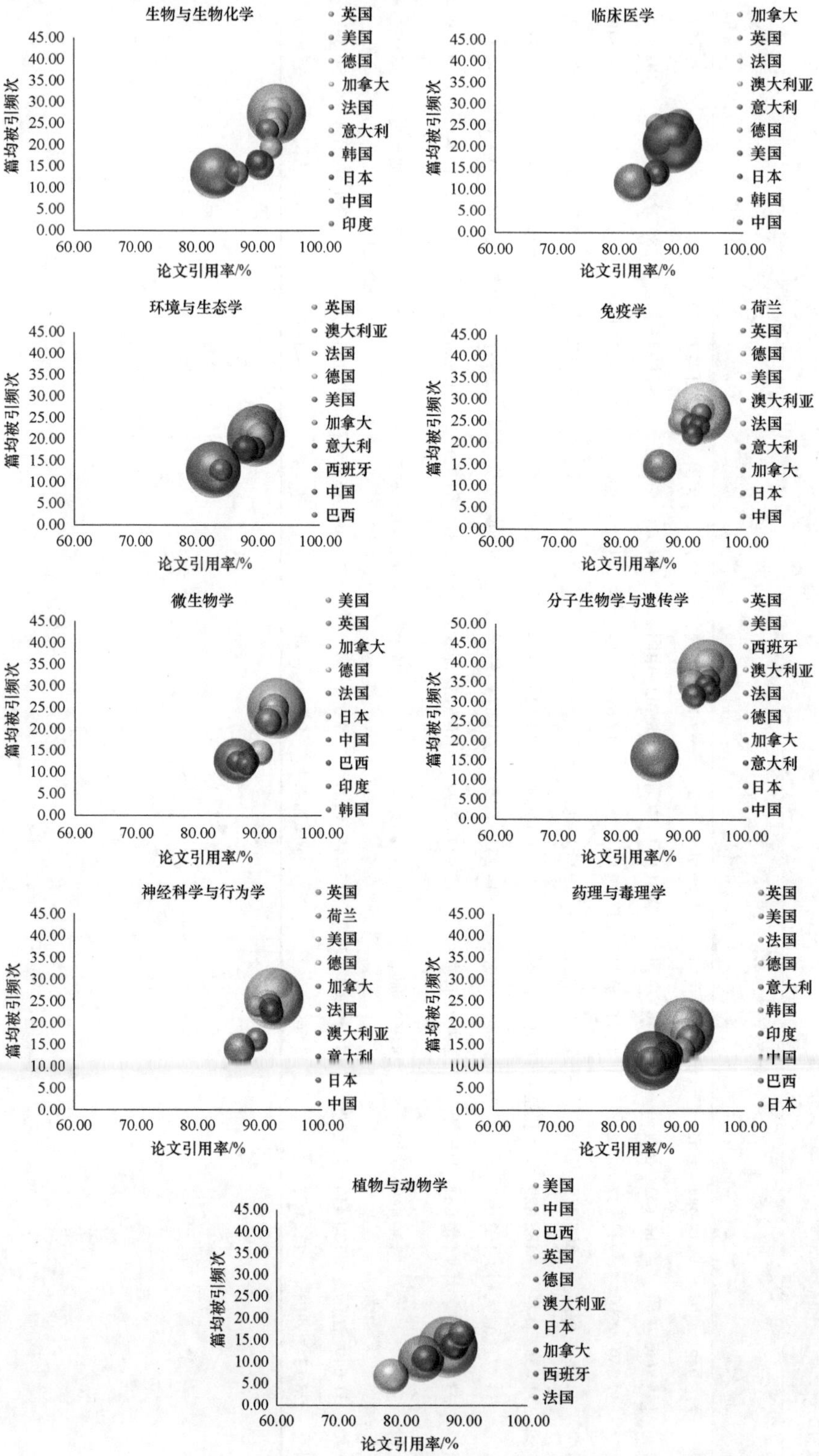

生物与生物化学

英国 美国 德国 加拿大 法国 意大利 韩国 日本 中国 印度

篇均被引频次 0.00 5.00 10.00 15.00 20.00 25.00 30.00 35.00 40.00 45.00

论文引用率/% 60.00 70.00 80.00 90.00 100.00

临床医学

加拿大 英国 法国 澳大利亚 意大利 德国 美国 日本 韩国 中国

篇均被引频次 0.00 5.00 10.00 15.00 20.00 25.00 30.00 35.00 40.00 45.00

论文引用率/% 60.00 70.00 80.00 90.00 100.00

环境与生态学

英国 澳大利亚 法国 德国 美国 加拿大 意大利 西班牙 中国 巴西

篇均被引频次 0.00 5.00 10.00 15.00 20.00 25.00 30.00 35.00 40.00 45.00

论文引用率/% 60.00 70.00 80.00 90.00 100.00

免疫学

荷兰 英国 德国 美国 澳大利亚 法国 意大利 加拿大 日本 中国

篇均被引频次 0.00 5.00 10.00 15.00 20.00 25.00 30.00 35.00 40.00 45.00

论文引用率/% 60.00 70.00 80.00 90.00 100.00

微生物学

美国 英国 加拿大 德国 法国 日本 中国 巴西 印度 韩国

篇均被引频次 0.00 5.00 10.00 15.00 20.00 25.00 30.00 35.00 40.00 45.00

论文引用率/% 60.00 70.00 80.00 90.00 100.00

分子生物学与遗传学

英国 美国 西班牙 澳大利亚 法国 德国 加拿大 意大利 日本 中国

篇均被引频次 0.00 5.00 10.00 15.00 20.00 25.00 30.00 35.00 40.00 45.00 50.00

论文引用率/% 60.00 70.00 80.00 90.00 100.00

神经科学与行为学

英国 荷兰 美国 德国 加拿大 法国 澳大利亚 意大利 日本 中国

篇均被引频次 0.00 5.00 10.00 15.00 20.00 25.00 30.00 35.00 40.00 45.00

论文引用率/% 60.00 70.00 80.00 90.00 100.00

药理与毒理学

英国 美国 法国 德国 意大利 韩国 印度 中国 巴西 日本

篇均被引频次 0.00 5.00 10.00 15.00 20.00 25.00 30.00 35.00 40.00 45.00

论文引用率/% 60.00 70.00 80.00 90.00 100.00

植物与动物学

美国 中国 巴西 英国 德国 澳大利亚 日本 加拿大 西班牙 法国

篇均被引频次 0.00 5.00 10.00 15.00 20.00 25.00 30.00 35.00 40.00 45.00

论文引用率/% 60.00 70.00 80.00 90.00 100.00

图 6-4　2011～2020 年 9 个学科领域论文数量前 10 位国家的综合表现

分析显示，在 9 个学科领域中，美国的论文数量均显著高于其他国家，在篇均被引频次和论文引用率方面，也均位居领先行列。中国 9 个学科领域的论文数量均位居第 2 位。然而，在论文影响力方面，中国则相对落后：论文引用率仅在药理与毒理学领域略优于日本，在植物与动物学领域略优于巴西；而篇均被引频次仅在微生物学领域略优于巴西、印度和韩国，在药理与毒理学、植物与动物学领域略优于日本和巴西，在生物与生物化学领域略优于印度，在环境与生态学领域略优于巴西。

（四）机构分析

1. 机构排名

2020 年，全球发表生命科学论文数量排名前 10 位的机构中，有 4 个美国机构，2 个法国机构。2011～2020 年、2016～2020 年及 2020 年的国际机构排名中，美国哈佛大学的论文数量均以显著的优势位居首位（表 6-4）。中国科学院是中国唯一进入论文数量前 10 位的机构，其全球排名在近 10 年来显著提升，2011 年位居第 7 位，2014 年跃升至第 4 位，并维持至 2019 年，2020 年进一步提升至第 2 位（图 6-5）。

表 6-4　2011～2020 年、2016～2020 年及 2020 年国际生命科学论文数量前 10 位机构

排名	2011～2020 年		2016～2020 年		2020 年	
	国际机构	论文数量 / 篇	国际机构	论文数量 / 篇	国际机构	论文数量 / 篇
1	美国哈佛大学	181 867	美国哈佛大学	100 957	美国哈佛大学	22 713
2	法国国家科学研究中心	112 902	法国国家科学研究中心	62 485	中国科学院	13 626
3	法国国家健康与医学研究院	109 981	法国国家健康与医学研究院	61 620	法国国家健康与医学研究院	13 616
4	中国科学院	94 110	中国科学院	56 061	法国国家科学研究中心	13 609
5	加拿大多伦多大学	87 285	加拿大多伦多大学	48 393	加拿大多伦多大学	10 775
6	美国国立卫生研究院	81 998	美国约翰·霍普金斯大学	43 312	美国约翰·霍普金斯大学	9 436

续表

排名	2011～2020 年		2016～2020 年		2020 年	
	国际机构	论文数量 / 篇	国际机构	论文数量 / 篇	国际机构	论文数量 / 篇
7	美国约翰·霍普金斯大学	77 656	美国国立卫生研究院	40 811	英国伦敦大学学院	8 959
8	英国伦敦大学学院	70 606	英国伦敦大学学院	39 615	美国宾夕法尼亚大学	8 441
9	美国宾夕法尼亚大学	64 057	美国宾夕法尼亚大学	36 015	美国国立卫生研究院	8 096
10	美国北卡罗来纳大学	61 145	美国北卡罗来纳大学	34 051	巴西圣保罗大学	7 841

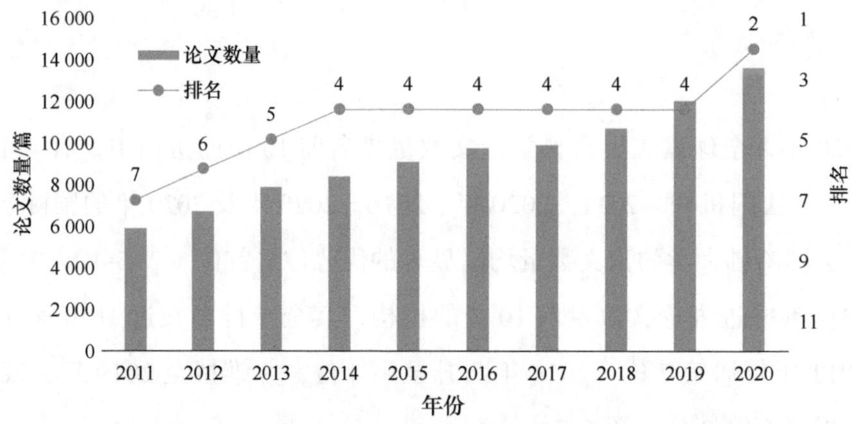

图 6-5　2011～2020 年中国科学院生命科学论文数量的国际排名

在中国机构排名中，除中国科学院外，上海交通大学、复旦大学、中山大学、浙江大学和北京大学也发表了较多论文，2011～2020 年间始终位居前列（表 6-5）。

表 6-5　2011～2020 年、2016～2020 年及 2020 年中国生命科学论文数量前 10 位机构

排名	2011～2020 年		2016～2020 年		2020 年	
	中国机构	论文数量 / 篇	中国机构	论文数量 / 篇	中国机构	论文数量 / 篇
1	中国科学院	94 110	中国科学院	56 061	中国科学院	13 626
2	上海交通大学	48 701	上海交通大学	30 580	上海交通大学	7 807
3	复旦大学	39 158	复旦大学	25 040	浙江大学	6 824
4	中山大学	38 317	中山大学	24 847	中山大学	6 702
5	浙江大学	38 092	浙江大学	24 555	复旦大学	6 443
6	北京大学	34 897	北京大学	21 966	中国医学科学院 / 北京协和医学院	6 328

续表

排名	2011～2020 年		2016～2020 年		2020 年	
	中国机构	论文数量 / 篇	中国机构	论文数量 / 篇	中国机构	论文数量 / 篇
7	中国医学科学院 / 北京协和医学院	30 725	首都医科大学	20 733	首都医科大学	5 828
8	首都医科大学	30 140	中国医学科学院 / 北京协和医学院	20 494	北京大学	5 599
9	四川大学	28 931	四川大学	18 814	四川大学	5 014
10	南京医科大学	25 707	南京医科大学	17 594	华中科技大学	4 802

2. 机构论文增速

从 2020 年国际生命科学论文数量位居前 10 位机构的论文增速来看，中国科学院是增长速度最快的机构，2011～2020 年及 2016～2020 年，论文的复合年均增长率分别达到 9.71% 和 8.71%（图 6-6）。

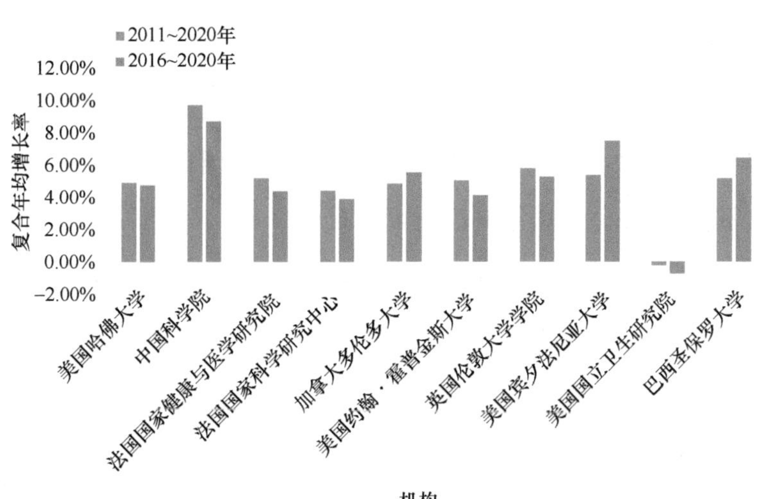

图 6-6 2020 年论文数量前 10 位国际机构在 2011～2020 年及 2016～2020 年的论文复合年均增长率

我国 2020 年论文数量前 10 位的机构中，2011～2020 年，首都医科大学的增长速度最快（复合年均增长率为 19.51%），其次是中国医学科学院 / 北京协和医学院（17.72%）和华中科技大学（17.70%）；而 2016～2020 年，中国医学科学院 / 北京协和医学院的增长速度最快（复合年均增长率为 21.43%），其次为华中科技大学（20.88%）和首都医科大学（17.69%）（图 6-7）。

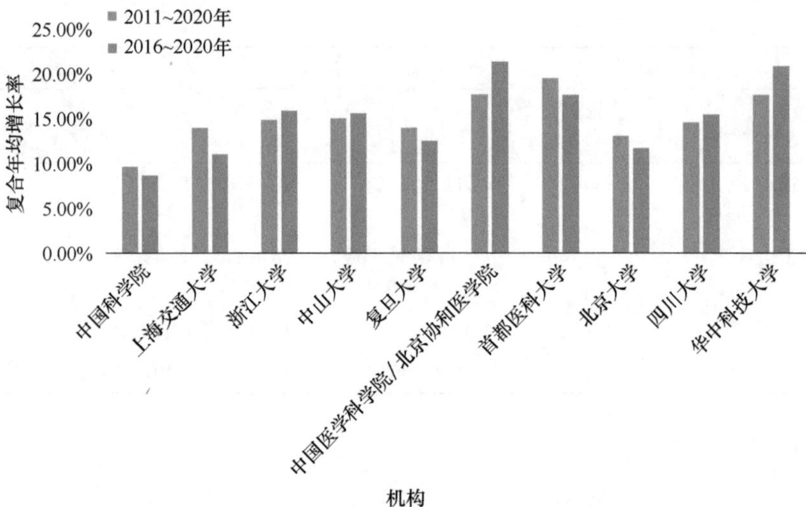

图 6-7　2020 年论文数量前 10 位中国机构在 2011～2020 年及 2016～2020 年的论文复合年均增长率

3. 机构论文引用

对 2020 年论文数量前 10 位国际机构在 2011～2020 年及 2016～2020 年的论文引用率进行排名，可以看到美国国立卫生研究院的引用率位居首位，两个时间段的论文引用率分别为 93.36% 和 88.49%。中国科学院的论文引用率分别为 88.14% 和 81.71%，位居第 9 位（表 6-6）。

表 6-6　2020 年论文数量前 10 位国际机构在 2011～2020 年及 2016～2020 年的论文引用率

排名	2011～2020 年		2016～2020 年	
	国际机构	论文引用率 /%	国际机构	论文引用率 /%
1	美国国立卫生研究院	93.36	美国国立卫生研究院	88.49
2	法国国家科学研究中心	90.56	美国哈佛大学	85.28
3	美国哈佛大学	90.50	法国国家科学研究中心	84.88
4	美国约翰·霍普金斯大学	90.04	英国伦敦大学学院	84.83
5	法国国家健康与医学研究院	89.91	法国国家健康与医学研究院	84.63
6	英国伦敦大学学院	89.84	美国约翰·霍普金斯大学	84.43
7	加拿大多伦多大学	89.71	美国宾夕法尼亚大学	83.97
8	美国宾夕法尼亚大学	89.44	加拿大多伦多大学	83.89
9	中国科学院	88.14	中国科学院	81.71
10	巴西圣保罗大学	85.95	巴西圣保罗大学	78.19

我国前10位的机构在2011～2020年的论文引用率差异较小，大都在81%～89%之间，2016～2020年则大都在74%～82%。中国科学院和北京大学在两个时间段内的论文引用率均位居前两位（表6-7）。

表6-7 2020年论文数量前10位中国机构在2011～2020年及2016～2020年的论文引用率

排名	2011～2020年		2016～2020年	
	中国机构	论文引用率/%	中国机构	论文引用率/%
1	中国科学院	88.14	中国科学院	81.71
2	北京大学	86.32	北京大学	79.60
3	上海交通大学	86.00	复旦大学	79.33
4	复旦大学	86.00	上海交通大学	79.13
5	中山大学	85.47	华中科技大学	79.06
6	华中科技大学	85.10	中山大学	78.78
7	浙江大学	84.67	浙江大学	77.93
8	四川大学	83.87	四川大学	76.94
9	中国医学科学院/北京协和医学院	82.98	中国医学科学院/北京协和医学院	75.75
10	首都医科大学	81.59	首都医科大学	74.87

二、专利情况

（一）年度趋势[568]

2020年，全球生命科学和生物技术领域专利申请数量和授权数量分别为115 996件和68 676件，申请数量比上年度下降了3.27%，授权数量比上年度增加了7.50%。2020年，中国专利申请数量和授权数量分别为38 460件和26 549件，申请数量比上年度增长了0.48%，授权数量比上年度增长了29.55%，占全球数量比值分别为33.16%和38.66%。2011年以来，中国专利申请数量和授权数量呈总体上升趋势（图6-8）。

568 专利数据以Innography数据库中收录的发明专利（以下简称“专利”）为数据源，以世界经济合作组织（OECD）定义生物技术所属的国际专利分类号（International Patent Classification，IPC）为检索依据，基本专利年（Innography数据库首次收录专利的公开年）为年度划分依据，检索日期为2021年4月28日（由于专利申请审批周期及专利数据库录入迟滞等原因，2019～2020年数据可能尚未完全收录，仅供参考）。

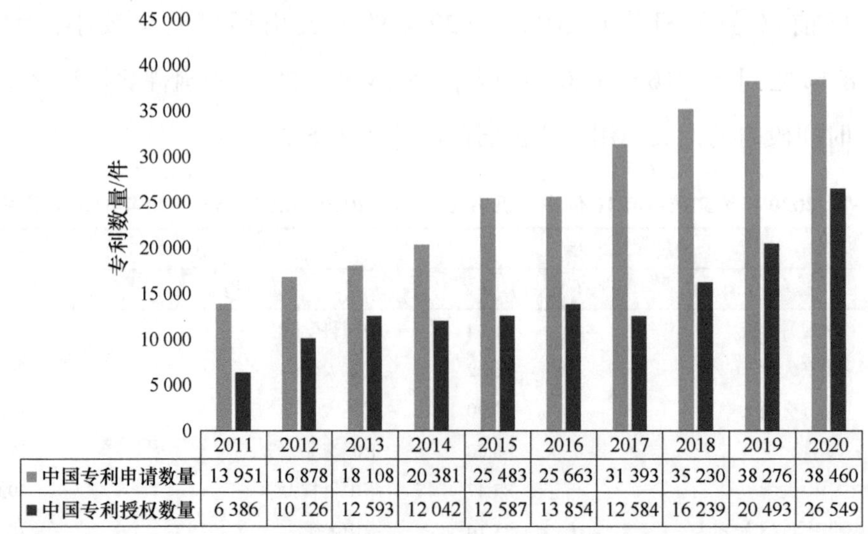

	2011	2012	2013	2014	2015	2016	2017	2018	2019	2020
■中国专利申请数量	13 951	16 878	18 108	20 381	25 483	25 663	31 393	35 230	38 276	38 460
■中国专利授权数量	6 386	10 126	12 593	12 042	12 587	13 854	12 584	16 239	20 493	26 549

图 6-8　2011～2020 年中国生物技术领域专利申请与授权情况

在 PCT 专利申请方面，自 2011 年以来，中国申请数量逐渐攀升，2015～2019 年迅速增长。2020 年中国 PCT 专利申请数量达到 1666 件，较 2019 年增长了 3.87%（图 6-9）。

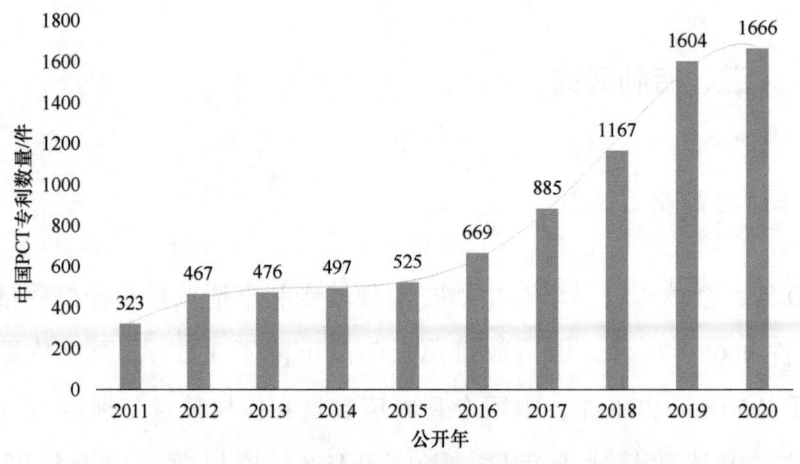

图 6-9　2011～2020 年中国生物技术领域申请 PCT 专利年度趋势

从我国申请/授权专利数量全球占比情况的年度趋势（图 6-10、图 6-11）可以看出，我国在生物技术领域对全球的贡献和影响越来越大。我国的申请/授权专利数量全球占比分别从 2011 年的 17.70% 和 14.86% 逐步攀升至 2020 年的 33.16% 和 38.66%。其中，申请专利全球占比整体上稳步增长（除 2016 年略有波动）；授权专利全球占比除在 2017 年略有下降，2017～2020 年间迅速增加。

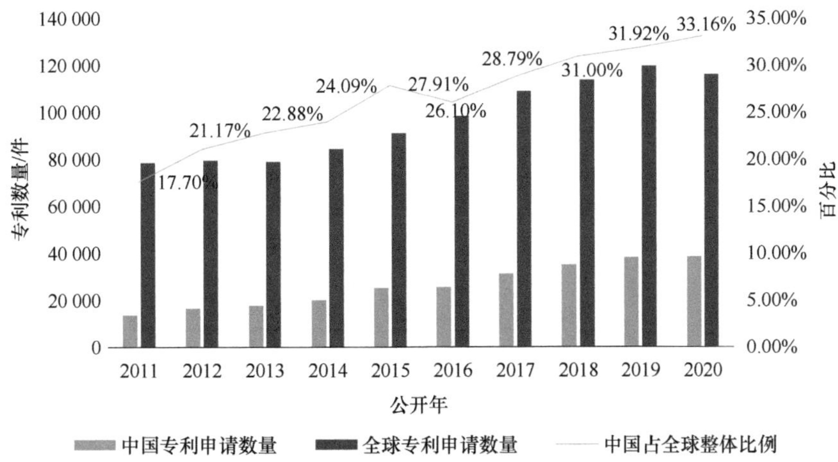

图 6-10 2011～2020 年中国生物技术领域申请专利全球占比情况

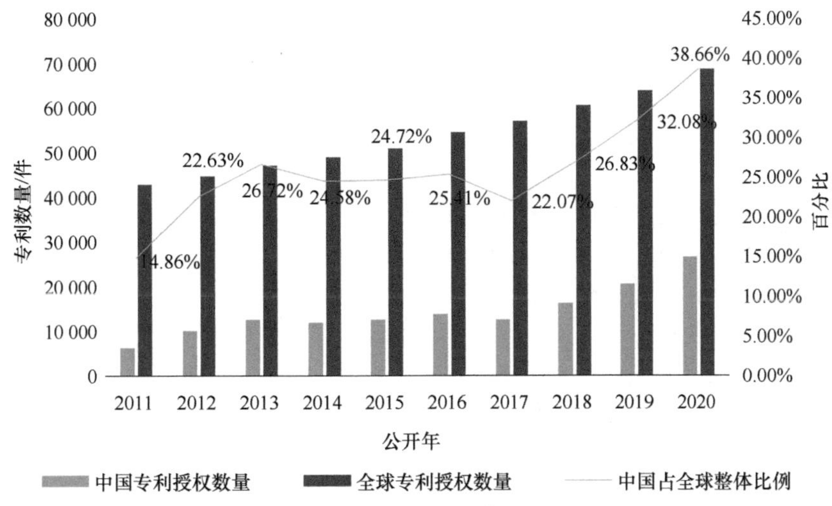

图 6-11 2011～2020 年中国生物技术领域授权专利全球占比情况

（二）国际比较

2020 年，全球生物技术专利申请数量和授权数量位居前 5 名的国家均为美国、中国、日本、韩国和德国。同时这 5 个国家在 2011～2020 年及 2016～2020 年的排名中也均位居前五位（表 6-8）。自 2011 年以来，我国专利申请数量维持在全球第 2 位，2020 年我国专利授权数量占据全球第一。

2020 年，从数量来看，PCT 专利数量排名前 5 位分别为美国、中国、日本、韩国和德国。2011～2020 年，美国、日本、中国、韩国和德国居 PCT 专利申

表 6-8　专利申请 / 授权数量国家排名 Top 10

排名	2011～2020 年专利申请情况		2011～2020 年专利授权情况		2016～2020 年专利申请情况		2016～2020 年专利授权情况		2020 年专利申请情况		2020 年专利授权情况	
	国家	数量 / 件	国家	数量 / 件	国家	数量 / 件	国家	数量 / 件	国家	数量 / 件	国家	数量 / 件
1	美国	353 683	美国	181 947	美国	198 543	美国	100 318	美国	41 891	**中国**	**25 920**
2	**中国**	**236 825**	**中国**	**129 388**	**中国**	**156 847**	**中国**	**84 311**	**中国**	**36 402**	美国	19 902
3	日本	74 704	日本	45 934	日本	38 974	日本	21 028	日本	7 713	韩国	4 132
4	韩国	44 046	韩国	31 187	韩国	25 286	韩国	18 756	韩国	5 401	日本	3 911
5	德国	36 207	德国	21 953	德国	18 488	德国	11 265	德国	3 489	德国	2 116
6	英国	27 657	英国	14 990	英国	15 810	英国	7 901	英国	3 125	英国	1 653
7	法国	24 341	法国	14 726	法国	12 071	法国	7 666	法国	2 087	法国	1 432
8	澳大利亚	13 067	俄罗斯	7 646	加拿大	6 003	俄罗斯	3 894	瑞士	1 036	俄罗斯	820
9	加拿大	12 318	澳大利亚	7 319	荷兰	5 929	澳大利亚	3 575	加拿大	994	荷兰	713
10	荷兰	10 794	加拿大	6 612	澳大利亚	5 488	荷兰	3 565	荷兰	973	瑞士	584

请数量的前 5 位（表 6-9）。通过近 5 年与 2020 年的数据对比发现，中国的专利质量有所上升。

表 6-9 PCT 专利申请数量全球排名 Top10 国家

排名	2011～2020 年 PCT 专利申请		2016～2020 年 PCT 专利申请		2020 年 PCT 专利申请	
	国家	数量 / 件	国家	数量 / 件	国家	数量 / 件
1	美国	44 819	美国	25 551	美国	5 670
2	日本	12 018	日本	6 656	中国	1 585
3	中国	8 198	中国	6 656	日本	1 424
4	韩国	5 773	韩国	3 534	韩国	850
5	德国	5 557	德国	2 782	德国	552
6	法国	4 332	英国	2 212	英国	452
7	英国	3 892	法国	2 180	法国	397
8	加拿大	2 296	加拿大	1 154	加拿大	252
9	荷兰	1 860	荷兰	979	瑞士	193
10	瑞士	1 573	瑞士	935	荷兰	190

（三）专利布局

2020 年，全球生物技术申请专利 IPC 分类号主要集中在 C12Q01（包含酶或微生物的测定或检验方法）和 C12N15（突变或遗传工程；遗传工程涉及的 DNA 或 RNA，载体），这是生物技术领域中的两个通用技术（图 6-12）。此外，C07K16（免疫球蛋白，如单克隆或多克隆抗体）和 A61K39（含有抗原或抗体

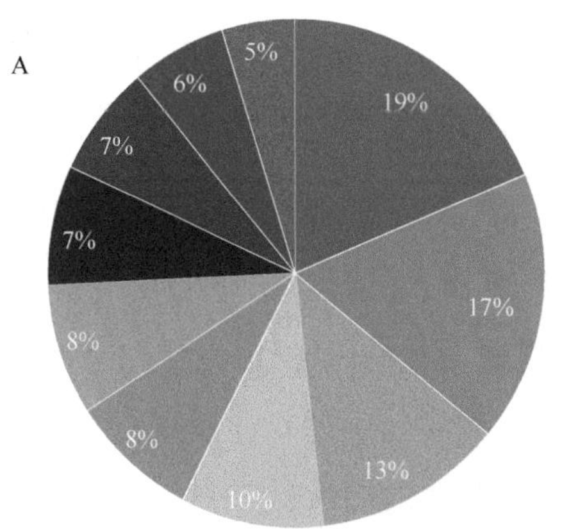

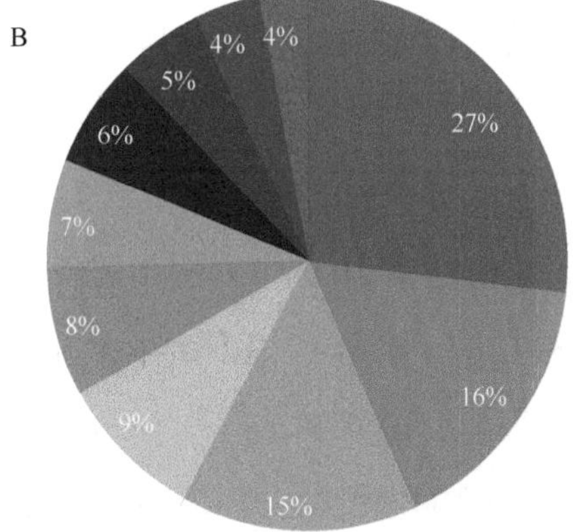

图 6-12 2020 年全球（A）与我国（B）生物技术专利申请技术布局情况

的医药配制品）也是全球生物技术专利申请的一个重要领域，均为具有高附加值的医药产品。从我国专利申请 IPC 分布情况（图 6-12）来看，前两个 IPC 类别与国际一致，为 C12Q01 和 C12N15。但另两个主要的 IPC 布局与国际有所差异，为 C12N01（微生物本身，如原生动物；及其组合物）和 C12M01（酶学或微生物学装置）（表 6-10）。

表 6-10　上文出现的 IPC 分类号及其对应含义

IPC 分类号	含义
A01H01	改良基因型的方法
A01H04	通过组织培养技术的植物再生
A61K31	含有机有效成分的医药配制品
A61K38	含肽的医药配制品
A61K39	含有抗原或抗体的医药配制品
C07K14	具有多于 20 个氨基酸的肽；促胃液素；生长激素释放抑制因子；促黑激素；其衍生物
C07K16	免疫球蛋白，如单克隆或多克隆抗体
C12M01	酶学或微生物学装置
C12N01	微生物本身，如原生动物；及其组合物
C12N05	未分化的人类、动物或植物细胞，如细胞系；组织；它们的培养或维持；其培养基
C12N09	酶，如连接酶
C12N15	突变或遗传工程；遗传工程涉及的 DNA 或 RNA，载体
C12P07	含氧有机化合物的制备
C12Q01	包含酶或微生物的测定或检验方法
G01N33	利用不包括在 G01N 1/00 至 G01N 31/00 组中的特殊方法来研究或分析材料

对近 10 年（2011～2020 年）的专利 IPC 分类号进行统计分析，我国在包含酶或微生物的测定或检验方法（C12Q01）领域的分类下的专利申请数量最多。排名前 5 位中其他的 IPC 分类号分别是 C12N15、C12N01、C12M01 和 C12N05。申请和授权专利数量前 5 位的国家，即美国、中国、日本、韩国和德国，其排名前 10 的 IPC 分类号大体相同，顺序有所差异，说明各国在生物技术领域的专利布局上主体结构类似，而又各有侧重（图 6-13）。

通过近 10 年数据（图 6-13）与近 5 年数据（图 6-14）的对比发现，我国、日本、韩国和德国在 C12N15（突变或遗传工程；遗传工程涉及的 DNA 或 RNA，载体）领域的专利申请比重略有降低，美国在该领域的申请比重略有增加；韩国增加了在 C12Q01（包含酶或微生物的测定或检验方法）领域的申请；德国在

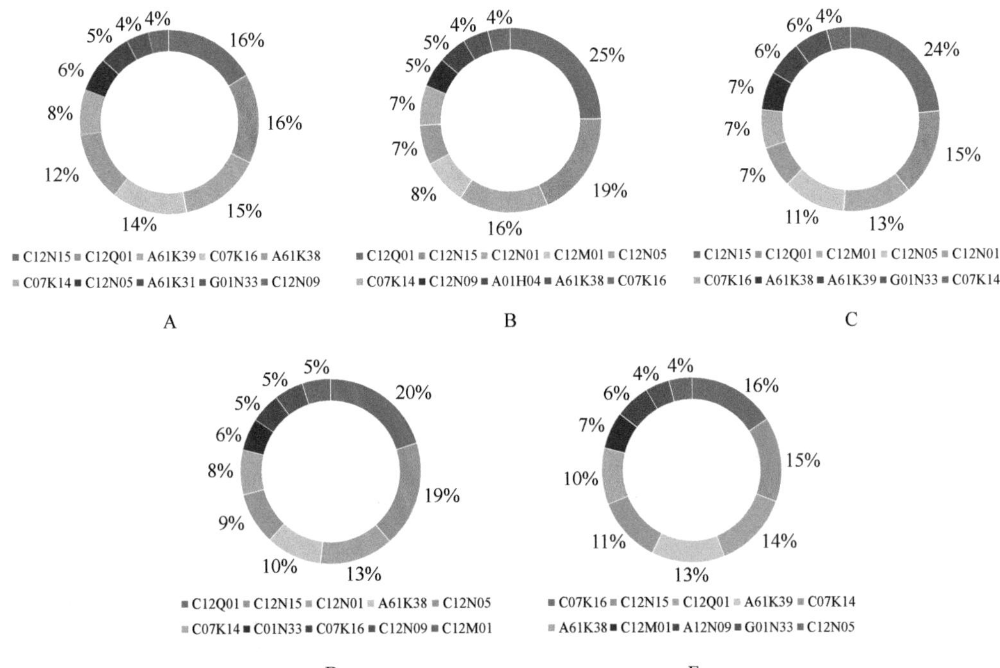

图 6-13 2011～2020 年我国专利申请技术布局情况及与其他国家的比较

A. 美国；B. 中国；C. 日本；D. 韩国；E. 德国

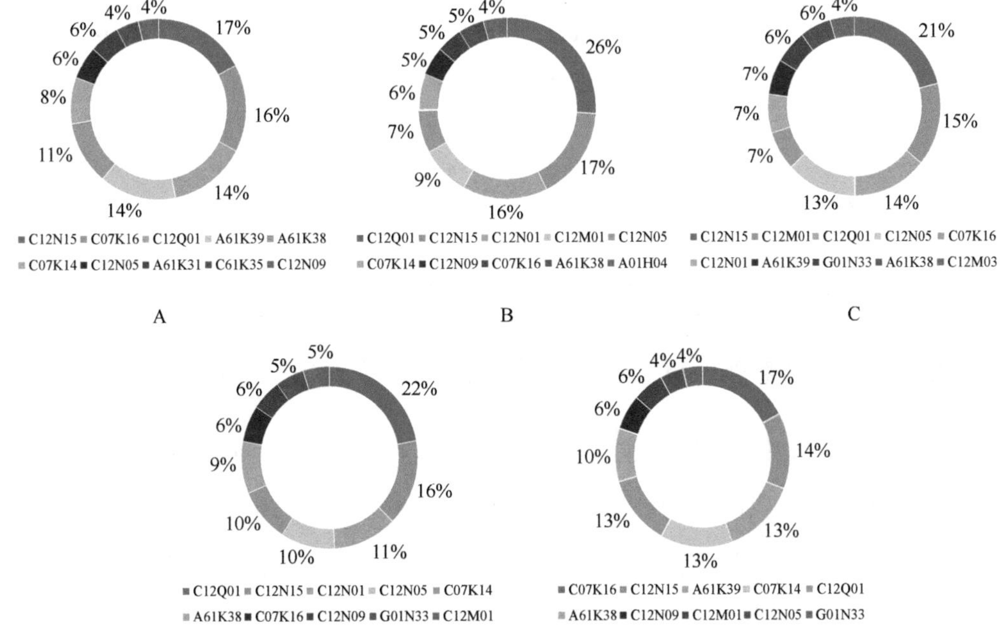

图 6-14 2016～2020 年我国专利申请技术布局情况及与其他国家的比较

A. 美国；B. 中国；C. 日本；D. 韩国；E. 德国

C07K16（免疫球蛋白，如单克隆或多克隆抗体）领域的申请数量有所增长。

（四）竞争格局

1. 中国专利布局情况

由我国生物技术专利申请/获授权的国家/组织分布情况（表 6-11）可以发现，我国申请并获得授权的专利以本国专利为主。此外，我国也向世界知识产权组织（WIPO）、美国、欧洲专利局、英国和德国等国家/组织提交了生物技术专利申请，但获得授权的专利数量较少，说明我国还需进一步加强专利国际化布局。

表 6-11 2011～2020 年中国生物技术专利申请/获授权的国家/组织分布情况

排名	中国申请专利情况		中国获授权专利情况	
	国家/组织	数量/件	国家/组织	数量/件
1	中国	216 789	中国	123 768
2	世界知识产权组织	8 198	美国	2 066
3	美国	3 848	欧洲专利局	850
4	欧洲专利局	2 022	德国	723
5	英国	1 957	英国	715
6	德国	1 951	法国	696
7	法国	1 939	日本	685
8	匈牙利	1 749	西班牙	497
9	塞浦路斯	1 715	澳大利亚	425
10	北马其顿	1 695	丹麦	425

2. 在华专利竞争格局

从近 10 年来中国受理/授权的生物技术所属国家/组织分布情况（表 6-12）可以看出，我国生物技术专利的受理对象仍以本国申请为主，美国、欧洲专利局、日本、韩国和英国等国家/组织紧随其后；而我国生物技术专利的授权对象也以本国为主，美国、日本、欧洲专利局和韩国分别位列第 2～5 位，上述国家/组织对我国市场十分重视，因此在我国展开技术布局。

表 6-12 2011～2020 年中国生物技术专利受理 / 授权的国家 / 组织分布情况

排名	中国受理专利情况		中国授权专利情况	
	国家 / 组织	数量 / 件	国家 / 组织	数量 / 件
1	中国	216 789	中国	123 768
2	美国	26 279	美国	9 871
3	欧洲专利局	6 498	日本	3 009
4	日本	5 473	欧洲专利局	2 498
5	韩国	2 192	韩国	952
6	英国	1 977	英国	808
7	法国	706	法国	442
8	德国	553	德国	351
9	澳大利亚	520	丹麦	253
10	丹麦	319	澳大利亚	229

三、知识产权案例分析——冠状病毒疫苗相关专利分析

（一）冠状病毒疫苗相关专利分析

目前在全世界流行的新型冠状病毒肺炎（COVID-19）给人类社会带来了巨大灾难。新型冠状病毒肺炎是由新型冠状病毒（severe acute respiratory syndrome coronavirus 2，SARS-CoV-2）感染所引发的，它是 2019 年新显现的一种冠状病毒。冠状病毒属于单股正链 RNA 病毒，其基因组包括 7～15 条开放阅读框（open-reading frame，ORF），其基因主要编码 3 类病毒蛋白，即结构蛋白、非结构蛋白及附属蛋白。其中，结构蛋白是病毒壳体的基本结构亚基，参与成熟病毒的组装释放及宿主识别与侵入；非结构蛋白则是病毒基因组复制与转录机器的承载体，负责蛋白翻译后切割、修饰及核酸合成等重要生命过程；而附属蛋白在各类冠状病毒中存在较大的种间差异，一般认为有可能参与辅助病毒基因组复制或宿主选择。由于冠状病毒的相关蛋白（主要指结构蛋白和非结构蛋白）是病毒包装、转录和复制等生命过程的结构基础，因此被认为是抗冠状病毒药物与疫苗设计的关键靶标。

由于目前尚未找到对新冠肺炎有确切疗效的药物，所以尽快研发出针对新冠病毒的疫苗是控制疫情传播最有效的手段。根据技术路径不同，目前新冠肺炎疫苗研发的主要策略有灭活疫苗、减毒活疫苗、腺病毒载体疫苗、重组蛋白疫苗、核酸疫苗等。截至 2021 年 5 月 14 日，根据 Thomson Reuters Cortellis 数据库显示，全球已上市新型冠状病毒疫苗 9 个，其中我国 5 个，分别为武汉生物制品研究所的灭活新冠肺炎疫苗 COVID-19 vaccine、科兴生物的灭活新冠肺炎疫苗 CoronaVac、北京生物制品研究所的灭活新冠肺炎疫苗 BBIBP-CorV、康希诺生物的腺病毒载体疫苗 Ad5-nCoV 及安徽智飞龙科马生物制药有限公司的重组蛋白新冠肺炎疫苗 ZF-2001（表 6-13）。随着新冠肺炎疫苗研发进程的不断推进，全球新冠肺炎疫苗接种覆盖率也不断提升。根据 WHO 2021 年 5 月 14 日的数据显示，全球已有 6.8 亿人接种新冠肺炎疫苗，占人口总数的 17.5%。世界卫生组织此前表示，全球至少要有 70% 的人接种疫苗才能实现群体免疫。

表 6-13　截至 2021 年 5 月 14 日全球已上市的新型冠状病毒疫苗

药物名称	药物类型	所属机构或企业	最早上市时间
BNT162b2	核酸疫苗	BioNTech SE、辉瑞、复星医药	2020 年 12 月
CoronaVac	灭活疫苗	科兴生物	2020 年 12 月
AZD-1222	腺病毒载体疫苗	牛津大学詹纳研究所、阿斯利康	2021 年 1 月
mRNA-1273	核酸疫苗	Moderna Therapeutics、武田制药	2021 年 1 月
BBIBP-CorV	灭活疫苗	北京生物制品研究所、中国疾病预防控制中心	2020 年 12 月
Sputnik V	腺病毒载体疫苗	俄罗斯加玛列亚传染病与微生物国家研究中心	2020 年 8 月
ZF-2001	重组蛋白疫苗	安徽智飞龙科马生物制药有限公司、中国科学院微生物研究所	2021 年 3 月
COVID-19 vaccine	灭活疫苗	武汉生物制品研究所、中国科学院武汉病毒研究所	2021 年 2 月
Ad5-nCoV	腺病毒载体疫苗	康希诺生物、军事科学院军事医学研究院生物工程研究所	2021 年 2 月

数据来源：Thomson Reuters Cortellis 数据库

疫苗是为预防、控制传染病的发生和流行，将病原微生物或其组成成分及代谢产物，经过人工减毒、灭活或利用基因工程等方法制成的免疫制品。预防是控制传染病最主要的手段，接种疫苗是进行人工免疫的最有效的措施。本章

的知识产权案例部分从全球视角分析了冠状病毒疫苗的年度趋势、地域分布、申请人情况及专利技术布局，对已上市新冠肺炎疫苗的主要专利进行了梳理，并对新冠肺炎疫苗的专利豁免进行了解读，希望能够为新型冠状病毒疫苗的研发与专利布局提供数据参考与决策支撑。

1. 冠状病毒疫苗专利申请量与疫情发展密切相关

利用 incopat 数据库对全球冠状病毒疫苗相关专利申请进行检索，截止日期为 2021 年 5 月 14 日，共检索到 4184 件专利，其中人冠状病毒疫苗相关专利 2268 件，合并 inpadoc 同族专利 1033 件，占专利总数的 54.2%；兽用冠状病毒疫苗相关专利 1916 件，合并 inpadoc 同族专利 465 件，占专利总数的 45.8%。人冠状病毒疫苗相关专利是本报告的研究重点，因此以下分析主要针对人冠状病毒疫苗相关专利展开。

从专利申请趋势来看，人冠状病毒疫苗领域的研究主要起步于 20 世纪 90 年代，研究热度不高且发展相对平稳。2002 年，因 SARS 疫情的暴发，引发了全球人冠状病毒疫苗相关专利申请的迅猛增长，在 2004 年达到近几年来的最高峰 278 件。此后，全球人用冠状病毒疫苗专利成为申请主导，但因为 SARS 疫情属于突发性事件，且于 2003 年下半年已得到有效控制，在短期的研究热潮后，专利申请量逐步回落。2012 年、2015 年、2018 年，虽然 MERS 疫情陆续出现，但疫情暴发的规模无论是范围和速度都远弱于 SARS，人冠状病毒疫苗的专利申请量虽有小幅上升，但并无明显的波动。本次的 COVID-19 疫情于 2020 年 3 月即被世界卫生组织（WHO）确认为“全球性大流行”，从持续的时间、影响的国家及对人类健康、经济增长与社会发展带来的风险都是史无前例的，极大地带动了人冠状病毒疫苗领域的研究与专利申请。2020 年，人冠状病毒疫苗相关专利申请量呈现爆发性增长，达到 351 件，是 2009 年该领域专利申请量的 4 倍还多，且绝大多数集中于新型冠状病毒疫苗的研发领域。由于专利申请至公开一般有 18 个月的时滞，本次疫情对于 2020 年与 2021 年专利趋势的影响还未充分地体现（考虑到专利申请到专利公开的 18 个月及专利数据录入的延迟，2020 年与 2021 年的数据参考意义不大）。

虽然我国在冠状病毒疫苗领域开展研究的起步时间相对较晚（最早始于 2002 年），但因 SARS 疫情的防控需要，我国在该领域发展快速。但随着 SARS 疫情的逐步控制，我国人冠状病毒疫苗相关专利申请呈明显下降趋势。我国是 COVID-19 疫情最早大规模暴发的地区之一，在新冠肺炎疫苗研究领域成果显著。2020 年，我国人冠状病毒疫苗相关专利申请量爆发性增长达 208 件，占全球人冠状病毒疫苗相关专利申请量超过 2/3，为全球新冠肺炎疫苗的研发贡献了重要力量。

疫苗作为预防控制传染病最经济有效手段，其成功研发是人类最终控制新冠肺炎疫情的关键所在。随着新冠肺炎疫苗全球需求的持续增长，可以预计未来几年，人冠状病毒疫苗领域的研究热度与相关专利申请的持续增长仍将持续（图 6-15）。

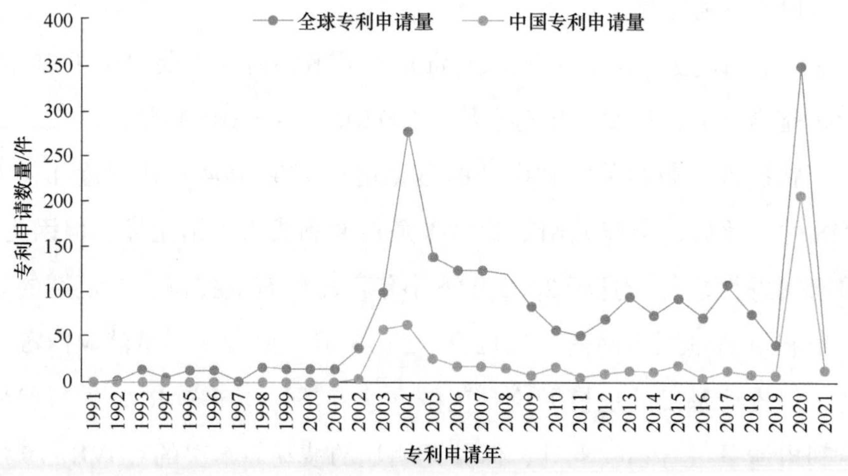

图 6-15　1991～2021 年全球和中国人冠状病毒疫苗专利申请年度分布

数据来源：Incopat 专利数据库

2. 中国大陆、美国和欧洲是冠状病毒疫苗专利最主要的布局国家 / 地区

从专利申请国家 / 地区来看，中国大陆、美国和欧洲是人冠状病毒疫苗相关专利最主要的布局国家 / 地区，也是 Clinicaltials.gov 中新型冠状病毒疫苗临床数量最多的三个国家 / 地区，专利的申请量与国家 / 地区疫情的严重程度、药物的研发水平及产业化水平紧密相关。除了这三个国家 / 地区外，日本、韩

国、印度、加拿大、中国台湾、英国等也是人冠状病毒疫苗相关专利重要的布局国家/地区（表6-14）。

专利优先权国家/组织一般为该领域的技术来源国家/组织。从专利优先权国家/组织来看，美国以1032件专利在人冠状病毒疫苗相关专利的申请中仍具备绝对优势，可见美国在该领域研发创新中的领先地位。美国企业或机构在本国申请专利的同时，又通过PCT申请等国际专利申请途径在全球主要国家/地区进行了广泛布局，对其创新成果进行了有效的保护。中国在人冠状病毒疫苗专利优先权国家/组织中排在第4位，申请专利数量为141件，具有较大的发展潜力（表6-15）。

表6-14 全球TOP10人冠状病毒疫苗专利申请国家/地区/组织分布

排名	申请国家/地区/组织	专利数量/件
1	中国大陆	562
2	美国	412
3	世界知识产权组织	356
4	欧洲专利局（EPO）	265
5	日本	181
6	韩国	118
7	印度	99
8	加拿大	38
9	中国台湾	38
10	英国	35

数据来源：Incopat专利数据库

表6-15 全球TOP10人冠状病毒疫苗专利优先权国家/组织分布

排名	优先权国家/组织	专利数量/件
1	美国	1032
2	英国	190
3	欧洲专利局（EPO）	165
4	中国	141
5	世界知识产权组织	118
6	日本	73
7	法国	51
8	韩国	44
9	澳大利亚	35
10	德国	34

数据来源：Incopat专利数据库

3. 企业与机构在冠状病毒疫苗专利申请中平分秋色

从人冠状病毒疫苗专利申请人的分布情况来看，机构与企业均为人冠状病毒疫苗相关专利的申请主体，这也符合冠状病毒疫苗的实际研发情况，目前，研发机构与疫苗企业合作研发是新型冠状病毒疫苗最主流的研发模式。从专利申请人的排名来看，专利申请量排名前五位的机构或企业分别为法国巴斯德研究所61件、德国CureVac生物技术公司56件、辉瑞制药54件、英国Pirbright

研究所 33 件、荷兰乌特勒支大学 28 件。中山大学及附属医院是我国唯一进入人冠状病毒疫苗领域的全球前十位专利申请人。在这些专利申请人中，排名第一的法国巴斯德研究所是全球公认的公共卫生、微生物、传染病和疫苗领域的研究机构，其与世界第五大药企赛诺菲联手成立的赛诺菲 - 巴斯德公司是全球最大的专业疫苗研发生产企业。在本次疫情中，该机构在法国新型冠状病毒疫苗研发工作中也承担着重要的角色。排名第二位的德国 CureVac 生物技术公司致力于 mRNA 技术在疾病预防与治疗中的应用，2003 年曾在全球范围内首次推出基于 mRNA 技术的癌症疗法。2020 年 6 月 17 日，CureVac 公司新冠肺炎疫苗项目进入临床 I 期试验，成为继 BioNTech 公司后德国第二家开展新冠肺炎候选疫苗临床试验的公司。排名第三位的全球医药巨头辉瑞是全球最早上市新型冠状病毒疫苗的企业之一，在其与 BioNTech 公布的新冠肺炎疫苗第三期研究数据显示，其候选疫苗预防新冠病毒的有效性超过 90%。部分企业或机构排名靠前是因为其在该领域申请了较多的同族专利，如排名第四位的 Pirbright 研究所主要从事动物病毒和人畜共患病的监测与研究，在兽用冠状病毒疫苗领域有着丰富的经验，在人冠状病毒疫苗领域研究较少，从 inpadoc 同族专利数可以看出该机构的专利优势主要来源于申请了较多的同族专利（表 6-16）。

表 6-16　全球 TOP10 人冠状病毒疫苗专利申请人情况

排名	机构名称	所属国家	专利数量 / 件	inpadoc 同族专利数 / 个
1	法国巴斯德研究所	法国	61	22
2	CureVac 生物技术公司	德国	56	15
3	辉瑞制药	美国	54	16
4	英国 Pirbright 研究所	英国	33	4
5	乌特勒支大学	荷兰	28	5
6	葛兰素史克	英国	23	9
7	诺华	瑞士	22	6
8	Inovio Pharmaceuticals Inc.	美国	20	2
9	哈佛大学	美国	19	6
10	中山大学及附属医院	中国	19	13

数据来源：Incopat 专利数据库

4. 机构与高校在我国冠状病毒专利申请占绝对优势

对我国人冠状病毒疫苗的专利申请人进行分析，国内的高校或研究机构是我国人冠状病毒疫苗相关专利的申请主体，包括中山大学及附属医院（19 件）、清华大学（14 件）、北京大学（14 件）、中国科学院微生物研究所（13 件）、中国科学院动物研究所（10 件）等。与国外不同的是，高校与机构是我国新冠肺炎疫苗研发与产业化进程中的中坚力量。自 2002 年起，国内高校与研究机构在第一时间响应国家号召，在科技立项的推动下，开展新型冠状病毒疫苗的相关研究。其中，排名第一位的中山大学及附属医院在人冠状病毒纳米领域的专利申请主要集中于纳米颗粒疫苗在冠状病毒疫苗研发中的应用，中山大学团队研发的纳米颗粒疫苗是多抗原重组蛋白疫苗，可以实现在单个纳米疫苗表面同时展示 24 个相同或不同的新冠病毒抗原，目前团队已向国家药监局申报临床批件。排名第二位与第三位的清华大学与北京大学研究较为分散，在人冠状病毒疫苗研发相关的重组病毒、疫苗佐剂、单克隆抗体、减毒疫苗等领域均有涉猎，目前，尚未开展针对性的疫苗产品研发工作。排名第四位的中国科学院微生物研究所是我国最具影响力的综合性微生物学研究和微生物技术研发机构之一，2021 年 3 月，其和安徽智飞龙科马生物制药有限公司联合研发的重组新型冠状病毒疫苗（CHO 细胞）获批紧急使用，该研究所针对该产品从抗体、病毒载体、疫苗产品等层面均进行了专利保护。排名第九位的北京科兴生物制品有限公司作为我国唯一进入前十位的企业专利申请人，致力于疫苗及其相关产品的研究开发、生产和销售，是全球最早上市新型冠状病毒疫苗的企业之一，并加入了世界卫生组织（WHO）的新冠肺炎疫苗计划，极大推动了全球新冠肺炎疫苗的防治工作（表 6-17）。

表 6-17　我国 TOP10 人冠状病毒疫苗专利申请人情况

排名	机构名称	专利数量 / 件	inpadoc 同族专利数 / 个
1	中山大学及附属医院	19	13
2	清华大学	14	9
3	北京大学	14	8

续表

排名	机构名称	专利数量 / 件	inpadoc 同族专利数 / 个
4	中国科学院微生物研究所	13	9
5	中国科学院动物研究所	10	6
6	人民解放军军事医学科学院微生物流行病研究所	8	5
7	中国医学科学院医学生物学研究所	8	8
8	中国疾病预防控制中心病毒病预防控制所	8	6
9	北京科兴生物制品有限公司	8	5
10	中国人民解放军海军军医大学	7	5

数据来源：Incopat 专利数据库

5. 北京领跑我国冠状病毒疫苗专利申请地区

对我国人冠状病毒疫苗的专利申请地区进行分析，北京市、广东省、江苏省与上海市在该领域具有较大优势，分别申请专利 124 件、69 件、35 件和 31 件，占我国人冠状病毒疫苗专利申请总数的 22.1%、12.3%、6.2% 与 5.5%。其中，北京在该领域优势突出，该地区集聚了我国人冠状病毒疫苗研究领域绝大多数的企业与研究机构。我国前十位人冠状病毒疫苗专利申请人中，除了中山大学与中国人民解放军海军军医大学，其他 8 家均为北京的研究机构与企业。可见，该地区在我国人冠状病毒疫苗研发与产业化领域具有较大潜力（表 6-18）。

表 6-18　我国人冠状病毒疫苗专利申请地区分布

排名	申请地区	专利数量 / 件	占比
1	北京	124	22.1%
2	广东	69	12.3%
3	江苏	35	6.2%
4	上海	31	5.5%
5	浙江	17	3.0%
6	湖北	16	2.8%
7	天津	11	2.0%
8	香港	11	2.0%
9	云南	10	1.8%
10	河南	9	1.6%

数据来源：Incopat 专利数据库

（二）新型冠状病毒疫苗重点产品专利布局情况

1. BNT162b2

BNT162b2是全球医药巨头辉瑞与德国生物技术公司拜恩泰科（BioNTech）联合研发的mRNA疫苗，目前已在美国、欧洲、加拿大、以色列等国家/地区上市。2021年5月，上海复星医药发布公告将与BioNTech公司成立合资公司，实现mRNA新冠肺炎疫苗产品在我国的本地化生产及商业化。相比于传统的减毒疫苗与灭活疫苗，mRNA疫苗具有其独特的优势。mRNA疫苗在无细胞条件下生产且制造时间短，这使得引入污染微生物的机会很少。与减毒活疫苗相比，mRNA疫苗不具有与感染相关的风险，可用于无法注射活病毒的人（如孕妇和免疫功能低下者）。与灭活疫苗和重组蛋白疫苗相比，mRNA疫苗可激活强烈的细胞免疫。与DNA疫苗相比，其在细胞质中表达蛋白，不需穿过核膜，也不存在插入突变的潜在风险。目前在疫苗中研究的RNA主要有两种，即mRNA和病毒来源的自放大RNA（self-amplifying RNA，saRNA）。辉瑞与BioNTech公司的新冠肺炎疫苗项目BNT162包含了4种基于mRNA技术的COVID-19候选疫苗（BNT162a1、BNT162b1、BNT162b2、BNT162c2），包括2种核苷修饰mRNA、1种非修饰mRNA和1种saRNA。最后，采用核苷修饰mRNA的疫苗BNT162b2由于临床试验中更好的有效性与安全性，优先作为产品进行开发。根据2021年5月7日，《新英格兰医学杂志》（*New England Journal of Medicine*，*NEJM*）真实世界研究显示，BioNTech疫苗防护英国变异毒株的有效性为89.5%，防护南非变异毒株的有效性为75.0%。

根据Thomson Reuters Cortellis数据库显示，BNT162b2新冠肺炎疫苗的重点专利主要有3件，均涉及mRNA疫苗研发技术。专利WOUS10059305涉及用于重编程细胞的RNA制剂，专利WOUS06032372涉及包含假尿苷或修饰核苷的RNA在基因治疗中的应用，这两件专利均归属于BioNTech公司、Cellscript公司、Moderna Therapeutics与美国宾夕法尼亚大学。WOEP02006180涉及通过增加G/C含量及优化密码子获得稳定的mRNA的方法，该方法可用于疫苗的研制，该专利归属于 CureVac 生物技术公司（表 6-19）。

表 6-19 BNT162b2 主要专利布局

申请号（中国同族专利）	申请日	公开号（中国同族专利）	专利名称	相关内容
WOUS10059305	2010 年 12 月 7 日	CN102947450	用于重编程细胞的包含纯化的经修饰的 RNA 的 RNA 制剂	该专利提供了使用包含编码 iPS 细胞诱导因子的单链 mRNA 制剂重编程体细胞的组合物和方法
WOUS06032372	2006 年 8 月 21 日	无	核苷修饰 RNA 及其使用方法	该专利提供了包含假尿苷或修饰核苷的 RNA、寡核苷酸和多核苷酸分子，并对该技术用于基因治疗、基因转录沉默和在体内将治疗性蛋白质递送到组织的方法进行阐述
WOEP02006180	2002 年 6 月 5 日	无	通过增加 G/C 含量及优化密码子获得稳定的 mRNA 用于基因治疗	该专利提供了一种含有 mRNA 的药物组合物及制备方法，该 mRNA 通过在翻译区域进行序列修饰而更为稳定，特别适合用于疫苗与组织修复药物

数据来源：Thomson Reuters Cortellis 数据库

2. AZD-1222

AZD-1222 是由牛津大学詹纳研究所及其剥离的公司 Vaccitech 研制开发的腺病毒载体疫苗。该疫苗使用复制缺陷型黑猩猩腺病毒载体，包含新型冠状病毒刺突蛋白的遗传物质。接种疫苗后，该疫苗会产生表面刺突蛋白，激发免疫系统攻击新型冠状病毒。该疫苗于 2020 年 4 月下旬启动临床试验，并与阿斯利康达成协议，在该候选疫苗的全球开发、生产及分发上展开深入合作。目前，该疫苗已在英国、印度与韩国上市。值得一提的是，AZD-1222 可以在常规冷藏条件下（2～8℃）储存、运输和处理至少 6 个月，并在现有的医疗环境下使用。而来自辉瑞 /BioNTech 和 Moderna 的 2 款 mRNA 疫苗，虽然有效率很高，但需要在－70℃下储存、配送，具有很大的局限性。

根据 Thomson Reuters Cortellis 数据库显示，AZD-1222 新冠肺炎疫苗的重点专利为专利 WOGB18051399，归属于牛津大学。该专利对疫苗的病毒载体进

行保护，该病毒载体包含可编码 MERS-CoV 刺突蛋白的多核苷酸序列，该腺病毒载体可以是 ChAdOx 1，刺突蛋白可以是全长刺突蛋白（表 6-20）。

表 6-20　AZD-1222 主要专利布局

申请号（中国同族专利）	申请日	公开号（中国同族专利）	专利名称	相关内容
WOGB18051399	2018 年 5 月 23 日	无	用于诱导免疫应答的组合物和方法	该专利提供了一种组合物，包含一种腺病毒载体，该病毒载体包含可编码 MERS-CoV 刺突蛋白的多核苷酸序列，该腺病毒载体可以是 ChAdOx 1，刺突蛋白可以是全长刺突蛋白

数据来源：Thomson Reuters Cortellis 数据库

3. mRNA-1273

mRNA-1273 是美国生物技术公司 Moderna 研发的新冠肺炎疫苗，目前已在美国与加拿大上市。mRNA-1273 是一种新型脂质纳米颗粒（LNP）封装的 mRNA 疫苗，编码一种融合前稳定形式的刺突蛋白（S 蛋白），该蛋白是病毒感染宿主细胞的关键所在，也是过去研发严重急性呼吸综合征（SARS）冠状病毒疫苗和中东呼吸综合征（MERS）冠状病毒疫苗时的靶点。值得一提的是，mRNA-1273 从序列选择到 I 期临床免疫注射仅仅花费了 63d 时间。2020 年 2 月 24 日，Moderna 公司已向美国国家过敏症和传染病研究所（The National Institute of Allergy and Infectious Diseases）运送了该公司生产的首批新型冠状病毒疫苗，用于开展一期临床试验。根据 2020 年 12 月 30 日发表在 *NEJM* 上的研究结果，mRNA-1273 疫苗在预防新型冠状病毒肺炎方面显示出 94.1% 的功效。除短暂的局部和全身反应外，未发现安全隐患。

根据 Thomson Reuters Cortellis 数据库显示，mRNA-1273 新冠肺炎疫苗的重点专利主要有 3 件，均涉及 mRNA 疫苗研发技术。其中，专利 WOUS10059305 保护用于重编程细胞的包含纯化的经修饰的 RNA 的 RNA 制剂，专利 WOUS06032372 保护核苷修饰 RNA 及其使用方法，这两件专利同时也是 BNT162b2 疫苗的重点专利。专利 WOUS20039228 用于保护一种可提升核酸内切酶抗性的 mRNA，专利权归属于 Moderna Therapeutics（表 6-21）。

表 6-21　mRNA-1273 主要专利布局

申请号（中国同族专利）	申请日	公开号（中国同族专利）	专利名称	相关内容
WOUS20039228	2020 年 6 月 24 日	无	抗核酸内切酶 mRNA 及其用途	该专利提供了制备提升核酸内切酶抗性 mRNA 的方法及其用途
WOUS10059305	2010 年 12 月 7 日	CN102947450	用于重编程细胞的包含纯化的经修饰的 RNA 的 RNA 制剂	该专利提供了使用包含编码 iPS 细胞诱导因子的单链 mRNA 制剂重编程体细胞的组合物和方法
WOUS06032372	2006 年 8 月 21 日	无	核苷修饰 RNA 及其使用方法	该专利提供了包含假尿苷或修饰核苷的 RNA、寡核苷酸和多核苷酸分子，并对该技术用于基因治疗、基因转录沉默和在体内将治疗性蛋白质递送到组织的方法进行阐述

数据来源：Thomson Reuters Cortellis 数据库

4. Sputnik V

Sputnik V 是俄罗斯加玛列亚传染病与微生物国家研究中心（Gamalei Institute of Epidemiology and Microbiology）研发的腺病毒载体疫苗。Sputnik V 疫苗是一种设计更为传统的疫苗。它使用一种无害的工程腺病毒来帮助免疫系统识别新型冠状病毒。2021 年 4 月，华兰生物与俄罗斯就“Sputnik V”腺病毒疫苗达成合作生产协议，俄罗斯 Human Vaccine 有限责任公司（以下简称“HV 公司”）向华兰生物转移 Sputnik-V 新冠肺炎疫苗 5L/200L 培养规模的生产技术，华兰生物在该技术基础上进行 2500L 培养规模的生产技术开发，生产技术开发成功后 HV 公司向华兰生物下达许可产品生产订单，订单数量不低于 1 亿剂（5000 万人份）。根据 2021 年 2 月《柳叶刀》（*The Lancet*）发表的新冠肺炎疫苗 Sputnik V 临床试验结果显示，该疫苗预防新冠疾病的有效性达到 91.6%。

根据 Thomson Reuters Cortellis 数据库显示，Sputnik V 新冠肺炎疫苗的重点专利主要有 2 件。其中，专利 WORU20000344 是一项针对新型冠状病毒疫苗开展的研发创新，涉及基于重组人腺病毒血清型 5 或重组人腺病毒血清型 26 新型冠状病毒免疫生物制剂；专利 WORU16000065 提供了一种基于重组人腺病毒

血清型 5 用于预防埃博拉病毒感染的免疫制剂，这两件专利均归属于俄罗斯加玛列亚传染病与微生物国家研究中心（表 6-22）。

表 6-22 Sputnik V 主要专利布局

申请号（中国同族专利）	申请日	公开号（中国同族专利）	专利名称	相关内容
WORU20000344	2020 年 7 月 13 日	无	诱导抗严重急性呼吸综合征病毒 SARS-CoV-2 特异性免疫的免疫生物制剂	该专利提供了用于预防严重急性呼吸综合征病毒 SARS-CoV-2 引起的免疫生物制剂，该生物制剂基于重组人腺病毒血清型 5 或重组人腺病毒血清型 26 研发，并公开了诱导对 SARS-CoV-2 病毒产生特异性免疫的方法
WORU16000065	2016 年 2 月 12 日	无	诱导埃博拉病毒特异性抗性的免疫生物学药物	该专利提供了一种基于重组人腺病毒血清型 5，包含埃博拉病毒 *GP* 基因及透明质酸酶的免疫学药物，可用于埃博拉病毒的预防

数据来源：Thomson Reuters Cortellis 数据库

5. ZF-2001

ZF-2001 是安徽智飞龙科马生物制药有限公司与中国科学院微生物研究所合作研发的新冠病毒重组蛋白亚单位疫苗，于 2021 年 3 月被纳入紧急使用，是全球首个获批大规模接种的重组蛋白疫苗。前期动物试验显示，ZF-2001 能诱导产生高水平的中和抗体，显著降低肺组织病毒载量，减轻病毒感染引起的肺部损伤，具有明显的保护作用。与国内已上市的灭活疫苗相比，该疫苗通过工程化细胞株进行工业化生产，产能高，成本低，具有较强的可及性。2021 年 3 月，《柳叶刀》发表 ZF-2001 重组蛋白亚单位新冠病毒疫苗 Ⅰ 期、Ⅱ 期临床试验结果显示，疫苗安全性良好，接种 3 剂次 25μg 疫苗的 97% 入组者产生了可以阻断活病毒的中和抗体，中和抗体水平超过康复患者血清。

根据 Thomson Reuters Cortellis 数据库显示，ZF-2001 新冠肺炎疫苗的重点专利为专利 CN202010847271.6，归属于中国科学院微生物研究所，是一项针对

新型冠状病毒疫苗开展的研发创新。该专利保护一种 COVID-19 亚单位疫苗，该亚单位疫苗为融合蛋白的三聚体结构，能最大限度地模拟天然病毒蛋白结构，相对于单体或双体，其免疫原性更强，所需免疫剂量更低，从而毒副反应也更低（表 6-23）。

表 6-23　ZF-2001 主要专利布局

申请号（中国同族专利）	申请日	公开号（中国同族专利）	专利名称	相关内容
CN202010847271.6	2020 年 8 月 21 日	优先权在中国	一种 COVID-19 亚单位疫苗及其制备方法	该专利提供了一种 COVID-19 亚单位疫苗，对于亚单位疫苗，其重组蛋白分子量越大，构象越复杂，则免疫原性越强。该专利中亚单位疫苗为融合蛋白的三聚体结构，能最大限度地模拟天然病毒蛋白结构，相对于单体或双体，其免疫原性更强，所需免疫剂量更低，从而毒副反应也更低

数据来源：Thomson Reuters Cortellis 数据库

6. Ad5-nCoV

Ad5-nCoV 是由中国人民解放军军事科学院军事医学研究院陈薇院士团队及康希诺生物联合研发的以人复制缺陷腺病毒为载体的重组新型冠状病毒疫苗，于 2020 年 6 月 25 日获得军队特需药品批件，并于 2021 年 2 月上市，该疫苗也是全球首个重组新型冠状病毒疫苗。Ad5-nCoV 把新冠病毒 S 蛋白的基因构建到腺病毒基因组。通过腺病毒侵染宿主细胞，把编码新冠病毒 S 蛋白的基因释放到宿主细胞中，由 S 蛋白激发一系列的免疫反应。2020 年 7 月，《柳叶刀》发表 Ad5-nCoV 重组新型冠状病毒疫苗的Ⅱ期临床试验结果显示，该疫苗安全，一针接种即可引起显著免疫反应，支持该疫苗进入Ⅲ期有效性研究。

根据 Thomson Reuters Cortellis 数据库显示，Ad5-nCoV 新冠肺炎疫苗的重点专利有两件。专利 CN202010120290.9 提供一种新型冠状病毒疾病的疫苗制

备方法，该疫苗核心抗原包括新型冠状病毒的 RBD 融合蛋白，专利权归属于康希诺生物。专利 CN202010193587.8 提供一种以人 5 型复制缺陷腺病毒为载体的新型冠状病毒疫苗，所述疫苗以 E1、E3 联合缺失的复制缺陷型人 5 型腺病毒为载体，以整合腺病毒 *E1* 基因的 HEK293 细胞为包装细胞系，可在短期内实现大规模生产，用于应对突发疫情，专利权归属于康希诺生物与中国人民解放军军事科学院（表 6-24）。

表 6-24　Ad5-nCoV 主要专利布局

申请号（中国同族专利）	申请日	公开号（中国同族专利）	专利名称	相关内容
CN202010120290.9	2020 年 2 月 26 日	优先权在中国	一种新型冠状病毒 SARS-CoV-2 疫苗及其制备方法	该专利提供一种新型冠状病毒疾病（COVID-19）的疫苗制备方法，该疫苗核心抗原包括新型冠状病毒（SARS-CoV-2）的 RBD 融合蛋白，所述的疫苗形式包括 RBD 融合蛋白亚单位疫苗、RBD 融合蛋白 mRNA 疫苗或 RBD 融合蛋白腺病毒载体疫苗
CN202010193587.8	2020 年 3 月 18 日	优先权在中国	一种以人复制缺陷腺病毒为载体的重组新型冠状病毒疫苗	该专利提供一种以人 5 型复制缺陷腺病毒为载体的新型冠状病毒疫苗。所述疫苗以 E1、E3 联合缺失的复制缺陷型人 5 型腺病毒为载体，以整合腺病毒 *E1* 基因的 HEK293 细胞为包装细胞系，携带的保护性抗原基因是经过优化设计的 2019 新型冠状病毒（SARS-CoV-2）S 蛋白基因（*Ad5-nCoV*）。此外，该疫苗制备快速简便，可在短期内实现大规模生产，用于应对突发疫情

（三）新型冠状病毒疫苗专利豁免“风波”分析

随着全球疫情持续恶化，要求美国等西方国家暂时放弃新冠肺炎疫苗相关知识产权保护的国际呼声也不断高涨。美国当地时间 2021 年 5 月 5 日，

乔·拜登政府正式宣布，支持在全球范围内放弃新冠肺炎疫苗的知识产权专利，并将在世贸组织就相关条款进行谈判。

美国放弃新冠肺炎疫苗的知识产权专利，或意味着已获得授权的辉瑞、Moderna 等的疫苗技术，将可以临时被全球其他国家使用、自行制造疫苗。该提议在全球范围内引发轩然大波，但该提议不仅需要世界贸易组织（WTO）所有成员国达成一致意见，也需要疫苗研发商和生产商的同意。目前美国药物研究和制造商协会已对这一提议持反对意见，辉瑞公司的疫苗合作伙伴 BioNTech 的所在地德国也明确拒绝了豁免提案，因此，该提案能否落实仍不得而知。此外，值得注意的是，此次专利豁免是“暂时的”，是“豁免”而非“放弃”，即在全球性疫情结束之前豁免新冠肺炎疫苗知识产权，这些药企在疫情结束后对相关的疫苗专利仍持有独占权。

总结各国政要、医药企业及行业研究团队的看法，新冠肺炎疫苗的专利豁免对于冠状病毒疫苗技术创新与产业化的影响主要有以下几点。

第一，从新冠肺炎疫苗的技术路线来看，mRNA 新冠肺炎疫苗受知识产权豁免影响最大。mRNA 疫苗的核心技术壁垒主要有 mRNA 序列信息、有效安全的递送系统等。其中，递送系统更为关键，失败的递送系统可能会激活强烈的炎症反应和肝毒性，其安全性直接决定产品的成败。而现实中，mRNA 递送系统的关键物质脂质纳米颗粒（LNP）十分缺乏，该技术最大的专利掌握在加拿大公司 Arbutus 手中，美国的 Moderna、德国的 BioNTech 和 CureVac 直接、间接，变相采用了 Arbutus 公司的这一专利技术，就在新冠肺炎疫苗Ⅲ期临床试验期间，Moderna 还曾与 Arbutus 发生过多起知识产权诉讼案件。因此，业内普遍认为，即使新冠肺炎疫苗的知识产权专利豁免得以实施，对递送系统进行专利豁免的可能性不大。

第二，从短期来看，新冠肺炎疫苗专利“短期”豁免有利于我国疫苗行业的发展。以 mRNA 疫苗为例，Moderna 已就新冠 mRNA 疫苗申请了许多专利，内容涉及 mRNA 序列、配方和制备工艺等。若美国对新冠肺炎疫苗专利实施豁免，有利于我国该领域疫苗行业的发展。虽然 mRNA 的前端技术壁垒是存在的，但知识产权的公开可以让更多国内的企业进入这个领域。

第三，从疫苗产品的研发来看，疫苗具有极高的研发生产门槛，即使放开专利也影响有限。以新冠肺炎疫苗为例，全球能快速投入资源研发并最终获批生产新冠肺炎疫苗的国家也仅限于美国、欧盟（英国、德国、法国）和我国等少数国家/组织。即使放开专利，疫苗也不可能像普通商品一样，立即有大规模的仿制生产：①上市需要时间，从研发流程上看，疫苗作为用于大规模人群的健康产品，监管级别高于普通药品，上市前的临床试验流程必不可少；②存在核心技术壁垒限制，如 mRNA 疫苗的核心技术在于传递技术，而不在于 mRNA 序列信息，重组亚单位疫苗核心技术在于抗原成分的大规模稳定生产和佐剂研发；③ mRNA 疫苗生产存在原材料短缺限制。此外，全球及我国疫苗市场"玩家"有限，寡头垄断格局明显。据 Evaluate Pharma 统计数据，全球市场由葛兰素史克（GSK）、默沙东、辉瑞和赛诺菲四大巨头垄断。我国疫苗实行高于药品的监管政策，进入壁垒极高。

第四，供应短缺仍是新冠肺炎疫苗当前核心问题，相比专利提升新冠肺炎疫苗的产能更为重要。从供需角度看，按 2020 年全球 76 亿人口计算，全球实现新冠肺炎疫苗免疫屏障（70% 左右接种率），预计需要 100 亿剂以上（按 2 针人份计算）；全球获批新冠肺炎疫苗产能需要时间爬坡释放，我国新冠肺炎疫苗预计年底达到 27 亿剂左右产能，基本满足今年国内接种需求；欧美发达国家提前锁定海外新冠肺炎疫苗产能，未来两年内，供应短缺仍是新冠肺炎疫苗当前核心问题。

因此，比起等待西方国家新冠知识产权的豁免，开展新型疫苗产业链体系建设才是重中之重。目前，我国在新冠肺炎疫苗的研发中已取得了举世瞩目的成就。2021 年 5 月 7 日，世界卫生组织总干事谭德塞宣布，中国国药集团北京生物制品研究所的新冠肺炎疫苗获得世卫组织紧急使用认证，这是第一款发展中国家研制的疫苗获得世卫组织紧急使用认证，也是全球第 6 款获得紧急使用认证的疫苗，有利于后续全球范围更大推广，在全球"战疫"中发挥更大作用。然而，目前 mRNA 疫苗等新型疫苗的核心技术仍掌握在外资企业的手中，即使放开知识产权保护，生产环节也有很多工序需要攻克。此外，上游原物料供应链难以同时匹配整体的产能提升，新型疫苗的原料涉及酶、核苷酸、脂质

体等上百种，还有许多设备生产商，而目前，不少 mRNA 疫苗等新型疫苗的产业链供应商集中在美国等发达国家，还有不少被禁止出口。因此，开展新型疫苗产业链体系建设，加快新发突发传染病疫苗的创新速度，是提升我国疾病防控能力的关键之一。

附　录

2020 年度国家重点研发计划生物和医药相关重点专项立项项目清单[569]

附表 1　"数字诊疗装备研发"重点专项 2020 年度拟立项项目公示清单

序号	项目编号	项目名称	项目牵头承担单位	项目实施周期 / 年
1	2020YFC0122100	超声成像专用集成电路与 CMUT 换能器研发	汕头市超声仪器研究所有限公司	3
2	2020YFC0122200	数字诊疗装备生物学效应评估技术研究与平台研发	北京航空航天大学	3
3	2020YFC0122300	高低温多模态肿瘤微创治疗系统研发	海杰亚（北京）医疗器械有限公司	3

附表 2　"干细胞及转化研究"重点专项 2020 年度拟立项项目公示清单

序号	项目编号	项目名称	项目牵头承担单位	项目实施周期 / 年
1	2020YFA0112200	神经系统多能干细胞谱系分化与命运决定机制研究	中国科学技术大学	5
2	2020YFA0112300	上皮间质相互转换在乳腺（癌）干细胞中的功能、分子机制和应用研究	中国科学院昆明动物研究所	5
3	2020YFA0112400	中胚层特异干细胞的建立与调控	中国科学院广州生物医药与健康研究院	5
4	2020YFA0112500	干细胞模拟胚胎发育和器官发生的机制研究及其转化应用	同济大学	5
5	2020YFA0112600	干细胞治疗产品的规范化与规模化生产及质量评价研究	上海赛傲生物技术有限公司	5
6	2020YFA0112700	基于疾病进程的重大神经性致盲眼病干细胞治疗临床前研究	复旦大学	5
7	2020YFA0112800	人 GLP-1 和 FGF21 双因子高表达自体脂肪间充质干细胞输入治疗 2 型糖尿病临床研究	上海交通大学医学院附属瑞金医院	5

569 数据来源：国家科技管理信息系统平台，搜集了 2020 年 2 月 18 日至 2021 年 5 月 14 日之间的项目公示。

续表

序号	项目编号	项目名称	项目牵头承担单位	项目实施周期 / 年
8	2020YFA0112900	间充质干细胞治疗银屑病及银屑病型关节炎的临床研究	上海交通大学	5
9	2020YFA0113000	临床级干细胞产品研制及移植治疗自身免疫性疾病等临床研究	上海大学	5
10	2020YFA0113100	人脐带间充质干细胞治疗视神经脊髓炎谱系疾病的临床研究	上海交通大学	5
11	2020YFA0113200	小鼠早期胚胎细胞分化与谱系确立的表观调控机制	同济大学	5
12	2020YFA0113300	精原干细胞命运重塑的调控机制研究	南方医科大学	5
13	2020YFA0113400	人心血管类器官研究体系建立及功能机制研究	中国科学院动物研究所	5
14	2020YFA0113500	干细胞源性 OTS 型自然杀伤细胞高效获取体系建立及其异体移植的肿瘤免疫治疗策略研究	中国人民解放军陆军军医大学	5
15	2020YFA0113600	通过三维导电生物材料和电刺激调控神经干细胞构建体外类脑与内耳器官的研究	上海交通大学	5

附表 3 “中医药现代化研究”重点专项 2020 年度项目拟立项项目公示清单

序号	项目编号	项目名称	项目牵头承担单位	项目实施周期 / 年
1	2020YFC1712700	基于土壤特征的道地药材品质形成机制及产地溯源研究	中国中医科学院中药研究所	2

附表 4 “合成生物学”重点专项 2020 年度项目拟立项项目公示清单

序号	项目编码	项目名称	项目牵头承担单位	项目实施周期 / 年
1	2020YFA0907000	DNA 活字喷墨与阵列存储技术研究及示范系统	中国科学院武汉病毒研究所	5
2	2020YFA0907100	基于合成生物学的新型活疫苗设计与开发	中国科学院微生物研究所	5
3	2020YFA0907200	耐药病原菌诊疗的基因回路设计合成	广西大学	5
4	2020YFA0907300	高效生物产氢体系的设计组装	南开大学	5
5	2020YFA0907400	有毒金属感知修复的智能生物体系	中国科学院水生生物研究所	5
6	2020YFA0907500	高通量新型污染物生物筛选系统构建与环境监测应用	中国科学院生态环境研究中心	5
7	2020YFA0907600	植物高光效回路的设计与系统优化	河南大学	5

续表

序号	项目编码	项目名称	项目牵头承担单位	项目实施周期 / 年
8	2020YFA0907700	高值化合物生物合成体系的智能组装及高效运行	上海交通大学	5
9	2020YFA0907800	多源复合途径天然产物的高效发掘和智造	华东理工大学	5
10	2020YFA0907900	重要植物天然产物的途径创建	天津大学	5
11	2020YFA0908000	植物天然产物的途径创建	中国中医科学院	5
12	2020YFA0908100	生物活体功能材料的构建及应用	中国科学院深圳先进技术研究院	5
13	2020YFA0908200	面向医疗健康的生物活体功能材料的构建及应用	南京大学医学院附属鼓楼医院	5
14	2020YFA0908300	数字细胞建模与人工模拟	江南大学	5
15	2020YFA0908400	新蛋白质元件人工设计合成及应用	湖北大学	5
16	2020YFA0908500	正交化蛋白质元件的人工设计与构建	天津大学	5
17	2020YFA0908600	合成生物学生物安全研究	天津大学	5
18	2020YFA0908700	面向合成生物系统海量工程试错优化的人工智能算法研究与应用	深圳大学	5
19	2020YFA0908800	高效超声 / 光声生物成像元件库的挖掘与应用研究	中国科学院深圳先进技术研究院	5
20	2020YFA0908900	微纳生物机器人的定向合成和诊疗应用	南方科技大学	5
21	2020YFA0909000	消化系统肿瘤高特异分子探针的创制与临床转化研究	上海交通大学医学院附属仁济医院	5
22	2020YFA0909100	多方协同合成基因信息安全存取方法研究	中国科学院深圳先进技术研究院	5
23	2020YFA0909200	正交化蛋白质复合物元件的人工设计、构建与应用	西湖大学	5

附表 5　国家重点研发计划“蛋白质机器与生命过程调控”重点专项 2020 年度拟立项项目公示清单

序号	项目编号	项目名称	项目牵头单位	项目实施周期 / 年
1	2020YFA0509000	重要器官细胞增殖与分化过程中关键蛋白质机器的动态调控网络及机制	中国科学院分子细胞科学卓越创新中心	5
2	2020YFA0509100	肠道黏膜免疫关键蛋白质机器的功能机制	中国科学院上海营养与健康研究所	5
3	2020YFA0509200	肠道重要致病菌感染与宿主关键因子互作促进结直肠癌发生发展中的蛋白质机器研究	上海交通大学	5

续表

序号	项目编号	项目名称	项目牵头单位	项目实施周期 / 年
4	2020YFA0509300	基于结构的γ-分泌酶新型调控机理与阿尔茨海默病的精准干预手段	西湖大学	5
5	2020YFA0509400	肿瘤器官选择性转移中特化外泌体的鉴定、功能及化学干预研究	中山大学	5
6	2020YFA0509500	调控猪脂代谢基因转录的关键蛋白质机器的鉴定、功能解析及育种价值评估	四川农业大学	5
7	2020YFA0509600	肠道免疫炎症相关新型蛋白质机器的功能、机理及靶向研究	中国科学院上海巴斯德研究所	5
8	2020YFA0509700	植物隐花色素蛋白机器光反应的分子动态机制研究	上海交通大学	5
9	2020YFA0509800	人源 RNase MRP 的催化机理与功能研究	上海交通大学	5

附表 6　国家重点研发计划"发育编程及其代谢调节"重点专项 2020 年度拟立项项目公示清单

序号	项目编号	项目名称	项目牵头单位	项目实施周期 / 年
1	2020YFA0803200	组织器官生长和尺寸控制的信号基础与感知调控	复旦大学	5
2	2020YFA0803300	内源生物活性小分子在组织稳态调控及肿瘤发生发展中的作用及机制研究	浙江大学	5
3	2020YFA0803400	糖脂代谢调控组织器官稳态及靶向干预	复旦大学	5
4	2020YFA0803500	肠道组织稳态维持的免疫调节机制	中国科学院生物物理研究所	5
5	2020YFA0803600	组织器官代谢可塑性与记忆的调控机制及其生理病理意义	上海交通大学	5
6	2020YFA0803700	三维智能生物材料构建血管化胰岛拟器官及其代谢与转化应用	南开大学	5
7	2020YFA0803800	运动对发育和稳态的影响	北京大学	5
8	2020YFA0803900	药物导致器官发育编程及疾病易感的发生机制及干预靶标	武汉大学	5
9	2020YFA0804000	儿童神经发育异常的遗传调控研究	中国科学院动物研究所	5
10	2020YFA0804100	肝脏驻留淋巴细胞的异质性、发育调控与功能研究	中国科学院深圳先进技术研究院	5
11	2020YFA0804200	肠道慢性炎症中的神经免疫互作网络与代谢调节机制研究	西湖大学	5

续表

序号	项目编号	项目名称	项目牵头单位	项目实施周期 / 年
12	2020YFA0804300	实体瘤免疫抑制微环境的稳态形成与动态调节机制	浙江大学	5
13	2020YFA0804400	胆汁酸肝肠循环对肠道组织损伤修复的调控机制	山东大学	5
14	2020YFA0804500	不同年龄组痴呆临床队列、多组学生物标记及病理研究	中国医学科学院北京协和医院	5

附表 7　国家重点研发计划“主要经济作物优质高产与产业提质增效科技创新”重点专项 2020 年度拟立项项目公示清单

序号	项目编号	项目名称	单位名称	项目实施周期 / 年
1	2020YFD1000100	常绿果树优质轻简高效栽培技术集成与示范	华中农业大学	3
2	2020YFD1000200	落叶果树优质轻简高效栽培技术集成与示范	北京市林业果树科学研究院	3
3	2020YFD1000300	蔬菜优质轻简高效生产技术集成与示范	中国农业科学院蔬菜花卉研究所	3
4	2020YFD1000400	切花和盆花轻简高效栽培技术集成与示范	南京农业大学	3
5	2020YFD1000500	重要木本花卉轻简高效栽培技术集成与示范	北京林业大学	3
6	2020YFD1000600	热带作物增产节本增效栽培技术集成与示范	中国热带农业科学院南亚热带作物研究所	3
7	2020YFD1000700	特色经济林优质轻简高效栽培技术集成与示范	国家林业和草原局泡桐研究开发中心	3
8	2020YFD1000800	杂粮优质高效轻简栽培技术集成与示范	山东省农业科学院	3
9	2020YFD1000900	大田油料作物优质轻简高效栽培技术集成与示范	东北农业大学	3
10	2020YFD1001000	棉花轻简高效栽培技术集成与示范	中国农业科学院棉花研究所	3
11	2020YFD1001100	特色园艺作物产业链一体化示范	湖南农业大学	3
12	2020YFD1001200	特色热带作物产业链一体化示范	中国热带农业科学院香料饮料研究所	3
13	2020YFD1001400	杂粮产业链一体化示范	中国农业科学院作物科学研究所	3

附表 8 "食品安全关键技术研发"重点专项 2020 年度拟立项项目公示清单

序号	项目编号	项目名称	项目牵头承担单位	项目实施周期 / 年
1	2020YFC1606800	粮食污染物综合处理技术集成与示范	中粮营养健康研究院有限公司	3

附表 9 国家重点研发计划"蓝色粮仓科技创新"重点专项 2020 年度拟立项项目公示清单

序号	项目编号	项目名称	项目牵头单位	项目实施周期 / 年
1	2020YFD0900100	淡水池塘绿色智能养殖与高值化加工模式示范	湖南师范大学	3
2	2020YFD0900200	海水池塘生态养殖与精深加工模式示范	中国海洋大学	3
3	2020YFD0900300	渔农综合种养与综合利用模式示范	中国科学院水生生物研究所	3
4	2020YFD0900400	内陆盐碱水域绿洲渔业模式示范	中国水产科学研究院东海水产研究所	3
5	2020YFD0900500	典型湖泊水域净水渔业模式示范	杭州千岛湖发展集团有限公司	3
6	2020YFD0900600	黄渤海循环水精准养殖与清洁生产模式示范	南通龙洋水产有限公司	3
7	2020YFD0900700	黄渤海滩涂生态农牧化与三产融合模式示范	河海大学	3
8	2020YFD0900800	东海渔业资源增殖与多元化养殖模式示范	中国水产科学研究院东海水产研究所	3
9	2020YFD0900900	东海渔业资源精深加工与高值利用模式示范	浙江兴业集团有限公司	3
10	2020YFD0901000	南海智能化设施养殖与综合利用模式示范	三亚崖州港湾投资有限公司	3
11	2020YFD0901100	南海岛礁资源养护与生态增养殖技术示范	中国科学院南海海洋研究所	3
12	2020YFD0901200	远洋渔业新资源开发与综合加工模式示范	中国水产有限公司	3

附表 10 "主动健康和老龄化科技应对"重点专项 2020 年度拟立项项目公示清单

序号	项目编号	项目名称	项目牵头承担单位	项目实施周期 / 年
1	2020YFC2006200	全民健身信息服务平台关键技术的研究	首都体育学院	3
2	2020YFC2006300	膳食营养评估和干预技术研究	中国疾病预防控制中心营养与健康所	3
3	2020YFC2006400	健康管理综合服务应用示范	南方医科大学南方医院	3

续表

序号	项目编号	项目名称	项目牵头承担单位	项目实施周期 / 年
4	2020YFC2006500	健康管理综合服务应用示范	华中科技大学	3
5	2020YFC2006600	数字健康家庭服务模式研究及规模化应用示范	徐州医科大学	3
6	2020YFC2006700	社区科学健身综合应用示范	北京体育大学	3
7	2020YFC2006800	吉林省智慧健身区域服务综合示范研究	吉林体育学院	3
8	2020YFC2006900	西部地区智慧健身服务综合示范研究	西安体育学院	3
9	2020YFC2007000	智慧健身区域服务综合示范	上海体育学院	3
10	2020YFC2007100	多应用场景主动健康产品质量评价平台及体系研究	中国食品药品检定研究院	3
11	2020YFC2007200	运动行为监测与干预关键技术研究	中国科学院深圳先进技术研究院	3
12	2020YFC2007300	多模跨域生物反馈功能刺激与健康状态调控技术及应用研究	北京理工大学	3
13	2020YFC2007400	多模态智能移动助行器研发	中国科学院苏州生物医学工程技术研究所	3
14	2020YFC2007500	多模态智能移动助行器研发	上海交通大学	3
15	2020YFC2007600	面向临床和养老需求的智能多功能护理床研制及应用示范	沈阳新松机器人自动化股份有限公司	3
16	2020YFC2007700	面向老人进食、洗浴和情感陪护的智能辅具技术与系统研发	北京航空航天大学	3
17	2020YFC2007800	智能灵巧上肢假肢及适配技术研究	国家康复辅具研究中心	3
18	2020YFC2007900	智能灵巧上肢假肢及适配技术研究	中国科学院深圳先进技术研究院	3
19	2020YFC2008000	老年血管形态功能变化的评估与干预措施研究	华中科技大学同济医学院附属同济医院	3
20	2020YFC2008100	老年瓣膜性心脏病标准评估体系及优化治疗路径研究	中国医学科学院阜外医院	3
21	2020YFC2008200	老年视觉系统功能减退的评估和干预技术研究	温州医科大学附属眼视光医院	3
22	2020YFC2008300	基于肝药酶基因与药物代谢模型的老年人个体化用药智能决策系统的建立	北京医院	3
23	2020YFC2008400	老年疼痛控制的技术研究	复旦大学附属中山医院	3
24	2020YFC2008500	中国老年失能预防与干预管理网络及技术研究	中南大学湘雅医院	3

续表

序号	项目编号	项目名称	项目牵头承担单位	项目实施周期 / 年
25	2020YFC2008600	老年综合征智慧防控技术综合示范研究	中南大学湘雅医院	3
26	2020YFC2008700	基于区块链的老年主动健康智能照护平台研究与应用示范	上海交通大学	3
27	2020YFC2008800	互联网＋老年照护技术研究与应用示范	北京大学	3
28	2020YFC2008900	老年常见临床问题防控技术综合示范研究	中国人民解放军总医院	3
29	2020YFC2009000	老年常见临床问题防控技术有效集成及综合示范研究	北京医院	3

附表 11 “重大慢性非传染性疾病防控研究”重点专项 2020 年度拟立项项目公示清单

序号	项目编号	项目名称	项目牵头承担单位	项目实施周期 / 年
1	2020YFC1316900	高发区鼻咽癌筛查新技术研发及方案优化的研究	中山大学	2 年

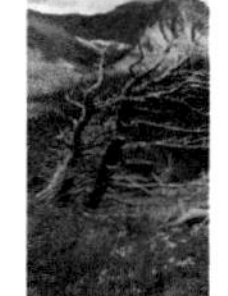

2020 年中国新药药证批准情况

附表 12　2020 年国家药品监督管理局药品审评中心在重要治疗领域的药品审批情况

类型	名称	药品信息
新冠肺炎疫苗和新冠肺炎治疗药物	新型冠状病毒灭活疫苗（Vero 细胞）	为国内首个附条件批准的新冠肺炎疫苗，也是全球首个新冠病毒灭活疫苗。适用于 18 岁及以上人群预防由新型冠状病毒（SARS-CoV-2）感染引起的疾病
	“三药”品种	为《新型冠状病毒肺炎诊疗方案（试行）》推荐药物，即连花清瘟颗粒 / 胶囊、金花清感颗粒和血必净注射液。连花清瘟颗粒 / 胶囊和金花清感颗粒新增适应证用于在新型冠状病毒肺炎的常规治疗中的轻型、普通型引起的发热、咳嗽、乏力，血必净注射液新增适应证用于新型冠状病毒肺炎重型、危重型的全身炎症反应综合征或 / 和多器官功能衰竭，其获批上市充分发挥了中医药在疫情防控中的作用
	注射用西维来司他钠	为中性粒细胞弹性蛋白酶选择性抑制剂，适用于改善伴有全身性炎症反应综合征的急性肺损伤 / 急性呼吸窘迫综合征（ALI/ARDS），是全球唯一用于 ALI/ARDS 的药物，其获批上市填补了我国 ALI/ARDS 药物治疗领域的空白，为我国呼吸系统危重症患者提供用药选择
抗肿瘤药物	甲磺酸阿美替尼片	为我国首个具有自主知识产权的第三代靶向表皮生长因子受体（EGFR）小分子酪氨酸激酶抑制剂（TKI）创新药物，适用于治疗既往经 EGFR-TKI 治疗时或治疗后出现疾病进展，并且经检测确认存在 EGFR T790M 突变阳性的局部晚期或转移性非小细胞肺癌。本品疗效突出，脑转移病灶控制良好，其获批上市将显著改善该疾病治疗药物的可及性
	索凡替尼胶囊	为多靶点、抗血管生成口服小分子酪氨酸激酶抑制剂，是国内首个用于治疗无法手术切除的局部晚期或转移性、进展期非功能性、分化良好（G1、G2）的非胰腺来源的神经内分泌瘤的创新药物。本品疗效突出，显著降低了此类患者的疾病进展和死亡风险，其获批上市填补了该疾病治疗领域的空白
	注射用维布妥昔单抗	为全球首个 CD30 靶点抗体耦联药物（ADC），也是国内首个用于恶性淋巴瘤患者的 ADC 药物，适用于治疗复发或难治性的系统性间变性大细胞淋巴瘤和经典型霍奇金淋巴瘤。本品获批上市为改善我国此类患者的长期生存提供了有效的治疗手段
	注射用贝林妥欧单抗	为全球首个双特异性抗体（CD3 和 CD19 靶点）药物，也是我国首个用于肿瘤适应证的双特异性抗体药物，适用于治疗成人复发或难治性前体 B 细胞急性淋巴细胞白血病。对于化疗失败的复发或难治性急性淋巴细胞白血病患者，与标准化疗相比，本品可显著延长患者生存期，其获批上市为我国此类患者提供了更好的治疗手段
	甲磺酸仑伐替尼胶囊	为多靶点、口服酪氨酸激酶抑制剂，是国内首个用于治疗进展性、局部晚期或转移性放射性碘难治性分化型甲状腺癌的小分子药物。本品疗效突出，其获批上市为我国此类患者提供了有效的治疗方案，填补了该治疗领域的空白

续表

类型	名称	药品信息
抗感染药物	盐酸可洛派韦胶囊	为非结构蛋白 5A（NS5A）抑制剂，是我国具有自主知识产权的广谱、直接抗丙肝病毒创新药物，适用于与索磷布韦联用治疗初治或干扰素经治的基因 1、2、3、6 型成人慢性丙型肝炎病毒感染，可合并或不合并代偿性肝硬化。本品获批上市为我国慢性丙肝患者提供了一种新的治疗选择
	恩曲他滨替诺福韦片	增加适应证用于降低成人和青少年（体重在 35 kg 以上）通过高风险性行为获得 HIV-1 的风险，是国内首个用于暴露前预防 HIV 的药物。HIV 感染是重大公共卫生问题，本品获批上市对于控制 HIV 传播具有重大意义
循环系统药物	拉那利尤单抗注射液	为全人源化单克隆抗体（IgG1/K- 轻链），是我国首个用于 12 岁及以上患者预防遗传性血管性水肿（HAE）发作的药物。HAE 疾病反复发作，近半数患者可出现上呼吸道黏膜水肿引发窒息而危及生命。本品获批上市为我国 HAE 患者预防发作提供了安全有效的治疗手段
	氯苯唑酸软胶囊	为转甲状腺素蛋白（TTR）稳定剂，适用于治疗转甲状腺素蛋白淀粉样变性心肌病，以减少心血管死亡及心血管相关住院。该疾病是一种致命性疾病，属罕见病，本品为我国首个针对该病病因治疗的药物，其获批上市为我国此类患者提供了新的治疗手段
呼吸系统药物	苯环喹溴铵鼻喷雾剂	为胆碱能受体拮抗剂，为我国首个具有自主知识产权用于变应性鼻炎的鼻用抗胆碱创新药物，适用于改善变应性鼻炎引起的流涕、鼻塞、鼻痒和喷嚏症状。本品获批上市可为我国此类患者提供新的治疗选择
	乙磺酸尼达尼布软胶囊	为小分子酪氨酸激酶抑制剂，具有抗纤维化作用，增加适应证用于治疗系统性硬化病相关间质性肺疾病（SSc-ILD）和具有进行性表型的慢性纤维化性间质性肺疾病（PF-ILD）。目前可用于 SSc-ILD 和 PF-ILD 的有效治疗方式有限，临床用药需求迫切，本品获批上市可以填补该治疗领域空白，为我国此类患者提供药物选择
神经系统药物	氘丁苯那嗪片	为囊泡单胺转运蛋白 2（VMAT2）抑制剂，是我国首个用于治疗与罕见病亨廷顿病有关的舞蹈病、迟发性运动障碍的药物，属临床急需境外新药名单品种。本品获批上市满足了我国此类患者迫切的临床需求
	氯苯唑酸葡胺软胶囊	为转甲状腺素蛋白（TTR）稳定剂，是我国首个用于治疗成人转甲状腺素蛋白淀粉样变性多发性神经病 I 期症状患者、延缓周围神经功能损害的药物，属临床急需境外新药名单品种。其获批上市改变了该病无药可治的局面
镇痛药及麻醉科药物	环泊酚注射液	为 GABAA 受体激动剂，是用于消化道内镜检查中镇静的创新药物。本品与临床常用麻醉镇静药物丙泊酚具有相似的药理机制，但具有起效快、注射痛少、呼吸抑制轻、恢复速度快等优势特征。其获批上市可为我国消化内镜检查操作用药提供新的选择

续表

类型	名称	药品信息
皮肤五官药物	塞奈吉明滴眼液	为国内首个用于治疗神经营养性角膜炎（NK）的重组人神经生长因子（rhNGF）药物，属临床急需境外新药名单品种。NK为罕见的退行性角膜疾病，可致盲，中重度NK手术治疗为侵入性操作，费用高且不能永久治愈。本品获批上市为我国此类患者提供了有效的治疗药物，预计将成为中重度NK患者的治疗首选
	度普利尤单抗注射液	为重组人免疫球蛋白-G4单克隆抗体，适用于治疗外用处方药控制不佳或不建议使用外用处方药的成人中重度特应性皮炎，属临床急需境外新药名单品种。与现有治疗方式相比，本品有明显临床优势，其获批上市为此类难治性严重疾病患者提供了治疗选择
消化系统药物	注射用维得利珠单抗	为作用于人淋巴细胞整合素α4β7的人源化单克隆抗体，适用于治疗对传统治疗或肿瘤坏死因子α（TNF-α）抑制剂应答不充分、失应答或不耐受的中度至重度活动性溃疡性结肠炎、克罗恩病，属临床急需境外新药名单品种。此类疾病存在迫切的临床治疗需求，特别是对于TNF-α拮抗剂治疗失败的患者，本品获批上市可为临床提供新的治疗选择
外科药物	注射用丹曲林钠	适用于预防及治疗恶性高热（MH），是目前唯一短时间内给药可改变该疾病转归的药物。MH临床结局危重、死亡率高，其获批上市可改变目前国内MH无安全有效治疗手段的现状，满足迫切临床需求
	他克莫司颗粒	适用于预防儿童肝脏或肾脏移植术后的移植物排斥反应，治疗儿童肝脏或肾脏移植术后应用其他免疫抑制药物无法控制的移植物排斥反应，属儿童用药。本品获批上市可极大解决我国儿科肝肾移植患者未满足的临床需求
罕见病药物	注射用拉罗尼酶浓溶液	为国内首个用于罕见病黏多糖贮积症Ⅰ型（MPS Ⅰ，α-L-艾杜糖苷酶缺乏症）的酶替代治疗药物，属临床急需境外新药名单品种。黏多糖贮积症Ⅰ型是一种严重危及生命且国内尚无有效治疗手段的遗传性罕见病，已列入我国第一批罕见病目录。本品获批上市填补了我国此类患者的用药空白
	艾度硫酸酯酶β注射液	为国内首个用于罕见病黏多糖贮积症Ⅱ型（MPS Ⅱ，亨特综合征）的酶替代治疗药物。黏多糖贮积症Ⅱ型是一种严重危及生命且国内尚无有效治疗手段的遗传性罕见病，已列入我国第一批罕见病目录。本品获批上市填补了我国此类患者的用药空白
体内诊断试剂	重组结核杆菌融合蛋白（EC）	适用于6月龄及以上婴儿、儿童及65周岁以下成人结核杆菌感染诊断，并可用于辅助结核病的临床诊断，为全球首个用于鉴别卡介苗接种与结核杆菌感染的体内诊断产品。其获批上市为临床鉴别诊断提供了新的手段
预防用生物制品（疫苗）	鼻喷冻干流感减毒活疫苗	为国内首家以鼻喷途径接种的疫苗，适用于3（36月龄）～17岁人群用于预防由疫苗相关型别的流感病毒引起的流行性感冒，接种后可刺激机体产生抗流感病毒的免疫力

续表

类型	名称	药品信息
中药新药	桑枝总生物碱片	其主要成分为桑枝中提取得到的桑枝总生物碱，是近 10 年来首个获批上市的抗糖尿病中药新药，适用于配合饮食控制及运动，治疗 2 型糖尿病。本品可有效降低 2 型糖尿病受试者糖化血红蛋白水平，其获批上市为 2 型糖尿病患者提供新的治疗选择
	筋骨止痛凝胶	为醋延胡索、川芎等 12 种药味组成的中药复方新药，适用于膝骨关节炎肾虚筋脉瘀滞证的症状改善，具有“活血理气，祛风除湿，通络止痛”的功效。本品为外用凝胶制剂，药物中各成分通过透皮吸收而发挥作用，可避免肠胃吸收和肝脏首过代谢，其获批上市可为膝关节骨性关节炎患者提供新的治疗选择
	连花清咳片	为麻黄、桑白皮等 15 种药味组成的中药新药，适用于治疗急性气管 - 支气管炎痰热壅肺证引起的咳嗽、咳痰等，具有“宣肺泄热，化痰止咳”的功效，其获批上市可为急性气管 - 支气管炎患者提供新的治疗选择

2020 年中国生物技术企业上市情况

附表 13　2020 年中国生物技术 / 医疗健康领域的上市公司[570]

上市时间	上市企业	募资金额	所属行业	交易所
2020/12/28	瑞丽医美	1.4 亿港币	医疗服务	香港证券交易所主板
2020/12/24	悦康药业	金额未透露	生物制药	上海证券交易所科创板
2020/12/22	健麾信息	4.8 亿人民币	医疗设备	上海证券交易所主板
2020/12/21	加科思	13.5 亿港币	医药	香港证券交易所主板
2020/12/15	立方制药	5.4 亿人民币	化学药品原药制造业	深圳证券交易所中小板
2020/12/14	科兴制药	11.1 亿人民币	生物制药	上海证券交易所科创板
2020/12/10	和铂医药	17.1 亿港币	医药	香港证券交易所主板
2020/12/2	艾力斯	20.5 亿人民币	医药	上海证券交易所科创板
2020/11/25	东亚药业	8.8 亿人民币	其他医药	上海证券交易所主板
2020/11/20	德琪医药	金额未透露	医药	香港证券交易所主板
2020/11/9	荣昌生物	金额未透露	生物制药	香港证券交易所主板
2020/11/3	药明巨诺	金额未透露	生物工程	香港证券交易所主板
2020/10/30	SQZ Biotech	7058.8 万美元	生物工程	纽约证券交易所
2020/10/28	前沿生物	18.4 亿人民币	医药	上海证券交易所科创板
2020/10/27	先声药业	金额未透露	医药	香港证券交易所主板
2020/10/26	大洋生物	4.3 亿人民币	化工原料生产	深圳证券交易所中小板
2020/10/9	云顶新耀	金额未透露	医药	香港证券交易所主板
2020/10/7	嘉和生物	金额未透露	生物工程	香港证券交易所主板
2020/9/28	天臣医疗	3.7 亿人民币	医疗设备	上海证券交易所科创板
2020/9/28	爱美客	金额未透露	化学药品原药制造业	深圳证券交易所创业板
2020/9/28	再鼎医药	金额未透露	医药	香港证券交易所主板
2020/9/22	科前生物	12.3 亿人民币	生物工程	上海证券交易所科创板
2020/9/21	奥锐特	3.4 亿人民币	化学药品原药制造业	上海证券交易所主板
2020/9/18	奕瑞科技	金额未透露	医疗设备	上海证券交易所科创板
2020/9/17	稳健医疗	金额未透露	医疗设备	深圳证券交易所创业板
2020/9/16	拱东医疗	6.3 亿人民币	医疗设备	上海证券交易所主板
2020/9/11	豪悦护理	16.6 亿人民币	医疗设备	上海证券交易所主板
2020/8/28	圣湘生物	20.2 亿人民币	其他生物技术 / 医疗健康	上海证券交易所科创板
2020/8/26	键凯科技	6.2 亿人民币	化学药品原药制造业	上海证券交易所科创板
2020/8/24	维康药业	8.3 亿人民币	中药材及中成药加工业	深圳证券交易所创业板

570 数据来源：清科数据。

续表

上市时间	上市企业	募资金额	所属行业	交易所
2020/8/24	回盛生物	9.3 亿人民币	医药	深圳证券交易所创业板
2020/8/24	康泰医学	4.2 亿人民币	医疗设备	深圳证券交易所创业板
2020/8/20	安必平	7.1 亿人民币	医药	上海证券交易所科创板
2020/8/13	康希诺	金额未透露	生物制药	上海证券交易所科创板
2020/8/7	泰格医药	金额未透露	其他生物技术 / 医疗健康	香港证券交易所主板
2020/8/6	赛科希德	10.3 亿人民币	医疗设备	上海证券交易所科创板
2020/7/29	爱博医疗	8.8 亿人民币	医疗设备	上海证券交易所科创板
2020/7/22	三生国健	17.4 亿人民币	医药	上海证券交易所科创板
2020/7/20	艾迪药业	8.4 亿人民币	医药	上海证券交易所科创板
2020/7/15	君实生物	金额未透露	生物制药	上海证券交易所科创板
2020/7/13	宏力医疗管理	3.2 亿港币	医疗服务	香港证券交易所主板
2020/7/10	永泰生物	11.0 亿港币	生物工程	香港证券交易所主板
2020/7/10	葫芦娃	2.1 亿人民币	医药	上海证券交易所主板
2020/7/10	欧康维视生物	15.5 亿港币	医疗服务	香港证券交易所主板
2020/7/8	海普瑞	金额未透露	化学药品原药制造业	香港证券交易所主板
2020/7/7	天智航	5.0 亿人民币	医疗设备	上海证券交易所科创板
2020/6/29	甘李药业	金额未透露	医药	上海证券交易所主板
2020/6/29	海吉亚医疗	金额未透露	生物工程	香港证券交易所主板
2020/6/29	康基医疗	金额未透露	医疗设备	香港证券交易所主板
2020/6/22	神州细胞	12.8 亿人民币	生物工程	上海证券交易所科创板
2020/6/19	复旦张江	10.7 亿人民币	医药	上海证券交易所科创板
2020/6/19	泛生子	2.6 亿美元	生物工程	纳斯达克证券交易所
2020/6/16	康华生物	10.6 亿人民币	生物制药	深圳证券交易所创业板
2020/6/12	燃石医学	2.2 亿美元	生物工程	纳斯达克证券交易所
2020/6/5	传奇生物	4.2 亿美元	生物工程	纳斯达克证券交易所
2020/6/3	Pliant Therapeutics	金额未透露	生物工程	纳斯达克证券交易所
2020/5/22	开拓药业	18.6 亿港币	医药	香港证券交易所主板
2020/5/18	吉贝尔	11.1 亿人民币	化学药品原药制造业	上海证券交易所科创板
2020/5/15	沛嘉医疗	金额未透露	医疗设备	香港证券交易所主板
2020/5/12	新产业	12.9 亿人民币	医疗设备	深圳证券交易所创业板
2020/4/29	万泰生物	3.8 亿人民币	医药	上海证券交易所主板
2020/4/28	三力制药	3.0 亿人民币	医药	上海证券交易所主板
2020/4/24	康方生物	金额未透露	生物制药	香港证券交易所主板
2020/4/16	成都先导	8.3 亿人民币	生物工程	上海证券交易所科创板

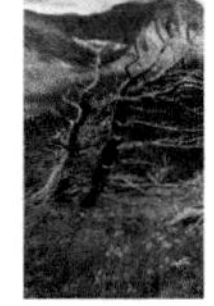

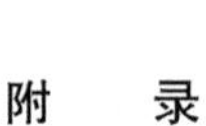

续表

上市时间	上市企业	募资金额	所属行业	交易所
2020/4/15	满贯集团	2.9 亿港币	保健品	香港证券交易所主板
2020/4/9	三友医疗	10.8 亿人民币	医疗设备	上海证券交易所科创板
2020/4/3	Zentalis	1.7 亿美元	生物制药	纳斯达克证券交易所
2020/3/26	南新制药	12.2 亿人民币	化学药品原药制造业	上海证券交易所科创板
2020/3/23	诺诚健华	金额未透露	医药	香港证券交易所主板
2020/2/21	百奥泰	19.7 亿人民币	医药	上海证券交易所科创板
2020/2/6	Beam	1.8 亿美元	医药	纳斯达克证券交易所
2020/2/5	东方生物	6.4 亿人民币	医疗设备	上海证券交易所科创板
2020/1/30	安派科	1600.0 万美元	医疗服务	纳斯达克证券交易所
2020/1/23	泽璟制药	20.3 亿人民币	医药	上海证券交易所科创板
2020/1/22	洁特生物	4.1 亿人民币	医疗设备	上海证券交易所科创板
2020/1/17	特宝生物	3.8 亿人民币	生物制药	上海证券交易所科创板
2020/1/17	天境生物	1.0 亿美元	医药	纳斯达克证券交易所
2020/1/14	泰林生物	2.4 亿人民币	医疗设备	深圳证券交易所创业板

2020 年国家科学技术奖励[571]

附表 14　2020 年国家自然科学奖初评通过项目（生物和医药相关）

项目名称	主要完成人	提名单位（专家）	初评建议等级
水稻高产与氮肥高效利用协同调控的分子基础	傅向东（中国科学院遗传与发育生物学研究所） 黄先忠（中国科学院遗传与发育生物学研究所） 王少奎（中国科学院遗传与发育生物学研究所） 刘　倩（中国科学院遗传与发育生物学研究所）	李振声	二等奖
成年哺乳动物雌性生殖干细胞的发现及其发育调控机制	吴　际（上海交通大学） 邹　康（上海交通大学） 孙　斐（中国科学技术大学） 赵小东（上海交通大学） 刘以训（中国科学院动物研究所）	上海市	二等奖
早期胚胎发育与体细胞重编程的表观调控机制研究	高绍荣（同济大学） 高亚威（同济大学） 张　勇（同济大学） 陈嘉瑜（同济大学） 鞠振宇（杭州师范大学）	季维智 裴　钢 魏辅文	二等奖
水稻驯化的分子机理研究	孙传清（中国农业大学） 谭禄宾（中国农业大学） 朱作峰（中国农业大学） 谢道昕（清华大学） 付永彩（中国农业大学）	刘耀光 武维华 陈温福	二等奖
麻风危害发生的免疫遗传学机制	张福仁［山东第一医科大学附属皮肤病医院（山东省皮肤病性病防治研究所、山东省皮肤病医院）］ 张学军（安徽医科大学第一附属医院） 刘　红［山东第一医科大学附属皮肤病医院（山东省皮肤病性病防治研究所、山东省皮肤病医院）］ 王真真［山东第一医科大学附属皮肤病医院（山东省皮肤病性病防治研究所、山东省皮肤病医院）］ 孙勇虎［山东第一医科大学附属皮肤病医院（山东省皮肤病性病防治研究所、山东省皮肤病医院）］	沈　岩 张　学 沈洪兵	二等奖
造血干细胞调控机制与再生策略	程　涛［中国医学科学院血液病医院（中国医学科学院血液学研究所）］ 刘　兵（中国人民解放军总医院第五医学中心） 王前飞（中国科学院北京基因组研究所） 竺晓凡（中国医学科学院血液病医院 / 中国医学科学院血液学研究所） 程　辉（中国医学科学院血液病医院 / 中国医学科学院血液学研究所）	周　琪 陈赛娟 裴端卿	二等奖

571 数据来源：科学技术部。

续表

项目名称	主要完成人	提名单位（专家）	初评建议等级
非酒精性脂肪性肝病及相关肝癌自然史、发病机制、诊断和防治研究	于 君（香港中文大学） 黄炜燊（香港中文大学） 陈力元（香港中文大学） 张 翔（香港中文大学） 沈祖尧（香港中文大学）	中国香港特别行政区	二等奖
新型纳米载药系统克服肿瘤化疗耐药的应用基础研究	李亚平（中国科学院上海药物研究所） 于海军（中国科学院上海药物研究所） 尹 琦（中国科学院上海药物研究所） 张志文（中国科学院上海药物研究所） 张鹏程（中国科学院上海药物研究所）	中国科学院	二等奖
水稻高产与氮肥高效利用协同调控的分子基础	傅向东（中国科学院遗传与发育生物学研究所） 黄先忠（中国科学院遗传与发育生物学研究所） 王少奎（中国科学院遗传与发育生物学研究所） 刘 倩（中国科学院遗传与发育生物学研究所）	李振声	二等奖
成年哺乳动物雌性生殖干细胞的发现及其发育调控机制	吴 际（上海交通大学） 邹 康（上海交通大学） 孙 斐（中国科学技术大学） 赵小东（上海交通大学） 刘以训（中国科学院动物研究所）	上海市	二等奖

附表 15　2020 年国家技术发明奖初评通过项目（生物和医药相关）

项目名称	主要完成人	提名单位（专家）	初评建议等级
新型冠脉靶向药物支架系统研发及其超高精密特种智能制造技术	常兆华［上海微创医疗器械（集团）有限公司］ LUOQIYI［上海微创医疗器械（集团）有限公司］ 张 劼［上海微创医疗器械（集团）有限公司］ 易 博［上海微创医疗器械（集团）有限公司］ 岳 斌［上海微创医疗器械（集团）有限公司］ 王常春［上海微创医疗器械（集团）有限公司］	上海市	一等奖
奥利司他不对称催化全合成关键技术与产业化	秦 勇（四川大学） 王晓琳（重庆植恩药业有限公司） 徐天帅（重庆植恩药业有限公司） 于国锋（重庆植恩药业有限公司） 宋 颢（四川大学） 邓祥林（重庆植恩药业有限公司）	陈芬儿 李 松 蒋华良	二等奖
良种牛羊卵子高效利用快繁关键技术	田见晖（中国农业大学） 张家新（内蒙古农业大学） 安 磊（中国农业大学） 朱化彬［中国农业科学院北京畜牧兽医研究所（中国动物卫生与流行病学中心北京分中心）］ 翁士乔（宁波三生生物科技有限公司） 杜卫华［中国农业科学院北京畜牧兽医研究所（中国动物卫生与流行病学中心北京分中心）］	北京大北农科技集团股份有限公司	二等奖

续表

项目名称	主要完成人	提名单位（专家）	初评建议等级
水稻抗褐飞虱基因的发掘与利用	何光存（武汉大学） 陈荣智（武汉大学） 杜　波（武汉大学） 祝莉莉（武汉大学） 郭建平（武汉大学） 舒理慧（武汉大学）	湖北省	二等奖
小麦耐热基因发掘与种质创新技术及育种利用	孙其信（中国农业大学） 李　辉（河北省农林科学院粮油作物研究所） 彭惠茹（中国农业大学） 李梅芳（湖北省农业科学院粮食作物研究所） 倪中福（中国农业大学） 张文杰（河北婴泊种业科技有限公司）	教育部	二等奖
苹果优质高效育种技术创建及新品种培育与应用	陈学森（山东农业大学） 毛志泉（山东农业大学） 王　楠（山东农业大学） 徐月华（蓬莱市果树工作总站） 王志刚（山东省果茶技术推广站） 张宗营（山东农业大学）	山东省	二等奖

附表 16　2020 年国家科学技术进步奖初评通过项目（生物和医药相关）

项目名称	主要完成人	主要完成单位	提名单位（专家）	初评建议等级
水稻遗传资源的创制保护和研究利用	罗利军，徐建龙，聂守军，童汉华，高世伟，林秀云，黎志康，唐昌华，余新桥，梅捍卫，辜琼瑶，夏加发，张　帆，刘宝海，章善庆	上海市农业生物基因中心，中国水稻研究所，中国农业科学院作物科学研究所，黑龙江省农业科学院绥化分院，吉林省农业科学院，云南省农业科学院粮食作物研究所，安徽省农业科学院水稻研究所，浙江勿忘农种业股份有限公司，上海天谷生物科技股份有限公司，云南金瑞种业有限公司	上海市	一等奖
玉米优异种质资源规模化发掘与创新利用	王天宇，黎　裕，杨俊品，扈光辉，刘　成，王晓鸣，杨　华，王振华，程伟东，李永祥	中国农业科学院作物科学研究所，四川省农业科学院作物研究所，黑龙江省农业科学院玉米研究所，新疆农业科学院粮食作物研究所，重庆市农业科学院，河南省农业科学院粮食作物研究所，广西壮族自治区农业科学院玉米研究所	农业农村部	二等奖
高产优质、多抗广适玉米品种京科 968 的培育与应用	赵久然，王元东，邢锦丰，王荣焕，刘春阁，宋　伟，张华生，杨国航，陈传永，徐田军	北京市农林科学院	中国农学会	二等奖

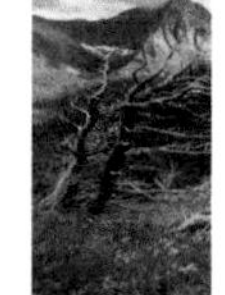

续表

项目名称	主要完成人	主要完成单位	提名单位（专家）	初评建议等级
长江中游优质中籼稻新品种培育与应用	游艾青，戚华雄，周　勇，徐得泽，刘　凯，吴　爽，夏明元，周　强，曹　鹏，田永宏	湖北省农业科学院，安徽省农业科学院水稻研究所，扬州大学，黄冈市农业科学院，湖北省农业技术推广总站，襄阳市农业科学院，湖北国宝桥米有限公司	湖北省	二等奖
超高产专用早籼稻品种中嘉早17等的选育与应用	胡培松，唐绍清，杨尧城，焦桂爱，罗　炬，谢黎虹，邵高能，魏祥进，圣忠华，蔡金洋	中国水稻研究所，嘉兴市农业科学研究院	农业农村部	二等奖
南方典型森林生态系统多功能经营关键技术与应用	刘世荣，臧润国，蔡道雄，项文化，陆元昌，曾令海，史作民，刘兴良，王　晖，贾宏炎	中国林业科学研究院森林生态环境与保护研究所，中国林业科学研究院热带林业实验中心，中南林业科技大学，中国林业科学研究院资源信息研究所，广东省林业科学研究院，四川省林业科学研究院（四川省林产工业研究设计所）	国家林业和草原局	二等奖
竹资源高效培育关键技术	范少辉，王浩杰，郑郁善，丁雨龙，辉朝茂，应叶青，官凤英，刘广路，苏文会，蔡春菊	国际竹藤中心，中国林业科学研究院亚热带林业研究所，福建农林大学，南京林业大学，西南林业大学，浙江农林大学	国家林业和草原局	二等奖
食品动物新型专用药物的创制与应用	肖希龙，郝智慧，沈建忠，贾德强，王海挺，汤树生，王春元，何家康，刘元元，刘全才	中国农业大学，青岛蔚蓝生物股份有限公司，齐鲁动物保健品有限公司，青岛农业大学，广西大学	中国农学会	二等奖
海参功效成分解析与精深加工关键技术及应用	薛长湖，王静凤，王联珠，刘昌衡，沈　建，孙永军，黄万成，薛　勇，刘云涛，王玉明	中国海洋大学，山东省科学院生物研究所，中国水产科学研究院黄海水产研究所，好当家集团有限公司，山东东方海洋科技股份有限公司，中国水产科学研究院渔业机械仪器研究所，獐子岛集团股份有限公司	教育部	二等奖
畜禽饲料质量安全控制关键技术创建与应用	秦玉昌，李军国，张军民，王红英，王卫国，李　俊，薛　敏，饶正华，杨　洁，汤超华	中国农业科学院北京畜牧兽医研究所（中国动物卫生与流行病学中心北京分中心），中国农业科学院饲料研究所，中国农业大学，河南工业大学，中国农业科学院农业质量标准与检测技术研究所	农业农村部	二等奖

续表

项目名称	主要完成人	主要完成单位	提名单位（专家）	初评建议等级
奶及奶制品安全控制与质量提升关键技术	王加启，郑　楠，张养东，李松励，郑百芹，王　成，张树秋，吕志勇，杨志刚，王惠铭	中国农业科学院北京畜牧兽医研究所（中国动物卫生与流行病学中心北京分中心），唐山市畜牧水产品质量监测中心，新疆农业科学院农业质量标准与检测技术研究所，山东省农业科学院农业质量标准与检测技术研究所，内蒙古伊利实业集团股份有限公司，内蒙古蒙牛乳业（集团）股份有限公司，光明乳业股份有限公司	农业农村部	二等奖
奶牛高发病防治系列新兽药创制与应用	李秀波，路永强，刘义明，徐　飞，陈孝杰，石　波，李艳华，张正海，贾国宾，赵炳超	中国农业科学院饲料研究所，北京市畜牧总站，中牧实业股份有限公司，河北远征药业有限公司，齐鲁动物保健品有限公司，华秦源（北京）动物药业有限公司	农业农村部	二等奖
肺癌早期精准诊断关键技术的建立与临床应用	李为民，彭　勇，张　立，刘　丹，陈勃江，田攀文，王　业，王成弟，郑永升，王思振	四川大学华西医院（四川省国际医院），杭州依图医疗技术有限公司，北京泛生子基因科技有限公司	四川省	二等奖
肾小球肾炎诊治策略和关键技术的创新与应用	刘志红，胡伟新，曾彩虹，乐伟波，施少林，侯金花，黄湘华，陈樱花，鲍　浩，王金泉	中国人民解放军东部战区总医院	江苏省	二等奖
糖尿病免疫诊断与治疗关键技术创新及应用	周智广，徐爱民，李少波，李　霞，黄　干，肖　扬，杨　琳，惠晓艳，罗说明，向宇飞	中南大学湘雅二医院，香港大学，三诺生物传感股份有限公司	湖南省	二等奖
低氧与缺血适应防治缺血性脑卒中新技术体系的创研及推广应用	吉训明，吕国蔚，孟　然，罗玉敏，任长虹，李思颉，赵海苹，邵　国，赵文博，尹志臣	首都医科大学	教育部	二等奖
发育源性疾病和遗传性出生缺陷的机制研究及临床精准防控	黄荷凤，徐晨明，丁国莲，吴琰婷，陈松长，张静澜，陈小章，赵　欢，高　玲，陈　茜	上海交通大学，中国福利会国际和平妇幼保健院，浙江大学医学院附属妇产科医院，中国科学院上海生命科学研究院	上海市	二等奖
难治性白血病诊治新策略的建立与临床应用	张　曦，李忠俊，曾令宇，高　蕾，张　诚，刘　耀，高　力，钟江帆，孔佩艳，冯一梅	中国人民解放军陆军军医大学第二附属医院，徐州医科大学	重庆市	二等奖

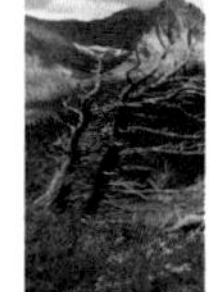

续表

项目名称	主要完成人	主要完成单位	提名单位（专家）	初评建议等级
脑血管病医疗质量改进关键技术与体系的建立和应用	王拥军，李子孝，赵性泉，王伊龙，刘丽萍，王春娟，孟　霞，潘岳松，荆　京，许　杰	首都医科大学附属北京天坛医院	北京市	二等奖
耳科影像学的关键技术创新和应用	王振常，鲜军舫，张　丽，沙　炎，牛延涛，赵鹏飞，吕　晗，刘兆会，尹红霞，邢宇翔	首都医科大学附属北京友谊医院，首都医科大学附属北京同仁医院，清华大学，复旦大学附属眼耳鼻喉科医院	国家自然科学基金委员会	二等奖
中风病辨证论治体系的创建与应用	王永炎，高　颖，张允岭，高秀梅，邹忆怀，鞠　奕，马　斌，曹晓岚，张军平，高　利，支英杰，黄　燕，王新志，朱陵群，陈永红	北京中医药大学，中国中医科学院，天津中医药大学，首都医科大学附属北京天坛医院，山东中医药大学附属医院，首都医科大学宣武医院，广东省中医院（广州中医药大学第二附属医院、广州中医药大学第二临床医学院、广东省中医药科学院），河南中医药大学第一附属医院，中国中医科学院中医临床基础医学研究所，广东华南药业集团有限公司	国家中医药管理局	一等奖
中医药循证研究“四证”方法学体系创建及应用	商洪才，田贵华，吴大嵘，王燕平，陈耀龙，郑颂华，赵　晨，张晓雨，邱瑞瑾，郑　蕊	北京中医药大学，广东省中医院（广州中医药大学第二附属医院、广州中医药大学第二临床医学院、广东省中医药科学院），中国中医科学院中医临床基础医学研究所，兰州大学，香港浸会大学	国家中医药管理局	二等奖
中药质量检测技术集成创新与支撑体系创建及应用	果德安，季　申，刘志强，刘艳芳，吴婉莹，李楚源，穆竟伟，钱　勇，宋凤瑞，胡　青	中国科学院上海药物研究所，上海市食品药品检验所，中国科学院长春应用化学研究所，中国科学院大连化学物理研究所，上海诗丹德标准技术服务有限公司，上海凯宝药业股份有限公司，广州白云山和记黄埔中药有限公司	国家中医药管理局	二等奖
“骨-髓-脑系统慢性病”共性防治规律和转化应用	王拥军，施　杞，张玉莲，郑洪新，吴志奎，王晓春，张　岩，孟静岩，林良宇，黄建华	上海中医药大学附属龙华医院，天津中医药大学，辽宁中医药大学，中国中医科学院广安门医院，复旦大学附属华山医院，国药集团同济堂（贵州）制药有限公司，中国科学院上海生命科学研究院	上海市	二等奖
基于“物质-药代-功效”的中药创新研发理论与关键技术及其应用	刘昌孝，张铁军，章臣桂，曹龙祥，王振中，林大胜，申秀萍，胡思源，许海玉，许　浚	天津药物研究院有限公司，中国中医科学院中药研究所，天津中医药大学第一附属医院，天津中新药业集团股份有限公司，济川药业集团有限公司，江苏康缘药业股份有限公司，成都泰合健康科技集团股份有限公司	李大鹏 吴以岭 王　锐	二等奖

续表

项目名称	主要完成人	主要完成单位	提名单位（专家）	初评建议等级
高场磁共振医学影像设备自主研制与产业化	郑海荣，张 强，贺 强，余兴恩，梁 栋，刘曙光，马 林，曾蒙苏，王海宁，周晓东，邢 峣，李国斌，刘 新，谢 强，邹 超	上海联影医疗科技有限公司，中国科学院深圳先进技术研究院，中国人民解放军总医院，复旦大学附属中山医院	上海市	一等奖
静脉注射用脂质类纳米药物制剂关键技术及产业化	张志荣，龚 涛，张 彦，熊迎新，孙 逊，黄 园，张 凌	四川大学，重庆药友制药有限责任公司	四川省	二等奖
血管通路数字诊疗关键技术体系建立及其临床应用	张海军，冯圣玉，屠 娟，王鲁宁，杨孝平，张 洁，吴 平，尹玉霞，丁 波，张国峰	上海市第十人民医院（同济大学附属第十人民医院），山东大学，南京大学，北京科技大学，山东省医疗器械产品质量检验中心，山东百多安医疗器械股份有限公司，珠海医凯电子科技有限公司	上海市	二等奖
聚乙二醇定点修饰重组蛋白药物关键技术体系建立及产业化	石远凯，李银贵，王文本，徐 光，何小慧，刘 鹏，王龙山，惠希武，张雪梅，李正栋	中国医学科学院肿瘤医院，石药集团百克（山东）生物制药股份有限公司，石药集团中奇制药技术（石家庄）有限公司，石药控股集团有限公司	王军志 于金明 马 丁	二等奖
盲蝽类害虫多作物区域性灾变规律与绿色防控技术	吴孔明，陆宴辉，姜玉英，门兴元，封洪强，李耀发，梁 沛，肖留斌，崔金杰，宁 君，王桂荣，曾 娟，彩万志，梁革梅，张 涛	中国农业科学院植物保护研究所，全国农业技术推广服务中心，山东省农业科学院植物保护研究所，河南省农业科学院植物保护研究所，河北省农林科学院植物保护研究所，中国农业大学，江苏省农业科学院，中国农业科学院棉花研究所	农业农村部	一等奖
营养健康导向的亚热带果蔬设计加工关键技术及产业化	张名位，张瑞芬，邓媛元，孙智达，谢海辉，刘 磊，黄 菲，李文治，王丽娜，吴福培	广东省农业科学院蚕业与农产品加工研究所，华中农业大学，中国科学院华南植物园，广东生命一号药业股份有限公司，无限极（中国）有限公司，威海百合生物技术股份有限公司	广东省	二等奖
粮食作物主要杂草抗药性治理关键技术与应用	柏连阳，王金信，陶 波，崔海兰，张 帅，连 磊，潘 浪，路兴涛，刘都才，杨 霞	湖南省农业科学院，中国农业科学院植物保护研究所，青岛清原抗性杂草防治有限公司，湖南农业大学，全国农业技术推广服务中心，山东农业大学，湖南农大海特农化有限公司	湖南省	二等奖

续表

项目名称	主要完成人	主要完成单位	提名单位（专家）	初评建议等级
北方旱地农田抗旱适水种植技术及应用	梅旭荣，孙占祥，樊廷录，周怀平，赵长星，刘恩科，钟永红，龚道枝，冯良山，孙东宝	中国农业科学院农业环境与可持续发展研究所，辽宁省农业科学院，甘肃省农业科学院，山西省农业科学院农业环境与资源研究所，青岛农业大学，全国农业技术推广服务中心	农业农村部	二等奖
基于北斗的农业机械自动导航作业关键技术及应用	罗锡文，赵春江，孟志军，王桂民，张智刚，陈立平，王　进，付卫强，刘　卉，朱金光	华南农业大学，北京农业智能装备技术研究中心，北京农业信息技术研究中心，雷沃重工股份有限公司，首都师范大学	广东省	二等奖
优势天敌昆虫控制蔬菜重大害虫的关键技术及应用	陈学新，张　帆，刘万学，刘树生，郑永利，刘万才，邱宝利，王　甦，张桂芬，郭晓军	浙江大学，北京市农林科学院，中国农业科学院植物保护研究所，全国农业技术推广服务中心，华南农业大学，浙江省国有农场管理总站（浙江省农产品质量安全中心）	浙江省	二等奖
主要粮食作物养分资源高效利用关键技术	周　卫，何　萍，艾　超，孙建光，黄绍文，王玉军，余喜初，孙静文，张水清，乔　艳	中国农业科学院农业资源与农业区划研究所，江西省红壤研究所，河南省农业科学院植物营养与资源环境研究所，湖北省农业科学院植保土肥研究所	农业农村部	二等奖
绿茶自动化加工与数字化品控关键技术装备及应用	宛晓春，张正竹，江　东，夏　涛，宁井铭，李　兵，李尚庆，黄剑虹，常　宏，谢一平	安徽农业大学，合肥美亚光电技术股份有限公司，浙江上洋机械股份有限公司，谢裕大茶叶股份有限公司	安徽省	二等奖
创建外周-中枢通路修复肢体运动障碍的重大技术突破及理论创新	徐文东，顾玉东，张定国，冯俊涛，章晓辉，贾　杰，徐建光，邱彦群，李　铁，董　震，沈云东，曹晓华，张嘉漪，吴　平，蒋　苏	复旦大学附属华山医院，上海市静安区中心医院（复旦大学附属华山医院静安分院），上海交通大学，北京师范大学，华东师范大学，复旦大学	上海市	一等奖
足踝外科精准微创治疗关键技术体系建立与推广应用	唐康来，华英汇，陈世益，LICHANGMING，陶　旭，袁成松，陈　万，王　晗，周兵华，马　林	中国人民解放军陆军军医大学第一附属医院，复旦大学附属华山医院，西南大学，山东威高骨科材料股份有限公司	重庆市	二等奖
基于液体活检和组学平台的肝癌诊断新技术和个体化治疗新策略	周　俭，樊　嘉，杨欣荣，孙云帆，胡　捷，黄　傲，周少来，高　强，郭　玮，胡　博	复旦大学附属中山医院	中国医疗保健国际交流促进会	二等奖
颞下颌关节外科技术创新与推广应用	杨　驰，胡勤刚，陈敏洁，张善勇，何冬梅，白　果，郑吉驷，马志贵，沈　佩，谢千阳	上海交通大学医学院附属第九人民医院，南京市口腔医院	张志愿 马　兰 赵铱民	二等奖

续表

项目名称	主要完成人	主要完成单位	提名单位（专家）	初评建议等级
缺血性心脏病细胞治疗关键技术创新及临床转化	沈振亚，张　浩，杨黄恬，胡士军，刘　盛，陈一欢，刘　刚，曹　楠，滕小梅，姬广聚	苏州大学附属第一医院，中国医学科学院阜外医院，中国科学院上海生命科学研究院，河北医科大学第一医院，中国科学院生物物理研究所	江苏省	二等奖
创伤后肘关节功能障碍关键治疗技术的建立及临床应用	范存义，蒋协远，刘　珅，钱　运，孙子洋，公茂琪，黎逢峰，陈　帅，王　伟，陈建忠	上海市第六人民医院，北京积水潭医院，广州医科大学附属第二医院，上海康定医疗器械有限公司	上海市	二等奖
前列腺创面修复新理论与精准外科干预体系	夏术阶，刘春晓，罗光恒，韩邦旻，荆翌峰，徐啊白，田　野，赵福军，朱依萍，王兴杰	上海市第一人民医院，南方医科大学珠江医院，贵州省人民医院	上海市	二等奖